页岩气高效开发井筒工艺技术

《页岩气高效开发井筒工艺技术》编委会　著

中国石化出版社
·北京·

图书在版编目（CIP）数据

页岩气高效开发井筒工艺技术 /《页岩气高效开发井筒工艺技术》编委会著 . -- 北京 : 中国石化出版社，2023.11

ISBN 978-7-5114-7338-7

Ⅰ . ①页… Ⅱ . ①页… Ⅲ . ①油页岩—气田开发—井筒—生产技术 Ⅳ . ① TE375

中国国家版本馆 CIP 数据核字（2023）第 209510 号

中国石化出版社出版发行

地址: 北京市东城区安定门外大街58号

邮编: 100011　电话: (010)57512500

发行部电话: (010)57512575

http: // www. smopec-press. com

E-mail: press@sinopec. com

北京柏力行彩印印刷有限责任公司印刷

全国各地新华书店经销

*

787毫米×1090毫米 16开本 23印张 578千字

2023年11月第1版　2023年11月第1次印刷

定价: 128.00元

编委会

前言

目前，低碳减排已成为全球发展的重要趋势，社会对于清洁能源的需求不断增加，提供更多清洁能源是能源行业的重要责任和行业发展的必然选择。近年来，页岩气作为可商业化推广的清洁能源，受到的关注越来越高，水平井技术、压裂改造技术和配套工程技术不断进步，在我国形成了页岩气勘探开发的新热潮。

页岩气自生自储于具有纳米孔隙空间的页岩储层，储层孔隙度、渗透率极低。不同于常规油气，只有通过水平井和大规模储层改造才可能实现页岩气的工业化生产。20 世纪 90 年代，美国的水平井大规模水力压裂技术取得显著进步，页岩气开发飞速发展，逐渐改变了美国乃至世界的能源市场格局。我国自 2008 年开始实施页岩气大规模勘探评价，同时逐步实现页岩气效益开发，经过十多年的技术研发，一举成为世界第二大页岩气生产国。

2010 年前后，我国页岩气开发主要依据常规油气开发思路，同时引进国外相关技术，开发及压裂改造思路基本照搬美国模式。通过多年发展，建成了“涪陵国家级页岩气示范区”“长宁－威远国家级页岩气示范区”“昭通国家级页岩气示范区”等，我国页岩气开发取得了革命性进展。之后，依靠国家重大专项支持，各大石油公司、高等院校等科研机构的共同努力，页岩气高效开发相关技术取得了一系列成就——在钻完井方面创造了最长水平段 3583 米纪录；水平井牵引器实现了长水平段水平井测井技术的突破；成功自主研发了油基钻井液和防气窜水泥浆体系，打破了国外油服公司的技术垄断；突破了长水平段钻井、固井技术瓶颈，完井时间大幅缩短，固井质量明显提高；实现了电驱压裂和智能压裂，形成了具有自主知识产权的技术系列。

为全面总结和系统阐述页岩气开发过程中涉及的全部井筒工艺技术，笔者组织编撰出版本书。书中内容以长宁－威远、昭通、涪陵 3 个国家级海相页岩气示范区建设形成的配套技术为基础，结合中国石化焦石、江东、南川和威荣4个页岩气区块的开发实践经验，系统介绍了页岩气开发过程全部井筒工艺技术，主要包括：钻井工艺技术、钻井液技术、水平井固井技术、测录井技术、压裂工艺技术、试气工艺技术、井控技术等。该书每部分内容均从工艺设计、工艺技术、配套装备、实际案例和风险事故预防处理等方面详细介绍，既是具有实践理论的专业著作，也是适用现场操作的实操指南。全书共分九章，第一章为具体实施区块的区域地质工程概况，第二至第八章分别介绍了页岩气钻井工艺技术、钻井液技术、水平井固井技术、测录井技术、压裂工艺技术、试气工艺技术和井控技术，第九章为页岩气井筒工程技术展望。

中国石化所属焦石、江东、南川、威荣4个页岩气区块在实际开发过程中均取得了良好效益，并形成了独具特色的配套技术。该书编撰过程中，各区块的相关技术人员在工艺设计、工艺实施、不同类型的风险事故处理分析及预警等方面提供了大量宝贵资料，在此表示特别感谢。

本书由中国石油化工集团有限公司组织编写并进行统稿，参加人员有：张锦宏、孙丙向、班国、李光泉、朱澄清、谭士海、石强、铁忠云、宋金初、刘德华、高云伟、向少华、吴宏杰、袁发勇、张国锋、赵勇、王延文、陈四平、王建斌、葛祥、曹华庆、胡云峰、杨远刚、胡小奎、王兴忠、李荣刚、胡毅、赵素娟、钟涛、江强、王伟佳、胡县、王海、张海博、李良涛、罗翰、梅露强、张家瑞、吴赛赛、尹星鑫、石陈梅、刘黎刚、赵铭、熊铭彬、胡毓琦等。

目录

CONTENTS

01 第一章 区域地质工程概况

中国石化西南探区页岩气资源丰富，勘探开发潜力大，主要分布在川南、渝西、渝东南地区，建成了涪陵页岩气田、威荣页岩气田和南川页岩气田，探明面积 788.51km²，其中涪陵页岩气田探明面积 466.44km²、威荣页岩气田探明面积 143.77km²、南川页岩气田探明面积 178.30km²。矿权区域涵盖重庆市南川区、武隆区、涪陵区、长寿区、垫江区、梁平区、万州区、忠县、丰都县、彭水县等区县，以及四川省内江市威远县、市中区和自贡市贡井区、大安区等。

第一节 地貌特征

中国石化西南页岩气探区涪陵页岩气田、南川页岩气田位于四川盆地东南部边缘，威荣页岩气田位于四川盆地南部，地势主要为丘陵、低山和中山地形，地面海拔在 300～1800m，探区属亚热带季风性湿润气候，常年平均气温在 15～18℃。

一、焦石工区

焦石工区位于涪陵页岩气田南部，属于典型的喀斯特地貌，溶洞发育丰富，地表水系不丰富。工区多为丘陵山地，呈现北东高、南西低的特点，海拔最高 851m，最低 200m，多在 400～700m。工区属亚热带季风性湿润气候，常年平均气温在 15～17℃。

二、江东工区

江东工区位于涪陵页岩气田西北部，地处四川盆地盆缘山地过渡地带，属于典型的喀斯特地貌，溶洞发育丰富，地表水系不丰富。地势以低山丘陵为主，海拔在 450～800m。工区属亚热带季风性湿润气候，常年平均气温在 15～17℃。

三、威荣工区

威荣工区位于四川省内江市威远县、市中区和自贡市贡井区、大安区境内。工区以丘陵地形为主，整体高差不大，海拔在 300～450m，地势低洼处多为冬水田和养鱼塘，工区主要河流有威远河、中溪河等，区域地表水系发达。探区属亚热带季风性湿润气候，常年平均气温在 17～18℃。

四、南川工区

南川工区位于重庆市南川区、武隆区、彭水县境内，工区位于四川盆地东南边缘与云贵高原过渡地带，以山地为主，地势呈东南向西北倾斜，呈现中山、低山两大地貌特征，山脉多为北东－南西走向，区内山峦起伏，高差悬殊，最高海拔在 1500～1800m；沟谷及山间凹地多数海拔在 400～600m。工区属亚热带季风性湿润气候，常年平均气温在 16.6～17.5℃，极端最高气温可达 40.2℃。

第二节　地层特征

焦石、江东、南川工区地层基本一致，钻遇地层 13～14 套，威荣工区钻遇地层 18 套。自下而上依次钻遇奥陶系、志留系、石炭系、二叠系、三叠系和侏罗系，各工区地层分层岩电特征清楚，可对比性强。各工区出露地层不同，焦石、江东、南川工区主要出露地层为三叠系上统须家河组、中统雷口坡组、下统嘉陵江组，威荣工区出露地层主要为侏罗系上统遂宁组－中统沙溪庙组。

一、焦石工区

焦石工区地表出露地层为侏罗系－三叠系，主要出露地层为下三叠统嘉陵江组，工区北部出露地层为中侏罗统沙溪庙组。区域上缺失泥盆系，局部缺失石炭系。地层分层岩电特征清楚，可对比性强。地层自上而下依次为三叠系、二叠系、石炭系、志留系和奥陶系，地层厚度及岩性见表 1–1。

表 1–1　焦石工区地层岩性

地层				厚度范围（m）	岩性简述
界	系	统	组		
中生界	三叠系	上统	须家河组	0～200	灰色、灰白色石英细砂岩，夹少量泥质页岩和煤线，底部为灰黑色页岩。与下伏雷口坡组呈平行不整合接触关系

续表

地层				厚度范围（m）	岩性简述
界	系	统	组		
中生界	三叠系	中统	雷口坡组	0～500	自上而下分三段。雷三段：灰色含泥质灰岩，偶夹少量云岩，顶底为灰色灰岩。雷二段：棕红色、灰色、灰绿色灰质泥岩、云质泥岩。雷一段：灰色灰岩、泥质灰岩及泥岩云岩，夹少量角砾状灰岩。与下伏嘉陵江组呈整合接触关系
		下统	嘉陵江组	250～400	以灰色灰岩为主。顶部见中薄层灰白云岩、含灰白云岩，底部见一中厚层灰、深灰色云质灰岩。与下伏飞仙关组呈整合接触关系
			飞仙关组	400～500	顶部为灰黄色含灰泥质白云岩，间夹紫红色泥岩，中上部以灰－深灰色云质灰岩、鲕粒灰岩为主，下部为深灰色云质灰岩。与下伏长兴组呈整合接触关系
古生界	二叠系	上统	长兴组	150～250	以灰－深灰色灰岩为主，上部岩性主要为灰－深灰色生屑灰岩，中部为灰色灰岩，下部为灰色灰岩与深灰色泥质灰岩互层。与下伏龙潭组呈整合接触关系
			龙潭组	50～150	上、下部为灰黑色碳质泥岩，中部为灰－深灰色灰岩、含泥灰岩夹薄层含生屑灰岩。与下伏茅口组呈假整合接触关系
		下统	茅口组	350～450	以浅灰－灰色灰岩、云质灰岩，灰－深灰色含泥灰岩为主，夹薄层灰黑色泥岩、深灰色含灰泥岩及含生屑灰岩。与下伏栖霞组呈整合接触关系
			栖霞组	80～200	以灰岩为主，上部为浅灰色灰岩，中部为灰色灰岩，下部为灰－深灰色泥质灰岩。与下伏梁山组呈整合接触关系
			梁山组	5～15	灰色泥岩和灰黑色碳质泥岩，上部为薄层灰黑色碳质泥岩与薄层灰色灰岩互层，下部为灰色泥岩夹薄层含砾粉砂岩条带。与下伏黄龙组呈假整合接触关系
	石炭系	中统	黄龙组	0～30	灰白色灰岩、含云质灰岩。与下伏韩家店组呈假整合接触关系
	志留系	中统	韩家店组	350～500	顶部为灰色、灰绿色、棕红色泥岩，上部以灰绿色泥岩、粉砂质泥岩为主，夹薄层绿灰色泥质粉砂岩、透镜状灰色灰岩，中部以绿灰色泥岩、粉砂质泥岩为主，夹薄层绿灰色泥质粉砂岩及粉砂岩，下部为灰色灰绿色泥岩、粉砂质泥岩夹薄层灰色泥质粉砂岩。与下伏小河坝组呈整合接触关系
		下统	小河坝组	100～200	以灰色泥岩、粉砂质泥岩为主，总体岩性组合为下砂上泥。与下伏龙马溪组呈整合接触关系
			龙马溪组	250～350	上部为深灰色泥岩夹同色粉砂质泥岩，中部为灰－灰黑色粉砂岩和灰黑色泥质粉砂岩，下部为灰黑色页岩，灰黑色碳质、硅质页岩夹灰黑色灰质泥岩。与下伏五峰组呈整合接触关系
	奥陶系	上统	五峰组	5～10	以黑色碳质、硅质页岩为主，顶部发育 0.20～0.60m 不等的灰黑色泥质介壳灰岩、灰质泥岩。与下伏涧草沟组呈整合接触关系
			涧草沟组	10～15	浅灰色含云灰岩、泥质灰岩，取心见浅灰色含泥瘤状灰岩。与下伏宝塔组呈整合接触关系

二、江东工区

江东工区自北西向南东地表依次出露层位为下侏罗统自流井组、上三叠统须家河组、中三叠统雷口坡组和下三叠统嘉陵江组，主体出露地层为嘉陵江组和雷口坡组。钻井揭示区内地层发育较为齐全，地层厚度及岩性见表 1–2。

表 1–2 江东工区地层岩性

地层				厚度范围（m）	岩性简述
界	系	统	组		
中生界	侏罗系	下统	自流井组	0～167	灰色粉砂质泥岩夹中厚层灰岩
			珍珠冲组	0～167	紫、黄灰色泥岩夹粉砂岩，黄灰色薄－中厚层岩屑石英砂岩
	三叠系	上统	须家河组	0～121	灰白、黄灰色石英砂岩与泥岩互层
		中统	雷口坡组	0～367	灰色、紫红色泥页岩与灰色灰岩、角砾状灰岩互层
		下统	嘉陵江组	681～748	以灰岩为主。顶部见一中薄层灰、黄灰色白云岩，含灰白云岩；底部见一中厚层灰、深灰色云质灰岩
			飞仙关组	437～453	顶部为灰黄色含灰泥质白云岩，间夹紫红色泥岩，中部以灰－深灰色云质灰岩、鲕粒灰岩为主，下部为深灰色云质灰岩，底部见一层深灰色含灰泥岩
古生界	二叠系	上统	长兴组	123～185	灰岩。上部以灰－深灰色生屑（含生屑）灰岩为主，下部为浅灰色、灰－深灰色灰岩
			龙潭组	52～70	中部以灰－深灰色灰岩、含泥灰岩为主，夹薄层含生屑灰岩，上、下部为灰黑色碳质泥岩
		下统	茅口组	314～369	以灰岩、云质灰岩、泥质灰岩为主，夹薄层灰黑色泥岩、深灰色含灰泥岩及含生屑灰岩
			栖霞组	116～204	灰岩，灰、浅灰色，局部泥质含量较重
			梁山组	10～17	上部为薄层的灰黑色碳质泥岩与薄层的灰色（含云）灰岩互层，下部为灰色泥岩夹薄层含砾粉砂岩条带
	石炭系	中统	黄龙组	0～17	灰岩、含云质灰岩
	志留系	中统	韩家店组	537～697	上部以紫红、棕红色泥岩、粉砂质泥岩为主，夹薄层灰、绿灰色泥岩，中部为绿灰色泥岩、粉砂质泥岩夹薄层绿灰色泥质粉砂岩、粉砂岩，下部为灰色泥岩、粉砂质泥岩夹薄层灰色泥质粉砂岩、粉砂岩
		下统	小河坝组	255～325	以灰－深灰色泥岩为主，夹薄层粉砂质泥岩
			龙马溪组	171～243	上部以深灰色泥岩为主，中部为灰－深灰色泥质粉砂岩与灰色粉砂岩互层，下部以大套灰黑色页岩、碳质页岩及灰黑色泥岩、碳质泥岩为主
	奥陶系	上统	五峰组	6～8	黑色碳质泥岩，顶见 0.10m 灰黑色灰质泥岩
			涧草沟组	13～15	浅灰色含云灰岩、泥质灰岩，取心见浅灰色含云瘤状灰岩
		中统	宝塔组	14～17	浅灰色灰岩
			十字铺组	6～8	浅灰色泥质灰岩

三、威荣工区

威荣工区出露地层主要为侏罗系上统遂宁组－中统沙溪庙组。自上而下依次为侏罗系、三叠系、二叠系、志留系、奥陶系，缺失石炭系、泥盆系地层。威荣工区目的层为龙马溪组，地层厚度 430～500m，横向展布较稳定，纵向上，根据标准化石、古生物含量、岩性组合特征、电性特征以及地震响应特征，可将五峰组划分为下段和上段，龙马溪组划分为龙一段、龙二段、龙三段，地层厚度及岩性见表 1–3。

表 1–3　威荣工区地层岩性

地层				厚度范围（m）	岩性简述
界	系	统	组		
中生界	侏罗系	上统	沙溪庙组	0～1000	暗紫红色泥岩、粉砂质泥岩与浅灰色细砂岩互层
			下沙溪庙组	250～260	暗紫、暗棕色泥岩、粉砂质泥岩与灰色细砂岩不等厚互层，顶部为深灰色页岩
			凉高山组	55～70	上部为褐灰色细砂岩与深灰色页岩互层；下部为暗紫、棕色泥岩，粉砂质泥岩夹褐灰色细砂岩
		下统	自流井组	300～350	该组自上而下分为四段，大安寨段：褐灰色残余介屑微－粉晶灰岩与黑灰色页岩不等厚互层；马鞍山段：紫色泥岩、粉砂质泥岩夹灰绿色粉砂岩；东岳庙段：灰黑色页岩与灰褐色介屑灰岩等厚互层；珍珠冲段：紫色泥岩与浅灰色细粒岩屑石英砂岩不等厚互层
	三叠系	上统	须家河组	470～500	该组分为六段：二、四、六段以砂岩为主，夹黑色页岩；一、三、五段以灰黑色页岩为主，夹砂岩
		下统	嘉陵江组	470～500	该组分为五段：五段上部为浅灰色白云岩，下部为灰色灰岩、云质灰岩；一、三段以深灰色、灰色泥－粉晶灰岩为主；二、四段以灰褐色硬石膏与灰色微晶云岩、膏质砂屑云岩、膏质云岩为主，夹灰色灰岩、石膏岩、泥岩
			飞仙关组	400～420	该组分为四段：四段为深灰色泥－细晶灰岩及紫色泥岩；三段为深灰色泥灰岩、泥晶灰岩夹紫色泥岩、灰色鲕粒灰岩；二段为暗紫色泥岩、紫灰色泥灰岩夹灰褐色泥灰岩；一段为深灰色泥－细粉晶灰岩、泥灰岩、灰质泥岩
古生界	二叠系	上统	长兴组	150～160	上部为灰褐色、深灰色细粉－泥晶灰岩，下部为深灰色泥晶、细粉晶灰岩夹灰黑色页岩
			龙潭组	130～140	灰黑色页岩夹深灰色凝灰质砂岩、泥晶灰岩、灰质泥岩，中下部夹煤层，底部为铝土质泥岩

续表

地层				厚度范围（m）	岩性简述
界	系	统	组		
古生界	二叠系	下统	茅口组	200 ~ 220	该组分为三段：三段为灰褐色、灰黑色泥－粉晶灰岩；二段为灰黑色泥－细粉晶灰岩；一段为灰黑色泥晶灰岩、细粉晶灰岩
			栖霞组	90 ~ 100	灰色泥－粉晶灰岩
			凉山组	2	黑色页岩
	志留系	中统	韩家店组	10	灰绿色、深灰色泥岩
		下统	石牛栏组	350 ~ 400	灰绿色泥岩、粉砂质泥岩夹灰褐色－灰黑色灰岩、生屑灰岩
			龙马溪组	430 ~ 500	该组分为三段：三段为灰绿色、灰色泥页岩，粉砂质页岩，偶夹粉砂岩、灰岩；二段为灰－深灰色泥页岩，粉砂质页岩；一段为黑色碳质笔石页岩，偶夹粉砂岩薄层
	奥陶系	上统	五峰组	7	灰黑色页岩
			临湘组	8	灰色泥－细粉晶白云岩
		中统	宝塔组	＞ 45	灰色泥－细粉晶灰岩，浅灰色泥－细粉晶生屑灰岩

四、南川工区

南川工区根据区域露头揭示，平桥南区块出露地层主要为三叠系下统嘉陵江组，焦页 X 井区块出露地层为三叠系中统雷口坡组、上统须家河组，东胜区块出露地层主要为三叠系上统须家河组、侏罗系下统自流井组。整体区块自上而下依次为侏罗系、三叠系、二叠系、志留系、奥陶系，缺失泥盆系、石炭系、白垩系、古近系和新近系，地层厚度及岩性见表 1–4。

表 1–4　南川工区地层岩性

地层				厚度范围（m）	岩性简述
界	系	统	组		
中生界	侏罗系	下统	自流井组	600 ~ 700	浅灰、灰黄、紫红色泥质粉砂岩、泥岩夹细粒石英砂岩与少量灰色介壳灰岩
	三叠系	上统	须家河组	80 ~ 190	灰－灰黄色厚层至块状岩屑石英砂岩
		中统	雷口坡组	200 ~ 600	灰色中至厚层状灰岩、泥质灰岩夹泥质云岩
		下统	嘉陵江组	750 ~ 880	灰色白云岩、灰岩互层
			飞仙关组	500 ~ 600	紫色中至厚层状泥灰岩与灰色灰岩

续表

地层				厚度范围（m）	岩性简述
界	系	统	组		
古生界	二叠系	上统	长兴组	80 ~ 100	浅灰至深灰色厚层至块状灰岩
			龙潭组	70 ~ 100	灰白色泥质页岩、深灰色页岩，灰色灰岩
		下统	茅口组	200 ~ 260	深灰至浅灰色厚层状灰岩及生屑灰岩
			栖霞组	80 ~ 100	深灰色中至厚层状灰岩及生物灰岩
			梁山组	3 ~ 10	黄、灰绿、灰白色、灰色页岩及碳质岩，偶夹煤线
	志留系	中统	韩家店组	600 ~ 800	灰色、灰绿色泥岩、粉砂质泥岩夹薄层绿灰色泥质粉砂岩及粉砂岩
		下统	小河坝组	180 ~ 220	灰色、灰绿色中至厚层粉砂岩夹少许深灰色页岩
			龙马溪组	300 ~ 400	上部为灰色泥岩、粉砂质泥岩夹灰色粉砂岩，中部为灰色泥岩夹薄层灰色粉砂岩，下部为灰黑色页岩、粉砂质页岩、硅质页岩
	奥陶系	上统	五峰组	3 ~ 10	黑色硅质页岩、碳质页岩
			临湘组	10 ~ 15	灰色至深灰色瘤状泥质灰岩
		中统	宝塔组	20 ~ 30	灰色、浅肉红色中至厚层状灰岩、生物灰岩

第三节　构造发育特征

各工区断裂较为发育，其中焦石工区共发现逆断层 69 条，江东工区共发现逆断层 39 条，南川工区主要发育两组断裂，威荣工区处于川中弱变形区，区域应力较小，断裂规模总体较小。

一、焦石工区

焦石工区构造位置位于川东高陡褶皱带万县复向斜包鸾 – 焦石坝背斜，构造呈北东向展布。焦石坝构造主体平缓，边缘被大耳山西、石门、吊水岩、天台场等断层夹持，背斜形态清楚，地层平缓（–10°），呈南宽北窄、中部宽缓的特点。总体为北东走向，上奥陶统五峰组底构造高点位于靠近大耳山西断层的东北部，高点海拔 –1640m，构造幅度 940m，如图 1–1 所示。

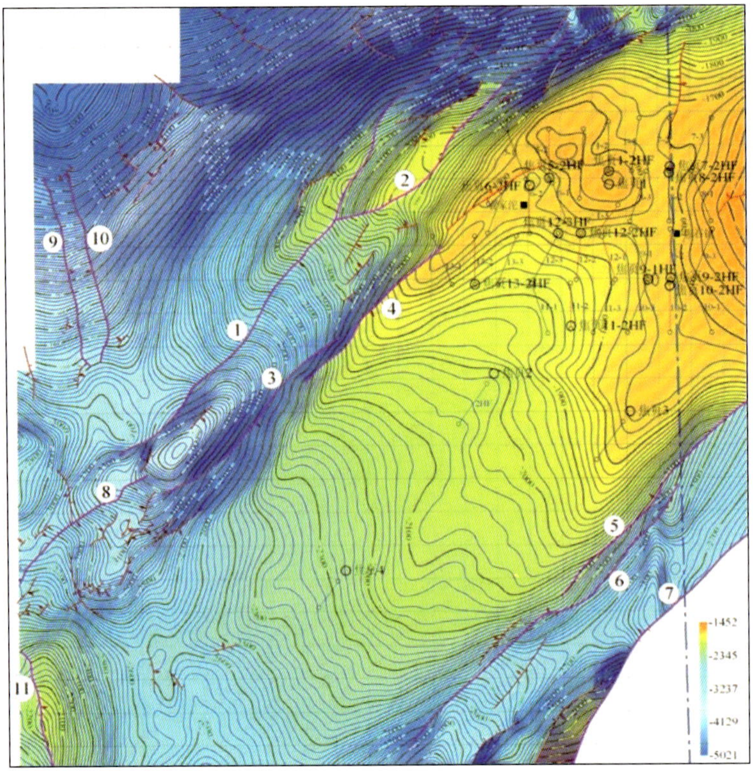

图 1–1　涪陵页岩气田焦石工区 TO_3 反射层构造图

图中①～⑪为断裂号

二、江东工区

江东工区位于涪陵页岩气田的西部，构造上隶属川东高陡构造带万县复向斜东南部，处于焦石坝背斜带、乌江背斜带和江东向斜带的接合部位。江东工区整体可分为南、北两个构造带，北部构造带可细分为天台场 1 号断鼻、天台场 2 号断鼻、吊水岩向斜三个次级构造单元，呈北东向展布；南部构造带可细分为江东鞍部及乌江 1 号断背斜两个次级构造单元，呈北西向展布（如图 1–2 所示）。从整体来看，由北向南构造逐渐复杂。江东工区五峰组底界构造单元高点海拔、幅度、地层倾角数据见表 1–5，气层埋藏深度一般为 2500～4000m。

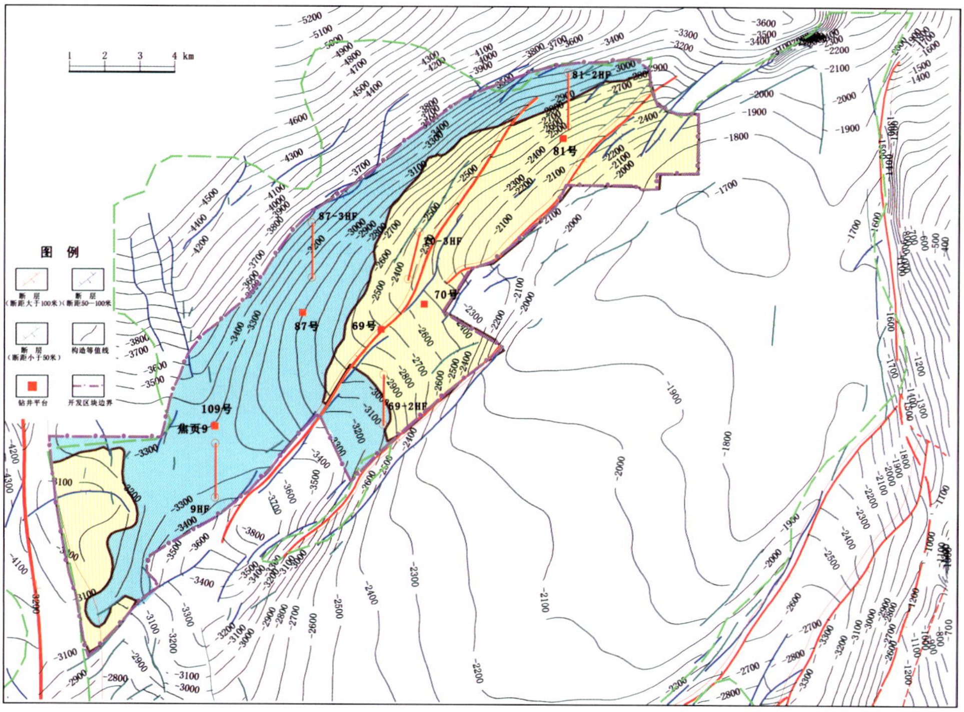

图 1-2 涪陵页岩气田江东工区及周缘 TO_3 底反射层构造图

表 1-5 江东工区五峰组底界构造单元要素

所属构造单元	面积（km^2）	高点海拔（m）	幅度（m）	地层倾角（°）
天台场 1 号断鼻	31	−2300	1200	10 ~ 30
天台场 2 号断鼻	15	−2100	1100	10 ~ 20
吊水岩向斜	40	−2000	1250	10 ~ 30
乌江 1 号断背斜	15.6	−3000	400	10 ~ 20
江东鞍部	8.6	−3300	300	0 ~ 10

三、威荣工区

威荣工区位于川中隆起低缓区，南侧川西南坳陷、北邻威远构造（如图 1-3 所示），东南部为自流井背斜，总体受到威远大型穹隆背斜的控制和制约，整体表现为向斜。加里东期，为川中隆起带南斜坡，威远构造穹隆状背斜构造南缘。经历多期、多旋回构造沉积演化——震旦系桐湾运动、寒武系、加里东运动、二叠系东吴运动和三叠系印支运动，以及后期的燕山运动和喜山运动，构造形变较为复杂。

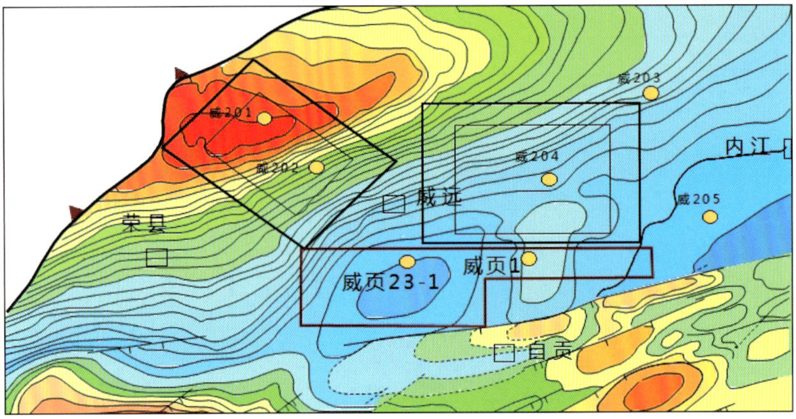

图 1-3　川中地区龙马溪组地层底面构造图

威远工区局部构造较简单（如图 1-4 所示），整体为一宽缓向斜——白马镇向斜。各层构造形态基本相同，从浅至深构造变化不大，构造明显受基底洼陷控制。

整体构造特征为两凹一凸，西部为白马镇向斜，东部发育近南北走向、呈鞍状的背斜，称新胜乡背斜或新胜乡鼻状构造。白马镇向斜呈近南北向条带状分布，新胜乡背斜呈鞍状特征，和工区东南部自流井背斜为一整体构造。整体地层比较平缓，东区略微抬升，矿权区海拔深度变化范围为 3200～3540m。

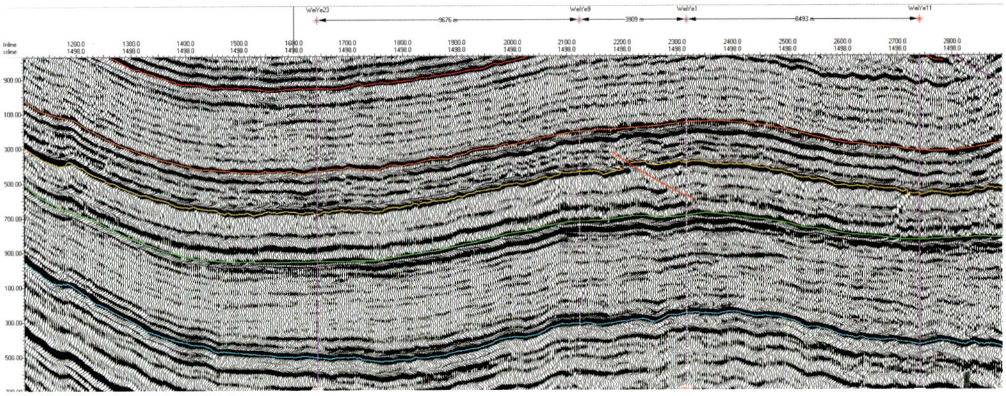

图 1-4　威远工区主要构造地震剖面

四、南川工区

南川工区所属构造隶属四川盆地川东南构造区川东高陡褶皱带。主要包括阳春沟背斜、阳春沟南斜坡、神童坝向斜、南川断鼻、东胜背斜、东胜南斜坡、袁家沟向斜、平桥背斜、平桥南斜坡、双河口向斜、石桥断洼、石门断背斜、武隆向斜、道真向斜、桑柘坪向斜。以构造单元划分为基础，结合埋深、地震资料品质、矿权分布等，将南川工区划分为平桥南、焦页 X 井区、东胜和彭水区块。

川东高陡褶皱带是四川盆地川东南构造区最重要的二级构造单元，也是四川盆地的重要产气区。西侧以华蓥山深大断裂为界与川中构造区相接，东侧以齐西深大断裂为界与湘鄂西断褶带相邻，北侧与秦岭褶皱带相接。工区从南至北，构造走向由北北西转向北北东，再转向北东，形成四川盆地最具特征的弧形褶皱带。工区燕山期受太平洋板块向北西的强烈挤压，形成一系列背斜高陡、向斜宽缓的典型侏罗山型构造；喜山期印度板块向欧亚板块俯冲，在来自北西方向的挤压应力作用下，构造得到进一步改造和重建，以正向构造为主，各背斜带之间以宽缓向斜带为界。彭水区块处于川东南－湘鄂西“槽－挡”过渡区，构造形态以 NE 向复向斜和复背斜相间分布为主。彭水区块经过多期构造演化，现今构造格局主要定型于燕山中期（J3–K1），构造行迹以 NE 向为主，由于边界控制，构造由 NE 向高陡冲断演变成 SN 向左旋走滑。三组相对紧闭的背斜带中夹三组核部宽缓而翼部相对陡立的向斜带，呈北北东向展布。同时在背斜构造发育一系列北北东向或近北西向断裂构造，是受北西西向、南东东向压应力条件下的产物（如图 1–5 所示）。

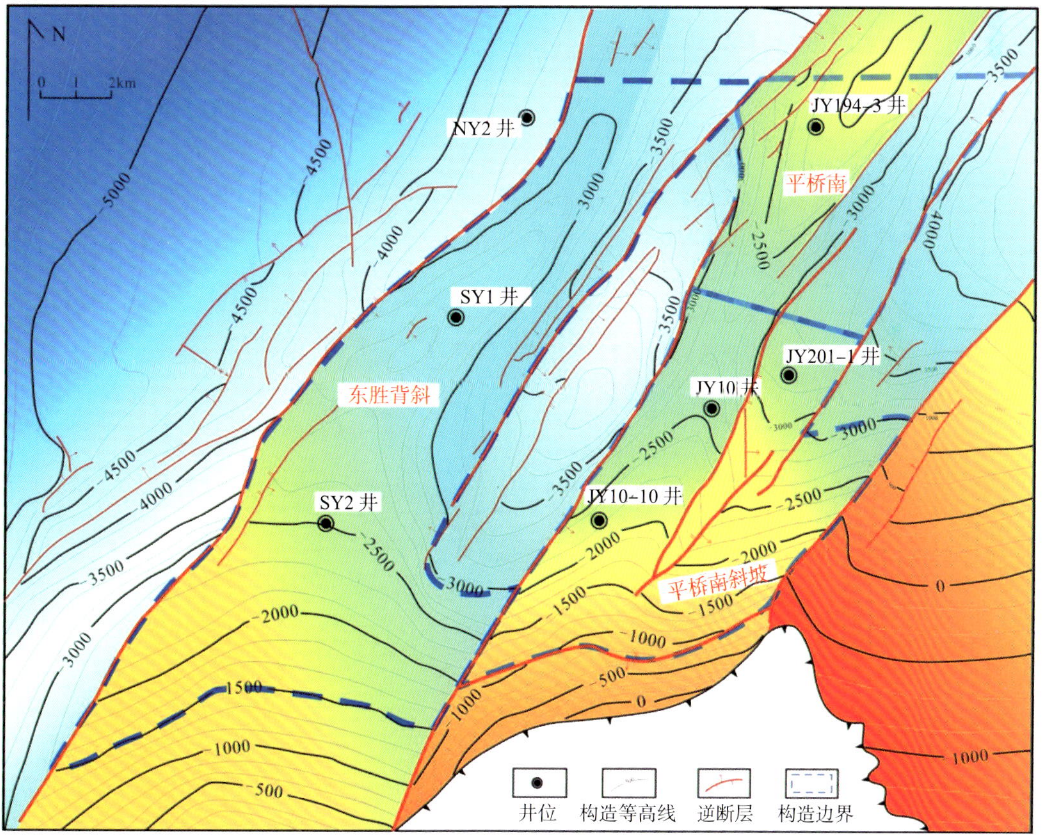

图 1–5　南川工区龙马溪组地层底面构造图

第四节　工程地质特征

焦石、江东、威荣、南川工区地层可钻性较好，存在垮塌、井漏、井喷、阻卡、含硫化氢等故障风险，均属正常地温梯度。焦石、江东、威荣工区地层压力较高，属于超压、高压页岩气藏，南川工区地层压力相对较低，属于高压、常压页岩气藏。

一、焦石工区

1. 地层可钻性

通过焦石工区各组段岩性组合特征，结合工区内多口井钻井参数进行统计分析，工区地层可钻性分析见表 1–6。

表 1–6　焦石工区平均钻时与可钻性分级关联

地层	岩性概述	平均钻时（min/m）		可钻性分级	
		PDC 钻头	三牙轮钻头	PDC 钻头	三牙轮钻头
雷口坡组	上部为灰岩、页岩，中部为粉砂质（钙质）泥页岩，下部为含泥质灰岩及含钙质泥页岩、岩溶角砾岩	2 ~ 4	8 ~ 12	2 ~ 3	4 ~ 4.6
嘉陵江组	灰 – 深灰色灰岩为主，夹薄层含泥、泥质灰岩。顶部见一中薄层灰、黄灰色白云岩、含灰白云岩，底部见一中厚层灰、深灰色云质灰岩	3 ~ 5	10 ~ 15	2.6 ~ 3.3	4.3 ~ 4.9
飞仙关组	顶部为灰黄色含灰泥质白云岩，间夹紫红色泥岩，中部以灰 – 深灰色云质灰岩、鲕粒灰岩为主，夹薄层泥质灰岩，下部为深灰色云质灰岩，底部见一层深灰色含灰泥岩	3 ~ 5	8 ~ 12	2.6 ~ 3.3	4 ~ 4.6
长兴组	岩性整体为灰岩。上部以灰 – 深灰色生屑（含生屑）灰岩为主，下部为浅灰色、灰 – 深灰色灰岩，局部含泥质	3 ~ 6	8 ~ 16	2.6 ~ 3.6	4 ~ 5
龙潭组	中部以灰 – 深灰色灰岩、含泥灰岩为主，夹薄层含生屑灰岩，上、下部为灰黑色碳质泥岩	7 ~ 11	10 ~ 15	3.8 ~ 4.5	4.3 ~ 4.9
茅口组	以灰 – 深灰色灰岩，云质灰岩，泥质灰岩为主，夹灰黑色泥岩、深灰色含灰泥岩及含生屑灰岩	5 ~ 10	10 ~ 15	3.3 ~ 4	4.3 ~ 4.9
栖霞组	整体为灰岩，灰、浅灰色，局部泥质含量较重	5 ~ 10	8 ~ 14	3.3 ~ 4.3	4 ~ 4.8
梁山组	上部为薄层的灰黑色碳质泥岩与薄层的灰色（含云）灰岩互层，下部为灰色泥岩夹一薄层灰色含砾粉砂岩条带	5 ~ 10	8 ~ 14	3.3 ~ 4.3	4 ~ 4.8
黄龙组	整体为灰岩，含云质	14 ~ 15	14 ~ 18	4.8 ~ 4.9	4.8 ~ 5.2

续表

地层	岩性概述	平均钻时（min/m）		可钻性分级	
		PDC 钻头	三牙轮钻头	PDC 钻头	三牙轮钻头
韩家店组	上部以紫红、棕红色泥岩、粉砂质泥岩为主，夹薄层灰、绿灰色泥岩，中部为绿灰色泥岩、粉砂质泥岩夹薄层绿灰色泥质粉砂岩、粉砂岩，下部为灰色泥岩、粉砂质泥岩夹薄层灰色泥质粉砂岩、粉砂岩	4 ~ 10	8 ~ 12	3 ~ 4.3	4 ~ 4.6
小河坝组	以灰－深灰色泥岩为主，夹薄层粉砂质泥岩	4 ~ 10	20 ~ 25	3 ~ 4.3	5.3 ~ 5.6
龙马溪组龙三段	以深灰色泥岩为主，夹薄层泥质粉砂岩、粉砂岩	4 ~ 12	20 ~ 30	3 ~ 4.6	5.3 ~ 5.9
龙马溪组龙二段	灰－灰黑色泥质粉砂岩，粉砂岩，泥岩	10 ~ 25	20 ~ 40	4.3 ~ 5.6	5.3 ~ 6.3
龙马溪组龙一段－五峰组	大套灰黑色页岩、碳质页岩	4 ~ 10	15 ~ 35	3 ~ 4.3	4.9 ~ 6.1

2. 钻井风险

据焦石工区上奥陶统五峰组－下志留统龙马溪组页岩气成分测试，以甲烷（CH_4）为主，平均含量 98.27%，其次为氮气、乙烷等，不含硫化氢（H_2S）、一氧化碳（CO）和氢气，属过成熟干气。

硫化氢的显示层段主要在二叠系，区块局部位置在长兴组、龙潭组和栖霞组气测检到有硫化氢显示。长兴组硫化氢浓度 2.0 ~ 100.0ppm；龙潭组硫化氢浓度 5.0 ~ 35.0ppm；栖霞组硫化氢浓度 5.0 ~ 100ppm。

焦石工区各组段油气水层显示预测和工程故障风险提示见表 1–7。

表 1–7　焦石工区各组段油气水层显示预测和工程故障风险提示

地层		预测油气水层	故障提示
组	代号		
雷口坡组	T_2l		防漏、防垮
嘉陵江组	T_1j	水层	防漏、防 H_2S、防喷
飞仙关组	T_1f	微含气层	
长兴组	P_2ch	含气含硫	
龙潭组	P_2l	微含气层	防漏、防垮、防喷
茅口组	P_1m	微含气层	
栖霞组	P_1q	微含气层	
梁山组	P_1l		防垮
黄龙组	C_2h	缺失	
韩家店组	S_2h		防漏、防垮

续表

地层		预测油气水层	故障提示
组	代号		
小河坝组	S_1x	含气层	防漏、防垮
龙马溪组	S_1l	页岩气层	防漏、防垮、防喷
五峰组	O_3w		
涧草沟组	O_3j		防垮、防卡

3. 地层温压特征

五峰组-龙马溪组一段脆性矿物以石英、长石为主，含量为61.3%，石英含量为44.42%；实测杨氏模量为25.0~49.0GPa，泊松比为0.192~0.245，最大主应力为63.50MPa，最小主应力为47.39MPa，垂向应力为49.24~58.62MPa，水平地应力差异系数为0.11~0.34，表明储层形成复杂裂缝的可能性较大，有利于压裂改造。焦页XHF井压裂施工压力为37.50~65.20MPa，地层破裂压力为60.00~65.00MPa。焦石工区的地层压力预测见表1-8。

表1-8 焦石工区地层压力预测

地层		预测压力系数（压裂前）
组	代号	
雷口坡组	T_2l	0.85~0.95
嘉陵江组	$T_1j–T_1f$	
飞仙关组		
长兴组	$P_2ch–P_2l$	1.00~1.15
龙潭组		
茅口组	$P_1m–P_1l$	
栖霞组		1.00~1.20
梁山组		
黄龙组	C_2h	1.10~1.20
韩家店组	S_2h	1.10~1.25
小河坝组	S_1x	
龙马溪组	S_1l	1.25~1.30
五峰组	O_3w	

据焦石工区已钻井地层温度测试，目的层地层温度在80~110℃，地温梯度为2.91℃/100m，属正常地温梯度。

焦石工区五峰-龙马溪组页岩气藏为连续性气藏，无明显边界，气藏类型为中深层、弹性气驱、高压、干气页岩气藏。试气测试分析折算地层压力在34.87~37.69MPa，压力系数为1.45~1.55。

二、江东工区

1. 地层可钻性

通过江东工区各组段岩性组合特征，结合工区内多口井钻井参数进行统计分析，工区地层可钻性分析见表 1–9。

表 1–9 江东工区平均钻时与可钻性分级关联

地层	主要岩性组合	平均钻时（min/m）		可钻性分级	
		PDC 钻头	三牙轮钻头	PDC 钻头	三牙轮钻头
雷口坡组	上部为灰岩、页岩，中部为粉砂质（钙质）泥页岩，下部为含泥质灰岩及含钙质泥页岩、岩溶角砾岩	2 ~ 4	8 ~ 12	2 ~ 3	4 ~ 4.6
嘉陵江组	以灰 – 深灰色灰岩为主，夹薄层含泥、泥质灰岩。顶部见一中薄层灰、黄灰色白云岩、含灰白云岩，底部见一中厚层灰 – 深灰色云质灰岩	3 ~ 5	10 ~ 15	2.6 ~ 3.3	4.3 ~ 4.9
飞仙关组	顶部为灰黄色含灰泥质白云岩，间夹紫红色泥岩，中部以灰 – 深灰色云质灰岩、鲕粒灰岩为主，夹薄层泥质灰岩，下部为深灰色云质灰岩，底部见一层深灰色含灰泥岩	3 ~ 5	8 ~ 12	2.6 ~ 3.3	4 ~ 4.6
长兴组	岩性整体为灰岩。上部以灰 – 深灰色生屑（含生屑）灰岩为主，下部为浅灰色、灰 – 深灰色灰岩，局部含泥质	3 ~ 6	8 ~ 16	2.6 ~ 3.6	4 ~ 5
龙潭组	中部以灰 – 深灰色灰岩，含泥灰岩为主，夹薄层含生屑灰岩，上、下部为灰黑色碳质泥岩	7 ~ 11	10 ~ 15	3.8 ~ 4.5	4.3 ~ 4.9
茅口组	以灰 – 深灰色灰岩，云质灰岩，泥质灰岩为主，夹灰黑色泥岩、深灰色含灰泥岩及含生屑灰岩	5 ~ 10	10 ~ 15	3.3 ~ 4	4.3 ~ 4.9
栖霞组	整体为灰岩，灰、浅灰色，局部泥质含量较重	5 ~ 10	8 ~ 14	3.3 ~ 4.3	4 ~ 4.8
梁山组	上部为薄层的灰黑色碳质泥岩与薄层的灰色（含云）灰岩互层，下部为灰色泥岩夹一薄层灰色含砾粉砂岩条带	5 ~ 10	8 ~ 14	3.3 ~ 4.3	4 ~ 4.8
黄龙组	整体为灰岩，含云质	14 ~ 15	14 ~ 18	4.8 ~ 4.9	4.8 ~ 5.2
韩家店组	上部以紫红、棕红色泥岩，粉砂质泥岩为主，夹薄层灰、绿灰色泥岩，中部以绿灰色泥岩、粉砂质泥岩夹薄层绿灰色泥质粉砂岩、粉砂岩，下部以灰色泥岩、粉砂质泥岩夹薄层灰色泥质粉砂岩、粉砂岩	4 ~ 10	8 ~ 12	3 ~ 4.3	4 ~ 4.6
小河坝组	以灰 – 深灰色泥岩为主，夹薄层粉砂质泥岩	4 ~ 10	20 ~ 25	3 ~ 4.3	5.3 ~ 5.6
龙马溪组龙三段	以深灰色泥岩为主，夹薄层泥质粉砂岩、粉砂岩	4 ~ 12	20 ~ 30	3 ~ 4.6	5.3 ~ 5.9
龙马溪组龙二段（浊积砂段）	灰 – 灰黑色泥质粉砂岩，粉砂岩，泥岩	10 ~ 25	20 ~ 40	4.3 ~ 5.6	5.3 ~ 6.3
①~⑨小层	大套灰黑色页岩、碳质页岩	4 ~ 10	15 ~ 35	3 ~ 4.3	4.9 ~ 6.1

2. 钻井风险

据江东工区上奥陶统五峰组－下志留统龙马溪组页岩气成分测试，以甲烷为主，平均含量为97.863%，乙烷平均含量为0.388%，低含二氧化碳（CO_2），平均含量为0.594%，不含硫化氢，属中深层、高压、干气页岩气藏。

硫化氢的显示层段主要在二叠系，区块局部位置在长兴组、龙潭组和栖霞组气测检到有硫化氢显示。长兴组硫化氢浓度为2.0～100.0ppm；龙潭组硫化氢浓度为5.0～35.0ppm；栖霞组硫化氢浓度为5.0～100ppm。

江东工区各组段油气水层显示预测和工程故障风险提示见表1–10。

表1–10　江东工区各组段油气水层显示预测和工程故障风险提示

<table>
<tr><th colspan="2">地层</th><th rowspan="2">预测油气水层</th><th rowspan="2">故障提示</th></tr>
<tr><th>组</th><th>代号</th></tr>
<tr><td>雷口坡组</td><td>T_2l</td><td></td><td rowspan="6">防漏、防喷</td></tr>
<tr><td>嘉陵江组</td><td>T_1j</td><td>水层</td></tr>
<tr><td>飞仙关组</td><td>T_1f</td><td>微含气层</td></tr>
<tr><td>长兴组</td><td>P_2ch</td><td>含气含硫</td></tr>
<tr><td>龙潭组</td><td>P_2l</td><td>微含气层</td></tr>
<tr><td>茅口组</td><td>P_1m</td><td>微含气层</td></tr>
<tr><td>栖霞组</td><td>P_1q</td><td>微含气层</td><td rowspan="5">防漏、防垮</td></tr>
<tr><td>梁山组</td><td>P_1l</td><td></td></tr>
<tr><td>黄龙组</td><td>C_2h</td><td></td></tr>
<tr><td>韩家店组</td><td>S_2h</td><td></td></tr>
<tr><td>小河坝组</td><td>S_1x</td><td>含气层</td></tr>
<tr><td>龙马溪组</td><td>S_1l</td><td rowspan="2">页岩气层</td><td rowspan="2">防漏、防垮、防喷</td></tr>
<tr><td>五峰组</td><td>O_3w</td></tr>
</table>

3. 地层温压特征

依据地震资料、邻井实钻中的钻井液密度资料及大型压裂后实测井底压力进行综合预测，江东工区的地层压力预测见表1–11。

表1–11　江东工区地层压力预测

<table>
<tr><th colspan="2">地层</th><th rowspan="2">预测压力系数（压裂前）</th></tr>
<tr><th>组</th><th>代号</th></tr>
<tr><td>雷口坡组</td><td>T_2l</td><td rowspan="3">0.85～0.95</td></tr>
<tr><td>嘉陵江组</td><td rowspan="2">T_1j–T_1f</td></tr>
<tr><td>飞仙关组</td></tr>
</table>

续表

<table>
<tr><th colspan="2">地层</th><th rowspan="2">预测压力系数（压裂前）</th></tr>
<tr><th>组</th><th>代号</th></tr>
<tr><td>长兴组</td><td rowspan="2">$P_2ch–P_2l$</td><td rowspan="3">0.85～0.95</td></tr>
<tr><td>龙潭组</td></tr>
<tr><td>茅口组</td><td rowspan="3">$P_1m–P_1l$</td></tr>
<tr><td>栖霞组</td><td rowspan="3">1.00～1.20</td></tr>
<tr><td>梁山组</td></tr>
<tr><td>黄龙组</td><td>C_2h</td></tr>
<tr><td>韩家店组</td><td>S_2h</td><td>1.10～1.25</td></tr>
<tr><td>小河坝组</td><td>S_1x</td><td>1.15～1.25</td></tr>
<tr><td>龙马溪组</td><td>S_1l</td><td rowspan="2">1.25～1.40</td></tr>
<tr><td>五峰组</td><td>O_3w</td></tr>
</table>

五峰组－龙马溪组一段脆性矿物以石英、长石为主，含量为52.4%，碳酸盐岩含量为9.95%；实测杨氏模量为（3.66～4.33）$\times 10^4$MPa，泊松比为0.17～0.2，最大主应力为55.52MPa，最小主应力为48.63MPa，水平地应力差异系数为0.11，有利于压裂改造；深度较深、水平应力差较大、垂向应力增大、部分区域变形强，导致压裂难度增加。

据江东工区已钻井地层温度测试，目的层地层温度在90～120℃，地温梯度为2.68℃/100m，属正常地温梯度。

江东工区气藏属高压气藏，其中J8X-X2HF井静压数据显示气层中部压力为52.66MPa，压力系数为1.58，属于超压气藏。

三、威荣工区

1. 地层可钻性

工区为达到提速目的，全井推荐使用PDC钻头（不含扫塞钻头），分开次分层段优选钻头。长兴组以上浅地层钻头选用以5、6刀翼16mm齿PDC钻头为主，茅口组－石牛栏组地层可钻性差，优选混合钻头，龙马溪组与滑动地质导向配合试验国产PDC钻头。工区地层可钻性分析见表1-12。

表1-12　威荣工区平均钻时与可钻性分级关联

地层	主要岩性组合	平均钻时（min/m）		可钻性分级	
		PDC钻头	三牙轮钻头	PDC钻头	三牙轮钻头
沙溪庙组	细粒岩屑砂岩	2.21	4.76	6.11	8.44
凉高山组	泥岩、细砂岩，顶部为页岩	2.1	4.65	5.99	8.32

续表

地层	主要岩性组合	平均钻时（min/m）		可钻性分级	
		PDC钻头	三牙轮钻头	PDC钻头	三牙轮钻头
自流井组	上部灰岩夹页岩，中部泥岩与灰岩不等厚互层，间夹灰黑色页岩，下部泥岩夹页岩	3.66	6.21	7.55	9.88
须家河组	须二、四、六段以砂岩夹页岩；须三、五段页岩夹砂岩，须一段为砂岩和页岩等厚互层	4.19	6.74	8.09	10
雷口坡组	上部为灰岩、云岩及石膏，底部为黄绿色绿豆岩	8.27	10	10	10
嘉陵江组	嘉五段以泥质灰岩、灰质泥岩、云岩夹石膏为主	7.88	10	10	10
飞仙关组	泥岩，上部为粉砂岩、泥质粉砂岩及粉晶灰岩，底部为浅灰色泥质灰岩	4.19	6.74	8.08	10
长兴组	上部为灰岩，下部为灰岩与页岩略等厚互层	4.61	7.16	8.5	10
龙潭组	上部为页岩、碳质页岩，下部为铝土质泥岩夹碳质页岩	1.91	3.3	5.8	8.13
茅口组	生物碎屑灰岩，粉晶灰岩，灰岩及生物灰岩	9.06	10	10	10
栖霞组	上部石灰岩；石灰岩含燧石	10	10	10	10
梁山组	灰黑色页岩、碳质页岩，深灰色泥岩	1.35	3.9	5.25	7.58
韩家店组	泥岩	2.2	4.75	6.1	8.43
石牛栏组	泥质灰岩、灰岩不等厚互层	4.05	6.6	7.94	10
龙马溪组	页岩	2.36	4.91	6.25	8.58

2. 钻井风险

龙马溪组产出流体主要为天然气，气体成分以甲烷为主，含量为96%～98%，氮气含量为0.46%～2.4%，二氧化碳含量为0.7%～1.2%，不含硫化氢，属深层、高压、干气页岩气藏。威荣气田嘉陵江组、茅口组气藏，寒武系气藏，震旦系气藏均含有硫化氢。威X5井嘉四段二氧化碳+硫化氢含量为0.89%，茅口组气藏硫化氢含量为10.121g/m^3；另外，区域上雷口坡组均含较高浓度的硫化氢，且邻井WX9-X1HF在雷口坡组、茅口组等海相地层多次钻遇气显示。威荣工区各组段油气水层显示预测和工程故障风险提示见表1-13。

表1-13　威荣工区各组段油气水层显示预测和工程故障风险提示

地层		预测油气水层	故障提示
组	代号		
遂宁组	J_3sn		
沙溪庙组	J_2s	微含气层	防漏、防垮、防气侵
新田沟组	J_2x		
自流井组	J_1z	微含气层	防塌、防气侵，同时注意防喷
须家河组	J_3x	含气层	

续表

地层		预测油气水层	故障提示
组	代号		
雷口坡组	T_2l	含气层、气层	防漏、防垮、防喷、防膏侵
嘉陵江组	T_1j	（裂缝）气层、含气层	
飞仙关组	T_1f	微含气层	
长兴组	P_2ch	气层、含气层	防塌、防喷、防硫化氢、防漏
龙潭组	P_2l		
茅口组	P_1m	气层、含气层	
栖霞组	P_1q	含气层	
梁山组	P_1l	页岩气层	
韩家店组	S_2h		防塌、防喷、防硫化氢、防漏
石牛栏组	S_1s	裂缝型气层	
龙马溪组	S_1l	裂缝型（含）气层	
五峰组	O_3w	页岩气层	
临湘组	O_3l		防喷、防硫化氢
宝塔组	O_2b	裂缝型气层	

3. 地层温压特征

依据地震资料、邻井实钻中的钻井液密度资料及大型压裂后实测井底压力进行综合预测，威荣工区的地层压力预测见表 1–14。

表 1–14　威荣工区地层压力预测

地层		预测压力系数（压裂前）
组	代号	
沙溪庙组 – 新田沟组	J_2s–J_2x	1.00 ~ 1.10
自流井组 – 须家河组	J_1z–T_3x	1.10 ~ 1.30
雷口坡组 – 飞仙关组	T_2l–T_1f	1.30 ~ 1.50
长兴组 – 龙潭组	P_2ch–P_2l	1.40 ~ 1.50
茅口组 – 石牛栏组	P_1m–S_1s	1.40 ~ 1.60
龙马溪组 – 五峰组	S_1l–O_3w	1.60 ~ 2.20

龙马溪组 – 五峰组一段脆性矿物以石英、长石为主，含量为 37% ~ 88.5%，平均为 56.5%，石英含量为 19% ~ 73.8%；实测杨氏模量为 19.65 ~ 25.31GPa，泊松比为 0.18 ~ 0.24，最大主应力为 88.17 ~ 110.62MPa，最小主应力为 83.99 ~ 98.89MPa，水平地应力差异系数为 0.05 ~ 0.127，表明储层形成复杂裂缝的可能性较大，有利于压裂改造。

据威荣工区已钻井地层温度测试，目的层地层温度在 125 ~ 140℃，地温梯度为（3.00 ~ 3.35）℃ /100m，属正常地温梯度。

龙马溪组龙一段Ⅰ亚段①～④小层的地层压力系数分布在1.7～2.2，整体较高，属于高压气藏。

四、南川工区

1. 地层可钻性

通过南川工区各组段岩性组合特征，结合工区内多口井钻井参数进行统计分析，工区地层可钻性分析见表1–15。

表1–15　南川工区平均钻时与可钻性分级关联

地层	主要岩性组合	平均钻时（min/m）		可钻性分级	
		PDC钻头	三牙轮钻头	PDC钻头	三牙轮钻头
雷口坡组	上部为灰岩、页岩，中部为粉砂质（钙质）泥页岩，下部为含泥质灰岩及含钙质泥页岩、岩溶角砾岩	2～3	7～12	2～3	4～6
嘉陵江组	以灰－深灰色灰岩为主，夹薄层含泥、泥质灰岩。顶部见一中薄层灰、黄灰色白云岩、含灰白云岩，底部见一中厚层灰、深灰色云质灰岩	3～5	8～15	2.6～3.3	4～6
飞仙关组	顶部为灰黄色含灰泥质白云岩，间夹紫红色泥岩，中部以灰－深灰色云质灰岩、鲕粒灰岩为主，夹薄层泥质灰岩，下部为深灰色云质灰岩，底部见一层深灰色含灰泥岩	3～5	8～12	3～4	4～6
长兴组	岩性整体为灰岩。上部以灰－深灰色生屑（含生屑）灰岩为主，下部为浅灰色、灰－深灰色灰岩，局部含泥质	4～6	8～18	2～4	4～5
龙潭组	中部以灰、深灰色灰岩，含泥灰岩为主，夹薄层含生屑灰岩，上、下部为灰黑色碳质泥岩	8～12	10～15	3～5	4～5
茅口组	以灰－深灰色灰岩、云质灰岩、泥质灰岩为主，夹灰黑色泥岩、深灰色含灰泥岩及含生屑灰岩	5～10	10～15	3～4	4～6
栖霞组	整体为灰岩，灰、浅灰色，局部泥质含量较重	5～10	8～15	3～5	4～6
梁山组	上部为薄层的灰黑色碳质泥岩与薄层的灰色（含云）灰岩互层，下部为灰色泥岩夹一薄层灰色含砾粉砂岩条带	5～10	8～16	3.3～5.3	4～7
韩家店组	上部以紫红、棕红色泥岩，粉砂质泥岩为主，夹薄层灰、绿灰色泥岩；中部为绿灰色泥岩、粉砂质泥岩夹薄层绿灰色泥质粉砂岩、粉砂岩；下部为灰色泥岩、粉砂质泥岩夹薄层灰色泥质粉砂岩、粉砂岩	4～10	8～12	3～5	4～6
小河坝组	以灰－深灰色泥岩为主，夹薄层粉砂质泥岩	5～10	20～26	3～4.3	5～6
龙马溪组龙三段	以深灰色泥岩为主，夹薄层泥质粉砂岩、粉砂岩	4～12	20～30	3～6	5～7

续表

地层	主要岩性组合	平均钻时（min/m）		可钻性分级	
		PDC钻头	三牙轮钻头	PDC钻头	三牙轮钻头
龙马溪组龙二段	灰－灰黑色泥质粉砂岩，粉砂岩，泥岩	10～25	20～40	4～6	5～7
龙马溪组龙一段－五峰组	大套灰黑色页岩、碳质页岩	4～10	15～35	3～5	4～6

2. 钻井风险

据南川工区上奥陶统五峰组－下志留统龙马溪组页岩气成分测试，以甲烷为主，平均含量为98.06%，乙烷含量为0.48%，丙烷含量为0.01%，二氧化碳含量为1.45%，不含硫化氢、氮气、一氧化碳和氢气，属过成熟干气。工区地层一般不含硫化氢，仅SX-XHF井长兴组有硫化氢显示，硫化氢浓度为6～17ppm。

南川工区各组段油气水层显示预测和工程故障风险提示见表1-16。

表1-16 南川工区各组段油气水层显示预测和工程故障风险提示

地层		含气显示	风险提示
组	代号		
自流井组	$J_{1-2}z$		防漏、防垮
须家河组	T_3x		
雷口坡组	T_2l		
嘉陵江组	T_1j	水层	防漏、防喷、防硫
飞仙关组	T_1f	微含气层	
长兴组	P_2ch	含气	
龙潭组	P_2l	微含气层	防漏、防垮、防喷
茅口组	P_1m	含气层	
栖霞组	P_1q	微含气层	
梁山组	P_1l		防垮
韩家店组	S_2h		防漏、防垮
小河坝组	S_1x	含气层	
龙马溪组	S_1l	页岩气层	防漏、防垮、防喷
五峰组	O_3w		
临湘组	O_3l		防垮、防卡
宝塔组	O_2b		

3. 地层温压特征

依据地震资料、邻井实钻中的钻井液密度资料及大型压裂后实测井底压力进行综合预测，南川工区的地层压力预测见表 1-17。

表 1-17 南川工区地层压力预测

地层		预测压力系数（压裂前）
组	代号	
须家河组	T_3x	1.00 ~ 1.05
雷口坡组	T_2l	
嘉陵江组	T_1j	
飞仙关组	T_1f	
长兴组	P_2ch	
龙潭组	P_2l	1.00 ~ 1.20
茅口组	P_1m	
栖霞组	P_1q	
梁山组	P_1l	
韩家店组	S_2h	1.00 ~ 1.25
小河坝组	S_1x	1.00 ~ 1.30
龙马溪组	S_1l	1.15 ~ 1.36
五峰组	O_3w	

南川工区五峰组－龙马溪组一段脆性矿物以石英、长石为主，平均含量为 53.3%，石英平均含量为 48%；实测杨氏模量为 35.73 ~ 45.50GPa，泊松比为 0.15 ~ 0.24，最大主应力为 67.01 ~ 76.98MPa，最小主应力为 59.89 ~ 70.00MPa，水平地应力差异系数为 0.1，表明储层形成复杂裂缝的可能性较大，有利于压裂改造。

据南川工区已钻井地层温度测试，目的层地层温度在 85 ~ 100℃，地温梯度为（2 ~ 2.8）℃ /100m，属正常地温梯度。

南川工区五峰组－龙马溪组页岩气藏为连续性气藏，无明显边界，气藏类型为中深层、弹性气驱、高压、干气页岩气藏。平桥南区为高压页岩气，压力系数为 1.25 ~ 1.36；焦页 X 井区、东胜区块和彭水区块属于常压页岩气，压力系数为 1.10 ~ 1.25，属于常压页岩气藏。

四个工区整体表现为：（1）地面条件复杂，沟壑纵横，水资源不丰富，不利于建设大规模井场。不同于北美地区页岩气田现场地势平坦。（2）地层构造复杂。目前投产的大部分工区面积不大，地层倾角大、断层多，裂缝、溶洞发育，应力场变化复杂，钻井、压裂改造难度大。（3）页岩埋深跨度大，在 2700 ~ 4500m，压力系数差异大，作业周期长，开采成本高。面对页岩气钻井、压裂试气中的诸多挑战，中国石化通过多年的探索实践，形成了新的页岩气开发工程系列技术，保障了页岩气的高效开发。

02

第二章 页岩气钻井工艺技术

钻井工程是页岩气勘探开发的重要一环，我国页岩气钻井技术发展主要经历了三个阶段：第一阶段为借鉴引进国外技术；第二阶段为探索适合我国地质特点的钻井工程技术；第三阶段为创新形成高效钻井集成技术。中国石化经过十余年页岩气开发技术的探索、创新、完善、积累，形成了以钻井工程设计、气体钻井技术、控压钻井技术、一趟钻钻井技术、深层高效钻井技术、超长水平段钻井技术等为代表的页岩气钻井工艺技术系列，保障了页岩气的高效开发。

第一节 钻井工程设计

钻井工程设计是指按照钻井地质设计要求，开展钻井工程参数及技术措施设计，主要包括井工厂优化布局、井身结构设计、井眼轨迹设计、钻井液设计等内容，为页岩气钻井工程顺利开展和高质量完井提供依据。

一、井工厂优化布局

"井工厂"技术包括布井、施工、资源、管理、环境五大技术层面，具有批量化、流程化、标准化、自动化、效益最大化等优点，其优势在于：采用平台从式井部署，能最大限度利用钻井井场，减少搬迁时间，节约井场用地；采用流水线作业方式，同一工序批量化施工，利用学习曲线有效提高施工效率，实现钻井液材料的循环利用，减少钻井液材料的消耗。钻机平移后，利用各开次中完时间继续进行施工，提高钻机运行效率，降低平台整体施工周期。

（一）井网部署

页岩气井网井距采用一次性部署，以实现体积压裂对储层改造最大化。常规设计水平井井距 300 ~ 600m，水平段长 1500 ~ 3000m，水平段方位垂直于最大主应力方向，3/4

井平台的井网方案如图 2–1 所示，6 井平台的井网方案如图 2–2 所示。单向布井采用 3/4 井平台的布井模式，双向交叉布井采用 6 井平台的布井模式，轨迹形态上分为 U 形和鱼钩形两类。

由于井场布局的限制，部分井靶前距仅 100 ~ 200m，井场位置不能与井网部署合理匹配，造成部分储量面积难以有效动用。因此，设计鱼钩形轨迹，通过反向延伸后再向预定靶体穿行，以满足地质设计，如图 2–3 所示。

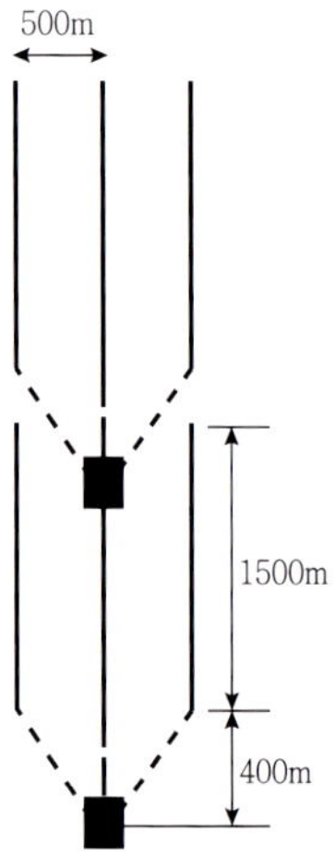

图 2–1　3/4 井平台的井网方案

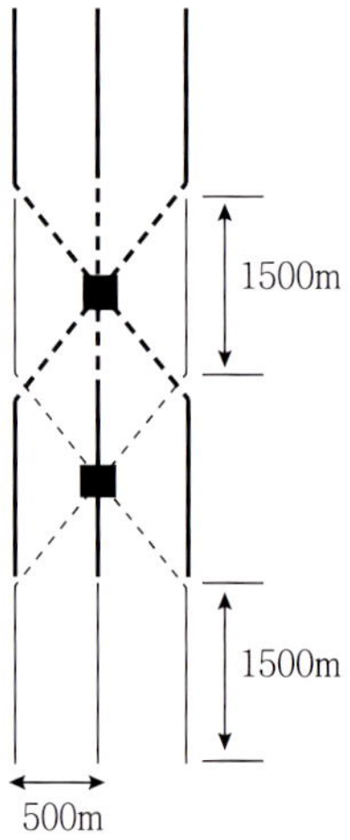

图 2–2　6 井平台的井网方案

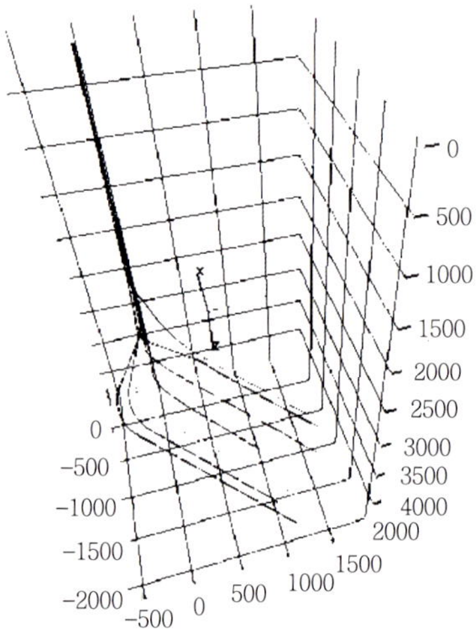

图 2–3　鱼钩形布井方式

（二）平台设计

1. 单钻机平台设计

考虑到采气设备安装、压裂作业空间、运输通道与安全井距的要求，井口间距为 8 ~ 10m。3 井式平台采用单钻机单排布井方式；4 井式平台根据地面条件，可采用单排或双排布井方式，单钻机双排布井排间距 12m。

ZJ50 钻机井场面积基本为 $95m \times 50m=4750m^2$，ZJ70 钻机井场标准面积为 $120m \times 60m=7200m^2$。考虑到工区山地地面条件和压裂施工井场前场长度的需要，单钻机平台井场面积与布局要求如下：

（1）3 井式平台标准井场规格为：$130m \times 60m=7800m^2$，井场布局如图 2–4 所示。

（2）4 井式平台标准井场规格为：单排 $140m \times 60m = 8400m^2$，井场布局如图 2–5 所示；双排 $120m \times 72m = 8640m^2$，井场布局如图 2–6 所示。

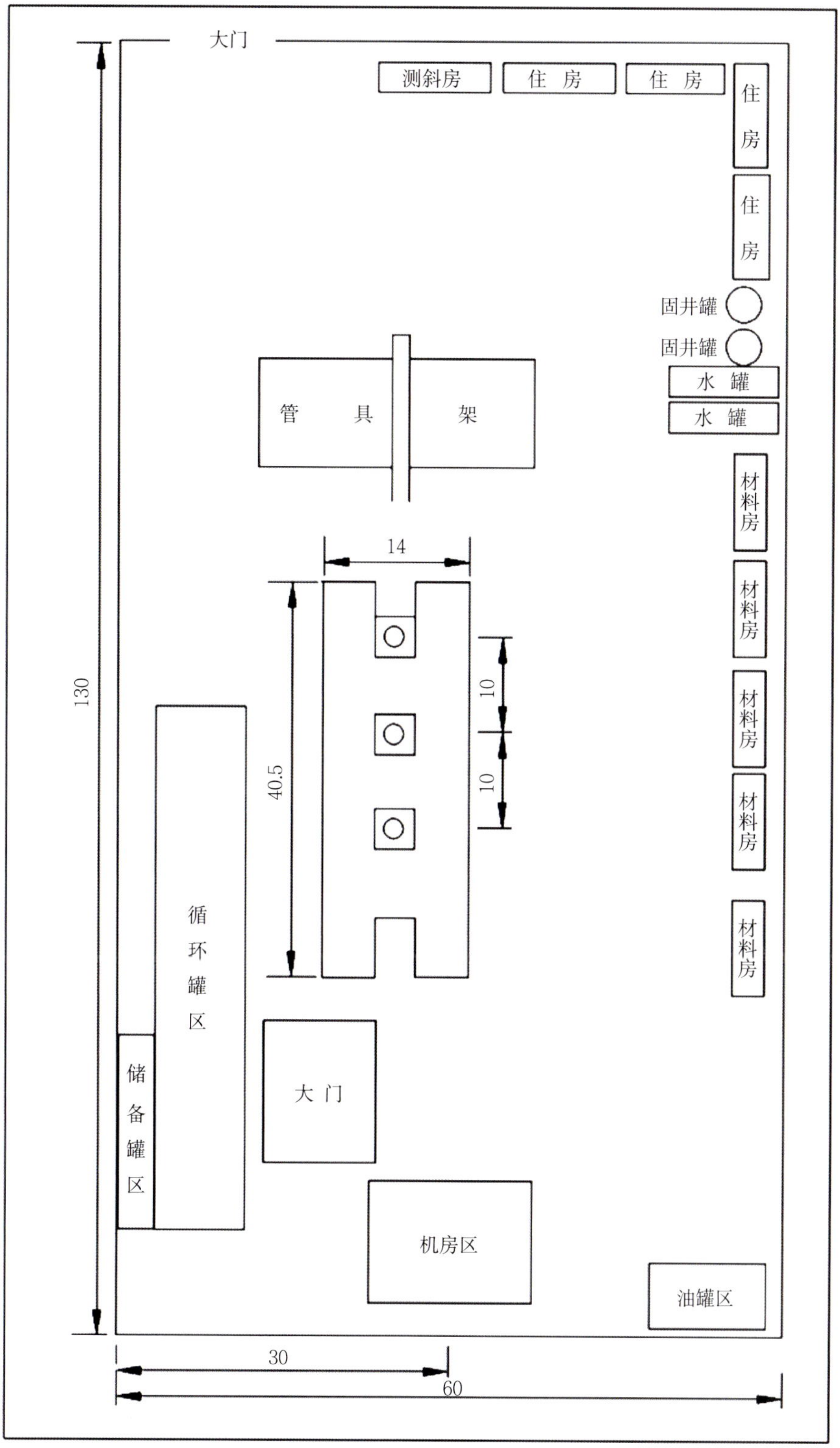

图 2-4 单钻机 3 井式平台布局示意（单位：m）

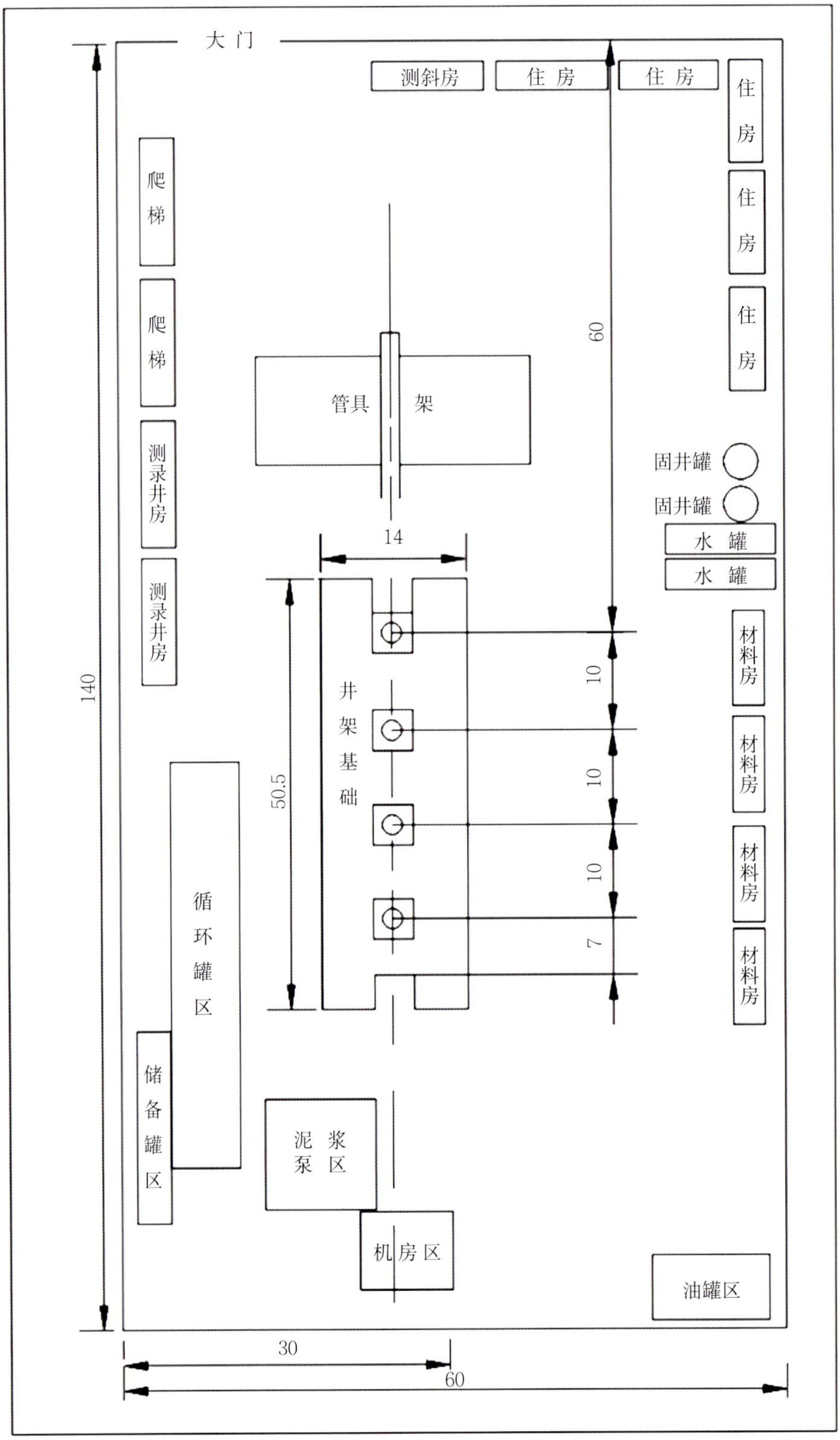

图 2-5 单钻机 4 井式平台布局示意（单排，单位：m）

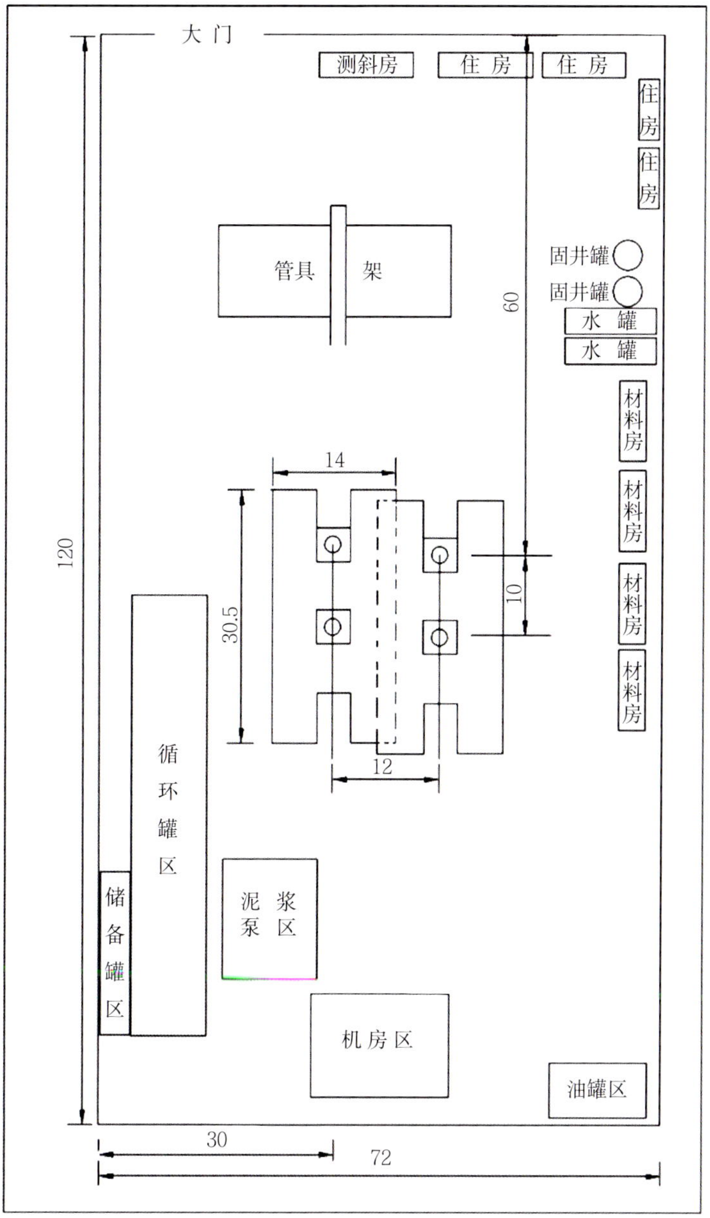

图 2-6 单钻机 4 井式平台布局示意（双排，单位：m）

2. 双钻机平台设计

采用双钻机钻井能有效提高施工效率，降低平台施工周期，避免因施工周期过长影响后期生产计划。平台一般采用双排式布井，井场面积与布局要求如下：

（1）双排布井排间距不小于钻机之间的安全距离。6 井式平台采用双排布井方式，排间距不小于钻机之间的安全距离。

（2）4 井式平台标准井场规格为：$120m \times 100m = 12000m^2$，井场布局如图 2-7 所示。

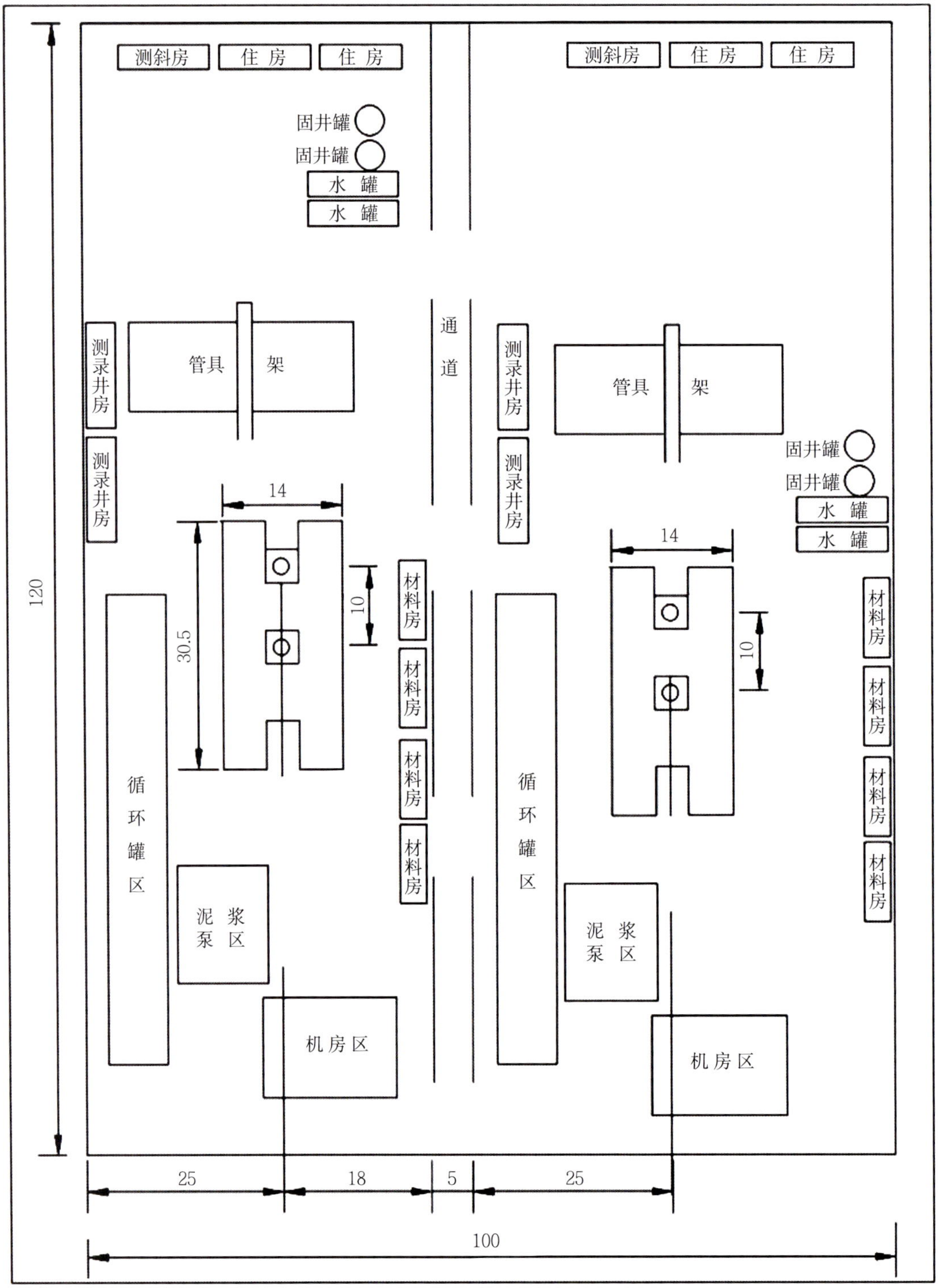

图 2-7　双钻机 4 井式平台布局示意（双排，单位：m）

（3）6 井式平台标准井场规格为：$130m \times 100m = 13000m^2$，井场布局如图 2-8 所示。

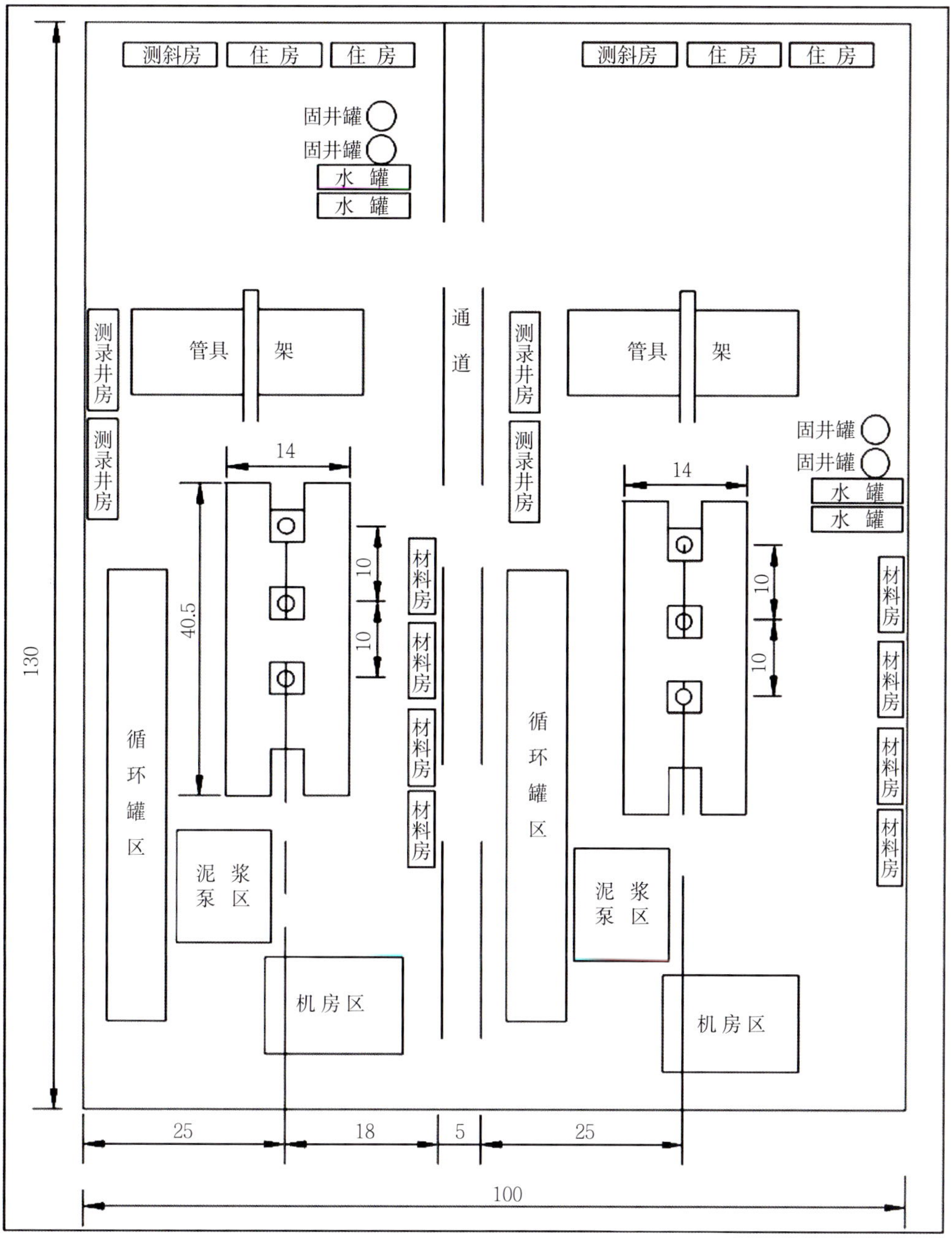

图 2-8　双钻机 6 井式平台布局示意（双排，单位：m）

（4）电动钻机的循环罐系统、泥浆泵、发电房不移动，防喷器组、节流压井管汇随井架（含立柱）及钻机主体部分移动。机械钻机只有循环罐系统不移动，泥浆泵、动力机组、防喷器组、节流压井管汇随井架（含立柱）及钻机主体部分移动，与电动钻机相比，井场面积相同，增加了机房、泵房基础修建的工作量。

二、井身结构设计

井身结构是指由直径、深度和作用各不相同，且均注水泥封固环形空间而形成的轴心线重合的一组套管与水泥环的组合，主要由导管、表层套管、技术套管、生产套管和各层套管外的水泥环等组成。

（一）井身结构设计要求

在设计过程中一般遵循以下原则：避免或降低井漏、井塌、卡钻等复杂情况和事故风险；下部高压地层钻进时，钻井液密度产生静液柱压力不得压裂上一层套管鞋处裸露地层；当实际地层压力超过预测值发生溢流时，在一定范围内具有处理溢流的能力。同时结合地质特征，设计应满足以下要求：

（1）导管应封固地下河、流沙层、砾石层等，为一开施工建立循环；

（2）表层套管应封固上部漏失或垮塌层，建立稳定井口，确保钻开二叠系浅层气地层时的井控安全；

（3）技术套管封固上部易漏、低承压地层，为水平段油基钻井液钻进提供条件；

（4）生产套管尺寸满足完井工艺工具要求，固井水泥环长度和强度满足大规模压裂作业要求。

（二）井身结构设计方法

井身结构的设计要考虑压裂工具尺寸需求选择生产套管尺寸，采用自下而上、由内到外的设计方法。

1. 套管下入深度设计

1）生产套管

生产套管下入深度取决于油气层位置及完井方法等，但应进行压差卡套管校核，以便给出有效的应对措施。

2）技术套管

结合地质必封点、现场实际作业工况，技术套管的下入深度一般可分为两种情况：

（1）正常工况。

设计套管的下入深度依据为：

$$\rho_{\mathrm{f}} = \rho_{\mathrm{pmax}} + S_{\mathrm{w}} + S_{\mathrm{g}} + S_{\mathrm{f}} \tag{2-1}$$

式中 ρ_{f}——上一层套管鞋处的裸露地层破裂压力当量密度，g/cm^3；

ρ_{pmax}——钻下部地层时的最大钻井液密度，g/cm^3；

S_{w}——抽汲压力当量密度，g/cm^3；

S_g——激动压力当量密度，g/cm³；

S_f——地层压裂安全当量密度增值，g/cm³。

（2）溢流工况。

设计套管的下入深度依据为：

$$\rho_f = \rho_{p\max} + S_w + S_f + \frac{D_k}{D_{21}} S_k \tag{2-2}$$

式中 D_k——发生溢流时的井深，m；

D_{21}——当前设计套管的下入深度，m。

（3）技术套管下入深度校验。

验证技术套管下到 D_{21} 处是否有卡套管的危险，最大压差为：

$$\Delta p_{\max} = 0.00981\left(\rho_m - \rho_{p\min}\right) D_{\max p\min} \tag{2-3}$$

式中 $\Delta p_{\max}$——最大压差，MPa；

ρ_m——钻至井深为D_{21}时所采用的钻井液密度，g/cm³；

$\rho_{p\min}$——D_{21}以上裸眼井段最小地层压力当量密度，g/cm³；

$D_{\max p\min}$——最小地层压力对应最大深度，m。

若 $\Delta p_{\max} \leqslant \Delta p_N\left(\Delta p_A\right)$，则初始下入深度 D_{21} 即为技术套管的下入深度 D_2；若 $\Delta p_{\max} \geqslant \Delta p_N\left(\Delta p_A\right)$，则技术套管下至 D_{21} 过程中有被卡的危险，为此套管下入深度上移。套管真正下入深度可根据下式进行计算：

$$\rho_{pper} = \frac{\Delta p_N\left(\Delta p_A\right)}{0.00981 D_{\max p\min}} - S_w + \rho_{p\min} \tag{2-4}$$

式中 ρ_{pper}——压差允值所对应的最大地层压力当量密度，g/cm³；

$\Delta p_N\left(\Delta p_A\right)$——正常（异常）压力地层允许压差，MPa。

在地层压力剖面图上找到ρ_{pper}对应的深度，该深度即为技术套管的下入深度D_2。

（4）技术套管初始下入深度。

套管上移后，$D_{21} > D_2$，需下入尾管，并确定尾管的下入深度。根据技术套管下入深度D_2处的地层破裂压力当量密度ρ_{fD_2}，可由下式求得尾管初始下入深度处允许的最大地层压力当量密度ρ'_{pper}：

$$\rho'_{pper} = \rho_{fD_2} - S_w - S_f - \frac{D_{31}}{D_2} S_k \tag{2-5}$$

式中 ρ_{fD_2}——技术套管下入深度D_2处的地层破裂压力当量密度，g/cm^3；

D_{31}——技术尾管初始下入深度，m。

（5）校核技术套管下到D_{31}处是否会产生压差卡套管。

校核方法与（3）技术套管下入深度校验相同。尾管下入后，多下一层套管，对于地层情况比较复杂、套管层次较多的井，套管层次的增加会对下部井段的钻进造成较大制约。为了避免这种情况，可根据所在区域的钻井工艺技术水平及钻井液体系和性能，解决技术套管下入卡钻的问题。

3）表层套管

根据技术套管下入深度D_2处的地层孔隙压力当量密度，可求出井涌关井时表层套管下入深度：

$$\rho_{fD_1} = \rho_{pD_2} + S_w + S_f + \frac{D_2}{D_1} S_k \tag{2-6}$$

式中 ρ_{fD_1}——表层套管鞋处地层破裂压力梯度，g/cm^3；

ρ_{pD_2}——深度为D_2处的地层压力当量密度，g/cm^3；

D_1——表层套管下入深度，m。

以上套管下入深度的设计仅仅是以地层压力及地层破裂压力剖面为依据而进行，但实际上地下许多复杂情况无法在压力剖面图上反映出来，如易漏易塌层、盐岩层等，这些复杂地层必须及时进行封隔，以保证下部井段的正常钻进。

2. 套管与井眼尺寸设计

1）基本要求

套管的层次和每层套管的下入深度确定之后，相应地，套管尺寸和井眼直径也就确定了。套管尺寸及其井眼（钻头）尺寸的选择和配合不但决定着钻井工程的进度和成本，同时对采气也有重要影响。进行井身结构设计时，需要进行全面考虑，比如探井，由于受地层特性评价精度的影响，设计时需要考虑完钻井深是否变化，这就要求井眼尺寸上留有可以调整的余地，以便增加技术套管的层次等。另外，必须重视由井眼情况、地质复杂情况、管材及钻头库存规格的限制等因素带来的问题。以涪陵页岩气田为例，基本设计要求如下：

（1）导管应封住地表裂缝、溶洞及地下水层，以保护环境。

（2）表层套管应下至含硫浅气层顶部，以保证浅气层安全钻进。

（3）目的层采用油基钻井液钻进，技术套管应封住目的层以上的低承压地层和漏失层，以避免油基钻井液漏失及井壁失稳。

（4）综合考虑套管层次与钻井提速的关系，尽可能提速降耗。

2）套管和井眼尺寸的确定

（1）套管尺寸的确定原则为：一般是由内而外、由下向上进行设计，即“生产套管→

生产套管井眼（或钻头）尺寸→技术套管尺寸→技术套管井眼尺寸→……→表层套管尺寸→表层套管井眼尺寸→导管尺寸”。

（2）生产套管尺寸要根据采气方面的要求来定。如焦石区块常用生产套管尺寸为 Φ139.7mm。

（3）套管与井眼之间要有适宜的间隙，间隙太大不经济，间隙太小又会导致下套管困难及注水泥后水泥过早脱水形成水泥桥。如焦石区块水泥环厚度≥ 19.525mm，以确保固井质量。

3）套管类型的确定

（1）选型原则：一般是由下向上确定，即“生产套管型号→技术套管型号→表层套管型号→导管型号”。

（2）生产套管型号根据压裂施工压力等级要求选择。常用的有 105MPa、140MPa 等级，套管抗压强度需满足压裂要求，同时根据地层压力、油气特性可选择气密封扣型或常规扣型。

（3）技术套管型号根据封固地层、套管性能参数选择，其抗内压强度需满足井控要求，抗外挤强度需满足最大下入深度要求，套管扣型可选择气密封扣型或常规扣型。

（4）表层套管型号根据抗外挤强度满足下入深度要求即可，导管选型与之基本相同，套管扣型选择常规扣型。

（三）井身结构示例

中国石化部分页岩气工区典型井身结构设计见表 2–1。

表 2–1　中国石化部分页岩气工区典型井身结构设计

开次	区块			
	焦石	威荣	南川	江东
914.4mm 导管段 1				建立井口，封堵浅表漏层
609.6mm 导管段 2	建立井口，封堵浅表漏层	建立井口，封堵浅表漏层	建立井口，封堵浅表漏层，或封须家河组、雷口坡组	封须家河组、雷口坡组
406.4mm 一开	进入飞仙关组	封沙溪庙 中上部地层	封飞仙关三段 上部地层	进入飞仙关组
311.1mm 二开	进入龙马溪组 50m	封固至石牛栏组	进入龙马溪组 50m	进入龙马溪组 50 ~ 100m
215.9mm 三开	目的层	目的层	目的层	目的层

三、井眼轨迹设计

井眼轨迹是指一口井从地面井口位置钻达地下靶区所经的路径，实钻井眼轨道是一条空间任意曲线。井眼轨迹设计的目的是依据开发部署要求，选择合适的井型，以井眼轨迹穿越地层为基础，优化选择合适的造斜点、井眼曲率、最大井斜角等钻井工程参数，保证钻井过程安全、高效。

（一）轨迹设计原则

井眼轨迹设计原则为：

（1）根据页岩气勘探开发要求设计，保证实现钻井目的。

（2）根据储层的构造特征、油气产状，有利于提高油气产量和采收率，提高投资效益。

（3）在选择造斜点、井眼曲率、最大井斜角等参数时，以有利于钻井、压裂排采和修井作业的目的。

（4）在满足钻井目的前提下，应尽可能选择比较简单的剖面类型，力求使设计的斜井深最短，以减小井眼轨迹控制的难度和钻井工作量，有利于安全且快速钻井、降低钻井成本。

（二）特征参数

结合不同布井方式、地层特征，设计应考虑井深、垂深、定向段、扭方位等因素，一般情况推荐尽量采用 U 形轨迹水平井。不同布井方式的具体特征参数见表 2–2。

表 2–2　不同布井方式的具体特征参数

对比项目	六井式 U 形轨迹	六井式 鱼钩形轨迹	四井式 U 形轨迹	四井式 鱼钩形轨迹
平均井眼长度（m）	4671	4567	4487	4443
定向井段长度（m）	1821	1717	1637	1593
扭方位（°）	59	116	40	134
最大摩阻（kN）	186.0	246.5	173.4	216.1
坍塌压力下限（g/cm^3）	1.20 ~ 1.25	1.25 ~ 1.30	1.20 ~ 1.25	1.30 ~ 1.35
目的层垂深（m）	≥ 2600	≥ 2800	≥ 2200	≥ 2500
偏移距（m）	100 ~ 700	100 ~ 600	100 ~ 1000	300 ~ 700

（三）剖面类型

1. 斜面圆弧轨迹

斜面圆弧轨迹即直 – 增 – 稳 – 增 – 稳剖面，该剖面类型广泛应用于二维、三维水平井施工，其剖面类型简单，进尺少，造斜点深，有利于上部井段的防碰。在二增井段实现增斜 + 扭方位施工，施工难度较大，机械钻速低。实际采用空间斜面圆弧轨迹施工时会在入窗前增加一微增调整段，目的是调整入窗。在目的层深度与地层产状明确的情况下直接稳斜入窗，而微增入窗能避免当目的层预测有差距时造成轨迹的急剧变化，保证整体轨迹的圆滑。

2. 五点六段轨迹

五点即二开造斜点、稳斜段起始点、扭方位起始点、全力增斜点和入靶点。五个节点将全井段划分为六段，如图 2–9 所示，即直井段 – 第一增斜段 – 稳斜控制段 – 扭方位段 – 第二增斜段 – 水平段，各段分工明确，易于操作，各种三维水平井均适用，但对于大偏移距三维水平井扭方位难度大。

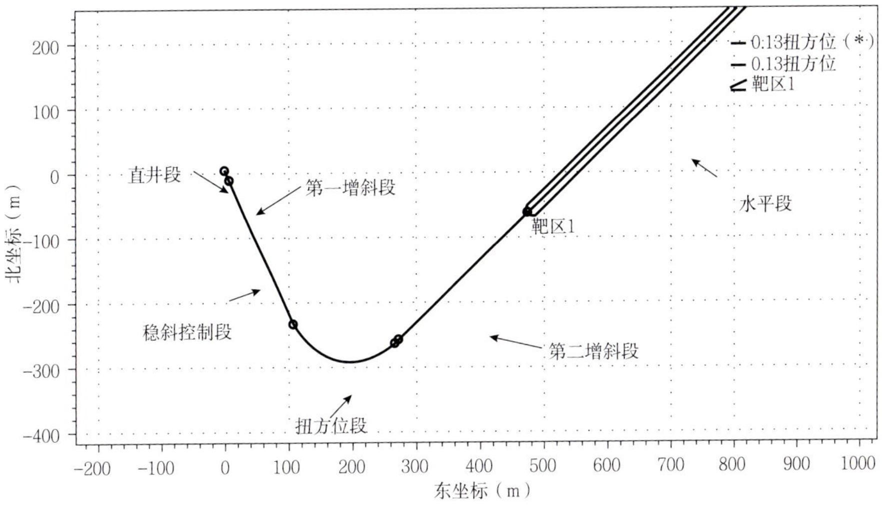

图 2–9　五点六段制轨迹示意图

3. 双二维轨迹

双二维水平井的井眼轨迹设计在两个相交的铅垂面中，每个铅垂面中分别为一段二维轨迹。先在第 1 铅垂面内设计第 1 段二维轨迹，采用直 – 增 – 稳 – 降 – 稳的井眼剖面。为降低与邻井相碰的风险，在设计一段直井段后轨迹开始在第 1 铅垂面中朝着第 2 铅垂面的方向进行增斜，增斜后的井斜角不超过 25°。待增斜到设计井斜角时开始稳斜，稳斜一定长度后开始降斜，降斜段井眼曲率较小，降斜后的井斜角控制在 5° 以内。待降斜到设计井斜角后再开始稳斜作业，直到钻至两个铅垂面的交会位置 M，该位置为第 2 铅垂面内造斜段起点。由于 M 点处的井斜角较小，其方位角可以不予考虑，在第 2 铅垂面内可直接按二维水平井设计，双二维轨迹如图 2–10 所示。

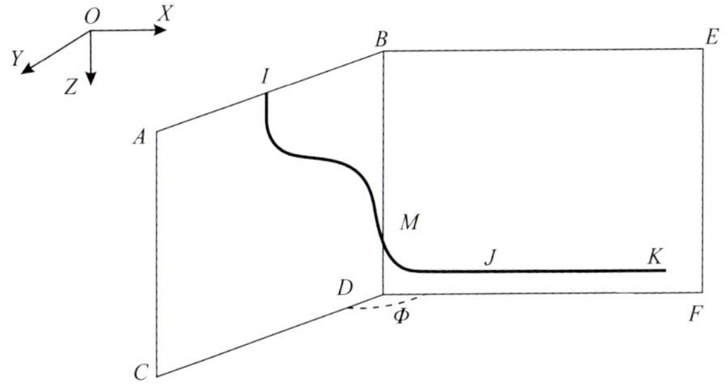

图 2–10　双二维轨迹

受稳斜段井斜角限制，双二维轨

迹不适用于偏移距较大同时垂深较浅的三维水平井，特别适用于垂深足够但靶前距不足的鱼钩井，在摩阻可控（钻具无屈曲）的条件下可有效减小二开扭方位进尺，提高钻井速度。

4. 剖面类型对比

三种剖面设计类型的优缺点对比见表 2-3。

表 2-3　三种剖面优缺点对比

剖面类型	优点	缺点
斜面圆弧	①有效减少二开扭方位工作量。②井眼摩阻扭矩小，有利于钻进和套管下入	①三开扭方位工作量大，若三开垂深空间较少，或靶点垂深上调，在需同时调整井斜方位的情况下，不能满足全力增斜入靶的要求。②方位在入 *A* 靶前才扭到连线方位，不利于目的层垂深的判断
五点六段	各井段分工明确，不存在交叉作业，有利于现场轨迹控制	二开扭方位进尺多，影响钻井速度
双二维	二开甚至全井段扭方位工作量小，对偏移距较小的反向位移三维井具备较好的效果	①对于偏移距较大的井，须进行浅层造斜，影响全井摩阻。②钻进摩阻大，会出现钻具屈曲，影响三开钻进效率，使用旋转导向工具才能实现正常钻进。③断钻具风险较大。④下套管摩阻大，影响完井作业

（四）剖面设计要求

（1）造斜点：由于造斜率受井眼大小和地层情况影响，为了有利于造斜和方位控制，造斜点一般选在地层较稳定、可钻性好的井段。尽量控制一增井斜，避免大井斜 30° 以上进行扭方位施工，小河坝组地层可钻性较差，定向施工效率低，剖面设计中可设计稳斜段钻穿该地层后再进行定向施工。

（2）造斜率：考虑到采气工艺的要求，在不影响生产管柱下入和满足管材抗弯能力的前提下，结合地层影响因素，水平井造斜率设计在（3° ~ 6.5°）/30m。

（3）三维水平井定向施工难度较大，须控制反向位移＜ 50m，避免钻井过程中托压严重，可根据实际情况沟通申请靶点调整。

第二节　钻井工艺

页岩气水平井钻井工艺大部分移植于常规油气钻井工艺，但是，中国石化页岩气勘探开发区域地质构造复杂，针对区域地质特征的差异性，创新发展了气体钻井、控压钻井、一趟钻钻井、深层高效钻井、超长水平段钻井等技术，提出了页岩气钻井工艺技术与地质构造相结合的一体化解决办法，提高了页岩气钻井效率。

一、气体钻井

气体钻井是通过地面的气体压缩机组将空气或氮气变成高压气体，经由输气管汇注入钻井平台上的立压管线内，以高压气体替代普通钻井液，把钻井过程中产生的岩屑携带至地面，同时对钻头进行冷却降温的一种钻井模式。目前页岩气勘探开发的主力区块由于地层岩性复杂、溶洞裂缝发育、地层倾角高、地表环境恶劣等复杂地质条件，钻井期间出现漏失严重、井易斜、钻速慢、周期长、成本高等诸多难题，但气体钻井能大幅度提高钻井速度、预防井漏、保护储层并降低钻井成本，在页岩气开发中有着广泛的应用前景。

（一）适用性和终止原则

气体钻井适用性原则：

（1）返出气体中全烃含量≤3%的非产层段宜实施空气钻井，返出气体中全烃含量＞3%的非产层段和低产层段宜实施氮气钻井，预测高产的层段若要实施氮气钻井，应进行专用设备和安全设施的配套。

（2）地层比较稳定，不易坍塌。地层出水量≤ $1.0m^3/h$，适合采用纯气体钻井工艺。

（3）出水量 $>1.0m^3/h$ 会造成钻头泥包、井眼堵塞等井下复杂情况，适合采用雾化或泡沫钻井。

（4）地层流体不能含有硫化氢，出水量＜ $30m^3/h$。

但若发现以下现象，则应终止气体钻井：

（1）全烃含量连续 >3%，或井下连续发生两次燃爆，空气钻井应换为氮气、泡沫或常规钻井液钻井。

（2）检测到有硫化氢浓度时，应停止气体钻井并换为常规钻井液钻井。

（3）井壁失稳，阻卡严重，应换为常规钻井液钻井。

（二）气体钻井设备

1. 破岩工具

空气钻井主要破岩工具为三牙轮钻头和空气锤，在易斜井段推荐使用空气锤，依靠注入的压缩空气推动空气锤活塞向下高频做功进行冲击旋转破岩，替代三牙轮钻头，解决了页岩气井井斜控制难、钻速慢等难题。目前，国产空气锤均设计了锤头保径齿和锤体防掉落装置。随着空气锤结构的设计改进和工艺技术的进步，空气锤不仅在纯空气介质下得到广泛应用，而且已成功实现与雾化钻井、泡沫钻井的配套使用，解决了地层出水条件下的安全钻井难题。

2. 旋转控制头

旋转控制头靠胶芯与管柱之间的过盈配合实现密封，而无压力补偿功能。这种结构的旋转防喷器在接单根时，先在钻杆接头上接一个导引头，通过密封胶芯后再接钻头。当钻杆下入井内后，密封胶芯紧紧地抱在钻杆上，形成密封，防止井内的压力通过胶芯与钻杆之间喷到钻台上。

3. 排砂管线

排砂管线距地面最大距离为6.1m，旋转控制头壳体至过滤器的管线采用软管管线，耐冲击、耐腐蚀能力不足，同时，出砂管道支撑架采用双腿固定，稳定性差。为提高出砂管道的稳定性和抗冲击性，要求如下：（1）安装排砂管线遵循大、通、直、低、稳的原则；（2）钢圈密封；（3）支撑框架固定；（4）采用等通径管线，四通及法兰内径162mm，平板阀内径179mm，井口以外250mm。

4. 安全监测系统

安全监测系统主要由气样降尘、除水净化装置、气体流量计、传感器、数据采集模块和装有气体监测程序的计算机组成，如图2–11所示。当注气循环及正常钻进时，系统将在排砂管线的取样口处对井眼环空返出的气体进行分流取样。取样气体通过降尘除水处理后流经气体流量计进入主仪器，最后由主仪器上的排气口排出。取样气体在主仪器内流动过程中，主仪器内的各种传感器对其中二氧化碳、一氧化碳、氧气（O_2）、硫化氢、甲烷等气体体积分数以及压力和温度的原始数据进行采集，并将各组数据信号通过电缆输送至数据采集模块，所有的数据都通过屏蔽电线传输到计算机上，配套的监测软件对各类气体浓度以及压力和温度的原始数据进行处理。

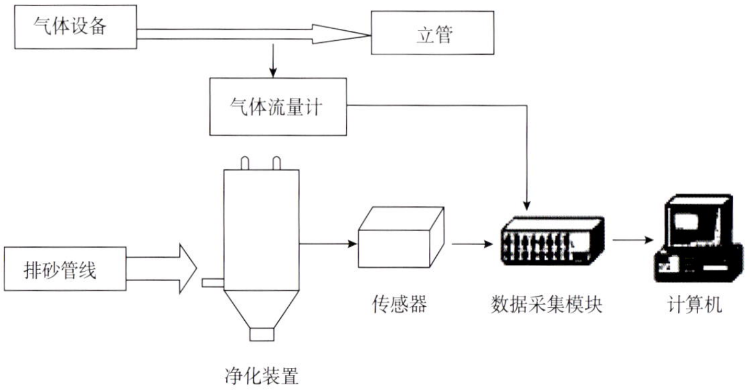

图2–11　燃爆监测系统结构

系统在监测到烃类气体的情况下，通过检测CO_2、CO、O_2气体体积分数的变化来判断是否发生井下燃爆。一旦发生井下燃爆，由于井下燃烧为不完全燃烧，返出气体中的CO_2、CO气体体积分数会升高，而O_2气体体积分数会降低。因此，只要在正常钻进时出现上述情况即可判断发生了井下燃爆。如果上述三种气体只有其中一种或两种气体的体积分数发生了变化，则不能视为发生了井下燃爆；同样，在未监测到烃类气体的情况下，无论上述三种气体体积分数如何变化也不能视为发生了井下燃爆。

5. 岩屑返出量监测系统

岩屑流量传感器安装于旋转控制头与降尘泵之间的直管段上，由加装了岩屑流量传感器接头的排砂管短节接入管道，岩屑返出量监测系统如图 2–12 所示。当气体携砂通过管道时，岩屑流量传感器将读取到的岩屑流量信号送至岩屑检测现场服务器，与此同时，安装在供气管线上的气体质量流量计获取气体的实时流量，并将数据送达岩屑检测现场服务器，来自其他传感器的数据一并送入岩屑检测现场服务器，之后送达中控系统计算机。录井数据通过在空气钻值班房内的显示器显示。各工程参数监测单元的信号传送至中控系统计算机后，通过对数据的汇总、图形比对、趋势判断以及对返出岩屑进行累计等技术手段可较早发现和监测地层出水、掉块情况。

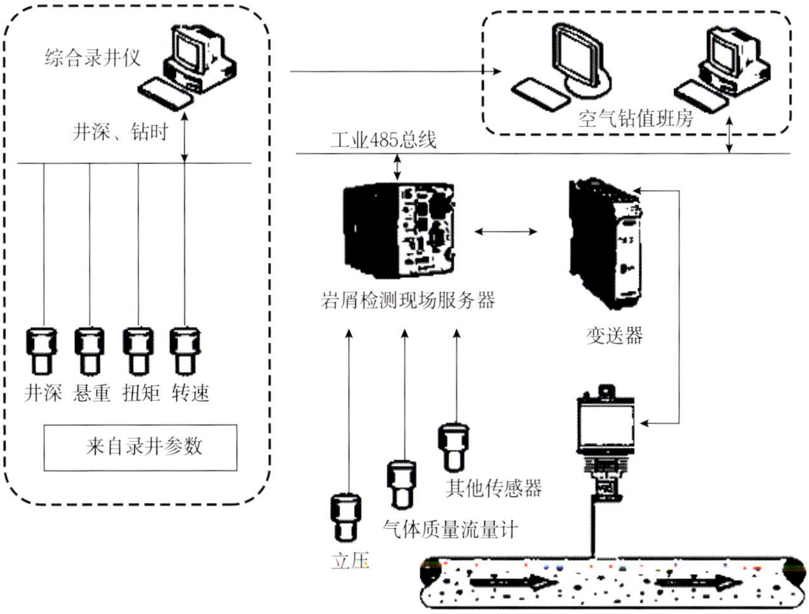

图 2–12 岩屑返出量监测系统

（三）气体流量计算方法

1. 环空压力计算

环空压力以下式计算：

$$p_{\mathrm{bh}}=\sqrt{\left(p_{\mathrm{s}}^{2}-\frac{abT_{\mathrm{s}}^{2}}{G-a}\right)\left(\frac{T_{\mathrm{s}}+Gh}{T_{\mathrm{s}}}\right)^{\frac{2a}{G}}+\frac{ab\left(T_{\mathrm{s}}+Gh\right)^{2}}{G-a}} \tag{2-7}$$

其中，$a=\dfrac{g}{R}\left[1+\dfrac{\frac{\pi}{4}d_{\mathrm{b}}^{2}\rho_{\mathrm{s}}R_{\mathrm{p}}+\left(\rho_{\mathrm{l}}q_{\mathrm{l}}+\rho_{\mathrm{w}}q_{\mathrm{w}}\right)}{60q_{\mathrm{gs}}\rho_{\mathrm{gs}}}\right]$，$b=\dfrac{fq_{\mathrm{gs}}^{2}\rho_{\mathrm{gs}}^{2}R^{2}}{7200gA_{\mathrm{a}}^{2}d_{\mathrm{H}}}$

式中 p_{bh}——井底压力，Pa；

p_s——套压，Pa；

T_s——地面温度，K；

G——地温梯度，℃ /m；

h——井深，m；

ρ_s、ρ_l、ρ_w——分别为岩屑、注入液和地层产出水的密度，kg/m³；

ρ_{gs}——气体在标准状态下的密度，kg/m³，空气为 1.2258kg/m³；

q_{gs}——在标准状态下的气体循环流量，m³/min；

q_l、q_w——注入液和产出水的流量，m³/h；

R_p——机械钻速，m/h；

d_b——钻头直径，m；

d_H——水力直径，m；

A_a——环空截面积，m²；

f——摩阻系数，无量纲；

R——气体常数，空气为 287.06J/(kg・K)；

g——重力加速度，9.807m/s²。

2. 钻头压降计算

音速流动的临界条件：

$$\left(\frac{P_{bh}}{P_{ai}}\right)=\left(\frac{2}{k+1}\right)^{\frac{k}{k-1}} \tag{2-8}$$

式中 P_{ai}——钻头上游压力，Pa；

k——定熵指数，空气取 1.4。

如果$P_{ai} \geqslant P_{bh}/0.528$（对于空气），气体通过喷嘴以音速流动，钻头上游压力与井底压力无关：

$$p_{ai}=\frac{M}{A_n}\left[\frac{T_a R}{k}\left(\frac{k+1}{2}\right)^{\frac{k+1}{k-1}}\right]^{0.5} \tag{2-9}$$

式中 M——气体质量流量，kg/s；

A_n——钻头喷嘴的总面积，m²；

T_a——钻头上游温度，K。

如果气体以亚音速流动，则：

$$p_{\mathrm{ai}}=p_{\mathrm{bh}}\left[1+\frac{R(k-1)M^{2}T_{\mathrm{b}}}{2kA_{\mathrm{n}}^{2}p_{\mathrm{bh}}^{2}}\right]^{\frac{k}{k-1}} \tag{2-10}$$

式中 $M=\dfrac{q_{\mathrm{gs}}\rho_{\mathrm{gs}}}{60}$；

T_{b}——钻头下游温度，K。

气体通过喷嘴后会膨胀降温，其温度关系为：

$$T_{\mathrm{b}}=T_{\mathrm{a}}\left(\frac{p_{\mathrm{bh}}}{p_{\mathrm{ai}}}\right)^{\frac{k-1}{k}} \tag{2-11}$$

3. 立管压力计算

立管压力以下式计算：

$$p_{\mathrm{d}}=\sqrt{\left(p_{\mathrm{ai}}^{2}-\frac{\alpha\beta\left(T_{\mathrm{s}}+Gh\right)^{2}}{G+\alpha}\right)\left(\frac{T_{\mathrm{s}}+Gh}{T_{\mathrm{s}}}\right)^{\frac{2\alpha}{G}}+\frac{\alpha\beta T_{\mathrm{s}}^{2}}{G+\alpha}} \tag{2-12}$$

其中，$\alpha=\dfrac{g}{R}\left(1+\dfrac{\rho_{1}q_{1}}{60q_{\mathrm{gs}}\rho_{\mathrm{gs}}}\right)$，$\beta=\dfrac{fq_{gs}^{2}\rho_{gs}^{2}R^{2}}{7200gA_{i}^{2}d_{H}}$

式中 p_{d}——立管压力，Pa；

A_{i}——钻柱内截面积，m^2。

4. 最小气体流量计算

最小气体流量以下式计算：

$$\frac{R\rho_{\mathrm{gs}}\left(T_{\mathrm{s}}+Gh\right)q_{\mathrm{gs}}^{2}}{3600v_{\mathrm{go}}^{2}A_{\mathrm{a}}^{2}}=\sqrt{\left(p_{\mathrm{s}}^{2}-\frac{\alpha bT_{\mathrm{s}}^{2}}{G-\alpha}\right)\left(\frac{T_{\mathrm{s}}+Gh}{T_{\mathrm{s}}}\right)^{\frac{2\alpha}{G}}+\frac{\alpha b\left(T_{\mathrm{s}}+Gh\right)^{2}}{G-\alpha}} \tag{2-13}$$

式中 v_{go}——在大气条件下的最小环空速度，m/s。

5. 摩阻系数计算

摩阻系数以下式计算：

$$f=\left[2\log\left(\frac{D_{\mathrm{h}}-D_{\mathrm{p}}}{e}\right)+1.14\right]^{-2} \tag{2-14}$$

式中 D_{h}——井眼直径，m；

D_{p}——钻杆直径，m；

e——绝对表面粗糙度，m。

6. 最小注气量推荐标准

在不同条件下的推荐最小注气量见表 2–4。

表 2–4　不同条件下的推荐最小注气量

井眼尺寸（mm）	介质	井段（m）	推荐气量（m^3/min）
444.5	空气	<1000	100～130
		1000～2000	130～150
	雾化	<1000	150～180
		1000～2000	180～260
311.2	空气、氮气、天然气	<1000	80～110
		1000～2000	90～140
		2000～3000	120～170
		3000～4000	150～210
	雾化	<1000	110～160
		1000～2000	150～200
		2000～3000	190～250
		3000～4000	240～300
241.3	空气、氮气、天然气	<1000	70～80
		1000～2000	80～120
		2000～3000	100～130
		3000～4000	140～180
	雾化	<1000	100～150
		1000～2000	120～150
		2000～3000	150～200
		3000～4000	200～240
215.9	空气、氮气、天然气	<1000	60～90
		1000～2000	70～115
		2000～3000	80～120
		3000～4000	90～135
		4000～5000	100～170
	雾化	<1000	70～110
		1000～2000	100～140
		2000～3000	130～170
		3000～4000	160～190
		4000～5000	180～240
152.4	空气、氮气、天然气	<1000	30～55
		1000～2000	45～70
		2000～3000	55～80
		3000～4000	65～90
		4000～5000	75～100
		5000～6000	85～110

续表

井眼尺寸（mm）	介质	井段（m）	推荐气量（m^3/min）
152.4	雾化	<1000	40～65
		1000～2000	65～85
		2000～3000	75～95
		3000～4000	85～110
		4000～5000	95～135
		5000～6000	105～165

（四）施工工艺流程

1. 方案流程图

以氮气钻井为例，具体施工流程如图 2-13 所示。

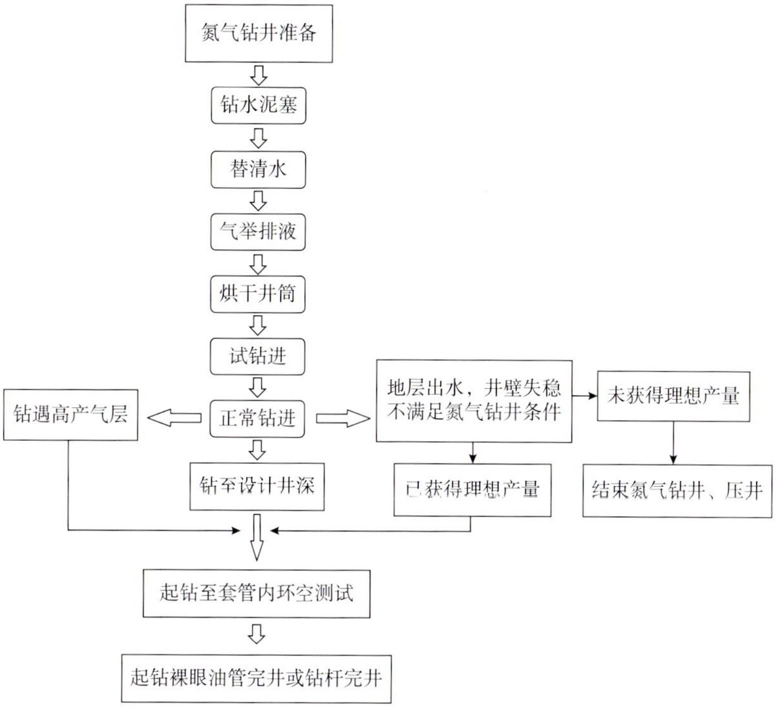

图 2-13　氮气钻井整体方案流程

2. 施工程序与处理方案

1）钻水泥塞、替清水

（1）下钻，探得水泥塞面，用钻井液将套管附件钻穿，预留 0.5m 水泥塞，便于后期快速烘干。

（2）大排量充分循环，将套管附件碎屑和水泥屑尽可能携带出井。

（3）将井内的泥浆全部替换成清水，为气举排液做好准备。

2）气举排液

气举排液作业采用交替排液方法进行，如果地层产气，需要点长明火，边燃烧边进行气举排液，详细步骤如下：

（1）下放钻具至距离井底 0.5m 处，启动钻井泵，做泵冲试验，选取泵压为 4MPa 的排量作为排液排量。关闭半封闸板防喷器，关闭旋转控制头旁通阀，关闭排砂四通阀，走节流管汇－液气分离器－循环罐流程。

（2）以 $60m^3/min$ 的排量供气，待立压达到 8MPa 时停止供气。

（3）开钻井泵，以排液排量向井内注入清水，记录最大立压，待立压下降至 4MPa 后，停泵。

（4）重复步骤（2）和步骤（3），当注气时间超过 10min 时，提高相应注气排量，以达到节省排液时间目的。

（5）井内液体基本举升出井，立压趋于稳定后，停止注气。等待氮气钻井工程师发出指令打开排砂四通阀门，走排砂管线进行烘干井壁作业。

注意事项：（1）得到氮气钻井工程师明确指令后才能打开封井器，打开封井器时转盘面附近严禁站人；（2）由于排液时压力较高，供气管线和返出管线附近严禁站人；（3）录井人员注意监测返出流体中是否含可燃气体。

3）烘干井筒

（1）以 $60m^3/min$ 的排量供气，待排砂口气流返出后，逐渐加大排量至 $100m^3/min$ 烘干井筒。

（2）通过随钻安全监测系统测量排砂管线气体的湿度，同时观察取样口返出气体干燥程度，烘干至气样干燥、取样口出灰。

注意事项：（1）烘干期间，适当活动钻具，防止垮塌物堆积卡钻；（2）录井人员注意监测返出流体中是否含可燃气体。

4）试钻进

（1）钻进前进行旋转控制头胶芯摩阻试验。首先将指重表钻压读数调到 0，将钻头提离井底，以 40～50r/min 的转速启动转盘，缓缓下放钻柱，将指重表钻压值调至 0。

（2）以低钻压、低转速试钻进并跑合钻头，每钻进 0.5～1.0m，循环 5～10min，钻进中加强立压、扭矩观察，并上下活动钻具，确保无泥环形成。

（3）通过多次试钻进，出口返出粉尘和岩屑，可继续钻进。

（4）试钻进 3～5m，若井下无出水现象，开始正常氮气钻井。

5）氮气钻进措施

（1）司钻送钻要均匀，密切注意并记录立压、扭矩、悬重等参数的变化，发现立压升高、扭矩增大、蹩跳严重、上提遇卡等井下异常现象时，应立即停止钻进，上提 1 根单根循环观察，正常后适当控制机械钻速，继续钻进，并注意观察。

（2）井队派专人观察捞砂取样口的岩屑润湿度及返出量，并做好记录，及时判断井下是否出水，若返出岩屑润湿或岩屑返出量少，及时通知司钻上提钻具、循环观察。

（3）每钻进一根单根划眼一次，遇特殊情况，根据实际情况加强划眼，保证井眼的畅通；每钻完立柱，要充分循环，尽量将井底的岩屑循环干净，防止沉砂卡钻，岩屑是否循环干净要根据随钻安全监测数据和排砂管返砂情况综合判断；若有沉砂现象，则可适当加大注气排量，同时延长循环、划眼时间。

（4）接立柱动作要迅速，防止井下静止时间过长，造成井下事故；接立柱后及短程起下钻后注意探井底沉砂情况，根据沉砂情况适当调整循环时间，必要时控制机械钻速。

（5）发现立压上涨、扭矩上升、悬重下降、应力波异常、返出气量增大，则立即按照钻遇高压高产储层进行关井放喷。如果发现钻时明显加快、湿度增加、立压和扭矩异常、气测值显示超过 10% 以后，气测值持续上升，司钻提离井底，循环观察。

（6）氮气钻人员每 3～4h 测量一次排砂四通及排砂管线上容易受冲蚀部位的厚度（使用手持式探伤检测仪），并做好记录。如发现测量壁厚减小到原壁厚的一半，及时按照应急预案进行排砂管线更换。

（7）氮气钻人员做好对排砂管线和旋转控制头的巡视、检查，发现管线或旋转控制头胶芯刺漏立即汇报、处理。

（8）排砂管线出口要求点长明火，井队派专人在两端排砂管线出口 20m 距离以上上风口值班，要求佩戴可燃气体检测仪和硫化氢气体检测仪，密切监测排砂口气体返出量的大小、火焰高度的变化、降尘水泵的使用，发现异常立即向司钻汇报。专人看护排砂管线两端的长明火并负责加燃料，确保长明火不熄灭，加燃料时要求用 10m 以上的杆，且保证防爆排风扇处于打开状态。在长明火和电子点火失效的情况下，用魔术弹对排砂管线或放喷口点火。

（9）氮气钻井井段易发生钻具事故，钻进中必须正确判断井下情况，防止钻具事故发生。

（10）起钻前必须进行充分循环，将井下岩屑带到地面，起钻中途遇阻时采取倒划眼方法解除。

（11）氮气钻井期间，在不停气和关闭下双闸板上半封的情况下，每隔 6h 通过旋转防喷器灌浆口及平衡管汇对防喷器组用清水进行冲洗，防止沙子在防喷器腔室内堆积。

（12）钻进过程如果井口晃动，每班检查一次封井器连接螺栓是否松动。

（13）氮气钻井期间，无特殊情况未经许可禁止停气，如注气设备或钻井设备出现故障需停止注气，则起钻至安全井段。

（14）氮气钻井期间，需要停电时，需提前通知供气人员。

（15）开、停注气由钻台统一指挥，同时加强钻井与氮气钻井方的沟通和交流。

6）接立柱

（1）钻完立柱必须用氮气进行循环洗井作业，时间在 10～15min，若上次接完立柱探底沉砂超过 1m，则延长循环时间。

（2）先打开设备排空阀，关闭进气阀，打开立管泄压阀卸掉钻具中的压力，当立压降至 0 时，即可卸扣，严禁带压卸扣。

（3）接立柱、上扣，上好扣后，使用锉刀手工打磨钻杆接头上的钳牙刮痕。

（4）关闭泄压阀，打开进气阀，关闭排空阀，供气。

7）更换胶芯

（1）充分洗井，确保井眼干净。

（2）停止往井内注气，关环形防喷器更换胶芯。

（3）先打开设备排空阀，关闭进气阀，打开立管泄压阀，泄放掉钻具内的气体。

（4）当立压降为 0 后，上提钻具停在合适位置处。

（5）卸掉旋转总成上冷却和润滑管线以及旋转头卡箍上的安全保险螺栓。

（6）打开旋转防喷器液压卡箍。

（7）井口用便携式气体检测仪检查，确保无可燃气体逸出。

（8）吊出补心，用气动马达将旋转总成吊住。

（9）钻具和旋转总成同时上提，钻杆和旋转总成一起提出转盘面，放上补心，卡好钻杆卡瓦，卸扣。

（10）从钻杆中拉出轴承总成，更换胶芯。

（11）用气动马达将备用旋转总成吊起，并在钻杆下部公接头上装上引锥。

（12）将装好引锥钻杆插过旋转总成内胶芯后卸掉引锥。

（13）钻杆对扣接好。

（14）上提钻具，去掉卡瓦和补心，检查旋转壳体内的密封盘根是否到位。

（15）将轴承总成放回底座内，锁紧卡箍，上紧安全保险螺钉，接好冷却和润滑管线。

（16）打开环形防喷器，注气。

（17）在排砂管出口观察到流体正常返出，恢复钻进。

（五）复杂情况预防与处理

（1）气体钻井时发现岩屑湿润应立即停止钻进，上下活动钻具，消除可能形成的泥环，同时循环干燥井眼。

（2）气体钻井时如果出现轻微坍塌掉块，可以控制机械钻速或进行划眼，防止卡钻。同时应加大气体注入量，提高携带效率，满足井眼清洁的需要。

（3）气体钻井时如果地层出现大量掉块，则立即上提钻具至坍塌层之上，先循环观察，然后划眼下放；当仍不能满足井眼安全钻井的要求时，则停止气体钻井，换为钻井液钻井。

（4）空气钻进时如果发现天然气侵入井内，应立即停止钻进，将钻具提离井底，观察出气量的大小。如果循环时全烃含量$<3\%$，继续钻进。

（5）空气钻井发生井下燃爆时，应立即上提钻具，停止供气，通过切断氧气供给灭火。火灭后，重新供气循环，将井内燃烧过的气体循环出井，然后再次钻进。如果连续两次发现井下燃烧，则停止空气钻井，换为氮气、泡沫或钻井液钻井。

（6）氮气钻井应通过全烃含量和氮气注入量计算天然气产量，如果天然气产量影响安全钻完井作业，则停止钻进，然后实施常规压井作业。

二、控压钻井

控压钻井通常是指在油气钻井过程中可以控制井筒静液压力变化，实现安全快速钻井的新型钻井技术。由于页岩层段岩性组成非常复杂，且埋藏深浅差别较大，再加上页岩本身易吸水膨胀，夹杂大量灰岩，极易发生井漏，而且胶结性较差，岩体缺乏良好的整体稳定性。浅部的软泥岩则更容易发生井眼弹塑性缩径问题，造成一系列钻井事故。因此，利用控压钻井技术控制井底压力波动有利于维持井壁稳定性，提高钻井速度和钻井质量。

（一）适用性和终止原则

根据控压钻井工艺特点，结合井控安全，适用控压钻井技术的井段需满足以下条件：

（1）安全密度窗口窄，易出现又喷又漏等复杂情况。

（2）漏失、井控安全风险大。

（3）压力体系复杂，非生产作业时间长。

（4）使用后具有良好的经济效益和社会效益。

但在控压钻井过程中出现以下任何一种情况，则应终止控压钻井：

（1）钻遇大的裂缝或溶洞，井漏严重，无法找到微漏钻进平衡点。

（2）设备故障不能满足控压钻井要求。

（3）井下频繁出现溢漏。

（4）井壁条件不能满足控压钻井要求。

（5）地层硫化氢浓度超过 $30mg/m^3$，威胁作业人员人身安全。

（二）压力控制参数计算方法

1. 控压参数计算方法

1）当量循环密度安全附加值确定

当量循环密度安全附加值应小于或等于窄密度窗口，若窄密度窗口＞$0.02g/cm^3$，当量循环密度安全附加值宜取 $0.02g/cm^3$。

2）套压设计值确定

易漏地层宜设计一个合理的套压，套压不宜超过 5MPa，以便发生井漏时能够下调套压，但不应超过旋转防喷器（或旋转控制头）额定动密封压力的 50%。

3）钻井液密度计算

控压钻井液密度按下式计算：

$$\rho_m = \rho_p + \rho_e - \frac{p_{af} + p_a}{9.8 \times 10^{-3} h} \tag{2-15}$$

式中 ρ_m——钻井液密度，g/cm³；

ρ_p——地层压力和地层坍塌压力当量钻井液密度两者之高者，g/cm³；

ρ_e——当量循环密度安全附加值，g/cm³；

p_{af}——环空压耗，MPa；

p_a——钻进时套压，MPa；

h——垂深，m。

紊流时，环空压耗按下式计算：

$$p_{af} = \frac{7628\rho_m^{0.8}\mu_p^{0.2}LQ^{1.8}}{(D_h - D_s)^3 (D_h + D_s)^{1.8}} \tag{2-16}$$

式中 μ_p——塑性黏度，mPa·s；

L——钻柱（钻杆或钻铤）长度，m；

Q——排量，L/s；

D_h——井眼直径或套管内径，mm；

D_s——钻柱（钻杆或钻铤）外径，mm。

层流时，环空压耗按下式计算：

$$p_{af} = \frac{61.1\mu_p QL}{(D_h - D_s)^3 (D_h + D_s)} + \frac{0.004\tau_y L}{(D_h - D_s)} \tag{2-17}$$

式中 τ_y——屈服值，Pa。

2. 环空压力控制方法

为了使井底压力值稳定在设计的范围之内，必须及时收集有关数据（立压、套压、产气量、泵冲、钻井液密度及黏度），并制定有关操作措施，实时正确地调节节流阀开度以保证井底压力恒定。从控制压力钻井的工艺出发，借鉴井控工艺技术，结合现有设备特点与现场实际，给出自动节流管汇系统在钻进、接单根等作业时进行精确井底压力控制的工艺流程，并分析其压力变化情况。

1）钻进过程压力控制方法

正常钻进过程中回压变化依靠节流阀调节。节流阀是通过改变节流截面或节流长度以控制流体流量的阀门，阀门都是由液压齿轮驱动。在正常钻进过程中钻进液从环空出来流入钻井液池。钻井液首先经过节流阀然后经过节流管汇系统被节流产生压力降。井口产生的回压由节流阀前面的压力表读取。其中节流产生的压力降由节流管汇两侧的压力表读取。这些压力表数据能够直接传送到高速压力控制器。经过计算以后同时调节节流阀开度来控制井口回压。经过降压的钻井液从节流管汇系统出来以后经过科里奥利流量计，流量计读数直接送到井涌控制器中。钻井液从流量计中出来进入振荡筛，然后进入钻井液池。

2）接单根、起下钻过程中压力控制方法

在压力控制过程中，如果起下钻时产生的波动压力大于可控安全窗口，可以在井口人为施加回压（起钻时若靠关闭节流阀还不能提供所需的回压，可以用回注泵提供额外的套压，以增加井底压力，防止地层流体进入井筒）。钻井接单根过程，首先是泥浆泵停止工作，钻井液停止向立管中注入，同时，钻杆发挥止回功能，防止环空中钻井液倒灌入钻杆中，此时环空中钻井液处于静止状态，井底压力必然随之降低。此时必须控制回压来增加井底压力从而平衡掉原来的循环压耗。在接单根过程中首先根据流量降低来提示打开回压泵。回压泵打开以后钻井液将从钻井液池中被注入环空当中。钻井液从回压泵向两个方向注入：一是井眼环空中；二是经过节流阀进行节流降压再次流向科里奥利流量计。流向环空方向的钻井液因原有环空中已有钻井液，将停止流动并且对环空产生一个大小相同的回压，这样就可以通过控制压力降来控制井口回压。经过计算以后通过调节节流阀开度，来控制井口回压。

3）排量不变，泵压下降时的压力控制方法

油气柱在环空上升、膨胀而造成液柱压力下降，在此情况下，应调节节流阀使泵压回升到原来的数值以控制井底压力不变。在泵压明显下降时，除非随钻有气体产出，否则井口及点火管线没有油气增多的迹象，较大的油气只有在一个循环周后才能显现出来。因此，应随时注意泵压的变化。当泵压变小时，及时调节节流阀使泵压迅速回升，以免随钻产油气量急速增加造成后期井底压力控制困难。在随钻有气体产出时，随着泵压的下降，井口压力反而会增加，这会造成减小回压的假象，常规井口压力自动控制方法下会调大节流阀开度，产生错误的调节指令，正确的做法是增加回压使泵压回升。

4）随钻产油气量过大，需减小欠压值时的压力控制方法

关小节流阀，使泵压增加（增加值为需减少的欠压值），由于需要循环一周才能将井眼内较多的油气循环出来，所以，控制的效果只有在一个循环周后才能显现出来，在此期间绝不能因为随钻产油气量没有减少而继续增加回压，以免造成过压钻进或井漏。

5）排量不变、立压和套压急剧上升时的压力控制方法

钻井过程中，如果套压急剧上升，现场施工人员必须及时判断井口套压升高的原因。若为井下气体滑脱至井口引起的套压升高，可采用节流循环排气降压法，使套压降至安全套压范围。如果采用节流循环排气降压法不能将套压降至安全套压范围内，这说明地层压力比设计的地层压力大得多，造成实际的负压差过大，给现场施工带来很大的危险。此时现场应采用低泵冲试验，关井求得新的地层压力，根据设计压差值加重钻井液或者

减少注气量，提高控制回压。

6）排量不变、立压和套压急剧下降时的压力控制方法

如出口流量降低，则井筒内存在漏失，此时要严密观察出口流量变化情况，看是否需要灌浆，同时应该增大注气量降低液体排量以减小井底压力，此时也可应用基于井筒多相流理论的模型预测控制理论进行压力控制，以保证漏失降至最低。根据以上不同工况下的压力变化，以及不同参数变化情况，形成了控压钻井过程中的压力控制矩阵。

（三）施工工艺流程

1. 钻井前的准备工作

施工前，应对井队、录井等相关施工作业人员进行技术交底和施工安全培训，落实重点技术措施和施工要求，各种工况的防喷演习必须达到熟练程度。

2. 控压钻进

（1）钻进前分别在套管鞋处和井底进行不同排量的泵冲试验，并做好泵冲、排量和循环压力记录。当钻井液性能或钻具组合发生较大改变时应重做上述泵冲试验，便于回压控制和为后期作业提供依据。

（2）作业期间坐岗人员和地质录井人员连续监测液面，每 5min 记录一次液面，并将变化情况立即报告给控压值班人员。

（3）司钻准备开、停泵时要通知控压值班人员，在得到确认后才能进行操作，控压值班人员接到通知后调整控压值以保持井底压力稳定。司钻上提下放钻具要缓慢，避免产生过大的井底压力波动。

（4）循环流程如下：

①钻进井口套压控制在 4.5MPa 以内，通过自动节流管汇控压，循环流程如图 2-14 所示。

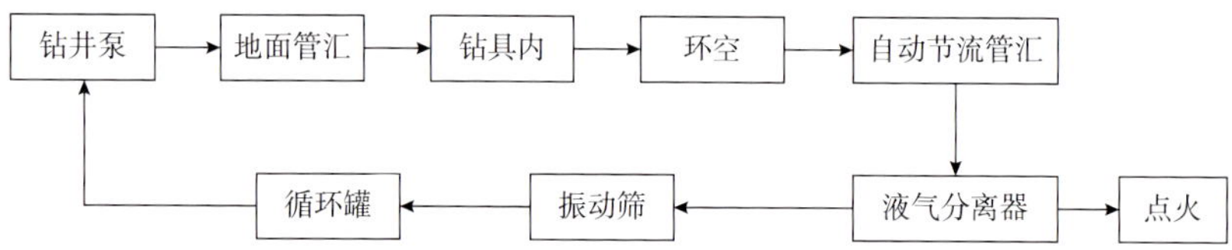

图 2-14　正常钻进循环流程

②当控压循环套压超过 4.5MPa，应立即实施关井程序，由钻井队节流管汇系统进行控压，循环流程如图 2-15 所示。

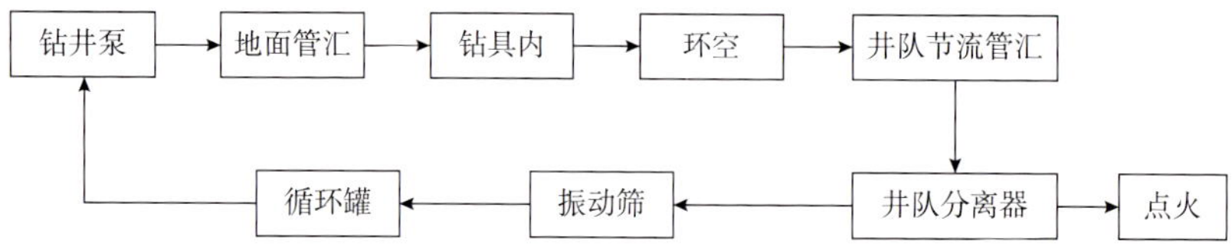

图 2-15　关井循环流程

（5）钻进中发现快钻、放空等现象时，必须停止钻进，上提钻具循环观察，做好关井准备，并及时通知控压钻井值班人员。

（四）复杂情况预防与处理

1. 井壁失稳

（1）提高钻井液的抑制防塌性能，观察井壁垮塌情况。

（2）如井壁失稳严重，保证井壁稳定后方可恢复钻进。

2. 自动节流管汇节流阀堵塞或失效

（1）发现节流阀堵塞后，自动节流管汇系统转换到备用通道，确保操作参数恢复正常状态后继续压力控制钻进作业。

（2）控压钻井人员检查维修堵塞的节流阀。

3. 旋转控制头至自动节流管汇的高压软管刺漏

（1）司钻进行以下操作：上提钻具，停泵、停顶驱（转盘），关闭环形防喷器。

（2）倒换通道，适当泄压后，通过井队节流管汇系统和液气分离器控压循环。

（3）更换高压软管。

（4）打开井队节流管汇与自动节流管汇间的闸门，保证环形防喷器上下部压力平衡，然后打开环形防喷器。

（5）开泵，控压钻井工程师调节套压至正常值，恢复钻进。

4. 自动节流管汇系统失效

将自动节流阀通道倒换至手动控压通道控压，然后对自动节流管汇系统检修。

三、一趟钻钻井

（一）技术要求

近年来中国石化通过技术创新与集成应用，在部分页岩气水平段实现了一只钻头、一套钻具组合、一次起下钻的“一趟钻钻井技术”，缩短了钻井周期、减少了工程费用。但页岩气储层岩石可钻性差，地质条件复杂，全面实现三开“一趟钻”目前还面临着巨大的挑战。

1. 长寿命大扭矩螺杆

超大扭矩螺杆钻具集成马达线型、高硬度橡胶、高强度高耐磨传动系统等核心配置，输出扭矩值超过国外同类螺杆钻具，是常规大扭矩等壁厚螺杆钻具的两倍以上，寿命设计在300h以上，能为钻头提供更加恒定的转速与更大的破岩功率，是中国石化针对页岩气钻井作业需要新研发的提速利器，Φ172–KD Force超大扭矩螺杆参数见表2–5。

表 2-5　Φ172-KD Force 超大扭矩螺杆参数

排量（lpm）	转速（rpm）	最大压差（MPa）	最大扭矩（N·m）	速率（rev/lpm）	扭矩斜率（N·m/MPa）	输出功率（kW）
2400～4500	72～132	12	57595	0.028	4800	712

2. 高效钻头

根据储层物性优选或定制适合一趟钻的高效钻头，目前龙马溪组对钻头的主要技术要求有三个方面：一是强攻击性，能达到较高的机械钻速，同时能够高效排屑和预防卡钻；二是能够配套旋转导向钻井系统实现高造斜率，以满足复杂储层有效追踪需要；三是龙马溪上部地层钻井过程中振动大，要求钻头具有高稳定性，以降低钻柱有害振动，提高钻头寿命。

3. 随钻分析

1）小层精细识别技术

（1）建立标准井含气页岩段小层精细划分方案。标准井的选取原则：地层发育齐全；测井项目齐全、曲线典型特征明显；选择直井，优选取心井；根据区块的面积，可选择多口标准井，其标志层和层位划分必须一致。

（2）明确标志层或辅助标志层识别标志。岩性标志包括：颜色、岩性、岩石硬度、成分结构等；古生物标志包括：古生物化石的种属、发育程度、变化规律等；自生（次生）矿物标志包括：矿物的发育情况、变化规律等；电性特征包括：自然伽马（GR）、密度（DEN）、声波（AC）、补偿中子（CNL）、深侧向电阻率（LLD）、浅侧向电阻率（LLS）及铀（U）/钍（Th）等参数；录井显示标志包括：气测显示和地化录井值的高低和变化趋势，地化标志包括有机碳含量、母质类型等参数，物性标志包括孔隙度、孔隙类型等参数，岩矿组分标志包括脆性矿物与黏土矿物含量，含气特征包括总含气量、吸附气量、游离气量等参数。

（3）确立标志层。确立整套旋回沉积中岩性稳定具有特征标志，易于鉴别的单层和岩性组合明显层段，层段具有不同属性、稳定性和特殊性。包括厚度较大的特殊岩性段、厚度较小的特殊岩性组合和单层特殊岩性标志层 3 种类型。焦石和江东区块含气页岩段发育 7 个主要标志层（见表 2-6）、南川区块龙二段至临湘组发育 9 个主要标志层、威荣区块利用伽马和元素录井结合建立了 8 个主要标志层。

表 2-6　焦石、江东区块含气页岩段主要标志层特征

标志层	标志层简述	岩性特征	自然伽马特征
1	浊积砂岩段	灰黑色粉砂岩夹碳质泥岩	测井曲线呈截切式突变接触关系
2	⑧小层灰尖	深灰色灰质泥岩	测井曲线呈指状低值
3	⑧小层高伽马段	灰黑色页岩	自然伽马整体高于上下邻层
4	⑥小层顶高碳尖	灰黑色碳质泥岩	自然伽马呈尖峰状高值

续表

标志层	标志层简述	岩性特征	自然伽马特征
5	④小层顶伽马小山峰	灰黑色碳质泥页岩	自然伽马呈峰状高值、高密度段
6	②小层伽马极高尖	灰黑色碳质泥岩	自然伽马呈尖峰状极高值
7	①小层 / 涧草沟组	碳质泥岩与灰岩界面	测井曲线呈截切式突变接触关系

（4）建立目标井单井柱状图。可包含随钻伽马曲线，设计井斜、方位伽马曲线、实钻井斜，钻时、气测曲线、岩性剖面，小层分层、标志层、元素录井等数据，用于地质导向的跟踪分析，焦页 X 井五峰组 – 龙马溪组含气页岩段地层柱状图如图 2–16 所示。

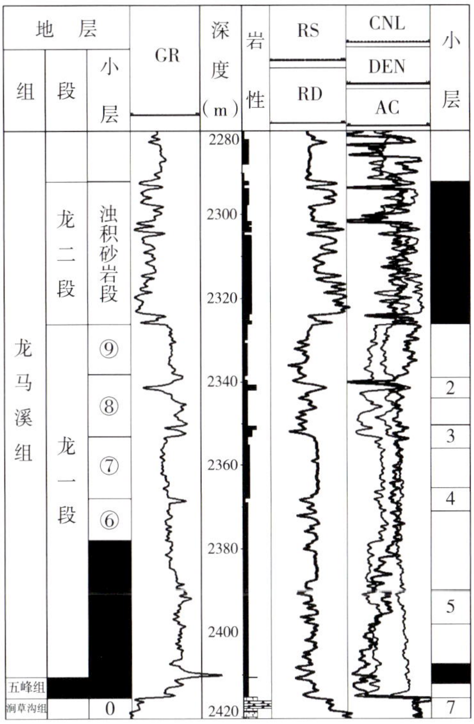

图 2–16　焦页 X 井五峰组 – 龙马溪组含气页岩段地层柱状图

（5）建立目标井地层对比图。选取目标井区至少 2 口邻井进行地层对比，其中至少 1 口直井，实时更新数据，作为目标井入靶及水平段轨迹控制的依据。根据标准层识别标志，进行精细划分到小层，标注小层号，江东区块五峰组 – 龙马溪组含气页岩段地层对比如图 2–17 所示。

（6）建立轨迹投影示意图。建立目标井实钻轨迹水平及垂直投影示意图，并实时更新，用以监测实钻轨迹是否偏离设计轨道，如有必要，及时调整轨迹。

（7）建立地质导向跟踪表。其中包括设计轨道数据表、实钻井斜数据表、轨迹投影示意图、轨迹穿行图、地层视倾角计算工具、*A* 靶点垂深预测工具、水平井轨迹分段控制工具等，用以对入靶前及水平段的实钻轨迹进行跟踪、计算、分析以及调整。

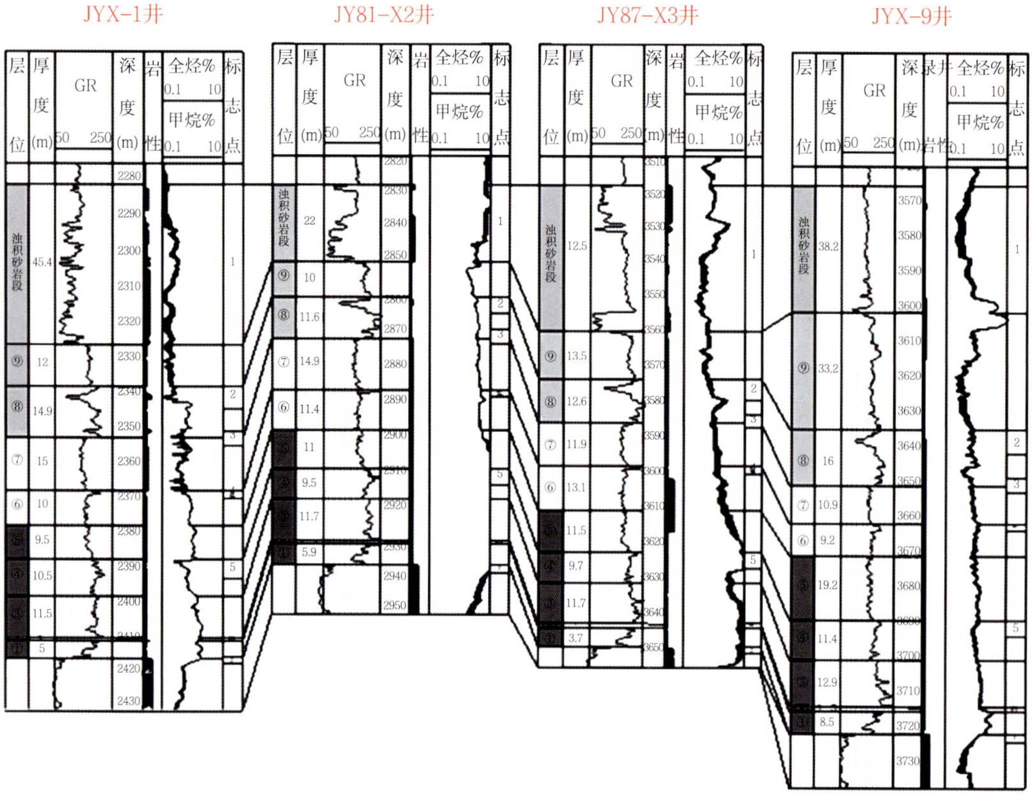

图 2-17　江东区块五峰组－龙马溪组含气页岩段地层对比

（8）利用元素录井识别钻井细碎岩屑、进行层位划分；为大位移井、水平井的地质导向提供简单、实用、可靠的技术手段。

2）断层识别

通过标准层随钻伽马曲线特征，结合岩屑、钻时、气测录井资料综合分析对比，当地层出现重复或缺失时，识别断层存在的性质和断距情况，有条件的地区可结合方位伽马曲线进行识别。

3）控时钻进

在随钻伽马没有信号或信号不确定时，地层判别困难；岩屑暂未返出，也无法进行元素分析时一般进行控时钻进，控时标准一般为 1 个岩屑迟到时间。

4）控制点卡取

利用随钻测井曲线，结合钻时、气测、岩性、元素等资料，跟踪标志层和特殊变化点，分析钻头距离各个特征小层顶、底界面的相对位置，为入靶前导向和水平段轨迹调整提供依据。

5）目的层识别

入靶阶段，根据选定的控制点实时进行地层对比，确定实钻轨迹穿行的各层层位深度及厚度；水平段轨迹控制阶段，利用随钻伽马曲线实时进行地层对比，结合钻时、气测、岩性、元素等资料，确保轨迹在目的层内穿行。

4. 轨迹优化调整

1）地层倾角计算

长水平段的主力页岩储层钻遇率在很大程度上取决于对目标地层实际地层倾角的掌握程度，一般情况下，现场通过实钻进出目标层的有关轨迹数据，对比标准井、邻井借用厚度可快速推算钻遇目标地层视倾角，但构造边缘部位所钻井地层产状起伏大，因此穿越水平段时尽可能利用相同层界面重复出现时产生的垂深差和位移差计算，便于指导下一步施工。

实钻中根据不同井眼轨迹方向与地层产状构成不同形态，地层倾角计算模式分为地层上倾、下倾两种。

下倾地层倾角计算公式：

$$\alpha = \arctan\left(\frac{AO}{OB}\right) - \arcsin\left(\frac{AO'}{\sqrt{AO^2 + OB^2}}\right) \tag{2-18}$$

式中 α——地层倾角，（°）；

AO'——控制点对应在标准井上的地层真厚度，可以在标准井测井曲线上读值，m；

AO——控制点对应的垂直深度差，可以通过实钻轨迹数据计算得出，m；

OB——控制点对应在平面上的水平位移差，可以通过实钻轨迹数据计算得出，m。

下倾地层倾角计算原理如图 2-18 所示。

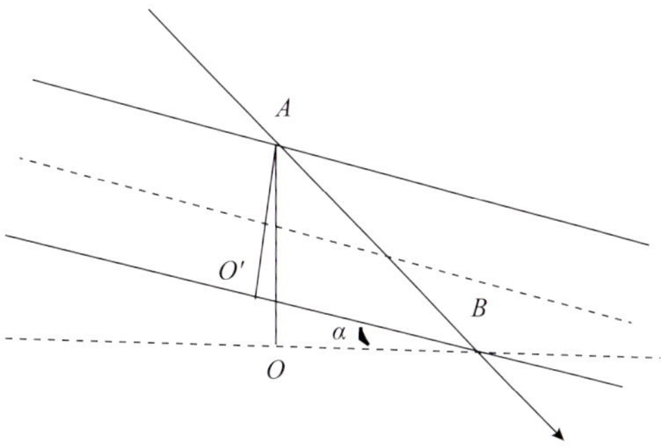

图 2-18 下倾地层倾角计算原理示意

上倾地层倾角计算公式：

$$\alpha = \arcsin\left(\frac{AO'}{\sqrt{AO^2 + OB^2}}\right) - \arctan\left(\frac{AO}{OB}\right) \tag{2-19}$$

上倾地层倾角计算原理如图 2–19 所示。

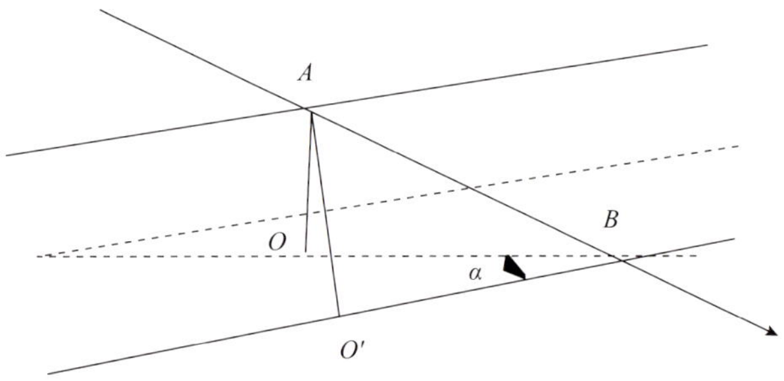

图 2–19　上倾地层倾角计算原理示意

2）靶点预测和调整

A 靶点预测一般采用等厚法和海拔法两种。利用二维地质模型、施工井设计靶点数据、二维地震资料建立随钻导向模型，明确靶体特征。结合地层视倾角，利用等厚法、海拔法预测 *A* 靶点垂深，并将预测数据与设计 *A* 靶点垂深进行比较，判断二者是否相差较大，若相差较大，则对 *A* 靶点进行调整。根据龙马溪组顶界、浊积砂顶界的分层界限以及地震构造特点预判 *A* 靶点的位置，提出合理的调整 *A* 靶点的建议，造斜段狗腿度控制：原则上不超过 7.5°/30m。通过钻遇①～⑨号标志层的厚度以及地层倾角和构造特点对 *A* 靶点进行微调，确保安全着陆 *A* 靶点。

3）水平段轨迹调整

进入水平段后，根据随钻资料，参考实钻计算地层视倾角及物探解释资料等，实时修正油气藏模型，调整井斜钻进，并结合目的层标志点控制轨迹穿行层位，确保轨迹在优质层中穿行，直至完钻。当地层倾角发生变化时，井斜角的调整应考虑井斜角与地层倾角之间的匹配关系。对于产状变化较大的地层，可增加控制点，将地层分解为多个单斜段，利用钻时、气测、随钻方位伽马等资料监测水平段钻头位置，依据地层倾角分段调整，水平段狗腿度控制：原则上不超过 3.0°/30m。

当出现钻出目的层时，应停钻汇报，讨论下一步施工方案：若为夹层（或非储层），且横向展布距离短，可采取钻穿夹层的施工方案，否则应向业主建议制定轨迹调整方案；应进一步分析是“顶部出层”还是“底部出层”，结合随钻测井资料和地震资料分析地层产状，依据实际情况进行回调；储层尖灭或明显变差时，应结合邻井资料分析储层展布情况，向业主汇报，提出轨迹调整方案或完钻建议；若钻遇断层，应修正地质模型，根据断层类型及断距，确定采用增斜或降斜钻进方案。

（1）定向仪器选择。

地质导向工具具有测量、传输和导向三大功能。能实现近钻头测量参数（电阻率、伽马）和工程参数（井斜角、方位角）的测量；能使用随钻测量仪器（MWD）或随钻测井仪器（LWD）作为信息传输通道，把所测的井下信息传至地面处理系统，作为导向决策的依据；能使用井下马达作为导向执行工具，用无线技术把近钻头测量信息越过导向马达传至 MWD/LWD 并进一步上传；能利用地面信息处理与导向决策软件系统，将井下测量信息进行处理、解释、判断、决策，指挥准确进入目标油气层。

地质导向技术的关键在于近钻头地质参数、工程参数的测量、传输、解释、决策与执行。而随 MWD 是指钻井过程中进行井下信息的实时测量和上传技术，主要限于对工程参数（井斜角、方位角）的测量，无直接的导向功能。

① 随钻测井技术。

LWD 是在先期无线随钻测量仪 MWD 基础上发展起来的一种同时测量随钻井眼轨迹和地层特征参数的先进装备。LWD 可以在钻进作业进行的同时，实时测取地质参数，为地质人员提供地质分析的依据，配合井眼轨迹参数进行地质导向能准确控制井眼轨迹穿行于目的层中。因此，利用 LWD 技术有效解决了薄目的层水平井中靶难的问题，提高了水平井在目的层的穿行率。页岩气开发普遍采用水平井，对井眼轨迹在目的层的穿行有较高要求，因此 LWD 技术与仪器得以在页岩气井大规模应用。LWD 仪器主要参数见表 2–7。

表 2–7　LWD 仪器参数

伽马测量	
测量范围（API）	250
测量精度（API）	± 3（0 ~ 150）
最小采样周期（s）	8
垂直分辨率	168mm（$6^{3}/_{5}$ in）

随着页岩气井开发需求的不断提高，部分井区微小构造复杂导致目的层平面展布变化频繁且不连续，因此对目的层的穿行提出了更高的要求。螺杆 +LWD 仪器导向技术存在以下应用缺陷：测量点距钻头 13 ~ 21m，存在较大的测量盲区；井眼轨迹测点参数相对于钻头位置滞后，井底工程数据预测误差较大，无法准确判断钻头与目的层的相对位置，导向时不能有效及时根据地层变化修正井眼轨迹。LWD 技术因此逐步应用于上部非目的层钻井的随钻测量与地层岩性界面的判断。

② 旋转导向钻井技术。

旋转导向钻井是指钻柱在旋转钻进过程中实现定向工作，相较常规 MWD，其井眼净化效果好，轨迹控制精度高，有助于水平井位移延伸，同时在大井斜扭方位井段、易黏卡地层段均有较好的使用效果，广泛应用于井下滑动钻进比较困难的深井、大斜度井、大位移井、水平井等。

典型的旋转导向钻井系统主要包括：Baker Hughes 公司 AUTOTrack RCLS 系统、Schlumberger 公司 PowerDrive SRD 系统和 Halliburton 公司 Geo-pilot 系统，旋转导向仪器主要参数见表 2–8，PowerDirve Archer 旋转导向技术参数见表 2–9。

表 2-8 旋转导向仪器主要参数

仪器类型	造斜率（°/30m）	压耗（MPa）	传输速度（bps）	近钻头伽马零长（m）	对钻井液要求
PowerDrive Archer	0～15	0.5	0.5～12	3.27	含砂＜0.2% 堵漏粒径＜1.5mm
Geopilot-7600Dirigo	0～15 （实际 0～5）	1	≥5	1.2	含砂＜0.2% 堵漏粒径＜2mm
Geopilot-7600Hybird	0～15 （实际 0～7）	1	≥5	1.2	含砂＜0.2% 堵漏粒径＜2mm
AUTOTrack 系列	0～15	—	—	3.74～5.54	含砂＜0.2% 堵漏粒径＜2mm

表 2-9 PowerDrive Archer 旋转导向技术参数

技术规格	ATC6¾in（1in=2.54cm）	ATC4¾in（1in=2.54cm）
井眼尺寸（mm）	212.73～222.25	149.23～171.45
泥浆体系	水基 / 油基 / 合成油基	水基 / 油基 / 合成油基
最高耐温（℃）	150	150
最大造斜率（°/100 英尺）	15	18
排量范围（加仑 / 分）	230～650	220～350
排量配置	低 / 中 / 高	低 / 中 / 高
最高承压（psi）	20000	20000
最高转速（r/min）	350	350

旋转导向钻井技术被广泛应用于页岩气开发中并取得显著效果，利用旋转导向系统进行钻井，能使钻出的井眼更加圆滑、井眼的清洁效果大幅提高，且机械钻速也明显提高，但是和近钻头导向技术一样，其仪器和工具的制造主要为国外公司掌握，技术服务费用高，而国产旋转导向技术正处于攻关阶段，其产品可操作性、稳定性难以媲美国外技术，因此随着钻井提速提效技术应用的不断深入，采用旋转导向技术也难以形成较大的经济效益。另外，随着页岩气开发进入后期，对目的层的立体开发会逐步加大，而随着地层的变化，井下施工风险也不断增加，这些因素在一定程度上限制了旋转导向钻井技术的进一步应用。

S-XXHF 井导向工具对比见表 2-10。目前，LWD+ 螺杆和旋转导向是三开井段常用的手段。常规 LWD+ 螺杆导向钻具组合存在测量盲区大，不能适时反馈井底数据，井眼轨迹不平滑，井斜和方位控制精确度低，容易导致储层钻遇率低、钻井周期长等问题。旋转导向测量盲区小，井斜方位控制较为准确，是有效的提速手段。

表 2-10　S-XXHF 井导向工具综合对比

轨迹控制方式	平均机械钻速（m/h）	测量零长（m）	复合钻进比率（%）	井眼光滑度
常规 LWD	6.50	16 ~ 20	30 ~ 40	低
近钻头	7.10	1.0 ~ 1.5	40 ~ 60	低
旋转导向	9.60	2.0 ~ 3.5	100	高

三开段定向工具选井原则：施工区域构造复杂、断层发育、水平段长度＞2000m 的水平井，可优先选择旋转导向工具施工。对于钻井工况较复杂、地层产状变化较大导致轨迹调整频繁的可选用近钻头导向工具施工，但对于钻井工况极其复杂，如容易垮塌、遇卡等，严禁使用近钻头类导向工具；气侵严重，容易发生溢流、井涌等复杂井，经过论证后再决定是否使用近钻头类导向工具。三开段定向工具选择建议见表 2-11。

表 2-11　三开段定向工具选择建议

仪器类型	常规 LWD	旋转导向	近钻头
短靶前距水平井、双二维水平井		√	
构造复杂，产状变化大		√	√
构造边缘井，缺少地震资料		√	√
油基泥浆性能较差	√	√	
靶窗垂厚＜2.0m，水平段 ≥ 2000m		√	√
构造简单，地层平缓，水平段 <2000m	√		
二维井，定向施工难度小	√		√

旋转导向介入施工井段优选：依据施工区域目的层岩性、考核靶框、定向难易程度等特征，从经济性和时效性综合考虑，提出旋转导向介入施工井段优选方案。针对焦石、江东区块三开段龙马溪组中段浊积砂岩发育、厚度从 20 ~ 60m 不等，岩性以粉砂岩、泥质粉砂岩为主，矿物成分主要为石英、粉粒级别，胶结致密、物性较差，具有强研磨特性、可钻性差等特征，建议焦石、江东区块水平段使用，具体介入井段在进入 *A* 靶 100m 之前。

（2）导向软件选择。

目前国内主要运用的地质导向软件有 Geos 地质导向分析系统、FOCUS 综合导向软件、定录导一体化服务系统、XN-MLSteer 地质导向软件、SGA-850 地质导向分析系统等。功能模块是选择地质导向系统的关键因素。其中，数据库、数据采集、存储、传输和远程共享、三维地质建模、井身轨迹实时调整（轨迹跟踪工具）、三维可视化、远程监控和导向决策、随钻安全预警是导向软件的主要功能。

（二）钻井工艺

具体以焦石区块为实际对象，介绍一趟钻实施过程。

（1）井眼尺寸：Φ215.9mm。

（2）套管尺寸：Φ139.7mm。

（3）钻遇地层：小河坝组、龙马溪组、五峰组。

（4）转换钻井液的原则：三开扫塞前转浆。

（5）完钻层位：龙马溪组或五峰组。

（6）完钻原则：钻至靶点留口袋完钻。

（7）完井方式：下 Φ139.7mm 生产套管完井。

1. 施工难点

地质上主要存在龙马溪组可钻性差和承压能力低，同时在五峰组交界处研磨性强，钻头损坏风险大和机械钻速低等问题。工程上除常规水平井工程特点外还易受到邻井压裂影响，存在油基钻井液被污染和井控风险。

2. 施工方案

1）施工思路

造斜段采用混合钻头 +1.25° 单弯螺杆钻至 *A* 靶，水平段下入聚晶金刚石复合片钻头（PDC 钻头）+ 单弯螺杆或旋转导向进行穿层至完钻。

2）钻井目标

三开井段目标造斜段和水平段各一趟钻，平均机械钻速达到 11m/h，钻进周期 20d，完井周期 10d，共计 30d。

3. 实施方案

1）钻具组合

按照造斜段和水平段，形成了不同钻具组合，力争实现水平段一趟钻，具体钻具组合形式见表 2-12，钻头、螺杆选型及钻井参数见表 2-13。

表 2-12　钻具组合形式

井段		钻具组合
造斜段		Φ215.9mm 混合钻头 + Φ172mm × 1.25° 螺杆 + 浮阀 + Φ127mm 无磁承压钻杆 + 随钻测量（LWD）无磁悬挂 + Φ206/205mm 扶正器 + Φ127mm 加重钻杆 + Φ127mm 加重钻杆 + Φ127mm 钻杆 + Φ127mm 加重钻杆 + Φ139mm 钻杆 / Φ127mm 钻杆
水平段	2200m 前	Φ215.9mm PDC 钻头 + Φ172mm × 1.25° 螺杆 + 浮阀 + Φ210mm 扶正器 + Φ127mm 无磁承压钻杆 +LWD 无磁悬挂 + Φ127mm 加重钻杆 + Φ127mm 钻杆 + Φ127mm 加重钻杆 + Φ139mm 钻杆 / Φ127mm 钻杆
	2200m 后	旋转导向组合：Φ215.9mmPDC 钻头 + 旋转导向 + Φ127mm 加重钻杆 + 扩眼器 + Φ127mm 加重钻杆 + Φ165mm 屈性长轴 + Φ165mm 随钻震击器 + Φ127mm 加重钻杆 + Φ127mm 钻杆 + Φ127mm 加重钻杆 + Φ139mm 钻杆 / Φ127mm 钻杆 震荡螺杆组合：Φ215.9mmPDC 钻头 + Φ172mm × 1.25° 震荡螺杆 + 浮阀 + Φ212mm 扶正器 + Φ127mm 无磁承压钻杆 +LWD 无磁悬挂 + Φ127mm 加重钻杆 + 扩眼器 + Φ127mm 加重钻杆 + Φ165mm 屈性长轴 + Φ165mm 随钻震击器 + Φ127mm 加重钻杆 + Φ127mm 钻杆 + Φ127mm 加重钻杆 + Φ139mm 钻杆 / Φ127mm 钻杆

表 2-13 钻头、螺杆及钻井参数

井段	钻头选型	螺杆选型	钻井参数
造斜段	混合钻头	7 头等壁厚耐油基螺杆	钻压 100～160kN，转速＞50r/min，排量＞26L/s
水平段	高抗磨 PDC 钻头	等壁厚耐油基长寿命螺杆	钻压 100～140kN、排量 28～30L/s、转速：常规 60rpm，旋导 110～130rpm

2）钻井液性能

实施一趟钻对钻井液性能的要求见表 2-14。

表 2-14 钻井液性能要求

井段	钻井液性能要求
造斜段	油基钻井液体系，密度 1.38～1.40g/cm³，黏度 60～70s，固含≤ 26%，滤失量≤ 2.0mL，并根据全烃显示情况适当调整，其余泥浆性能满足设计要求
水平段	油基钻井液体系，密度 1.38～1.50g/cm³，黏度 60～80s，切力 5/10，固含≤ 26%，滤失量≤ 2.0mL

四、深层高效钻井

（一）地质工程难点

深层页岩气区块地质特征复杂，主要表现为地层压力高、温度高、可钻性差，给钻完井提速提效带来了更大的挑战。以威荣气田工程地质条件为例，主要面临储层埋藏深（3550～3880m）、温度高（125～135℃）、压力高（＞2.0），同时在过路层茅口、石牛栏组和储层龙马溪组均发育裂缝气、龙潭组－石牛栏组岩石可钻性差（级值 7～10），因此在钻井过程中面临高温高密度容易造成地质导向仪器失效、裂缝气发育造成非生产时效增多和地层可钻性差增大钻头选型难度、水平段钻进时摩阻扭矩大等问题。

（二）技术要点

1. 全井段钻头选型及高效动力钻具配套

1）钻头选型

钻头优选推荐的思路是：选择适应地层硬度、抗压强度和地层可钻性的钻头型号，使钻头的钻速和进尺达到最高，综合钻井成本降到最低。威荣工区地层老，岩性致密、坚硬，可钻性差，地层均质性差，部分层位含黄铁矿、燧石等，极为难钻，结合威荣工区岩石可钻性特点，通过开展异形齿破岩、新型混合破岩结构机理等多项技术研究，针对性优选了个性化钻头，形成了威荣工区全井段钻头序列，见表 2-15。

表 2-15 各层位对应钻头型号

地层 / 井段	优选钻头	
	型号	特征
遂宁组	SKG515CGK	—
遂宁组 - 沙溪庙组	KS1662DGRS	6 刀翼、16mm 齿混合钻头
沙溪庙组 - 自流井组	KMD1663DRT	6 刀翼、16mm 齿混合钻头
须家河组	KMD1663DRT	6 刀翼、16mm 齿混合钻头
雷口坡组 - 嘉陵江组	KS1652DGRX	5 刀翼、16mm 齿混合钻头
飞仙关组 - 龙潭组	KS1652DGRX	5 刀翼、16mm 齿混合钻头
茅口组 - 石牛栏组	KPM1632DST	3 刀翼、16mm 齿混合钻头
龙马溪组	HJT537GK	—
龙马溪组（造斜段）	KSD1652AGR	5 刀翼、16mm 齿混合钻头
龙马溪组（水平段）	KSD1652AGR	5 刀翼、16mm 齿混合钻头

2）高效动力钻具配套

一、二开主要是提速，螺杆钻具选择以大扭矩、长寿命为基准；三开螺杆选择以耐高温、耐油为基准。

（1）等扭矩螺杆。

常规等壁厚马达升级成第二代产品——等应力马达。依据应力幅值调整橡胶壁厚，减小应力集中，提高马达效率，增大输出扭矩。

（2）耐高温耐油基等壁厚螺杆钻具。

研发橡胶材料耐油耐高温能力达到 175℃，使用时间达 200 小时，能满足现场耐高温耐油基工况。

（3）全井段动力钻具优选。

螺杆选型及扭矩要求、常用螺杆型号及适用地层见表 2-16 和表 2-17。基于此原则优选出的螺杆钻具表现性能良好，行程进尺显著提高。

表 2-16 螺杆选型及扭矩要求

井眼尺寸（mm）		螺杆型号	螺杆类型	工作扭矩要求
Φ406.4		7LZ×244-7.0DW	0.75°～1° 单弯	20kN·m
Φ311.2	直井段	7LZ×244-7.0DW	0.75°～1.25° 单弯	20kN·m
	斜井段	7LZ×216-7.0DW	1.25°～1.5° 单弯	15kN·m
Φ215.9		Y7LZ172×7.0Ⅳ	1.25°～1.5° 单弯	7600N·m

表 2-17 常用螺杆型号及适用地层

编号	规格型号	钻进井段（m）
1	5LZ286 × 7.0 Ⅳ	嘉陵江组
2	BT 9 " 转速恒定器	飞仙关组
3	H5LZ244 × 7.0-3.5-DW0.5°	长兴组、龙潭组
4	H5LZ216 × 7.0-3.5-DW1.25°	茅口组、栖霞组
5	H7LZ216 × 7.0-3.8-DW1.25°	梁山组、韩家店组
6	H5LZ172 × 7.0-3.5-DW1.5°	龙马溪组
7	H5LZ172 × 7.0-3.5-DW1.25°	龙马溪组
8	HY5LZ172 × 7.0-3.5-DW1.25°	龙马溪组
9	HY5LZ172 × 7.0-3.5-DWG1°	龙马溪组

（4）旋转导向工具专用螺杆

结合旋导工具进一步提速的要求，对旋转导向工具适用的螺杆钻具进行优选，其具体参数见表 2-18。

表 2-18 旋导工具专用螺杆

螺杆规格及马达性能参数	公制单位	英制单位
总长（L）	9.418m	370.8in
马达外径（D）	0.178m	7in
钻头到弯点距离（L_b）	—	—
扶正器最大直径（D_s）	—	—
钻头到扶正器中心距离（L_s）	—	—
质量（计算值）	1314kg	2897lbs
适用钻头范围	0.213 ~ 0.251m	8 ⅜ ~ 9 ⅞in
上部连接螺纹	NC 50Box	
下部连接螺纹	NC 50Pin	
排量范围	16.7 ~ 41.7L/s	264 ~ 660gal/m
转速范围	52 ~ 130r/min	
最高压差（标准橡胶）	4949kPa	717.9psi
最大输出转矩（标准橡胶）	14311N · m	10519lbs-ft
最高压差（硬橡胶）	6750kPa	979psi
最大输出转矩（硬橡胶）	19515N · m	14344lbs-ft

2. 基于滑动导向的窄靶窗水平井井眼轨迹控制技术

三维井眼滑动钻进继续钻速慢，通过对威荣深层页岩气“井工厂”轨道设计剖面及轨迹控制技术的调研，将三维轨道、双二维轨道和优化三维轨道进行综合模拟计算、井间防碰及定向效能对比分析，将三维轨道优化为优化三维轨道。面对优质储层厚度薄、横向起伏变化大、轨迹控制难度大、旋转导向工具费用高、地质导向工具零长长、轨迹调整及时性差，易出靶框、仪器钻时慢等问题，研究形成了窄靶窗随钻储层评价与地质导向技术，优化三开井段旋转导向和地质导向钻井进尺，达到提速降本的目的。

3. 钻井参数及水力参数强化技术

通过地层岩石可钻性分析、岩石全岩分析，获得单井纵向岩石力学性质及可钻性剖面参数预测结果。在获得该结果的基础上通过现场多口井实践建立钻井参数实时强化技术，形成了各开次不同井段的钻井参数，见表 2–19，达到了提速效果。

表 2–19　参数强化数据

开次		钻井参数	装备配套升级前	装备配套升级后	强化提升率（%）
一开		钻压（kN）	40 ~ 100	60 ~ 120	28.57
		转速（r/min）	50 ~ 60	60 ~ 80	27.27
		排量（L/s）	50 ~ 60	60 ~ 70	40
二开	直井段	钻压（kN）	60 ~ 140	120 ~ 160	20
		转速（r/min）	60 ~ 70	60 ~ 80	7.69
		排量（L/s）	55 ~ 60	60 ~ 65	18
	斜井段	钻压（kN）	60 ~ 120	120 ~ 160	22.22
		转速（r/min）	50 ~ 60	60 ~ 80	27.27
		排量（L/s）	50 ~ 55	55 ~ 60	9.52
三开	旋导	钻压（kN）	60 ~ 120	80 ~ 140	22.22
		转速（r/min）	50 ~ 70	90 ~ 105	15
		排量（L/s）	26 ~ 30	30 ~ 32	6.9
	常规	钻压（kN）	80 ~ 140	100 ~ 160	18.18
		转速（r/min）	60 ~ 80	70 ~ 90	14.29
		排量（L/s）	28 ~ 30	30 ~ 32	6.9

4. 强封堵、强抑制型油基钻井液体系

针对四川盆地目的层龙马溪组 – 五峰组页岩层理及裂缝发育、部分层段存在断层破碎带和井壁失稳风险高等特点，形成了强封堵、抑制型油基钻井液体系，体系配方为：基础油相 +2.4% 主乳化剂 +0.8% 辅乳化剂 + 氧化钙 + 有机土 +26.0% 氯化钙（$CaCl_2$）溶液 + 纳米级封堵剂 + 氧化沥青 +SSC-HyMod 提切剂 + 润湿剂 + 承压封堵降滤失剂 + 井眼强化剂 + 重晶石。该体系与优化前的体系相比具有良好的防塌抑制性，室内评价实验表明，体系优化后的岩心回收率由 97.94% 提高至 99.24%，膨胀率由 0.38% 降低至 0.25%，滤失量降低 60.9%，可有效维护水平井的井壁稳定，保障施工安全。

5. 油基钻井液降温装置

针对储层段高温导致导向工具稳定层差的问题，优选出油基钻井液地面降温技术，使用循环冷却水在板式换热器中吸收油基钻井液的热量，吸收热量后的循环冷却水进入冷水塔，利用空气流动进行降温，降温后的循环冷却水重新进入板式换热器，供循环使用，该降温装置如图 2-20 所示。

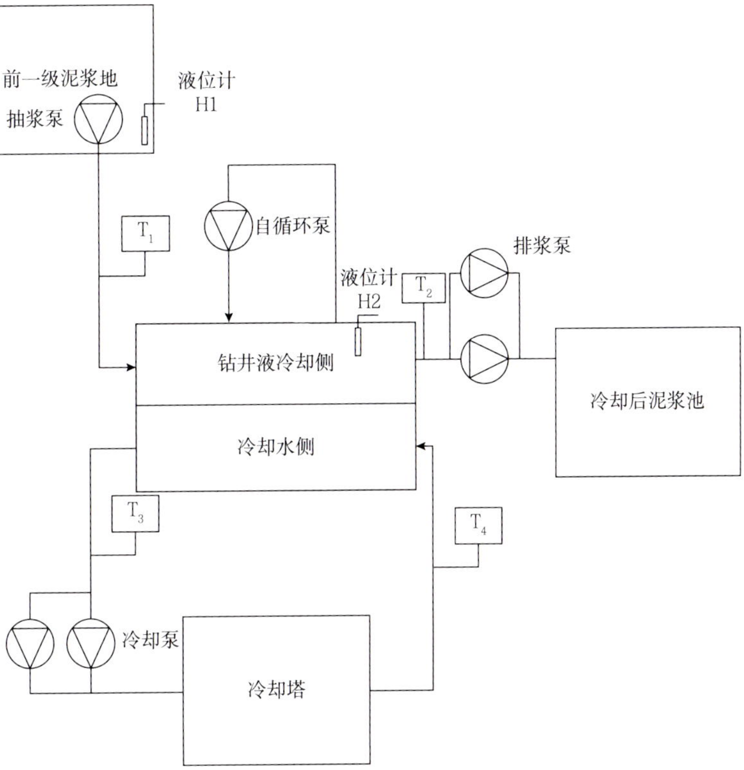

图 2-20 钻井液降温装置示意

6. 水力振荡器

水力振荡器是主要的井下减摩降阻工具，它在页岩气水平井中能发挥显著的功效，其结构简单、可靠，能够与所有的 MWD 系统兼容，在延长水平段长度的同时能够提高机械钻速、减少钻头磨损、降低压差卡钻发生的概率，Φ172mm 水力振荡器的主要技术参数见表 2-20。

表 2-20 Φ172mm 水力振荡器的主要技术参数

序号	参数	数值
1	工具外径（mm）	172
2	钻头尺寸（mm）	215.9

续表

序号	参数	数值
3	总长（m）	7
4	额定排量（L/s）	24～30
5	额定压降（MPa）	1.5～3.5
6	额定频率（Hz）	15
7	最大拉力（t）	314
8	试验最大扭矩（kN·m）	60
9	连接扣型	NC50
10	工具材料	高强度钢
11	最高工作温度（℃）	150
12	使用寿命（h）	500

7. 振动冲击器

对于一些硬地层和研磨性强的地层，提高机械钻速是现场遇到的难题。振动冲击器（旋冲螺杆）以机械能量作为冲击力，马达在驱动钻头破岩的同时给钻头提供额外振动冲击力，辅助钻头破岩，提高钻头破岩效率，从而达到提高钻井速度的目的。振动冲击器与螺杆组合在一起进行钻进，马达总成为冲击器和钻头提供动力，振动冲击器的主要技术参数见表 2-21。

表 2-21　振动冲击器的主要技术参数

参数	数值
工具规格（mm）	172
钻头至扶正器长度（mm）	560
钻头至弯角长度（mm）	2400
扶正器处本体最大外径（mm）	194
扶正器外径（mm）	213
冲击频率（Hz）	6～20
冲击行程（mm）	3～13
冲击功（J）	300～1000
上端螺纹	NC46、NC50、4 $^1/_2$REG
下端螺纹	4 $^1/_2$REG
工作最大钻压（kN）	150
使用排量（L/s）	19.72～39.43
工具长度（mm）	7972
适用井眼（mm）	215.9～222.25
压降（MPa）	7
上扣扭矩（kN·m）	上端 32.4～35.6、下端 16.3～21.7

（三）复杂情况预防与处理

1. 二开井段复杂情况与应对措施

二开钻井过程中主要面临三个方面的工程地质风险：一是茅口组和栖霞组易发生井漏；二是茅口组、栖霞组部分地区易钻遇高压裂缝性气层产生井口风险；三是自流井组、龙潭组易发生垮塌，飞仙关组、长兴组和龙潭组交接面不稳定，极易出现井下掉块。应按照规定及时处置井漏、裂缝气和掉块情况，保障钻井安全。

2. 三开井段复杂情况与应对措施

三开钻井过程中主要存在海相地层裂缝溶孔发育井漏、龙马溪组上部不规律发育裂缝气层导致井涌溢流、黑色页岩裂缝和层理发育引起井壁失稳、邻井压裂影响泥浆性能和井壁失稳及定向卡钻等地质工程风险。应按照规定及时处置漏失、井控风险和掉块卡钻等复杂情况，控制邻井压裂影响，保障钻井安全。

五、超长水平段钻井

超长水平段水平井一般是指水平段长度>3000m的水平井。近年来中国石化通过持续的理论研究与技术攻关，在涪陵、南川等区块完成了多口超长水平段水平井施工，水平段长度由开发初期的1500～2000m增加至3000～4000m，目前累计完成水平段长2700m以上的水平井施工15井次。其中，2017年完钻的J2–XXHF井水平段长度3065m，2021年完钻的S9–XXHF井水平段长度3601m，2022年完钻的S9–X3HF井水平段长度4035m，J18–SXHF井水平段长度4286m。通过持续优化长水平段水平井钻井工艺，目前已初步形成4000m超长水平段水平井钻井技术体系。

（一）钻井关键技术

1. 钻井参数分层优化

为了充分发挥装备、工具的提速潜力，实现不同参数搭配下钻机输入能量的最大化使用，建立了强化参数模型，形成了分层强化参数推荐图版。

1）强化参数模型

基于经典钻速方程，利用多元非线性回归方法，分层段拟合形成钻速指数、钻压指数等关键参数，建立了分层强化参数模型，模型符合率86%。

2）分层强化参数推荐图版

通过分析已钻井数据，优选各层位强化参数原则，差异化强化钻压、转速或排量，选取最优机械钻速目标，形成了分层强化参数推荐图版。技术应用后，涪陵工区机械钻速提高39.6%，钻井周期缩短38.5%；S9–XXHF井三开钻压121.5kN，排量28.94L/s，较J2–XXHF井钻压提高25.3%，排量提高10.0%，全井钻井周期45.5d，全井平均机械钻速11.03m/h，机械钻速大幅提升。

2. 长寿命高效破岩工具

针对页岩气水平段页岩地层硬度较高、含夹层等特点，研制应用了高效钻头和长寿命、大扭矩螺杆等关键破岩工具。

1）高效钻头

为提高水平段碳质页岩地层的钻进速度，针对易钻龙马溪组⑤～⑧小层，研制了攻击性强、机械钻速快的 Φ215.9mm KSD1652AGR 高效 PDC 钻头，采用浅锥形双圆弧击碎线型、斧形齿与三棱齿的异形齿组合，控制 PDC 当量布齿密度为 39～40；针对龙马溪组③小层及五峰组地层，优选高性能复合片，研制了耐磨性强、吃入能力好和定向可操控性强的 Φ215.9mm KMD1652ADGR 高效 PDC 钻头，控制 PDC 当量布齿密度为 46～47，采用 5 刀翼结构。现场应用结果表明，高效 PDC 钻头平均纯钻时间 132.56h，使用寿命提升 30% 以上，平均机械钻速 10.36m/h，提速 40%。

2）长寿命、大扭矩螺杆

为解决常规螺杆扭矩小、寿命短，难以满足超长水平段水平井高效钻进需求的问题，研发了 Φ172mm 长寿命、大扭矩螺杆，采用修正线型设计，点接触处橡胶压缩量最大达 33.9%，定子橡胶衬套与转子的接触面积减少约 47.5%，定子橡胶衬套应力降低了 33.0%，显著提高了橡胶疲劳寿命；选用短链结构丁腈橡胶和金属离子活化剂等关键配合剂，攻克了低门尼超高硬度橡胶配方技术，研选了超高硬度油基橡胶材料，橡胶邵氏硬度达到 HA90，耐油耐水温度为 150℃；开发了基于多元强化复合材料的高耐磨硬质合金轴承——TC 轴承，较普通轴承磨损量平均降低 36.3%。螺杆应用后，最大扭矩 21.5kN · m，使用时间最长达 484h，平均为 300h。与常规等壁厚螺杆钻具相比，在最大效率点处扭矩提高 50.6%，总效率提高 28.1%；在任选压差相同点处，扭矩提高 58.9%，总效率提高 29.4%。

3. 长水平段降摩减阻技术

针对长水平段钻井施工时摩阻高、岩屑易堆积、钻井液润滑性差和流态不稳定等难点，研究应用了高性能油基钻井液体系及高效降摩减阻工具，保证了井下安全，提高了机械钻速。

1）高性能油基钻井液体系

利用研制的高效提切剂、高性能油基钻井液润滑剂，构建适用于超长水平段水平井的高性能油基钻井液体系。

（1）提切剂。

通过高分子合成，将清水基团与憎水基团合成具有 R1-X-R2 结构的油溶性聚合物材料，其中清水基团主要为酰胺基或酰基基团，该结构在油基钻井液中将通过静电引力或氢键与其他基团相互作用，形成比表面积大的网络结构，而分子中的长烷基直链之间也可以通过缔合作用形成三维网络结构，达到增黏、提切的目的，可维持油基钻井液塑性黏度稳定，应用过程中，可提高动塑比至 0.35～0.45，具有携岩充分、高效清洁井眼等优点，在 J18–SXHF 井等 10 口井中应用后，动切力提高 50% 以上，动塑比提高 30%～40%，提切效果良好。

（2）高性能油基钻井液润滑剂。

为降低长水平井摩阻、减小管柱磨损，采用外循环高压反应技术，以油酸为主剂，加入含有硫、磷、氯的化合物，形成具有极压功能基团的抗磨剂材料，再与润滑液基液混配，合成了高性能油基钻井液润滑剂，其中极压抗摩剂成分在载荷面的凸起点上，由于极压高温及新暴露的金属表面的高活性，分子中的活性元素硫、磷、氯与金属形成硫化物、氯化物等低熔点物质产生化学反应，形成牢固的极压膜，降低了抗剪切强度，从而达到降低摩擦系数的目的。润滑系数可降低 42.19%，滑块摩阻系数≤ 0.0439，钻进摩阻降低 15%，起钻摩阻降低 30%，润滑效果良好。

2）高效降摩减阻工具

为了提高水平段岩屑返出效率，实现降摩减阻，结合 V 形叶片的造涡携砂能力和螺旋叶片的导流能力，分析螺旋线数、螺距与扩孔效果、工具和井壁摩擦力关系，在保证微扩孔效果的前提下，以接触摩擦力最小为目标，设计了双螺旋随钻井壁修整器，其外形如图 2–21 所示。螺旋结构锥度为 12°～18°，2 个螺旋，4 个螺旋翼，螺距 390mm，螺旋翼上布置倒划眼齿，实现了对井底岩屑床的抽汲及有效切削；采用偏心结构设计，提高了钻柱旋转作用下的岩屑床清理效果。例如，J30–SXHF 井现场应用时，返砂量为理论返砂量的 1.67 倍，完钻起钻水平段上提最大摩阻 280kN，下放最大摩阻 240kN，比同平台 J30–X6HF 井摩阻下降 13%，且水平段 1836m 未进行短起下作业，节约了两趟短起下作业时间；J20–SXHF 井现场应用时，返砂量为理论返砂量的 1.50 倍，完钻起钻水平段上提最大摩阻 240kN，下放最大摩阻 200kN，比同平台 J20–X2HF 井摩阻下降 15%。

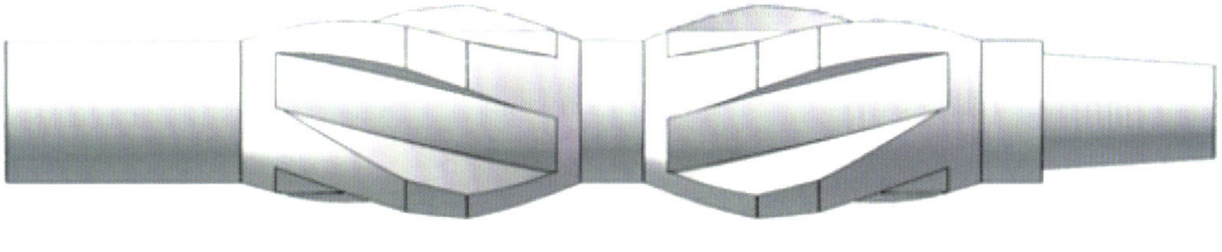

图 2–21 双螺旋随钻井壁修整器

为了提高环空钻井液携岩效果，预防岩屑床的形成，根据数值模拟结果，在钻杆外壁设置了螺旋槽道，环空钻井液切向速度沿径向逐渐增大；同时，流体动压力增加，井壁处流体的动能增加，环空钻井液流速增大形成紊流，高效清除贴近井壁的岩屑。JY13–S4HF 井三开钻进 2875～4724m 井段时，每隔 450m 加入清砂钻杆，通井顺利，下钻摩阻 58.8～78.4kN，起钻摩阻 117.6～147.0kN。

（二）高效地质导向技术

针对超长裸眼水平段存在的轨迹控制难度大、地质导向困难和导向技术成本高等难点，中国石化在涪陵页岩气田大力推进了导向工具的研选与适用性研究：

（1）通过综合考虑构造、倾角变化、水平段延伸能力和工具费用等因素，形成了涪陵页岩气田导向工具研选标准和方法。

（2）通过分析摩阻、扭矩和定向工作量，结合钻进周期，进行技术、经济性评价，采用常规 LWD 工具能够满足页岩气田 95% 以上水平井的地质导向需求，基本实现了导向工具的“去旋导化”，还可节约单井导向工具费用一百万元以上，S9–X2HF 井中使用常规导向钻具节约费用 60% 以上，S9–X3HF 井采用 LWD 工具完成 4035m 长水平段施工，创国内 LWD 工具施工水平段最长纪录。

（三）关键装备配套

为适应超长水平段水平井强化参数需要，以地层破裂压力当量密度、钻井水力参数、钻井设备功率和钻井工具强度等性能参数为边界约束条件，建立了超长水平段水平井延伸能力评价模型，分析了水平段延伸过程中悬重、泵压、扭矩等参数对钻井装备的性能要求，对钻井泵及顶驱等核心装备进行了优化升级，初步确立了超长水平段水平井装备的配套方案。

通过分析水平段长度与大钩提升能力的关系，优选 70 型钻机，最大钩载 4500kN；通过分析长水平段转速、水平段长度与扭矩，优选 500/750t 双电机顶驱，最大载荷 4500kN，工作扭矩 50kN·m（0～110r/min 连续），最大扭矩 75kN·m（间断）。为满足长水平段井筒清洁需求，提高环空返速，优选额定泵压为 52MPa 的 F1600HL 高压钻井泵；根据井深及强化参数需求，优选压力等级 52MPa 或 70MPa 的鹅颈管、冲管、中心管和上下旋塞等管汇。

第三节　钻井装备配套

页岩气钻井装备是在常规油气勘探钻井装备上发展和完善起来的。但是，针对页岩气钻井的“井工厂”化，页岩气井施工对钻机配套有其特殊要求，如：由于页岩气井采用水平井施工，对钻机提升能力要求较高，需采用顶驱系统，提高钻井效率；要求立根盒容量大，保证钻柱的延伸长度；对钻井泵要求高，需满足循环系统大排量和高压的要求；页岩气井水平井采用井工厂模式施工，钻机需具有快速移动的能力；长水平段施工，钻屑重复研磨，有害固相含量高，钻井液净化系统配置要求高等。针对页岩气水平井的钻井工艺特征在钻井装备上进行改造和提升，以满足页岩气钻井工艺的需要。

一、井工厂钻井装备

页岩气井工厂钻井装备主要包括钻机、钻井泵、循环系统、平移装置、顶驱系统、动力系统、钻井液净化系统等，关键装备的类型与常规石油钻井基本一致。为了规范非常规油气井的钻井施工作业，避免在钻机选型与配套上的盲目性，确保非常规油气开发的科学性、经济性，石油天然气行业与各油气开发公司编制了各类设备配套标准和规范。结合现场实际应用需求，钻井装备的配置如下。

（一）钻机

钻机是钻井设备的主要核心，包括提升系统、旋转系统、循环系统、传动与控制系统、动力驱动设备和其他设备系统。页岩气钻井在钻机选择上整体考虑钻机设备提升能力和移动能力，满足水平井钻井和井工厂施工要求。

1. 钻机选型原则

（1）钻机选型应按相关标准、技术规范要求执行，且以最大工作钩载作为钻机选型依据，兼顾钻探井深的要求。

（2）井深应在钻机钻深范围之内，最大井下负载应不大于所选钻机最大钩载的 80%。

（3）若最大工作钩载不大于所选钻机实际最大钩载的 80%，则选择该钻机。否则，选择高一级别的钻机，直至满足要求。

（4）钻机选择方案：井深＜ 5500m 或最大悬重≤ 220t 的井应选择钻深能力不低于 ZJ50 系列的钻机；井深＞ 5500m 或最大悬重＞ 220t 选择 ZJ70 系列钻机；井深＞ 6500m 或者最大悬重＞ 320t 的超长水平段水平井，则根据需要选择 ZJ80 或者 ZJ90 系列钻机。

2. 钻机与主要设备

ZJ50D/DB 型和 ZJ70D/DB 型钻机主要设备配套见表 2–22 和表 2–23。

表 2–22　ZJ50D/DB 型钻机主要设备配套

序号	设备名称	主要技术参数	单位	数量		
				标准型	加强型	现代型
1	井架	最大静载荷：3150kN 工作高度≥ 45m	套	1	1	1
2	底座	最大静载荷：3150kN 钻台面高度：9m/10.5m 净空高：7.5m/9m	套	1	1	1
3	天车	最大静载荷：3150kN	套	1	1	1
4	游车	最大静载荷：3150kN	套	1	1	1
5	大钩	最大静载荷：3150kN	套	1	1	1
6	水龙头	最大静载荷：3150kN	套	1	1	1

续表

序号	设备名称	主要技术参数	单位	数量		
				标准型	加强型	现代型
7	绞车	额定功率≥ 1100 kW	台	1	1	1
8	主刹车	工作制动转矩：110kN · m 驻车制动转矩：75kN · m	套	1	1	1
9	辅助刹车	额定制动转矩：60kN · m	套	1	1	1
10	转盘及驱动	最大静载荷：5850kN 通孔直径：952.5mm	套	1	1	1
11	顶驱	静载荷≥ 3500kN 额定压力：35MPa/52MPa	套	1	1	1
12	发电机组	单机功率≥ 1000kW	台	3	3	3
13	网电设备		套	选配	选配	选配
14	燃气发电机组		套	选配	选配	选配
15	辅助发电机组	单机功率≥ 400kW	台	1	1	1
16	电控系统		套	1	1	1
17	司钻控制房		套	1	1	—
18	钻井泵组	单台功率≥ 1600HP、35MPa/52MPa	台	2	2	2
		单台功率≥ 2200HP、52MPa		2	2	2
19	高压管汇	35MPa/52MPa/70MPa	套	1	1	1
20	振动筛	单台处理量≥ 180m³/h	台	3	4	3
21	除砂器	处理量≥ 180m³/h	台	1	1	1
22	除泥器	处理量≥ 180m³/h	台	1	1	1
23	除气器	处理量≥ 180m³/h	台	1	1	1
24	离心机	单台处理量≥ 60m³/h	台	2	2	2
25	钻井液循环罐	有效罐容≥ 240m³	套	1	1	1
26	钻机平移装置		套	1	1	1
27	铁钻工		套	选配	选配	1
28	泥浆不落地系统		套	1	1	1

表 2-23 ZJ70D/DB 型钻机主要设备配套

序号	设备名称	主要技术参数	单位	数量		
				标准型	加强型	现代型
1	井架	最大静载荷：4500kN 工作高度≥ 45m	套	1	1	1
2	底座	最大静载荷：4500kN 钻台面高度：9m/10.5m/12m 净空高：7.6m/9m/10.5m	套	1	1	1

续表

序号	设备名称		主要技术参数	单位	数量		
					标准型	加强型	现代型
3	天车		最大静载荷：4500kN	套	1	1	1
4	游车		最大静载荷：4500kN	套	1	1	1
5	大钩		最大静载荷：4500kN	套	1	1	1
6	水龙头		最大静载荷：4500kN	套	1	1	1
7	绞车		额定功率≥ 1470kW	台	1	1	1
8	主刹车		工作制动转矩：140kN · m 驻车制动转矩：105kN · m	套	1	1	1
9	辅助刹车		额定制动转矩：107kN · m	套	1	1	1
10	转盘及驱动		最大静载荷：5850kN 通孔直径：952.5mm	套	1	1	1
11	顶驱		静载荷≥ 4500kN 额定压力：35MPa/52MPa	套	1	1	1
12	发电机组	非网电	单机功率≥ 1000kW	台	4	5	5
		网电			2	3	2
13	网电设备			套	选配	选配	选配
14	燃气发电机组			套	选配	选配	选配
15	辅助发电机组		单机功率≥ 400kW	台	1	1	1
16	电控系统			套	1	1	1
17	司钻控制房			套	1	1	/
18	钻井泵组		单台功率≥ 1600HP、35MPa/52MPa	台	3	3	3
			单台功率≥ 2200HP、52MPa		3	3	3
19	高压管汇		35MPa/52MPa/70MPa	套	1	1	1
20	振动筛		单台处理量≥ $180m^3/h$	台	3	4	3
21	除砂器		处理量≥ $180m^3/h$	台	1	1	1
22	除泥器		处理量≥ $180m^3/h$	台	1	1	1
23	除气器		处理量≥ $180m^3/h$	台	1	1	1
24	离心机		中速和高速各 1 台，处理量：中速≥ $60m^3/h$、高速≥ $40m^3/h$	台	2	2	2
25	钻井液循环罐		有效罐容≥ $360m^3$	套	1	1	1
26	钻机平移装置			套	1	1	1
27	铁钻工			套	选配	选配	1
28	泥浆不落地系统			套	1	1	1

3. 钻机配置其他要求

（1）钻机驱动方式尽可能采用电动钻机，要求配置顶驱，顶驱配置与钻机提升能力相匹配。

（2）钻机应具有整体运移能力，满足井工厂施工快速运移的需要。

（3）循环系统：泥浆泵、高压管汇、水龙带、冲管等满足 52MPa 的压力等级。

（4）四级固控设备配套：变频中速离心机、高速离心机（≥ 3000rpm）、除砂除泥一体机、负压式振动筛、除气器等。

（二）钻机移动装置

1. 滑轨式

当井位布局为纵向平行布井，选择配置滑轨式移动装置的 50 型、70 型机械 / 电动钻机。平移前及平移后的准备工作较少，前期准备工作只需将钻台与地面接触部位拆除即可平移。纵向式平移钻机是将整个井架放在两组厚度为 40 ~ 50cm 的平移钢基础上，用液压装置进行顶推或拖曳，此过程中是纵向缓慢平移，连接钻台的 Z 字形电缆槽下的滑轮可以支撑电缆槽随着井架一起移动。同时由于钻机移动是纵向平移，泥浆泵的高压管汇与立管之间只需要将地面管汇加长，即可完成新的连接。

2. 轮轨式

当井位布局为横向平行布井，选择配置轮轨式移动装置的 50 型、70 型机械 / 电动钻机。此种钻机由于是横向移动，Z 字形电缆槽不能像纵向式钻机那样利用滚轮跟着钻台一起向前移动，需要有吊车将之吊起与井架一起横向移动，而且要有专门的观察员进行指挥，使电缆槽与钻台移动同步，否则会损坏连接部位造成重大损失。

3. 步进式

当井位布局为纵向平行布井或纵向双排直线布井，选择配置步进式移动装置的 50 型、70 型机械 / 电动钻机。步进式钻机井间运移装置可实现钻机主体在工作状态下（井架和底座不下放，满立根）的 *X* 及 *Y* 方向移动甚至 360° 移动，更适用于陆地钻机的井工厂作业模式，该装置能很好地解决较小区域及不规则区域内，多口井及不规则井位连续钻井时存在的设备搬迁安装时效差、人工劳动量大、安全系数低和钻机搬迁占地面积大等诸多问题，节约作业时间，降低作业成本，提高经济效益。

（三）顶部驱动系统

顶驱可以直接从井架空间上部任何位置直接旋转钻柱，并沿井架内专用导轨向下送进，完成钻柱旋转钻进、循环钻井液、接单根、上卸扣和倒划眼等多种钻井操作，现已成为油气钻井行业的标准配置。顶驱适用性广，从 2000m 到 9000m 的井深都可以使用顶部驱动钻井系统。使用顶驱系统可节省钻井时间 20% ~ 30%，并可预防卡钻事故。页岩气钻井中常用的顶驱型号与主要参数见表 2–24。

表 2-24 顶驱型号与主要参数

顶驱型号	DQ70BSD	DQ90BSC
名义钻井深度（m）	7000（Φ114mm 钻杆）	9000（Φ114mm 钻杆）
最大载荷（kN）	4500	6750
钻速范围（r/min）	0～200	0～200
工作扭矩（连续）（kN·m）	60（0～100min）	70（0～100min）
最大卸扣扭矩（kN·m）	90	125
背钳夹持范围（mm）	89～197	87～126

1. 最大提升能力

顶驱运转过程中主轴的承载能力低于顶驱最大提升能力，其中 350t 与 500t 顶驱的主轴动载荷为 220t，750t 顶驱的主轴动载荷为 290t，钻进过程中，最大悬重应低于主轴动载荷。一般来说，顶驱的选型应与钻机能力相匹配，可以根据水平井水平段长、提升载荷、施工扭矩来确定，超过 2500m 水平段的井应选择 500t 或 750t 顶驱，2500m 水平段以内的井选择 350t 顶驱。

2. 顶驱扭矩

旋转导向钻进时顶驱转速要求 120rpm，顶驱连续输出扭矩 25～35kN·m，需使用 350t 或 500t 顶驱施工，同时顶驱具有定位振荡控制与软扭矩功能。

定位振荡控制功能：可以按操作者要求输入预设角度进行定圈数或者角度的正转或者反转，精确度可以达到 1°，方便进行定向井作业；也可以根据操作者意图，按一定周期进行正反旋转反复振荡，以活动钻具，提高钻井效率。

软扭矩功能：可以在钻进时通过调整转速减少钻井扭矩的波动，可以减少黏滑振动引起钻具损坏、钻头磨损和卡钻等现象的发生。

二、循环系统设备

（一）泥浆泵

泥浆泵（钻井泵）是钻井液循环系统中的关键设备，其作用是把机械能转换为钻井液压能，为钻井液循环提供能量，同时为井下动力钻具和水力振荡器等提供动力液、携带岩屑、循环钻井液。

按照钻机出厂常规配置，根据不同型号钻机匹配相应类型的泥浆泵。目前为了满足大排量、高泵压需求，一般配置 2～3 台 F-1300L/F-1600L 钻井泵，其基本参数见表 2-25 和表 2-26。

表 2-25 F-1300L 钻井泵技术参数

型式	卧式三缸单作用活塞泵
额定输入功率（kW）	1193
泵（MPa）	52
额定冲数（r/min）	120
冲程长度（mm）	304.8
最大缸套孔径（mm）	190
齿轮传动比	4.206 ：1
主机重量（kg）	45000

表 2-26 F-1600L 钻井泵性能参数

冲数(分)	额定功率（kW）	缸套直径（mm）；额定压力（MPa）							
		190	180	170	160	150	140	130	120
		20.7	23.1	25.9	29.2	33.2	68.1	44.2	51.9
		排量（L/s）							
130	1293	56.17	50.42	44.97	39.83	35.01	30.50	26.30	22.41
120	1193	51.85	46.54	41.51	36.77	32.32	28.15	24.27	20.68
110	1094	47.53	42.66	38.05	33.71	29.62	25.81	22.25	18.96
100	994	43.21	38.78	34.59	30.64	26.93	23.46	20.23	17.24
90	895	38.89	34.90	31.13	27.58	24.24	21.11	18.21	15.51
80	795	34.56	31.02	27.67	24.51	21.54	18.77	16.18	13.79

随着页岩气钻井技术的不断发展和水平段的不断延长，钻井过程中提高泵排量、泵压等水力参数能大幅提高机械钻速，但这就要求钻井泵额定工作压力能达到 52MPa，F-2000HL、5NB2200DBZ 等高压钻井泵的应用则变得更加普及，F-2200HL 钻井泵技术、性能参数见表 2-27 和表 2-28。

表 2-27 F-2200HL 钻井泵技术参数

型式	卧式三缸单作用活塞泵
额定输入功率（kW）	1640
额定冲数（r/min）	105
冲程长度（mm）	356
最大缸套孔径（mm）	230
齿轮传动比	3.5122 ：1
主机重量（kg）	44000

表 2-28　F-2200HL 钻井泵性能参数

冲数(分)	额定功率		缸套直井（mm）；额定压力（MPa）										
			230	220	210	200	190	180	170	160	150	140	130
	KW	HP	19	20.8	22.8	25.2	27.9	31.1	34.8	39.3	44.7	51.3	52
105	1640	2200	77.65	71.05	64.73	58.72	52.99	47.56	42.42	37.58	33.03	28.77	24.81
90	1406	1886	66.56	60.90	55.49	50.33	45.42	40.77	36.36	32.21	28.31	24.66	21.26
80	1250	1676	59.16	54.13	49.32	44.74	40.37	36.24	32.32	28.63	25.16	21.92	18.9
70	1094	1467	51.76	47.36	43.16	39.14	35.33	31.71	28.28	25.05	22.02	19.18	16.54
60	937	1257	44.37	40.60	36.99	33.55	30.28	27.18	24.24	21.47	18.87	16.22	14.18
50	781	1048	36.97	33.83	30.83	27.96	25.23	22.65	20.20	17.89	15.73	13.7	11.81

（二）固控设备

固控设备用于清除钻井液中的有害固相，主要有振动筛、除砂器、除泥器、除砂除泥一体机和离心机等，各种固控设备的分离范围见表 2–29。

表 2-29　各种固控设备的分离范围

固相控制设备	颗粒尺寸（μm）
标准筛网振动筛（10 ~ 60 目）	>250
细网振动筛（60 ~ 200 目）	74 ~ 250
特细网振动筛（200 ~ 325 目）	44 ~ 74
除砂器	44 ~ 74
除泥器	8 ~ 44
钻井液清洁器	20 ~ 150
低速离心机（2200rpm）	5 ~ 7
高速离心机（3000rpm）	≥ 5
超高速离心机（3400rpm）	≥ 3

页岩气钻井钻机配套固控设备包括三台直线椭圆双轨迹振动筛，一台除泥清洁器、一台 3000rpm 高速离心机和一台 3400rpm 超高速离心机。经现场应用实践，采用的固控设备能大幅提高钻井液处理能力，很好地维护钻井液性能，适应不同体系钻井液处理。

1. 振动筛

目前现场主要配备三台 ZS-Z/PT-5K 型直线椭圆五网振动筛，该振动筛适用于石油天然气钻探的钻井液固控系统，是钻井液固液分离的第一级设备。激振转速可达 1500r/min、振动频率可达 25Hz、振动幅度 ≥ 5mm、振动强度 ≥ 6g、筛网倾角可在 -3° ~ 3° 进行无级调节，筛板网目最高可以配置 200 目，能够除去井筒返出的砂粒粒径在 74μm 以上的钻屑，也能够有效除去油基钻井液中的钻屑。

2. 负压振动筛

油基钻井液配置滚动式或直线式负压振动筛，负压振动筛基于真空的过滤系统从钻井液中滤出固体而不是仅仅依赖于重力以分离泥浆和钻屑，可形成质量更高、更干燥的钻井液。负压振动筛是振动筛分和真空过滤复合分离的固液分离设备。

振动加真空抽吸对钻井液进行固液分离的筛分设备，通过真空吸附能够将筛网上的泥浆吸附到罐体内，使钻屑中的液相含量降低，减少钻井液的损耗，节约了相应的钻井液材料，更多的泥浆再循环回到泥浆罐重新用于钻井作业，不仅减少浪费，降低油基钻屑的含油量和体积，同时减少油基岩屑的处理量20%左右，极大程度地改善了工作环境。井中返出的高温钻井液散发的水蒸气、油雾及其他有害气体没有直接排放，而是吸入系统内，经过专门设计的气体过滤装置进行过滤，再将已除去油雾及其他气体后的水蒸气排除，减少了井场刺激气体对员工的侵害。负压振动筛完全封闭式系统采用真空原理和输送带，不会在振动筛上直接排放水蒸气、油雾，且无低频振动产生的噪声，能够有效改善工作环境。在油基钻井液中使用，通过负压作用将油基钻井液中的岩屑进行筛分，分离出钻井液和含油量较高的岩屑，使筛分效果更佳。

3. 除砂除泥一体机

目前现场配备除砂器、除泥器相对较少，而是采用一台中速离心机替代原有的除砂器、除泥器，中速离心机是钻井液固液分离的第二、三级设备。主要用于钻井液泥浆循环量≤ 240m^3/h 的各种钻井液固控系统，清除钻井液中 50 ~ 150μm 和 20 ~ 100μm 的有害固相颗粒，担负着清除大量钻屑任务的同时也为下一级固控设备的使用创造必要条件，是固相控制的关键设备。

4. 离心机

高速离心机和超高速离心机是钻井液固液分离的第四级设备。对固相重量含量≤ 10%，液固的体积浓度比≤ 50%，液固密度差≥ 0.05g/cm^3，固相粒子的当量直径≥ 5μm 的悬浮液一般均可分离。当固相与液相重度差较大时，固相粒子的当量直径≥ 2μm 也同样可分离。为满足非加重和加重钻井液的处理条件，系统配置了高速、超高速卧式螺旋卸料沉降离心机，其参数见表 2–30。

表 2–30　高速、超高速离心机参数

参数	超高速离心机	高速离心机
型号	LW450 × 1670B	LW355 × 1257BP–N
转鼓转速（r/min）	3400	≤ 3000
分离因素	≤ 2580	≤ 1780
电机功率（kW）	45	30

5. 真空除气器

配备一台真空除气器用于处理气浸钻井液，能有效恢复泥浆的比重、稳定泥浆的黏度，降低钻井成本。除气器处理量一般要求达到 300m³/h、真空度在 0.35～0.4MPa、除气效率≥ 95%。

（三）循环罐和储备罐

50 型钻机、70 型钻机各配套 6 只钻井液罐，包括 1 只 40m³ 的锥形钻井液罐、2 只 40 m³ 的钻井液处理罐、1 只 40m³ 的钻井液配置罐和 2 只 50m³ 的钻井液吸入罐。配置罐包括两台射流式混浆漏斗和一台射流式剪切混合漏斗。其中，剪切混合漏斗主要用于高分子泥浆材料配置。除锥形钻井液罐之外，其他钻井液罐都配有 2 个 15kW 大功率搅拌器、高压泥浆管路和水管路、底部连通管路等，循环罐布置如图 2–22 所示。

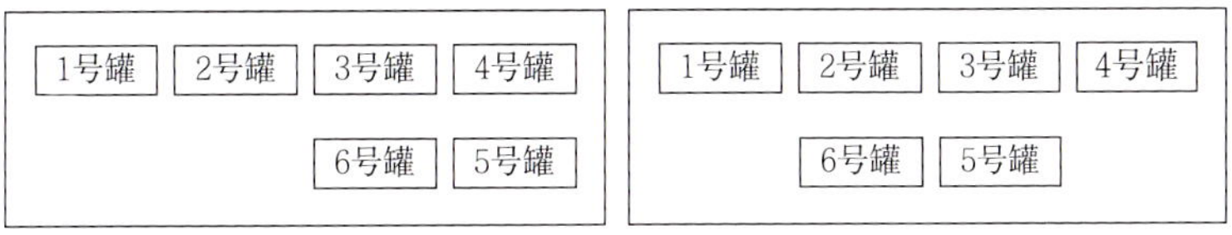

（a）70型钻机循环罐布置　（b）50型钻机循环罐布置

图 2–22　循环罐布置

现场应配置 4～5 个 50 m³ 储备罐，每个储备罐上配置 2 个 18kW 搅拌器，防止加重浆沉淀。各储备罐的出浆管相互连通，目前页岩气钻井现场一般将储备罐高架 2m，连接至循环罐区，以便重浆可通过连通管注入循环罐进行加重作业，储备罐布置如图 2–23 所示。

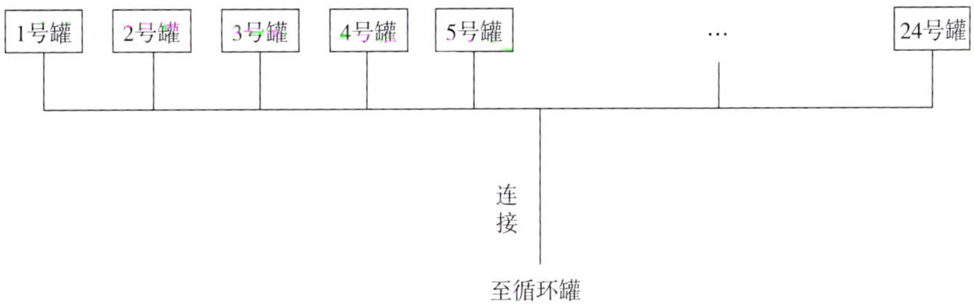

图 2–23　储备罐布置

三、动力设备

（一）动力机组

1. 50 型钻机

50L 型或 50LDB 型机械钻机现场一般配置 2～3 台 1000kW 或以上柴油机组，搭配 3 台 400V/400kW 或以上发电机组。

使用网电进行钻井作业，在配合网电使用时一般需配置 1 台 1000 kW 或以上柴油机组，以保障网电停用时设备使用正常。

2. 70 型钻机

70L 型或 70LDB 型机械钻机现场一般配置 3 ~ 4 台 1000kW 或以上柴油机组，搭配 2 台 400V/400kW 或以上发电机组。

使用网电进行钻井作业，配合网电使用时一般需配置 2 台 1000 kW 或以上柴油机组以保障网电停用时设备使用正常。

电动钻机一般出厂配置 4 台 600V/1100kW 或以上发电机组。另搭配 1 台 400V/400kW 或以上发电机组作为辅助发电机组在停等及非钻进工况时使用。使用网电进行钻井作业，在配合网电使用时一般需配置 2 台 600V/1100kW 或以上发电机组，以保障网电停用时设备使用正常。

（二）网电设备

在钻井初期，使用柴油为燃料的柴油机和柴油发电机组为动力，存在能耗高、工作效率低、运输成本高、噪声大、维护成本高与废气烟尘污染严重等问题。目前一般采用网电为钻井动力，网电具有能耗低、受场地与环境影响小、降噪环保的优势。

目前在各页岩气开发区块，主要采用 10kV 和 35kV 网电线路供电、辅助发电机供电的供电模式。井场则配套相应箱式变电站、网电直驱电机等设备，50/70 型钻机网电设备参数见表 2–31。

表 2–31　50/70 型钻机网电设备参数

钻机型号	主变压器	功率（kW）	额定频率（Hz）	额定电压（V）	额定电流（A）	额定转速（r/min）	额定扭矩（N·m）	数量（台）
50L/50LDB	10kV 或 35kV	1000	40.7	600	1140	803	11893	2
70L/70LDB	10kV 或 35kV	1200	38.5	600	1380	760	15078	2
备注	设备配套均含 0.6/0.4kV–1250kV · A 辅助变压器							

四、自动化配套装备

（一）铁钻工

铁钻工为机、电、液一体化产品，主要由立柱总成、臂架总成、旋扣装置总成、钳体总成、控制系统等组成，整机模块化设计，使用一套 V 形夹钳，能够对不同规格尺寸的钻杆 / 钻铤执行上扣及卸扣操作，尺寸范围为 Φ108mm（4¼ in）到 Φ241.5mm（9½ in）的标称钻杆 / 钻铤。在旋扣装置工作时，能够自动补偿钻杆接头的轴向位移。其液压大钳总成由主钳和背钳组成，主钳、背钳各有一套夹紧机构，主钳能相对背钳旋转一定的角度，从而完成钻杆接头螺纹的紧扣或松扣。安装在钻台上，伸缩臂通过滑车与立柱相连，滑车沿立柱导轨上下滑动，钳体与伸缩臂另一端相接，旋扣器通过悬挂支架固定在钳体上。立柱总成下端设计有回转支撑机构，通过马达驱动可实现≥ ±90° 的旋转，可实现集成控制，具有一键自动化功能。设备通过自身的控制系统，一键完成上卸扣，可通过一体化司钻集成控制系统，将铁钻工与多个自动化设备单元的动作功能连贯统一控制，实现起下钻等作业流程一键自动化，铁钻工可完成全自动上卸扣作业。铁钻工上安装有各类传感器，实时监测设备状态和位置信息，实现伸缩位移、钳头高度、立柱旋转角度、旋扣计数、冲扣扭矩的精确控制。

（二）动力猫道

动力猫道是一种实现地面管架与钻台之间管柱自动输送的装置，如图 2–24 所示，能将套管直送井口，降低工人劳动强度，提高作业安全性。具有控制方式切换、手动分步控制、管柱位置参数记忆设置及一键自动控制功能。采用一体化结构设计，坡道可折叠放置于底座上。动力猫道是为陆地钻机配套的自动化设备，可替代人工实现钻具（含钻杆、套管、钻铤等）从地面至钻台面的自动输送与回收。

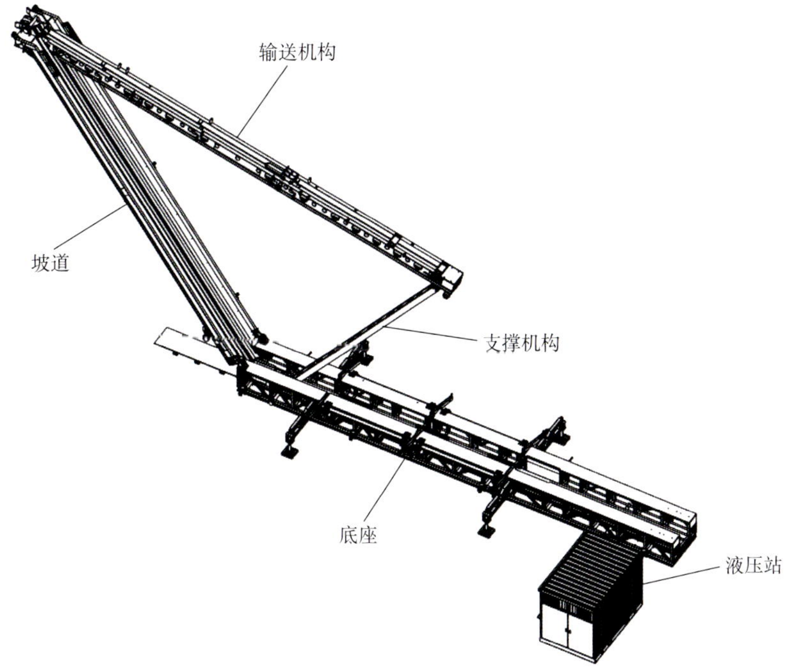

图 2–24　动力猫道示意

动力猫道主要由底座、支撑机构、输送机构、坡道、液压站组成。底座是动力猫道的基础结构件，运行时支撑着除了液压站外其余设备及输送的管柱；支撑机构负责支撑输送机构完成起升和下降动作；输送机构负责地面与钻台之间的管柱输送，其上安装的小车可推拉管柱前后运动；前后左右共六个翻板由六个液缸独自驱动，其动作一致性由调速阀调节，起到将输送机构中心 V 道处管柱推出输送机构的作用；坡道负责连接底座和钻台，支撑输送机构完成地面与钻台之间的管柱输送；液压站由液压泵等动力系统及电控系统组成，为动力猫道提供动力和控制。电控系统核心部件由 S7–1200 PLC 组成；液压系统主要由液压油箱及其附件、比例柱塞泵组及其安全阀组、调压阀组、循环冷却等四大部分组成。主要用于实现提升绞车、输送小车、输送架油缸、抓手油缸等执行机构的动作。

（三）钻台面机械手

钻台面机械手可实现钻具在立根台与井口之间的推扶，对立柱只扶不提。可以代替钻台面人工扶管作业，降低劳动强度，提高作业效率及安全性。在司钻集成控制模式下，有手动和自动两种操纵模式，自动模式能实现分步式一键智能操作，可自动定位钻具摆放位置，根据预先设定的智能路径程序，代替人工完成 3½ ~ 11 in 管柱从平台至井口中心的高效往复移动，实现无人化操作。

（四）二层台机械手

二层台机械手是一种根据预先设定的智能路径程序，代替井架工完成管柱从二层平台指梁至井口中心的高效往复移动，实现二层台无人化操作，可随井架一起收展移运的设备。主要由二层台排管装置、液压吊卡、动力卡瓦以及集成操作系统（含视频监控）四部分设备配合完成，如图 2–25 所示，以司钻房为实时作业中心，起下钻中实现立柱从液压吊卡中取出排放到指梁，或从指梁中取立柱推送到液压吊卡中，取代了二层台井架工，完成二层台无人化作业及井口管柱自动化卡持，能够实现高空二层台排管作业的本质安全。

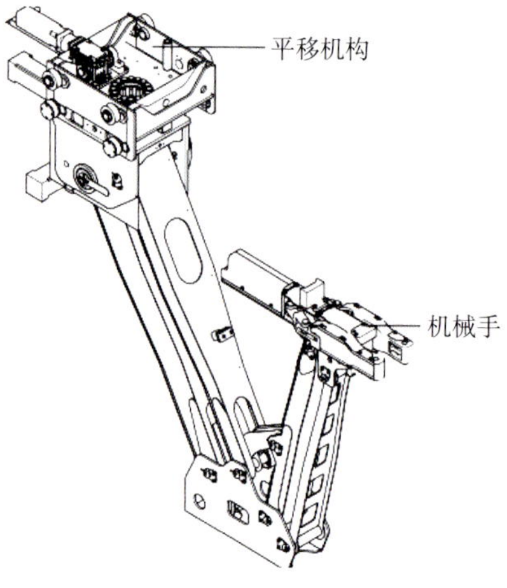

图 2–25　二层台机械手

（五）钻井液注入控制系统

钻井液注入控制系统（钻井液电动闸门组）由钻井液平面开关阀、管路接口、控制系统和高压管件等构成，其关键部件采用特种优质材料和双流平面旋转方式开、关阀门，相关闸门组之间具有电控互锁功能。采用特殊的阀杆结构将传动系统的滑动摩擦转换为滚动摩擦，使阀件在大孔径、高压工况下轻松平稳工作，并且具有不结垢、不泄漏，密封面不被冲蚀的特点。电器控制采用进口 PLC 智能控制系统，可靠性高，抗干扰能力强，功能完善，维护工作量小，维修方便，体积小，重量轻，能耗低。

第四节 典型工艺技术示范应用

一、S9-X2HF井超长水平井钻井

（一）基本情况

1. 基础数据

S9-X2HF 井地理位置为重庆市南川区东城街道，构造位置为川东高陡褶皱带万县复向斜东胜南斜坡，设计井深 6725m，实际完钻井深 6455m，水平段长 3583m，目的层为龙马溪组龙一段③小层，完钻层位为下志留统龙马溪组，实际钻井周期 45.5d，完井周期 52.33d，是一口水平段长度> 3000m 的超长水平段页岩气开发井。

2. 井身结构

S9-X2HF 井的井身结构见表 2-32。

表 2-32 S9-X2HF 井实钻井身结构

套管名称	井眼直径（mm）	井深（m）	套管外径（mm）	套管鞋深度（m）	水泥外返深度（m）
导管	406.4	386	339.7	386.63	0
技术套管	311.2	2382	244.5	2379.98	0
油层套管	215.9	6455	139.7	6450.76	1000

3. 施工难点

长水平段钻井施工，存在水平段井眼轨迹控制难、井眼清洁效果差、钻柱摩阻扭矩大、工具寿命短等技术难点。

（1）井眼轨迹控制难度大，“直 – 增 – 稳 – 增 – 平”井身剖面井眼曲率高，难以满足超长水平段水平井低造斜率的要求。

（2）钻柱摩阻扭矩大、井眼清洁效果差、岩屑床长度长、定向托压，上提下放高摩阻，钻具转动扭矩大。

（3）钻井液固相含量增高，性能控制困难。岩屑在上返过程中受水平段钻具碾压、研磨次数增多，钻井液中有害固相增多，达到 35% ~ 40%，造成钻井液黏度增加、切力增大。

（4）关键提速工具寿命短，钻头、螺杆、水力振荡器寿命不配伍，提下钻次数多，辅助时间增多。

（二）实施方案

（1）优化井眼剖面设计。从造斜点优选、造斜率设计和井身剖面优化三个方面对超长水平段水平井井眼轨道进行优化设计，以降低钻进中的摩阻、扭矩，提升超长水平段

的极限延伸能力。在入靶控制阶段，采用等厚对比和分段控制相结合的方式，入靶前提高入靶层位，入靶后采取小夹角下滑的方式下切探层，牺牲少量水平段进尺，以换取更平滑的井眼轨迹。

（2）加强轨道控制。使用类双二维轨道设计和施工，摩阻低，能提高水平段机械钻速，钻压比常规的五段制设计轨迹所施加钻压大 1.5 ~ 2.0t，而且类双二维轨道不仅可避免常规五段制轨道大井斜扭方位困难的问题，还能保障井眼轨迹平滑及完井管柱顺利下入。在施工前制定“定测录导一体化”施工方案，施工中根据地质情况及时小范围调整，做好轨道控制，做好防碰和实钻过程中的轨迹调整工作，严格按照剖面设计要求制定相应的轨迹控制措施。

（3）优选钻具、螺杆、钻头、施导设备等工具。依据剖面设计要求，加强钻杆尺寸的选择，钻具组合中接入 5 根清砂钻杆，以清除岩屑床，使用长寿命螺杆、高效钻头和全金属水力振荡器，提高水平段钻井时效。

（4）优化钻具组合。运用现有的软件进行模拟分析，找出最合理的钻具组合方式，分析和论证钻具组合中的钻铤、加重钻杆、清砂钻杆、扶正器、水力振荡器等钻具（工具）的摆放位置。

（5）强化各项钻井参数。控制钻井泵的排量，使用 32L/s 以上排量，提高岩屑返速，有效降低摩阻、扭矩，钻杆转速 90 ~ 110rpm。

（6）强化钻井液性能。使用低黏切强封堵油基钻井液，在保持合理动塑比（≥ 0.20）的前提下，控制较低的漏斗黏度和塑性黏度，降低循环压耗和当量循环密度，确保排量最大化。同时使用负压振动筛和超速离心机控制好固相含量在 28% 以内，提高井眼清洁程度，降低钻井液中有害固相。

（7）强化岩屑床处理。利用四级固控设备及时清除有害固相，使固相含量＜ 28%，保持固相级配的合理性；增大钻井液排量，确保环空返速≥ 0.80m/s，钻杆转速≥ 75r/min；每钻进 400m 短起下钻一次，分段循环钻井液；使用清砂接头，加大对岩屑床的破坏；补充有机土或增黏剂，调节钻井液的流变性。钻进过程中排量要达到要求，在合适位置接入清砂钻杆，对岩屑床及时处理。

（8）做好长水平段固井的各项技术准备。使用漂浮接箍下套管技术，并对套管前端漂浮的套管结构、扶正器的数量和安放位置进行设计和优化，对浮箍、浮鞋、胶塞等附件进行优选，对稠化时间和浆柱结构进行调整，确保下套管和固井施工顺利进行。

（9）加强故障复杂预控。针对井间防碰、井间压裂干扰、地质复杂带等问题可能带来的故障复杂，制定好针对性的应急措施，做好井控、钻井液性能检测、压力变化监测等方面的工作。

（三）分析与建议

S9-X2HF 井超长水平段施工任务的完成，推动了中国石化内部企业井下工具国产化进程，满足了工程生产的需求，避免国外产品（旋转导向、近钻头等）形成高价垄断，提高了中国石化自有技术，形成的超长水平段提速配套技术为进一步提高钻井速度、缩短钻井周期、降低施工成本、加快页岩气井勘探开发进程奠定了基础。

（1）在井眼轨迹控制上，三开直井段选用1.25° 有扶螺杆与钻具扶正器组合，保证上部井段井斜在设计范围内，发生轻微超标或增斜趋势后，利用钻具组合的纠斜功能，进行小幅度纠斜。

（2）造斜段使用1.50° 有扶螺杆进行定向和增斜施工，钻具组合：Φ215.9mm钻头+Φ172mm ×1.5° 单弯螺杆+浮阀+Φ127mm无磁承压钻杆+LWD短节+Φ127mm无磁承压钻杆+Φ127mm斜坡加重钻杆，不仅保证滑动钻进高造斜能力，复合钻进时具有稳斜能力，而且能保证三开第二趟钻进至A点。

（3）使用1.25° 大扭矩螺杆配合长寿命个性化PDC钻头KSD1652FRTY，所钻井段2998～6004m，一趟钻进尺3006m，纯钻时间225h，机械钻速达13.36m/h。全井机械钻速11.03m/h，比区块平均机械钻速提高了11.20%。

（4）水平段控制阶段，根据各储层伽马值判断轨迹走向，调整合适的井斜角，控制井眼轨迹在最优储层穿行。根据井下摩阻和扭矩的大小，以及滑动钻进时托压的实钻情况，建议以后施工长水平段水平井时，在水平段长度≤2500m井段使用常规“螺杆+LWD”钻进，水平段长度>2500m以后井段使用“旋导工具+旋导专用马达”钻进。钻进过程中如因地质原因，产层走向倾角变化较大，或钻遇断层，井下发生井漏、井垮等复杂情况时，视情况中断使用旋导。

（5）在钻具组合中使用全金属水力振荡器，以减轻滑动钻进时托压的程度，如托压严重可使用双水力振荡器组合。清砂钻杆或清砂接头的使用，能破坏岩屑床、增加长水平段井眼的清洁度。

（6）强化油基钻井液有害固相清除和钻井液密度稳定的平衡关系，确保钻井液中固相含量在设计范围内。

二、YY-X3HF井水平段一趟钻钻井技术

（一）基本情况

1. 基础数据

YY-X3HF井地理位置为重庆市南川区南城街道，构造位置为四川盆地川东高陡构造带阳春沟南斜坡，设计井深5001.00m，实际完钻井深4596.00m，水平段长2040.00m，完钻层位为龙马溪组龙一段①、②、③小层，全井平均机械钻速24.88m/h，实际钻井周期19.96d，完井周期3.52d，钻完井周期23.48d，实际钻完井周期较设计钻完井周期（37d）节约46.05%，创当时中国石化页岩气井钻井周期最短纪录。

YY-X3HF井造斜段为1979.00～2556.00m和水平为2556.00～4596.00m，使用高抗冲定向先锋PDC钻头+大扭矩无扶螺杆钻具+高性能水力振荡器组合施工，“一趟钻”

完成造斜段和水平段进尺 2617.00m（其中造斜段长 577.00m、水平段长 2040.00m），纯钻时间 117.00h，机械钻速为 22.37m/h。

2. 井身结构

YY-X3HF 井的井身结构见表 2–33。

表 2–33 YY–X3HF 井实钻井身结构

套管名称	井眼直径（mm）	井深（m）	套管外径（mm）	套管鞋深度（m）	水泥外返深度（m）
导管	406.4	168	339.7	167	0
技术套管	311.2	870	244.5	848	0
油层套管	215.9	4596	139.7	4562	1200

3. 施工难点

（1）水平井水平段“一趟钻”钻井施工，存在水平段井眼轨迹控制难、滑动定向困难、井眼清洁效果差、井下提速工具寿命短等技术难点。

（2）井眼轨迹控制难度大，“直 – 增 – 稳 – 增 – 平”井身剖面井眼曲率高，入靶精度要求高。

（3）泵压高、排量小导致井眼清洁效果差、斜井段易形成岩屑床、定向托压摆工具面困难、钻柱摩阻扭矩大、频繁上提下放钻具寻找工具面，定向施工效率低。

（4）岩屑在上返过程中受水平段钻具碾压、研磨次数增多，钻井液中有害固相增多，达到 35%～40%，造成钻井液黏度增加、切力增大。

（5）关键提速工具寿命短，地层穿层易导致钻头提前损坏、常规水力振荡器压降高，与螺杆寿命不配伍易造成中途起钻。

（二）实施方案

（1）优化井眼剖面设计。从造斜点优选、造斜率设计和井身剖面优化三个方面对水平段轨道进行优化设计，以降低钻进中的摩阻、扭矩。

（2）加强轨道控制。使用类双二维轨道设计和施工，摩阻低，能提高水平段机械钻速，钻压比常规的五段制设计轨迹所施加钻压大 1.5～2.0t，而且类双二维轨道不仅可避免常规五段制轨道大井斜扭方位困难的问题，还能保障井眼轨迹平滑及完井管柱顺利下入。在施工中落实好“钻、录、定、导一体化”协作，施工中根据地质情况及时小范围调整，做好轨道控制及防碰工作。

（3）优选钻具、螺杆、钻头、水力振荡器及定向仪器等工具。依据剖面设计要求，加强钻杆尺寸的选择，在上部采用 5½ in 钻杆提高施加钻压能力和降低循环系统压力。

（4）使用 Φ172mmKD Force 超大扭矩螺杆钻具、高抗冲定向“先锋”KSD1662RTPDC 钻头、耐油基全金属水力振荡器等高性能井下工具组合，提高了造斜段和水平段一趟钻施工成功率。

（5）“钻、录、定、导一体化”决策，实现定向轨迹高效控制。精细刻画物探剖面，提前预判地层产状趋势，充分利用地层造斜规律依托一体化决策室提高信息集成程度，施工信息全部接入一体化决策室。现场“钻、录、定、导”信息实时反馈和判断，所有专业数据分析“零延时”，全面提高决策时效性，做到每米分析，每米决策，可节省辅助时间 40% 以上。

（6）合理调控钻井液性能。每钻进 100m 添加 100 ~ 150kg 油基钻井液纳米封堵剂，在井壁表面形成一层低渗透封堵膜，稳定井壁、强化井眼、预防漏失。本井龙马溪组硬脆性泥页岩微裂缝分布在 0.241 ~ 2.500μm，采用适配尺寸分布原则来选取封堵材料，封堵剂粒径分布主要在 0.003 ~ 0.03μm，对微裂缝起填充作用。钻井过程中井壁稳定，不漏不垮。在保持合理动塑比（≥ 0.20）的前提下，控制较低的漏斗黏度和塑性黏度，降低循环压耗和当量循环密度，确保排量最大化。

（7）加强故障复杂预控。针对平台井多防碰压力大、压裂井多易窜易漏等问题可能带来的故障，制定好针对性的应急措施，做好井控、钻井液性能检测、压力变化监测等方面的工作。

（三）分析与建议

YY-X3HF 井“水平段一趟钻”技术，“一趟钻”技术，实现了造斜段和水平段“一趟钻”钻完进尺，为进一步提高钻井速度、缩短钻井周期、降低施工成本提供了典范。

（1）二开防止定向段脱压，工具面不稳，使用带欠尺寸扶正器的钻具组合钻进至造斜点后起钻简化钻具组合。若稳斜段较长，且存在较长的扭方位的井段，可使用水力振荡器解决滑动脱压的问题，提高复合钻进的比例。复合钻进中，根据不同的钻进参数确定复合钻进的增斜率。水平段较成熟的 PDC 钻头 + 采用等壁厚大扭矩油基无扶螺杆 + 水力振荡器，降低底部钻具的刚性，满足长井段复合稳斜又可微调井斜和方位，既提高复合钻进比例及效率，又降低发生掉块卡钻的概率。

（2）使用大功率全金属耐油基水力振荡器，以减轻滑动钻进时托压的程度，提高有效钻压高效钻进。

（3）强化油基钻井液有害固相清除和钻井液密度稳定的平衡关系，确保钻井液中固相含量在设计范围内。针对压裂老区、地层压力释放后承压能力低高比重易漏的特点，采取纳米堵漏剂封堵和油基堵漏剂结合的措施，封堵裂缝。同时采用 1.36g/cm^3 的低比重进行施工，降低本平台水平段漏失概率，确保“一趟钻”施工顺利实施。

三、L-XHF井填井侧钻

（一）基本情况

1. 基础数据

L-XHF 井地理位置为重庆市武隆县火炉镇沧沟乡沧沟村五组，构造位置为渝东南利川－武隆复向斜武隆向斜火炉次洼北翼，是武隆区块的一口二开制水平预探井，水平段为 Φ215.9mm 井眼。目的层位是五峰组上部，设计井深 5513m，实际完钻井深 5062m。

2. 井身结构

L-XHF 井的井身结构见表 2–34。

表 2–34　L-XHF 井实钻井身结构

开钻次序	钻头尺寸 × 井深（mm×m）	套管尺寸 × 下深（mm×m）	水泥封固井段（m）
导管	Φ609.60 × 276.00	Φ473.10 × 275.49	0 ~ 276.00
一开	Φ406.40 × 875.00	Φ244.50 × 2035.03	0 ~ 2037.00
	Φ311.20 × 2037.00		
二开	Φ215.90 × 5062.00	Φ139.70 × 5057.00	0 ~ 5057.00

3. 施工难点

（1）L-XHF 龙马溪组龙一小层顶部观音桥组为介壳质灰岩，层薄、破碎、易垮塌，易导致卡钻、埋钻。龙马溪组一小层顶部观音桥组上下界面垮塌严重，影响水平段顺利穿行。

（2）目的层段的龙$_{1}^{3}$小层为灰黑色页岩，裂缝较发育，多为网状构造缝和高角度缝，岩心表面存在明显的揉皱现象，局部可见层间摩擦擦痕，存在明显的构造运动；龙$_{1}^{2}$小层为观音桥段的灰质泥岩，裂缝较发育，厚度 0 ~ 1.6m，为极易掉块卡钻层；龙$_{1}^{1}$小层为五峰组灰黑色泥页岩，裂缝较为发育，存在明显的揉皱现象，层间镜面摩擦擦痕明显，地层受到明显的挤压，形成了类似“三明治”形式的揉皱夹层地层。

（3）五峰组顶极易发生掉块卡钻，观音桥组含介壳灰质泥岩，当钻井井眼在观音桥组上下层穿行时，油基钻井液中溶剂介质进入地层裂缝并向深部延伸，导致地层孔隙压力升高、围岩有效应力降低，造成地层失稳，垮塌，造成卡钻。

（二）实施方案

L-XHF 井为导眼井，钻进至井深 4092.00m 后（临湘组），打水泥塞回填侧钻，侧钻点为 2898.00m。水平井段龙马溪组使用 Φ215.9mm PDC+ 旋转导向仪器 + 柔性短节 + 随钻测量仪 + 无磁加重钻杆 + Φ168mm 浮阀 + Φ127mm 加重钻杆 + 震击器 + Φ127mm 加重钻杆的钻具组合进行钻井施工，油基钻井液的密度为 1.43g/cm^3，振动筛返砂正常，无掉块现象。钻进至井深 4151.44m，上提钻具至井深 4134.00m 时遇卡，上提下放活动钻具，震击器上击、下击各 4 次，解卡。振动筛返出岩屑，掉块明显增多，判断由②小层进入①小层破碎带（观音桥组）掉块造成卡钻，活动钻具，循环提比重，井眼恢复正常后接立柱继续钻进至 4178.00m，上提钻具测斜发指令，停顶驱开泵上提至 4176.00m 遇卡，遇卡吨位 170t，后下放至自由悬重 130t，开顶驱憋停，多次快速下压至 30t 未开，发生卡钻故障。

发生卡钻后上提下放活动解卡，以 30～260t 活动钻具，未解卡，其间震击器上击正常，下击不工作，替稠浆 $30m^3$（密度 $1.80g/cm^3$、黏度 120s），由于井底钻具无法转动，掉块沉于下井壁，导致垮塌掉块无法携出井眼。为加大处理的提拉能力，在井深 943.09m 爆炸松扣，起出 5 in 钻具，替换成 $5\,^1/_2$ in 钻具，以大吨位活动钻具，其间憋泵至 26MPa，降排量循环，循环正常后替解卡剂。顶浆时发现有憋泵现象，未能建立循环。使用单凡尔顶浆，30～320t 活动钻具，无法建立循环。使用固井泵车最高憋压至 70MPa，未能建立循环。

使用连续油管在井深 3656.00m 处爆破切割钻杆，爆破后钻具外环空液面下降，确定钻杆被切割开缝。起出连续油管，拆井口装置，接顶驱开泵建立循环，其间大排量循环泥浆冲刷钻杆割缝，并以 30～280t 强力活动钻具或以顶驱施加扭矩，拉断钻具，打水泥塞封固 3436～3638m 井段，起钻、候凝、侧钻。

（三）分析与建议

1. 卡钻主要原因

（1）龙马溪组一段①、②、③小层交界面破碎，破碎掉块造成硬卡。

（2）旋转导向仪器最大外径 Φ212mm，工具外径与井眼间隙较小，突发的地层掉块造成钻头部分或旋转导向扶正器部分卡钻。

（3）现场重视程度不够，未认识到目的层“穿层”后，地质变化特点可能带来的掉块卡钻风险，工程操作防范措施针对性不强。

（4）现场对复杂情况防范不到位，“寸提”操作不精细，上提吨位偏大。此次卡钻故障造成报废钻井进尺 628.00m，旋转导向仪器埋井，处理故障和复杂时间 125d，直接经济损失巨大，教训深刻。

2. 建议与防范措施

（1）对于探井、地质复杂井、水平段井眼轨迹上下调整频繁、掉块严重的井，水平段超过 1000m 后，不推荐使用旋转导向仪器，使用无扶螺杆与近钻头仪器组合施工，降低处理难度，防范卡钻复杂情况发生。推荐近钻头钻具组合为：Φ215.9mmPDC+ 近钻头短节 +1.5° 单弯无扶螺杆 + Φ168mm 浮阀 + 变丝接头 + 接收接头 + 无磁钻铤 + Φ127mm 加重钻杆 + 随钻震击器（距离钻头 50～100m）+ Φ127mm 钻杆 + Φ139.7mm 钻杆。

（2）页岩气水平井段发生垮塌后，易造成后续钻进井段在岩屑运移过程中，岩屑上返速度大幅度变化，造成掉块堆积，极易导致憋泵、憋顶驱，甚至憋停顶驱、出口断流等井下复杂情况的发生，处理时间长，需要采取针对性的防卡措施。

（3）强化油基钻井液携岩能力。在施工中及时观察返砂，一旦发现掉块，及时提高钻井液密度并进行缩短起下钻。钻井液在保证携砂和井壁稳定的基础上，应适当降低黏切，保证足够的冲刷能力，防止岩屑的堆积，视返砂情况及时进行短提下钻作业，达到破坏岩屑床效果。

（4）加强钻进时钻井操作细节管控：

①执行“进 3m 退 10m”作业法，加强随钻伽马曲线及现场岩屑录井比对，并结合钻时变化判断是否进②小层。

②钻进至龙马溪组②小层后，每钻进 3m，井底循环 5 分钟后，顶驱转速 30r/min，排量 32L/s 以上，倒划扭矩设定原则在空转基数上增加不超过 5kN · m，倒划遇卡吨位不能超过 10t，“寸提”倒划眼上提 10m 以上，方可按正常操作程序操作。

③新钻井段反复大排量循环划眼，无任何挂卡现象后方能钻进，当钻头钻穿②小层进①小层应强化上述措施。

④每钻完 1 个立柱，钻头保持在井底，顶驱保持钻进时转速循环 15min 以上，方可“寸提”离开井底。接立柱前应充分对已钻井段反复正倒划眼和充分循环，使井底岩屑循环干净后，再进行下一步钻进作业。

⑤钻井技术人员与地质导向积极沟通，尽量避免在破碎带层段进行滑动钻进。

（5）强化卡钻故障后操作措施的执行：

①倒划眼发现扭矩大幅度上升或发生卡钻现象，第一时间下压钻具循环，严禁强行上提或启动上击器。在钻具下压循环的同时，及时向上级部门汇报。

②下压循环 30min 后，应上提钻具至正常悬重吨位，启动顶驱，扭矩逐渐加大，最大不超过规定值，加扭矩的同时应下砸钻具。

③准备稠浆，待钻具能够转动后用稠浆大排量冲洗。然后进行正划眼和倒划眼操作，直至恢复正常，正常后，短起下钻到安全井段，再下钻到底进行清砂、钻进作业。

03 第三章 页岩气钻井液技术

钻井过程中，页岩储层层理裂缝发育，易吸水膨胀垮塌，对钻井液性能提出了更高的要求。当前页岩气上部非储层段采用常规水基钻井液体系，储层段主要采用油基钻井液体系，分为柴油基及白油基钻井液体系，两者均具有较好的防塌能力及润滑性能。随着环保要求的不断提升，研发形成了页岩储层高性能水基钻井液体系，在现场应用取得了良好的效果。

第一节 水基钻井液技术

钻井液是满足页岩气高效钻井的井筒工作流体。针对不同类型地层的需要，选择合适的钻井液类型，合理控制性能范围，是页岩气钻井成功的前提。

一、钾铵基聚合物钻井液

以氯化钾（KCl）聚合物钻井液体系为基础，引入高效抑制剂聚胺，辅助添加钻井液清洁剂，形成钾铵基聚合物钻井液体系。

1. 作用机理

在钾基聚合物体系基础上引入聚胺，充分利用聚胺的高阳离子强电性吸附能力及插层效应，进一步强化体系抑制性能，达到多方协同，抑制泥页岩水化膨胀，有效预防泥页岩坍塌掉块问题；同时，体系中引入钻井液清洁剂，有效防止高钻速下钻头泥包，助推机械钻速提升。

2. 技术要点

（1）按钻井设计及小型配方试验，加足聚胺及氯化钾作为体系抑制剂，达到强抑制地层造浆效果。

（2）加足高浓度聚合物，发挥聚合物分子护壁作用。

（3）调控钻井液黏切，使其保持在低黏切值，以利于发挥水马力、快速钻进。

（4）适用于浅部泥岩、砂岩地层，但体系切力低，应配合大排量携砂，发现掉块应采取高黏度、高密度段塞清砂。

3. 基础配方

以低黏度聚阴离子纤维素、水解聚丙烯腈钾盐及水解聚丙烯腈铵盐作为降滤失剂，两性离子聚合物作为包被剂、聚胺及氯化钾作为抑制剂，烧碱作为 pH 值调节剂，钻井液清洁剂作为防泥包剂，基础配方如下：

2%～3% 钠土 +0.5%～1% 水解聚丙烯腈铵盐 +0.5%～1% 水解聚丙烯腈钾盐 +0.3%～0.5% 低黏度聚阴离子纤维素 +0.3%～0.5% 两性离子聚合物包被剂 +0.2%～0.5% 聚胺 +0.5%～1% 钻井液清洁剂 +5%～7% 氯化钾 +0.2%～0.3% 烧碱 + 重晶石。

其主要性能参考指标见表 3–1。

表 3–1　钾铵基聚合物钻井液主要性能参考指标

检测项目	主要性能	单位	参考指标值
常规性能	密度（ρ）	g/cm^3	1.10～1.50
	黏度（FV）	s	50～70
	滤失量（FL）	mL	≤ 4
	泥饼厚度（K）	K	≤ 0.5
	pH 值		9～11
	初切（G_{10}''）	Pa	3～6
	终切（G_{10}'）	Pa	5～10
高温高压（HTHP）	滤失量（FL）	mL	≤ 4
	泥饼厚度（K）	mm	≤ 0.5
流变性能	塑性黏度（PV）	mPa · s	10～22
	动切力（YP）	Pa	5～11
固相含量	固相含量（Vs）	%	≤ 22
	膨润土含量（Cb）	g/L	45～30
	含砂量（Cs）	%	≤ 0.3
滤液分析	钾离子（K^+）浓度	mg/L	≥ 15000

二、钾铵基聚磺钻井液

以钾铵基聚合物钻井液体系为基础，加入抗高温磺化酚醛树脂、磺化褐煤树脂等抗高温材料，添加沥青类封堵防塌材料，形成钾铵基聚磺钻井液体系。

1. 作用机理

在钾铵基聚合物钻井液基础上加入磺化材料、封堵剂，进一步增强了抗温能力、封堵防塌性能。磺化酚醛树脂及其改性物中的磺化基团热稳定性强，又具有较强的亲水性，且不受高温和 pH 值的影响，吸附在黏土上形成较厚的水化膜，有效抵抗高温去水化的影响，有利于保持黏土颗粒的分散状态和胶体特性，使钻井液具有很强的热稳定性。

2. 技术要点

（1）当钾铵基聚合物钻井液不能适应井下安全钻井时，则使用钾铵基聚磺钻井液体系。

（2）中压滤失量≤ 6mL、泥饼致密。

（3）井温≤ 150℃。

（4）按钻井设计或钻井液施工设计的配方，结合小型试验，加足钾盐、磺化类等处理剂，使体系具有抗盐、石膏污染能力强、流变性好的特点。

（5）适用于深层砂岩、泥岩地层钻井。

3. 基础配方

以磺化褐煤树脂、磺化酚醛树脂及低黏聚丙烯酸纤维素钠盐作为降滤失剂，两性离子聚合物包被剂及氯化钾作为抑制剂，沥青、超细碳酸钙作为封堵防塌剂，烧碱作为 pH 值调节剂，基础配方如下：

钾铵基聚合物钻井液基浆 +1% ~ 3% 磺化褐煤树脂 +1% ~ 3% 磺化酚醛树脂 +1% ~ 2% 沥青防塌剂 +0.2% ~ 0.3% 低黏聚丙烯酸纤维素钠盐 +0.2% ~ 0.3% 两性离子聚合物包被剂 +3% ~ 5% 氯化钾 +1% ~ 2% 超细碳酸钙 +0.3% ~ 0.5% 烧碱 + 重晶石。

其主要性能参考指标见表 3–2。

表 3–2 钾铵基聚磺钻井液主要性能参考指标

检测项目	主要性能	单位	参考指标值
常规性能	密度（ρ）	g/cm^3	1.50 ~ 2.05
	黏度（FV）	s	50 ~ 75
	滤失量（FL）	mL	≤ 6
	泥饼厚度（K）	K	≤ 0.5
	pH 值		10 ~ 11
	初切（G_{10}"）	Pa	4 ~ 8
	终切（G_{10}'）	Pa	9 ~ 18
高温高压（HTHP）	滤失量（FL）	mL	≤ 10（110℃）
	泥饼厚度（K）	mm	≤ 2（110℃）
流变性能	塑性黏度（PV）	mPa · s	22 ~ 38
	动切力（YP）	Pa	7 ~ 18
固相含量	固相含量（Vs）	%	≤ 30
	膨润土含量（Cb）	g/L	30 ~ 15
	含砂量（Cs）	%	≤ 0.3
滤液分析	钾离子（K^+）浓度	mg/L	≥ 10000

三、钙钾基聚合物钻井液

以氯化钾聚合物体系为基础，加入 0.5%～0.6% 氯化钙（$CaCl_2$）作为黏土抑制剂，形成钙钾基聚合物钻井液体系。

1. 作用机理

在氯化钾聚合物钻井液体系中引入氯化钙，体系中的 Ca^{2+} 与泥岩中的 Na^{+} 发生离子交换，使钠质土转变为钙质土，降低活性，适度聚结，压缩扩散双电层，降低 Zeta 电位，能抑制泥岩的水化膨胀，有利于提高井壁稳定性。黏土活性抑制剂与黏土产生不可逆的吸收作用，在黏土颗粒表面形成水合硅酸钙。离子交换和吸附都降低了黏土颗粒的亲水性和分散度，从而抑制泥岩的水化分散。

2. 技术要点

（1）在钙钾基聚合物钻井液体系转化之前，使用固控设备清除固相，将膨润土含量控制在 15～25g/L。

（2）补充氯化钙溶液，维持体系中钙离子浓度。补充氯化钙溶液时，监测好钻井液中压滤失量，滤失量升高时及时补充降滤失剂。

（3）适用于上部砂岩、泥岩地层，施工成本低、施工工艺简单。但水敏性极强，对易垮塌地层的防塌作用有限。

3. 基础配方

以抗高温降滤失剂、低黏聚丙烯酸纤维素钠盐作为降滤失剂，两性离子聚合物包被剂及氯化钾作为抑制剂，沥青、超细碳酸钙作为封堵防塌剂，极压润滑剂作为润滑剂，烧碱作为 pH 值调节剂，等等。基础配方如下：

3%～4% 膨润土 +0.1%～0.3% 烧碱 +1%～2% 低黏聚丙烯酸纤维素钠盐 +0.5%～1% 两性离子聚合物包被剂 +5%～7% 氯化钾 +0.5%～0.6% 氯化钙 +1.5% 抗高温降滤失剂 +1% 极压润滑剂 +1%～2% 超细碳酸钙 + 重晶石。

其主要性能参考指标见表 3–3。

表 3–3　钙钾基聚合物钻井液主要性能参考指标

主要性能	单位	参考指标值
密度（ρ）	g/cm^3	1.15～1.32
黏度（FV）	s	35～55
常温常压滤失量（FL）	mL	≤ 8
pH 值		9～10
切力（Gel）	Pa	0.5～3/2～6
含砂量（Cs）	%	≤ 0.5
塑性黏度（PV）	mPa·s	12～23

续表

主要性能	单位	参考指标值
动切力（YP）	Pa	4 ~ 8
固相含量（Vs）	%	6 ~ 12
膨润土含量（MBT）	g/L	15 ~ 25
润滑系数（K_f）		＜ 0.06
钙离子（Ca^{2+}）浓度	mg/L	500 ~ 1000
氯离子（Cl^-）浓度	mg/L	25000 ~ 35000

四、硅酸盐钻井液

以氯化钾聚合物钻井液体系为基础，引入硅酸盐成膜剂，同时加入井壁稳定剂，形成硅酸盐钻井液体系。

1. 作用机理

该钻井液体系中的吸附基团通过化学键与地层岩石表面吸附聚集，形成保护膜，阻止水分子侵入黏土内，起到抑制黏土颗粒分散的作用；硅酸盐分子进入地层孔隙后，其硅酸根与地层流体中的矿化物金属阳离子发生反应，形成难溶物，达到封堵地层孔隙的效果，成膜机理如图 3-1 所示。

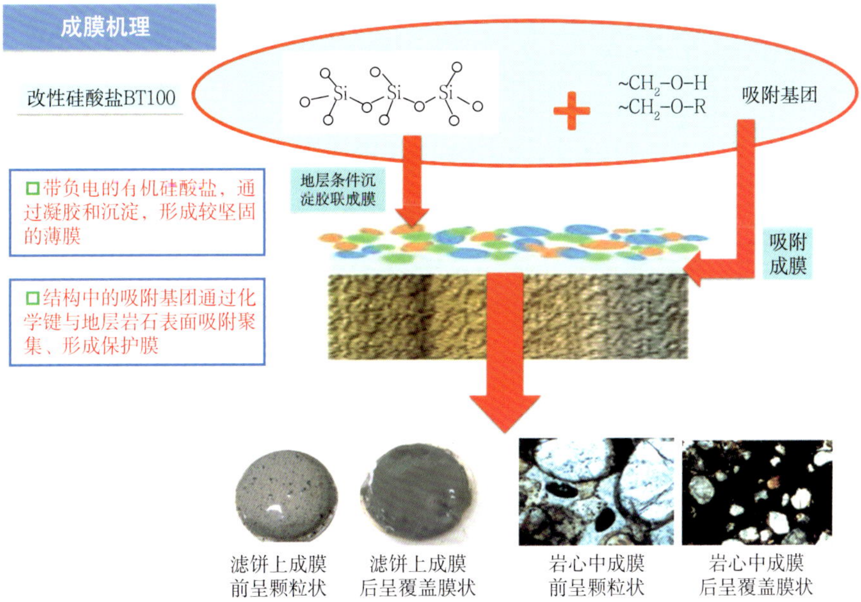

图 3-1　硅酸盐钻井液封堵成膜机理

2. 技术要点

（1）该体系密度现场控制在 1.14 ~ 1.50g/cm^3，抑制能力强。

（2）配浆使用低硬度水，转浆后保持膨润土含量在 15 ~ 25g/L，泥岩段控制黏度在 45 ~ 60s、初切 1 ~ 3Pa、终切 3 ~ 8Pa，使用土浆和低黏聚丙烯酸盐（PAC-LV）进行黏切调整。

（3）使用低黏钠羧甲基纤维素（LV-CMC）、低黏聚丙烯酸盐（PAC-LV）等降滤失剂控制 API 滤失量＜ 6mL，使用氢氧化钠（NaOH）调节 pH 值在 12 左右。

（4）使用井壁稳定剂、超细等多种防塌封堵材料提高泥饼质量，保持改性硅酸盐（BT-100）在钻井液中含量≥ 3%，氯化钾（KCl）含量≥ 30000mg/L。

（5）使用固控设备降低钻井液中劣质固相含量，实现低密度钻进，防止井漏。

（6）适用于上部砂泥岩地层。但该体系容易受二氧化碳、膏盐钙侵污染。

3. 基础配方

以低黏聚丙烯酸纤维素钠盐作为降滤失剂，无水硅酸钠、氯化钾作为抑制剂，沥青、超细碳酸钙作为封堵防塌剂，烧碱作为 pH 值调节剂，基础配方如下：

3% ~ 4% 膨润土 +0.1% ~ 0.2% 烧碱 +1% ~ 1.5% 低黏聚丙烯酸纤维素钠盐 +1% ~ 3% 井壁稳定剂 +3% ~ 5% 超细碳酸钙 +3% 无水硅酸钠 +3% ~ 5% 氯化钾 + 重晶石。

硅酸盐钻井液主要性能参考指标见表 3-4。

表 3-4　硅酸盐钻井液主要性能参考指标

主要性能	单位	参考指标值
密度（ρ）	g/cm^3	1.14 ~ 1.50
黏度（FV）	s	50 ~ 70
常温常压滤失量（FL）	mL	≤ 6
pH 值		10 ~ 12
切力（Gel）	Pa	3 ~ 6/5 ~ 10
含砂量（Cs）	%	≤ 0.5
塑性黏度（PV）	mPa · s	12 ~ 23
动切力（YP）	Pa	4 ~ 8
固相含量（Vs）	%	6 ~ 12
膨润土含量（MBT）	g/L	15 ~ 25
润滑系数（K_f）		＜ 0.06

五、页岩层高性能水基钻井液

以氯化钾聚合物钻井液体系为基础，加入端氨基聚醚、端氨基改性烷基糖苷等表面活性剂，辅助添加多级纳米封堵防塌材料，形成高性能水基钻井液体系。

1. 作用机理

该体系经钻井液处理剂多级粒径优化，其中：核心封堵剂粒径范围主要在 60 ~ 800nm，实现对页岩纳米裂缝孔隙的有效封堵，在地层表面形成超低渗透封堵层，封堵能力强。体系中的端氨基聚醚类页岩抑制剂与氯化钾共同作用，协同抑制防塌能力强，能大幅度降低页岩表面自由能，达到井壁稳定效果。体系采用极压减摩剂与润滑剂复配，达到协同润滑降阻目的，所使用的极压减摩剂抗温 200℃、抗盐达饱和，其极性基团与金属表面产生化学吸附力，形成长效润滑机制。

2. 技术要点

（1）使用好固控设备，及时清除钻井液中的劣质固相，确保钻井液的清洁。

（2）API 滤失量控制在 3mL 以内，高温高压滤失量控制在 8mL 以内，降低钻井液滤液对井壁不稳定的影响。

（3）使用高效润滑减阻剂提高钻井液的润滑性能，泥饼摩阻系数在 0.06 以下，保证水平段的施工顺利。水平段> 2500m 时要及时补充润滑剂的加量，确保钻井液有良好的润滑性。

（4）适用于页岩地层。但该体系当前应用未形成规模，整体施工成本较高，是钻井液技术未来发展方向。

3. 基础配方

以醚化改性淀粉、三元共聚物降滤失剂作为降滤失剂，端氨基聚醚、端氨基改性烷基糖苷、氯化钾作为抑制剂，极压减摩剂作为润滑剂，沥青、超细碳酸钙等作为封堵防塌剂，烧碱作为 pH 值调节剂，基础配方如下：

2%～3% 膨润土 +0.1%～0.2% 烧碱 +0.5%～2% 纳米吸附封堵剂 +2%～3% 醚化改性淀粉 +1%～2% 多级粒配填充防塌封堵剂 +2%～3% 三元共聚物降滤失剂 +0.5%～1% 端氨基聚醚 +5%～8% 端氨基改性烷基糖苷 +2%～3% 极压减摩剂 +3%～5% 氯化钾 + 0.5%～3% 氧化钙 + 重晶石。

其主要性能参考指标见表 3–5。

表 3–5 页岩层高性能水基钻井液主要性能参考指标

主要性能	单位	指标	备注
密度（ρ）	g/cm^3	1.3～2.0	
黏度（FV）	s	40～70	
滤失量（FL）	mL	≤ 3/0.5	常温常压滤失量
		≤ 8	高温高压滤失量
泥饼厚度（K）	mm		常温常压泥饼厚度
		≤ 1	高温高压泥饼厚度
pH 值		9～11	
切力（Gel）	Pa	2～5/4～10	
含砂量（Cs）	%	≤ 0.5	
塑性黏度（PV）	mPa · s	12～30	

续表

主要性能	单位	指标	备注
动切力（YP）	Pa	6～15	
固相含量（Vs）	%	≤ 32	
膨润土含量（MBT）	g/L	＜ 30	
润滑系数（K_f）		＜ 0.06	

六、水基钻井液的现场维护与重复利用

（一）上部非储层段水基钻井液的现场维护与重复利用

1. 上部非储层段水基钻井液的现场维护

1）钻井液密度控制

密度调整遵循在稳定井壁、井控安全的前提下，利于防漏的原则。加重剂使用选择应以钻井工程设计为依据。

（1）威荣区块钻井液密度：沙溪庙组～飞仙关组 1.50～1.65g/cm³，长兴组～龙潭组 1.65～1.70g/cm³，茅口组～龙马溪组 1.70～1.75g/cm³。

（2）焦石、江东、南川区块钻井液密度：龙潭组～茅口组 1.15～1.20g/cm³，韩家店组～小河坝组 1.20～1.25g/cm³，龙马溪组 1.25～1.32g/cm³。

（3）钻遇高压气层井段，应根据井下情况调整钻井液密度。

2）钻井液流变性控制

钻井液流变性控制遵循满足携砂要求，同时最大限度发挥钻头水马力，且不发生泥包的原则。

（1）钻进中随钻补充两性离子聚合物包被剂、钾铵盐、低黏聚丙烯酸纤维素钠盐、低黏羧甲基纤维素钠盐、磺化酚醛树脂、磺化褐煤树脂等复配胶液，保持体系中聚合物、降滤失剂含量适度。

（2）控制膨润土含量在 15～30g/L；转浆时，控制其含量在设计的最低限度。

（3）根据钻井液黏切情况，即时调整胶液浓度；胶液维护时不能造成钻井液黏度上升。

（4）钻进期间，如黏切升高，使用硅醇降黏剂、石灰、烧碱等处理剂配制胶液，随钻补充进行调整；完钻前使用磺化单宁碱液适度调节黏切。

（5）以地面小型试验确定黏切、调整配方，在一到两个循环周期内将钻井液流变性调整到合适范围。

3）钻井液中压滤失量控制

钻井液 API 滤失量控制遵循预防井壁失稳的原则。

（1）上部砂泥岩井段，加入低黏羧甲基纤维素钠盐、低黏聚丙烯酸纤维素钠盐、钾铵盐等降滤失剂，控制中压滤失量≤ 4mL。

（2）下部灰岩、泥质灰岩井段，加入低黏羧甲基纤维素钠盐、低黏聚丙烯酸纤维素钠盐、磺化褐煤树脂、磺化酚醛树脂等降滤失剂，控制中压滤失量≤ 6mL。

4）钻井液抑制性控制

钻井液抑制性控制遵循泥岩不易水化分散，钻井液性能稳定的原则。

（1）砂泥岩地层：两性离子聚合物包被剂及部分水解聚丙烯铵 / 钾盐的总加量为 1.5 ~ 2kg/m，若进尺较快，两性离子聚合物包被剂及水解聚丙烯铵 / 钾盐的维护量跟不上进尺的速度，则补充高分子抑制剂（HRH）进行维护，其维护量折算成两性离子聚合物包被剂、水解聚丙烯铵 / 钾盐的加量为其加量的 3 倍。海相段：两性离子聚合物包被剂及聚丙烯铵 / 钾盐的总加量为 0.5 ~ 1kg/m。

（2）两性离子聚合物包被剂及部分水解聚丙烯铵 / 钾盐两种抑制剂按 1 ： 1 的比例配成胶液。

（3）铵 / 钾盐的总加量为 2kg/m。

（4）聚胺加量≥ 0.3%，在泥岩地层推荐加量为 0.5kg/m，灰岩地层可不使用。

（5）飞仙关组 K^+ 含量控制在 10000mg/L 以上。

（6）泥岩段需加大维护量，推荐加量可增加至 1 倍，具体加量以实测性能为准。

（7）维护要求：振动筛清爽干净，岩屑不糊筛，泥岩段岩屑返出成型，可见 PDC 钻头牙痕。

5）钻井液封堵性控制

钻井液封堵性控制遵循稳固井壁、封堵缝隙的原则。

（1）随钻加入 0.5% 改性沥青、0.5% 纳米乳液、1% ~ 2% 超细碳酸钙，出口钻井液温度＞ 50℃时，应加入 1% ~ 2% 抗高温防塌材料。

（2）沥青类材料的维护量为 2 ~ 2.5kg/m，龙潭组、茅口组按加量上限进行维护。

6）其他维护要求

（1）充分发挥振动筛、除砂器、除泥器、离心机等四级固控设备的作用，尽量降低钻井液中无用固相含量，控制膨润土含量，强化钻井液净化效果。

（2）陆相地层 pH 值控制在 9 ~ 10，海相地层 pH 值控制在 10 ~ 11，钻膏岩层前 pH 值控制在 10 ~ 11。

（3）飞仙关组加入 0.5% ~ 1% 钻井液清洁剂，防钻头泥包，维护量约为 0.5kg/m。

7）中完作业钻井液常用做法

（1）电测、下套管前，以原井浆作业为基浆，加入 3% 润滑剂及 1% 石墨粉，封闭井底 500m 以上井段，确保电测及下套管顺利。

（2）下开次下钻扫水泥塞时，进行分段循环。

2. 上部非储层段水基钻井液的重复利用

1）老浆的性能检测

（1）取老浆，搅拌加温至 50℃，低速搅拌 5min，测量其全套性能。

（2）取滤液进行常规离子分析。

（3）若井底温度＞100℃使用老浆，则要求检测老浆的高温高压性能。

2）老浆的常规处理

（1）若含砂量＞0.2%，则用除砂器除砂。

（2）若固相含量超过设计推荐值，则用离心机进行处理或直接稀释。

（3）若膨润土含量＞40g/L，则用胶液按1：1的比例进行稀释。

（4）若HCO_3^-及CO_3^{2-}总含量＞15000mg/L，则做小型试验，用0.2%～0.5%的石灰进行处理，充分沉除HCO_3^-及CO_3^{2-}。

3）老浆与新浆配伍性评价

（1）按照老浆：新浆=1：1的比例进行混合，充分搅拌20min以上，加温至50℃，检测其全套性能。

（2）新浆与老浆混合后，如黏度切力及中压滤失量变化不大，则可使用。

（3）新浆与老浆混合后，如黏度切力剧增，则禁止直接使用，需重新调整老浆性能，达到配伍要求才可使用。

（4）新浆与老浆混合后，如中压滤失量剧增，则禁止直接使用，需重新调整老浆性能，达到配伍要求才可使用。

（5）在老浆出现钝化分层现象时，禁止直接使用，需将钻井液性能调整至满足要求后方可使用。

4）老浆劣质固相清除方法

（1）固控设备清除法。

如果老浆含砂量＞0.2%，在条件允许的情况下，利用一体机或离心机清除有害劣质固相；固相含量偏高，可将老浆用离心机降低至密度为0.1～0.2g/cm^3。

（2）胶液稀释法。

使用胶液直接稀释老浆，可稀释至老浆体积的1.3～1.5倍。

（3）石灰絮凝法。

加入0.2%～0.5%生石灰，对老浆进行絮凝处理，再用一体机将絮凝的有害固相清除。

5）老浆使用注意事项

（1）使用老浆前，要确定来源及钻井液体系。

（2）使用老浆时，均要以现场小型试验数据为依据，将性能调整到与井浆性能相当，方可使用。

（3）浅井段的老浆不能用于深部井段，深部井段的老浆可用于浅井段。

（4）如深部井段的磺化体系老浆用于表层井段，则用配制好的高分子钾/铵盐胶液充分稀释，降低其磺化处理剂的含量再使用。

（5）老浆混入井浆中要按循环周期混入，混合要均匀，不能一次混入过猛，禁止使用段塞式混入。老浆混入后返出井口时，即时观察出口槽的返砂情况，如果返砂有异常，则停止混入老浆，同时加大胶液的维护用量。

（二）页岩层高性能水基钻井液的现场维护与重复利用

1. 页岩层高性能水基钻井液的现场维护

1）密度控制

依据设计及邻井情况，在进入龙马溪组储层前，提前将钻井液密度控制在适当范围，如邻井较远或无相关资料，则可将密度调到设计的最高限值。

2）流变性控制

（1）钻井过程中，如需要提高黏度，则可以混入适量土浆或增加三元共聚物降滤失剂的加量。

（2）如需降低黏切，则可以增加胶液维护量，加强固控设备的合理使用、清除劣质固相。

3）中压滤失量及造壁性控制

（1）在钻井过程中，每 12h 测量一次高性能水基钻井液的中压滤失量及高温高压滤失量，核算 12h 内钻井液的正常消耗量，结合录井仪记录的钻井液消耗量，分析其变化趋势。

（2）如中压滤失量和高温高压滤失量稳定，而循环钻井液的消耗量呈增大趋势，则需要及时补充各种纳微米封堵材料。

（3）如中压滤失量、高温高压滤失量、消耗量均呈增大趋势，则需要及时补充降滤失剂。

4）抑制性控制

保持端氨基聚醚及端氨基改性烷基糖苷达到设计的中高限值，同时保持 K^+ 在设计的高限值。

5）封堵性控制

（1）在钻至 A 靶点前 200 ~ 300m，需强化钻井液封堵能力，按每班补充纳微米封堵剂、多级粒配填充防塌封堵剂，保持封堵剂总有效含量在 4% 以上。

（2）根据进尺和钻井液消耗情况，随钻补充纳微米封堵剂、多级粒配填充防塌封堵剂等处理剂，加强钻井液的封堵防塌性能，确保钻井液具有较强的封堵、护壁性能。

6）润滑性能控制要求

（1）在钻进过程中，每 12h 测量一次高性能水基钻井液的极压润滑系数，记录并分析其变化趋势。

（2）若极压润滑系数＞ 0.06，按井浆体积补充 0.5% ~ 1% 极压润滑剂。

（3）若钻进过程中有“托压”现象，在提高井眼净化能力的同时，可按井浆体积补充 0.5% ~ 1% 极压润滑剂和常规水基润滑剂。

7）其他维护要求

（1）在钻井施工过程中，每 12h 测量一次体系的含砂量、总固相含量、低密度固相等参数指标，记录分析其变化趋势。

（2）充分利用振动筛、除砂器、除泥器和双级离心机，确保低密度固相含量≤ 5%，维持钻井液性能稳定。

2. 页岩层高性能水基钻井液的重复利用

高性能水基钻井液在回收时要有专罐专保管，重复利用前要确定其来源及体系，相同体系的高性能水基钻井液才可重复利用。

1）老浆的性能检测

取老浆，搅拌加温至 50℃，低速搅拌 5min，测量其全套性能。如老浆与现使用浆体黏度切力值、高温高压及中压滤失量值相差较大，则进行性能调整后再使用。

2）老浆与新浆配伍性评价

（1）按照老浆：新浆 =1 ：1 的比例进行混合，充分搅拌 20min 以上，加温至 50℃，检测其全套性能。

（2）新浆与老浆混合后，如黏度切力、高温高压及中压滤失量变化不大，则可使用。

（3）新浆与老浆混合后，如黏度切力剧增，则禁止直接使用，需重新调整老浆性能，达到配伍要求才可使用。

（4）新浆与老浆混合后，如中压滤失量值剧增，则禁止直接使用，需重新调整老浆性能，达到配伍要求才可使用。

（5）老浆混入井浆时，要按循环周期混入，混合要均匀，不能一次混入过猛，禁止使用段塞式混入。在老浆混入后返出井口时，即时观察出口槽的返砂情况，若返砂有异常，则停止混入老浆，同时加大胶液的维护用量。

第二节　油基钻井液技术

油基钻井液是页岩气井钻井液技术的重要组成部分，对页岩气井施工成败、质量好坏、速度高低起着关键作用。由于页岩气储层的特点，钻井商更加重视页岩气目的层所用的油基钻井液。依据环保、成本、技术支撑程度、井下安全诸方面综合考虑，目前页岩气区块目的层钻井主要使用油基钻井液体系。

一、油基钻井液

油基钻井液主要为全油基钻井液和逆乳化油基钻井液体系，最常用的为逆乳化油基钻井液体系。

1. 作用机理

逆乳化油基钻井液中的连续相是零号柴油或白油，地层中水润湿的岩石微孔缝排斥油基钻井液进入，防止了页岩地层垮塌；使用一定浓度氯化钙（$CaCl_2$）或氯化钠（NaCl）溶液作为油基钻井液的水相，能够有效平衡钻井液和地层水之间的活度，阻止体系中的自由水向地层运移扩散，保持钻井液体系的稳定性。页岩气井目的层是以硬脆性页岩为主的地层，其页理、层理、微裂隙发育，井壁易失稳。油基钻井液具有能抗高温、抗盐钙侵、有利于井壁稳定、润滑性好等多种优点，广泛应用在页岩气钻井中。

2. 技术要点

（1）用白油或柴油作为基油，主要选用白油。基油的闪点、燃点应分别在 82℃和 93℃以上。

（2）通常使用 $CaCl_2$ 或 NaCl 溶液作为油基钻井液的水相，油水比：75～85/15～25。

（3）在体系中加入一定量乳化剂，形成稳定的油基钻井液。

（4）在体系中加入一定量的润湿剂、亲油胶体（有机土）、石灰等助剂，调控钻井液性能。

（5）要有很强的针对性、经济性。参照钻井设计（钻井液施工设计），以小型钻井液试验优化体系配方，满足地质、钻井工程对钻井液各项性能指标的要求。

（6）循环系统含橡胶设备设施部件需采用耐油橡胶元件。

（7）实时监测油基钻井液性能，防范压裂液污染，诱发页岩层垮塌。

（8）主要用于页岩气的定向井和长水平井；但成本较高，且钻后处理岩屑较为复杂，环保压力大。

3. 基础配方

以柴油 / 白油作为基础相，含有钙或钠的氯化物溶液作为内相，乳化剂在油水界面形成坚固的乳化膜，碱度调节剂提供 Ca^{2+} 形成二价金属皂，改良的褐煤衍生物或沥青用作降滤失剂，有机土提高体系黏度，形成具有良好润滑性、抑制性、热稳定性的油基钻井液体系：

80% 柴油（白油）+2%～4% 主乳化剂 +1%～2.5% 辅乳化剂 +0.5%～1% 润湿剂 +0.5%～1.5% 有机土 +3%～5% 降滤失剂 +0～0.5% 提切剂 +2%～4% 封堵剂 +2%～3% 碱度调节剂 +20% 水溶液（26% 氯化钙溶液）+ 加重剂。

其主要性能参考指标见表 3-6。

表 3-6 油基钻井液主要性能参考指标

测试项目	主要性能	单位	指标	备注
常规性能	密度（ρ）	g/cm^3	1.80～2.20	
	黏度（FV）	s	70～95	
	滤失量（FL）	mL	≤ 1	

续表

测试项目	主要性能	单位	指标	备注
常规性能	泥饼厚度（K）	mm	≤ 0.5	
	初切（G_{10}"）	Pa	3 ~ 7	
	终切（G_{10}'）	Pa	8 ~ 13	
高温高压（HTHP）	滤失量（FL）	mL	≤ 4	140℃
	泥饼厚度（K）	mm	≤ 1.5	140℃
流变性能	塑性黏度（PV）	mPa · s	≤ 65	
	动切力（YP）	Pa	5 ~ 15	
固相含量	固相含量（Vs）	%	≤ 36	
	含砂量（Cs）	%	≤ 0.2	
碱度			1.5 ~ 2.5	
油水比			75 ~ 85/15 ~ 25	
破乳电压（ES）		V	≥ 600	150℃老化后

二、现场维护与重复利用

（一）现场维护

1. 钻井液流变性控制

（1）因固相侵入引起钻井液黏度升高，加入 1% ~ 2% 润湿剂进行降黏处理；因水侵引起钻井液黏度升高，油水比降低，加入柴油、乳化剂进行调节，或配制部分油基钻井液进行稀释、调节。

（2）钻井液黏度偏低，加入 0.1% ~ 0.4% 提切剂或 0.5% ~ 2% 有机土增加黏度。

2. 钻井液滤失量控制

（1）如滤失量偏高，加入高温降滤失剂、液体沥青等处理剂进行处理。

（2）如出现返砂不成型，滤失量有所升高，在加入降滤失剂的同时随钻补充 0.1% ~ 0.2% 辅乳化剂、润湿剂等处理剂。

3. 钻井液电稳定性控制

（1）随钻补充主乳化剂、辅乳化剂，补加量在 1.5% ~ 2%，保持 Es ≥ 600V，确保油基钻井液稳定性。

（2）在转浆期间，应将破乳电压提高到 500V 以上。

4. 钻井液碱度控制

（1）保持钻井液中的石灰含量为 4 ~ 9kg/m^3。

（2）油基钻井液的碱度反映体系中的石灰剩余量。在钻井过程中，每天检测碱度并根据需要添加石灰，以补充消耗。

5. 重晶石稳定性控制

配制油基重浆或循环压井，补充重晶石时加入 0.5% ~ 1% 辅乳化剂、1% 润湿剂。

6. 其他维护要求

使用好负压振动筛、高速离心机，高速离心机使用率≥ 80%，尽量降低油基钻井液中的劣质固相含量，强化钻井液净化功能。

（二）重复利用

1. 油基老浆的性能检测

（1）取老浆，搅拌加温至 60℃，低速搅拌 5min，测量其常规全套性能。

（2）对破乳电压进行检测，要求在 300V 以上。

（3）对油水比进行检测，要求在 70 ∶ 30 以上。

2. 老浆与新浆配伍性评价

（1）按照老浆∶新浆 =1 ∶ 1 的比例进行混合，充分搅拌 20min 以上，加温至 60℃，检测其全套性能。

（2）若新浆与老浆混合后，性能变化不大，可直接使用。

（3）若新浆与老浆混合后，黏切急剧增大，则禁止直接使用，需重新调整老浆性能，达到配伍要求方可使用。

（4）若新浆与老浆混合后，中压滤失量剧增，则禁止直接使用，需重新调整老浆性能，达到配伍要求方可使用。

3. 老浆劣质固相清除及性能调整

油基老浆含砂量＞ 0.2%，应进行劣质固相清除，清除方法：将所用老浆替入井内，进行大循环，若出口温度未达 50℃以上，则不过筛；若出口温度达 50℃以上，先使用 100 目的筛布清除固相，依据清除情况再慢慢换细目筛布至 200 目，在清除劣质固相的同时补充新浆及乳液，调整油基钻井液的性能达到开钻要求。

三、防漏堵漏工艺

（一）漏失类型及机理

1. 漏失类型

页岩气井油基段的漏失主要为裂缝性漏失。

裂缝性漏失又分为两种情况：第一种情况是当地层存在天然漏失通道时，井筒中钻井液作用于井壁的动压力超过地层的漏失压力，即发生井漏；另一种情况是当动压力大于地层的破裂压力时，先压裂地层，形成新的漏失通道，再发生漏失，称为诱导裂缝性漏失。焦页 XY3 井的岩心分析如图 3-2 所示，从图中可知，泥页岩地层具有较强的层理结构，以发育水平、垂直两组裂缝为主，少量斜交缝。

图 3-2　焦页 XY3 井龙马溪组页岩储层岩心分析

2. 漏失机理

天然裂缝是在地质应力作用下形成的，其分布和发育不均匀，有直线、曲线及波浪等不同形态，表面或光滑或粗糙，缝长几厘米到几千米不等，缝宽通常在 10～200μm，最常见的为 10～50μm，裂缝倾角范围为 0～90°。裂缝在地层中可张开也可闭合，为充填、无充填或不完全充填。当钻井液液柱作用于地层的动压力超过地层裂缝内流体压力，且井壁与裂缝系统连通时，会发生天然裂缝性漏失。漏失程度取决于井筒动压力与地层孔隙压力的差值、天然裂缝的发育程度及连通状况，以及裂缝宽度、长度、漏失通道内流体的流变性等。虽然有时地层中天然裂缝系统与井筒未连通，但一旦产生诱导裂缝，就会与井筒连通而发生严重漏失。

在钻井过程中诱导裂缝的形成机理类似于完井中的水力压裂，两者的区别在于完井水力压裂是经过精心设计的，而钻井过程中的诱导压裂则不受欢迎。钻井时，一旦钻井液液柱和地层间产生的压差超过地层张力强度与井眼周围压应力的合量后，就会在地层产生诱导裂缝。由于岩石裂缝的张力强度与压应力相比较小，所以通常可以忽略不计。通常这种裂缝的方向必定垂直于最小主应力。除了活跃的造山运动外，最小主应力均是水平的，因此诱导裂缝是垂直的。钻井液液柱和地层间产生的压差超过上覆有效应力时，就会产生诱导裂缝。

（二）防漏技术

1. 防漏原则

（1）资料收集分析。钻井液工程师应根据地质设计分析井身结构、钻井方式，预测可能漏失的地层，包括漏失类型、层位、井深、漏失段长、岩性特征、孔隙度、孔隙压力和破裂压力，分析低压层与高压层是否在同一裸眼段；收集邻井中发生恶性井漏的井。

（2）改善钻井液流变性能，降低循环压耗。

（3）钻遇设计预测渗漏层前，应在钻井液中加入封堵防漏材料。

（4）易漏井段钻进时，在满足井眼净化的前提下，应适当降低排量钻进。

（5）易漏井段应控制起下钻速度在 0.5m/s 内，下钻时分段循环钻井液，开泵时避开易漏井段。

（6）在易漏井段开泵时，应先启动转盘或顶驱，再小排量顶通，待出口流量稳定后再逐步增大排量达到钻进要求。

（7）按钻井工程设计储备钻井液、清水、钻井液用材料和堵漏材料。

（8）需要提高密度时，应控制加重速度，每个循环周密度提高≤ 0.02g/cm³。提高密度后应循环一个迟到时间进行观察，如不漏再继续加重。

（9）按施工设计要求，使用固控设备，避免钻井液密度自然增长。

（10）进入设计预测中漏及以上漏层前，应起钻简化钻具组合，去掉螺杆、扶正器、定向仪器等工具。

（11）进入预测漏层前，应进行专项短程起下钻。短程起下钻时，至少将钻具起至老井眼，如果老井眼不畅通，应继续短起至畅通井段。

（12）同一裸眼预测下部有高压层时，每钻完一套地层和每趟钻，应先对上部地层进行承压，待承压能力达到要求后再钻开高压层。

（13）堵漏结束后，下钻时应对堵漏井段循环划眼，划眼排量不得超过钻进时的正常排量。

（14）下套管前井眼应畅通，在有条件的情况下，下套管时应分段循环。套管下放到位后，先小排量顶通，再逐步增大排量达到固井设计要求。

2. 防漏堵漏材料

当前防漏堵漏材料大多数是水基钻井液类型堵漏材料，而水基堵漏材料在油基条件下不膨胀、不搭桥成网，形成的封堵层强度低，不致密，容易复漏。为此，近年来相关研究机构在水基钻井液堵漏材料基础上不断攻关，形成了高弹纤维、弹性石墨、球状凝胶等油基 / 水基通用型防漏堵漏材料。

1）球状凝胶（MPA- Ⅱ）

以球状凝胶颗粒为基础，加入刚性粒子、0.4% ~ 0.6% 片状材料和 1% ~ 3% 矿物纤维。在油基钻井液中加入 2.4% 球状凝胶复合封堵剂后，与油基钻井液配伍性较好，钻井液性能基本无变化，泥饼的油相渗透率降低至 $0.14\times10^{-3}\sim5\times10^{-3}\mu m^2$，封堵率达到 97.7%，增强了泥饼致密度，且石英砂床封堵试验中，封堵承压能力由 2MPa 提高至 17MPa，大幅提高了油基钻井液体系的承压能力。

2）可变形油基堵漏剂

以正硅酸酯为硅源，浓氨水为催化剂，硅烷偶联剂为表面修饰剂，制备二氧化硅纳米球；以二氧化硅纳米球为核，加入乳化剂以及吸油单体，平均粒径在 50 ~ 870nm。该堵漏剂在油中经过 1h，膨胀倍数可达 1.8 倍，能够适用不同尺寸及形状的空隙或者裂缝。

3）化学交联类型堵漏材料

主要利用地沟油与强碱性材料进行交联反应生成皂碱，封堵漏失地层，材料抗压强度 2.8MPa。该材料复配刚性堵漏剂、柔性堵漏剂、弹性封堵剂等处理剂，形成专用堵漏浆体系，抗温 >1000℃，且常温下抗压能力提高至 16MPa。体系中柔性堵漏剂是一种油基胶凝材料，温度达到 60℃后，发生形变，成为一种强度较高的封堵剂，在 5 ~ 70MPa 压力作用下被压缩，压力撤销后回弹至原状。

3. 技术措施

1）钻井液防漏技术措施

（1）提前 50m 落实防漏钻井液技术措施。

（2）钻井液按设计要求调整性能到位：密度执行中下限（满足井控安全）、黏度切力执行中限。

（3）补充随钻封堵处理剂如：球状凝胶（MPA- Ⅱ）。

2）钻井工程防漏技术措施

（1）控制钻速、排量，执行正常钻进前 80% 参数指标。

（2）控制下钻及下套管速度，严禁猛刹猛放，缓开泵。

（3）深井每下钻 1500 ~ 2000m 要进行中途循环。

3）溢漏同存（同层）异常防漏技术措施

此类井漏主要发生在长裸眼施工段，目的层或目的层上一开次，针对高压裂缝气层段，钻井液密度往往会高于设计密度，主要防漏措施如下：

（1）钻井液按设计要求调整性能到位：密度执行以钻进作业全烃 10% ~ 20% 含量相应密度值确定（满足井控安全）、黏度切力执行中下限、pH 值≥ 10。

（2）随钻防漏，钻井液补充随钻封堵处理剂。

（3）推荐使用控压降密度钻井技术，边钻进、边释放地层压力，最终降低钻井液密度达到防漏目的。

（4）井漏风险井段，起下钻不宜开泵、不宜高转速，控制起下钻速度。

（5）起钻前根据短程起下钻后效及油气上窜速度确定钻井液密度。

4）完井（中完）阶段防漏技术措施

（1）下套管前最后一趟通井，完井液性能指标要求执行前期指标的中线，根据中完作业时间，进行附加 24 小时的稳定性评价及调整。

（2）准备承压防漏封闭浆。

（3）在裸眼段起钻，应低速提钻。

（4）在上层套管内充分循环，中途井段开泵避开敏感区，套管进入敏感区严格控制下放速度，遇阻可小排量、“寸放”下入。

（5）套管下到确定井深，开泵应以最低排量顶通，视泵压情况逐级上提排量。

（6）注固井浆前，先注入井筒强化完井液。

（三）堵漏技术

页岩气地层裂缝发育、易膨胀破碎，在钻进中极易发生裂缝性井漏。在中国石化四个页岩气工区中，油基钻井液井段均存在不同程度的漏失。焦石工区位于焦石坝断背斜两侧的大断裂带附近及背斜带翼部，由于断裂带的存在，又有许多压力敏感性天然裂缝和微裂缝，且该区块龙马溪组岩性主要是黑色泥页岩、碳质页岩，在经过大规模压裂后，该地层钻进期间出现了油基钻井液漏失现象，且易发生失返性漏失，处理时间较长，成功率不高，易发生复漏。威荣工区井漏复杂情况较少，且漏失量不大，主要是邻井压裂后，压窜产生过高的地层压力，可使用较高的密度平衡地层压力导致的漏失。南川、江东工区漏失发生主要由页岩地层的微裂缝造成，漏速一般较小。漏失较为严重的情况主要存在于焦石工区。

根据上述漏失情况，在现场实际应用过程中，主要采用循环堵漏、桥浆堵漏、油基水泥浆堵漏等堵漏方式。

1. 循环堵漏

1）适用条件

漏速≤ $5m^3/h$，堵漏材料粒径应小于正钻井的钻具组合中最小钻具水眼尺寸，如：定向仪器、螺杆等的水眼尺寸。

2）材料粒径和浓度选择

随钻堵漏材料通常仅限于粒状材料，且推荐使用粒径 2mm 以下的材料，浓度范围控制在 5%～10%，只有当井下装有旁通阀时，才允许使用较大粒径的材料。

3）技术措施

（1）每天间隔 8 小时注入 8～$10m^3$ 堵漏浆进行随钻堵漏。随钻堵漏浆配方以改性石墨、超细碳酸钙、carb150、carb250 等粒径＜ 0.5mm 的粉末类堵漏材料为主，根据漏速大小，选择性加入单封、随钻、云母等堵漏材料（单剂浓度≤ 3%）。配制的堵漏浆浓度一般维持在 5%～10%，根据漏速情况进行调整。

（2）以随钻堵漏的方式钻进，达到“边进尺、边堵漏”的效果，与此同时，随着堵漏浆量不断补充，进一步提高了全井钻井液整体防漏能力。相对桥浆堵漏而言，能大幅节约堵漏时间，提高钻井时效。

（3）材料目数在 800～1200 目，可顺利通过 200 目筛布；钻进期间清除钻屑时不易被筛除，有效保持了井浆中堵漏材料的含量。

（4）钻进期间紧盯钻井参数，记录各项参数变化情况，若出现异常，及时上提钻具至安全井段，杜绝盲目钻进引发故障。

（5）定向期间，禁止补充随钻堵漏浆，防止摩阻增加造成卡钻。钻进期间，依据返砂情况合理选择钻井排量，在满足携砂、防漏的要求下，尽量提高钻井排量。出现漏失时，应加强划眼，增加循环时间，充分携砂。提高排量清洗井眼时，尽量避免井漏。

（6）调整密度按照每循环周 0.01～$0.02g/cm^3$ 的幅度。细化工程措施，下钻分段循环，防止开泵过猛，防止压力激动造成井漏。严格控制钻井液密度，在允许的情况下尽量走下限。控制好钻井液流变性，减小循环压耗，降低漏失风险。

2. 桥浆堵漏

1）适用条件

漏速≥ $5m^3/h$，循环堵漏效果不佳，频繁复漏。

2）材料粒径和浓度选择

桥浆堵漏需要更换钻具组合，使用光钻杆进行堵漏，避免对井下工具产生影响。相比随钻堵漏，选择的材料类型更多、尺寸更大、粒径范围更广、堵漏材料浓度更高。

密度为 1.50g/cm^3 的油基钻井液堵漏浆推荐配方见表 3–7。

表 3–7　桥浆堵漏推荐配方（按优先级排列）

漏失速率（m^3/h）	优先次序	桥堵剂浓度［质量体积百分比（%）］									
		特粗蛭石	粗果壳	中果壳	细果壳	棉籽壳	锯末	中随钻堵漏剂	细随钻堵漏剂	超细碳酸钙	总浓度
＞50	1	3～4	5～6	8～10	8～10	2～4	2～4	8～10			37～48
	2		8～10	8～10	8～10		4	10～12			38～46
	3		8～10	8～10	8～10			8～10	6～8	1	39～48
30～50	1	3～4	5～6	6～8	6～8	2～4	2～4	8～10			34～46
	2		6～8	6～8	6～8		4	10～12		1	33～41
	3		6～8	6～8	6～8			8～10	6～8	1	33～43
15～30	1	2～3	4～6	6～8	4～6	2～4	2～4	8～10			28～41
	2		6～8	6～8	4～6		2～4	6～8	4～6		28～40
	3		6～8	6～8	4～6			8～10	6～8	1	31～41
5～15	1		4～6	4～6	4～6	2～4	2～4	8～10			25～37
	2		4～6	4～6	4～6		2～4	6～8	4～6	1	25～37
	3		4～6	4～6	4～6			8～10	6～8		26～36

3）技术措施

（1）配制桥浆前，必须进行室内小型实验。通过实验掌握配制对基浆的具体要求，掌握配制前后的黏切变化、体积变化、密度变化。

（2）桥浆配制越快越好，要求总时间控制在 4 小时内。

（3）按室内实验结果，罐内倒入基浆，调整好基浆性能。配制时，连续开动搅拌机，首先通过配浆（或加重）漏斗加入随钻惰性纤维性类材料；然后按细、中、粗的顺序，通过漏斗加入果壳类材料。配制后期，果壳加入困难时，可在罐面、搅拌机四周分散倒入；再通过漏斗加入锯末，最后在罐面上均匀撒入棉籽壳。

（4）在注入堵漏浆前，先将钻具下至漏层顶部。保持中等排量，泵注桥浆堵漏。泵注过程中，观察泵压变化，出现泵压突然升高现象，表明钻具内堵塞，应立即停注，起钻。桥浆泵注完毕，顶替到位，钻具水眼内外压力平衡。推荐管内桥浆浆柱高度比管外至少高出 100m。

（5）起钻至安全井段。

（6）关井，观察套压和立压，同时小排量进行憋挤。在憋挤过程中，控制好挤入量，观察好套压变化，重点是套压不得高于管鞋处破裂压力。

（7）憋挤完毕后，缓慢泄压，防止泄压过快，在抽汲作用下引发井垮。泄压到位后，开泵循环验漏，若无漏失，进行后续施工；若仍存在漏失，调整堵漏浆配方继续堵漏。

3. 油基水泥浆堵漏

1）适用条件

钻遇裂缝恶性漏失甚至失返，桥浆堵漏无法解决漏失问题。

2）水泥浆体系要求

水泥浆在油基钻井液环境下，相容性要好，抗污染能力强，水泥固结质量好，强度高；稠化时间合适，确保堵漏施工安全。施工之前，必须在室内进行水泥浆相容性、稠化时间、抗污染等实验，确定好水泥浆体系配方及施工时间。

3）技术措施

（1）固井队施工前准备工作。

①取油基钻井液样、水样进行水泥稠化时间实验、水泥浆抗污染实验；大样实验要复核，确定水泥浆体系配方及稠化时间。

②检查好车辆设备，确保固井设备设施 100% 完好。

③现场准备好施工所需的水泥灰量。

④编写注水泥浆堵漏施工设计方案。

⑤固井前，按照标准对固井用管线及设备进行试压。

（2）钻井队施工前准备工作。

①施工前必须对发电机、绞车、顶驱、泥浆泵、液压大钳、B 形大钳等设备进行检查，确保施工时能正常使用。

②供水马达用一台备一台，电路、管线连接安全可靠做好试运转。

③替浆的钻井液量准备充足，采用单罐计量，保证替浆所需可泵入量。

④钻井队做好岗位人员分工工作，落实责任。司钻：刹把操作，做好绞车、顶驱的检查，注意指重表的检查及刹车系统检查。副司钻：泵区监护，确保两台泵完好，并处于待命工况。井架工：提前上二层台做好起钻准备。内外钳、场地工：井口操作，提前检查井口工具和大钳，换新钳牙；雨衣准备到位，防止起钻反喷。钻井液工：校准密度计、检测水泥浆密度；取三个水泥浆样，记录所取水泥浆的取样时间和密度、注完水泥浆后，上循环罐替浆。

（3）施工步骤。

①下光钻杆至漏层位置，循环 1～2 周。

②钻具上提至漏层以上位置循环，准备注水泥浆施工，记录悬重、上提下放摩阻、空转扭矩及注替排量的泵压参数。

③连接固井管线，按要求试压，试压完，开启顶驱转速至 30r/min，按照设计要求，注水泥浆、替浆，全程记录悬重、摩阻和扭矩等参数情况。

④注水泥浆、替浆到位后，起钻至预计水泥浆浆面以上循环验漏，记录好漏失量，注意起钻速度要快，抓紧时间，推荐漏失量控制在 5 ~ 8m^3。

⑤若水泥浆漏失量＞ 8m^3，则静止候凝；若水泥浆漏失量＜ 8m^3 或者不漏，则关井憋挤水泥浆，憋挤排量为 3 ~ 5L/s，憋挤压力不得超过管鞋处破裂压力。

（4）注意事项。

①在整个注水泥替浆过程中，钻具保持复合钻时转速，上下活动，幅度为 3 ~ 5m。

②在注水泥或替浆过程中注意扭矩的变化，发现扭矩增大应立即起钻。

③替浆完成后，起钻具时应注意悬重变化，若发现悬重上升，应在安全载荷的前提下大力上起钻具。

④井队井口、刹把、井架上需熟练人员操作，保证迅速起钻。

⑤井队技术员应按要求与地质技术员核对，确保钻具深度准确，同时钻井液技术员要精准计量替浆量。

⑥注水泥时取 3 瓶样，观察水泥的稠化时间，根据水泥稠化时间进行通井、探水泥塞。

⑦钻井队在整个施工过程中应配合工作。

第三节　钻屑无害化处理

钻屑是钻井破岩的产物，由井筒流体从井下携带到地面。钻屑由破碎的泥岩、砂、页岩、灰岩、水、钻井液处理剂、白油或柴油等组成，其中油基钻屑属于危险废物，对生态环境污染较严重，正确处理钻屑对保护环境有着重要意义。通过“十二五”“十三五”重点研究、先导试验，形成了一整套适用于油气钻井的钻屑处理技术。

一、钻屑无害化处理背景

（一）钻屑无害化处理总体要求

根据《中华人民共和国固体废物污染环境防治法》相关要求，在钻井中固（液）废产生、收集、储存、运输、利用、处置全过程，要严格遵循环境污染防治责任制度。

钻屑是油气田开采产生的主要废弃物之一，按照国家环境治理要求，需要在石油天然气开采产业基地自行配套建设危险废物处置利用设施，严格控制废弃物对环境造成的影响，钻屑无害化处理是政策要求也是发展趋势。

（二）钻屑无害化处理标准规范

1. 钻屑不落地处理标准规范

钻屑不落地处理过程中，固废按照《固体废物浸出毒性浸出方法 水平振荡法》

（HJ 557—2010）制备浸出液，浸出液执行《污水综合排放标准》（GB 8978—1996）。废水按用途执行不同标准。压裂液配制执行《水基压裂液性能评价方法》（SY/T 5107—2016），外排执行《污水综合排放标准》（GB 8978—1996），详见表 3–8。

表 3–8 钻屑不落地处理主要标准规范

序号	标准号	标准名称	发布单位
1	GB/T 5101—2017	烧结普通砖	国家质量监督检验检疫管理总局、国家标准化管理委员会
2	GB 8978—1996	污水综合排放标准	国家环境保护局、国家技术监督局
3	GB 18599—2020	一般工业固体废物贮存和填埋污染控制标准	生态环境部、国家市场监督管理总局
4	GB 30485—2013	水泥窑协同处置固体废物污染控制标准	环境保护部、国家质量监督检验检疫总局
5	HJ 662—2013	水泥窑协同处置固体废物环境保护技术规范	环境保护部
6	SY/T 5107—2016	水基压裂液性能评价方法	国家能源局
7	SY/T 7298—2016	陆上石油天然气开采钻井废物处置污染控制技术要求	国家能源局
8	SY/T 7466—2020	陆上石油天然气开采水基钻井废弃物处理处置及资源化利用技术规范	国家能源局

2. 含油钻屑无害化处理标准规范

在含油钻屑无害化处理初级阶段，含油钻屑处理后产生的固相灰渣没有无害化处理执行标准，参考执行《农用污泥污染物控制标准》（GB 4284—2018）和《陆上石油天然气开采含油污泥处理处置及污染控制技术规范》（SY/T 7300—2016）。随着标准规范的逐步完善，国家相应发布了《页岩气 环境保护 第 1 部分：钻井作业污染防治与处置方法》（GB/T 39139.1—2020），地方也相应出台了《天然气开采含油污泥综合利用后剩余固相利用处置标准》（DB51/T 2850—2021），所涉及的标准规范详见表 3–9。

表 3–9 含油钻屑无害化处理主要标准规范

序号	标准号	标准名称	发布单位
1	GB 4284—2018	农用污泥污染物控制标准	国家市场监督管理总局、国家标准化管理委员会
2	GB/T 39139.1—2020	页岩气 环境保护 第 1 部分：钻井作业污染防治与处置方法	国家市场监督管理总局、国家标准化管理委员会
3	GB/T 41518—2022	页岩气勘探开发油基岩屑处理方法及控制指标	国家市场监督管理总局、国家标准化管理委员会
4	HJ 607—2011	废矿物油回收利用污染控制技术规范	环境保护部
5	HJ 2025—2012	危险废物收集 贮存 运输技术规范	环境保护部
6	HJ 2042—2014	危险废物处置工程技术导则	环境保护部

续表

序号	标准号	标准名称	发布单位
7	NB/T 10843—2021	页岩气井油基钻井液重复利用技术规范	国家能源局
8	SY/T 7300—2016	陆上石油天然气开采含油污泥处理处置及污染控制技术规范	国家能源局
9	SY/T 7481—2020	非常规油气开采含油污泥处理处置技术规范	国家能源局
10	DB51/T 2850—2021	天然气开采含油污泥综合利用后剩余固相利用处置标准	四川省市场监督管理局

二、水基钻屑处理技术

页岩气钻井中，直井段采用水基钻井液钻进，水基钻井液经钻井循环使用后，产生的水基钻屑废弃物无害化处理技术称为水基钻屑处理技术。在钻井中，对钻井废液等废弃物进行钻屑处理，使其达到环保处理要求和再利用要求。水基钻屑处理技术是通过设备将固相液相分离，岩屑形成泥饼，液相回收利用，处理后的泥饼可做成符合环保要求的砖块，用于铺设道路等，有效避免了对周边水体、土壤等造成的环境污染。

（一）处理工艺

水基钻屑处理技术是将物理和化学手段有机结合，利用聚合物和黏土颗粒絮凝沉淀效应，让废弃钻井液钻屑在二者的作用下进行有效分离，使其以新的形态呈现，即泥饼、滤液，并对产生的泥饼和滤液进行资源化利用。这项技术能实现对废弃钻井液彻底处理，降低污染物对环境产生的影响，处理效果较传统处理方式有很大优势。该工艺具有随钻处理、固液分离、重复使用、减量运行、环保优先、清洁生产等特点。自水基钻屑处理技术提出之后，新开页岩气气井已按照要求配备和使用水基钻屑处理装置。水基钻屑处理有板框压滤和简易固化两种工艺，以板框压滤为主，板框压滤工艺的处理流程如图 3-3 所示。

1. 原料收集

将岩屑收集罐置于井队泥浆罐振动筛、除渣器和离心机的下方，将来自振动筛、除渣器和离心机的水基岩屑输送到收集罐，将岩屑泵入储备罐。

2. 原料破胶及絮凝

启动安装在收集罐或储备罐上的钻井液搅拌器，将罐内的水基岩屑等废弃物搅拌均匀，使固相颗粒悬浮；启动安装在收集罐或储备罐上的液下式渣浆泵，将罐内已搅拌均匀且固相颗粒悬浮的水基岩屑、废弃物输送到化学反应罐，同时启动化学反应罐上的搅拌器，实施不间断搅拌；根据水基钻井液的密度，向化学反应罐加药仓内加注一定量的聚合氯化铝（PAC），经立式搅拌器搅拌均匀、稀释，再通过潜水泵送入化学反应罐；PAC 溶液泵入反应罐搅拌 10 ~ 15min 后，向化学反应罐内加注一定量的生石灰，再搅拌

10 ~ 15min 完成絮凝。

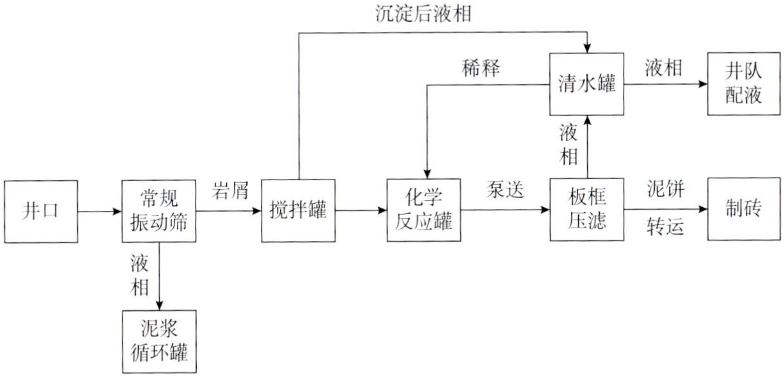

图 3-3　板框压滤工艺流程

3. 压滤处理

将化学反应罐中已完成破胶、絮凝的水基岩屑泵入压滤机隔膜板框中，实施压滤作业。压滤过程中产生的清水经过管道输送到带有自动泵水功能的水罐中，一旦水面上升到一定程度，罐中的清水将自动泵入清水罐中，实施下渣作业。

（二）处理装置

水基钻屑处理装置主要由物料输送系统、固液分离系统、反应净化系统三个部分组成，主要组成详见表 3-10。

表 3-10　水基钻屑处理装置组成

序号	设备名称	技术参数	数量（套）
1	岩屑收集罐	容量≥ $40m^3$	3
2	化学反应罐	容量≥ $50m^3$	1
3	压滤机	200 型及以上	1
4	清水罐	容量≥ $50m^3$	1
5	应急储备罐	容量≤ $40m^3$	1
6	皮带传送机	装车速率≥ 10t/h，传送高度≥ 3.5m	1

1. 物料输送系统

物料输送系统主要由螺旋输送机、渣浆泵、循环管线等设备组成。螺旋输送机是一种具有内部螺旋结构、能够进行内部输送物料的装置，其设备结构简单，非常适合输送废弃岩屑等固相物料。渣浆泵主要负责将地沉罐中比较稀的液体钻井液抽吸出来，再通过专用管线输送到破胶罐中进行破胶处理，一般现场渣浆泵即可满足使用要求。

2. 固液分离系统

固液分离系统由具有较强固液分离功能的板框压滤机及辅助配套构成，对岩屑、砂和钻井液处理剂等进行固液分离。板框压滤机是压滤机的一种类型，其固液分离的原理是首先用砂泵将混合液抽入压滤机内部，同时压滤机进液口始终保持一定的压力以保证均匀进液，当混合液通过压滤机滤布时，粒径较小的水分子可透过滤布进入压滤机的清水罐内，而粒径较大的固相则留在滤布内部的空间形成块状固体，从而实现固液分离的功能。

3. 反应净化系统

一般在废水达不到重复利用要求时启用反应净化系统，它主要由反应罐、斜管沉降罐、膜过滤罐等组成，其附属部分包括加药仓、搅拌机、药品盛放间、内循环管线等。从板框压滤机分离出来的水仅仅是经过了初级处理，一般情况下该废水能保证钻井队回用，若使用这部分水配制其他液体体系，性能达不到使用要求，则需使用反应净化系统进行简易处理以达到使用要求。

（三）产物资源化利用

第三方检测处理后的泥饼满足《一般工业固体废物贮存和填埋污染控制标准》（GB 18599—2020）中一般Ⅰ类固废储存、处置标准。泥饼送至砖瓦厂制砖，制砖标准执行《烧结普通砖》（GB/T 5101—2017）。

处理后的压滤液满足《污水综合排放标准》（GB 8978—1996）中的三级排放标准，将压滤液送至污水处理厂进行深度处理达标后排放。

（四）HSE 注意事项

（1）建立污染预防机制和环境污染事故应急预案，配备应急救援器材、物资，定期组织应急演练。

（2）建立环境保护管理责任制度，设置专（兼）职环境保护人员，负责监督钻屑无害化处理过程中的环境保护、相关管理工作。

（3）员工应配齐劳动防护用品，定期接受职业健康体检，操作人员必须做好人身防护工作。

（4）经营情况记录、污染物排放监测记录应保存 10 年以上，并接受环境保护主管部门的检查。

（5）防火防爆应满足 SY/T 5225 中有关规定。

（6）处理过程中进行动态风险分析，制定管控措施。

（7）建立设备操作规程、维护保养制度。

三、含油钻屑无害化处理技术

含油钻屑是指使用油基钻井液钻进产生的含油钻井废弃物，具有产出量大、组分复杂、污染物含量高、难处理等特点，大量散落及堆放的含油钻屑会造成严重环境污染和能源浪费。含油钻屑无害化处理是采用物理方法，实现含油钻屑中有机物组分与固相岩屑分离，使处理后的剩余灰渣含油率< 0.3%，达到《农用污泥污染物控制标准》（GB 4284—2018），热脱附油回收利用，底渣资源化利用，从而实现无害化。

（一）处理工艺

钻屑处理技术发展较为成熟，已投入应用的技术较多，有热脱附法、萃取法、化学热洗法、焚烧法、生物降解法等。萃取法、化学热洗法，处理单一，达不到环保要求，且产生大量含油废水二次污染物。生物降解法要针对污染物物性，难以确定普适性强的菌种，对环境的要求较高。含油率> 5% 的废弃物不予使用焚烧法，因此焚烧法具有一定的局限。按照 GB/T 39139.1—2020《页岩气　环境保护　第 1 部分：钻井作业污染防治与处置方法》的规定，在页岩气开发区域内设置含油钻屑集中处理装置，采取热脱附、萃取等工艺技术进行资源化处理；根据 HJ 2042—2014《危险废物处置工程技术导则》的要求，固体废弃物处理处置遵循减量化、资源化、无害化的原则；SY/T 7481—2020《非常规油气开采含油污泥处理处置技术规范》对含油污泥的处理做出了明确要求，含油钻屑处理宜采用热脱附处理技术，热脱附流程包括含油钻屑脱液减量、热解吸、基液回收和残渣处置等要求。热脱附技术具有污染物处理彻底、最大化实现资源化利用、处理量大、处理效率高等优点，既满足了环保要求，又实现了产品的资源化，是目前国内外使用最广泛的处理技术之一。

含油钻屑无害化处理工艺包括随钻处理、含油钻屑的热脱附处理两个过程。含油钻屑经振动筛固液分离后，固相简易收集转运至处理场（站），钻屑中的含液率> 30%，不仅造成油基钻井液的浪费，还增加了转运风险。

1. 随钻减量处理工艺

随钻减量以“甩干 + 两级离心”为主，工艺流程如图 3–4 所示，可实现钻井液最大化再利用，大大降低废弃物产生量，减小作业现场及转运过程中的安全环保风险。

1）输送

含油钻屑通过负压或高目数振动筛初级减量后，将敞开式箱体或刮板输送机放置于负压振动筛下方的钻屑排出口，钻屑通过刮板机短距离输送至固体真空泵储料箱，采用固体真空泵、柱塞泵、软管泵等装置将钻屑输送至甩干机。

2）减量处理

钻屑在甩干机适宜运行频率下进行甩干处理，甩干后的液相输送至离心机处理，固相采用转运罐或收集箱等专用收集容器。钻屑在离心机适宜运行频率下进行离心处理，离心后的液相回井队利用，固相再次采用转运罐或收集箱等专用容器收集。

3）转运

采用敞口罐收集含油钻屑，转运阶段使用带抽吸功能的密闭罐，利用负压将敞口罐中的含油钻屑抽吸到密闭罐中，再转运至热脱附处理场（站）进行处理。

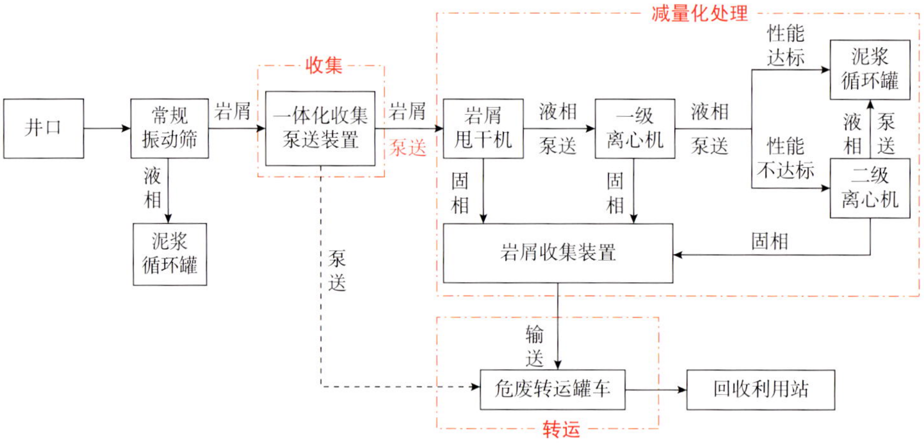

图 3-4　随钻减量处理工艺流程

2. 热脱附处理工艺

热脱附技术是利用有机物、水分子的汽化与汽提作用，将岩屑等固相与油相等混合液相分离，做到固相无害化处理和油相的收集利用，属于物理相变过程。热脱附式含油钻屑处理装置集成化、模块化程度高，热利用效率高，自动化程度高，温度控制系统稳定性高，解决了含油钻屑处理装置物料传输难、机械故障多、连续运行时间短、污染物排放难达标等难题。

1）含油岩屑原料验收

振动筛过滤含油钻屑，不得有不属于含油岩屑本身的任何垃圾和杂物。

2）含油岩屑原料收集及卸车

采用真空泵或泥浆泵将储存在收集罐中的含油钻屑泵入转运车的罐中，运回钻屑处理中心倒入岩屑储料池。

3）热脱附处理

工艺流程如图 3-5 所示，运来的含油钻屑倒入钻屑池，由进料刮板机刮至振动筛料斗筛分后，经含油钻屑输送泵送入热馏炉，在隔氧状态下进行加热蒸馏，使钻屑中的油基成分及水分完全蒸发。产生的固相含油率小于 0.3%（重量比）的灰渣从炉中排出，经水冷却、螺旋输送机降温输送至加湿搅拌机中加湿、降尘后排入灰渣池。

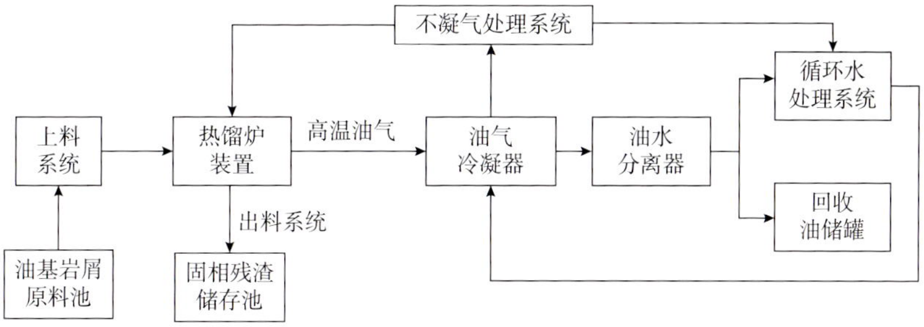

图 3-5 热脱附工艺实施流程

4）取样分析

在出料口分批次取得热脱附灰渣样品，制作混合样，实行每日质检制度，进行含油率检测，用以调整工艺控制。

（二）处理装置

含油钻屑无害化处理主要包括含油钻屑随钻处理、热脱附处理两个处理过程，前者主要是现场减量，回收有用组分；后者主要对无用固相岩屑进行热脱附无害化处理。

1. 随钻减量处理装置

随钻处理主要设备包括甩干机、离心机、输送装置、收集罐、储液罐、应急储罐等，见表 3-11。

表 3-11 随钻处理装置组成

序号	系统名称	设备名称	技术参数	数量
1	收集系统	收集罐	罐体尺寸：9.2m×2.3m×1.5m； 有效容积：16m³	1 个
		进料泵（渣浆泵）	功率：5.5kW；流量：40m³/h； 扬程：10m；转速：1440r/min	1 台
		搅拌器	功率：7.5kW； 叶轮直径：950mm； 转速：50Hz-58r/min	2 台
2	甩干系统	甩干机	功率：22kW； 转速：1000±100r/min； 分离因数：396G； 处理能力：10～40t/h	1 台
		搅拌器	功率：7.5kW；叶轮直径：950mm；转速：50Hz-58rpm	1 台
3	离心系统	一级离心机	主机功率：45kW；辅机功率：18.5kW；转速：3200r/min； 分离因数：2580G； 处理能力：5～8m³/h	1 台
		二级离心机	主机功率：11kW；辅机功率：5.5kW； 转速：4800r/min；分离因数：3225G； 处理能力：0.6m³/h	1 台

续表

序号	系统名称	设备名称	技术参数	数量
4	出料系统	螺旋输送机	功率：11kW；输送量：40000kg/h	2台
		收集罐	容量≥ $60m^3$	2具
		储液罐	容量≥ $30m^3$	1具
		应急储罐	容量≥ $40m^3$	1具
		搅拌器	功率：7.5kW；搅拌轴长度：750mm；叶轮直径：850mm	2具
		螺杆泵	功率：7.5kW；流量：10～$30m^3/h$	2台
5	输送装置	转运车	外形尺寸：8.5m×2.55m×3.7m；罐体容积：$21m^3$；总质量：49000kg；额定载质量：27000kg；后部防护离地高度：0.5m	1辆

1）多功能甩干机

以离心运动为其工作原理，即由电动机带动内胆高速转动，被脱物中的液体在高速旋转下做离心运动，液体在内胆壳的四周眼中飞溅出内胆，达到甩干目的，如图 3-6 所示。单位时间处理量为 40000～80000kg，可用于油基钻井液、复合基钻井液和水基钻井液等钻井液体系的钻屑甩干处理，且转速和差速依据工况调节，效果更好。

图 3-6　多功能甩干机

2）离心机

利用离心机转子高速旋转产生的强大离心力，加快液体中颗粒的沉降速度，把样品中不同沉降系数和浮力密度的物质分离开，如图 3-7 所示。设备的主要参数有：转鼓直径 360mm，转鼓长度 1271mm，最大转速（分离因素）3900r/min，常规转速（分离因素）3200r/min，最大处理量 $45m^3/h$，常规处理量 $30m^3/h$，脱水处理量 $5m^3/h$。

图 3-7　离心机

3）钻屑收集罐

钻屑收集罐底部为搅拌推料机，将物料推送到真空泵的吸入口，如图 3-8 所示。其外形尺寸为 9000mm × 2600mm × 1425mm，容积为 15m³，重量为 4510kg，搅拌机功率为 15kW，锥斗数量 3 个，吸入口数量 2 个，吸入口尺寸为 *DN*100mm。

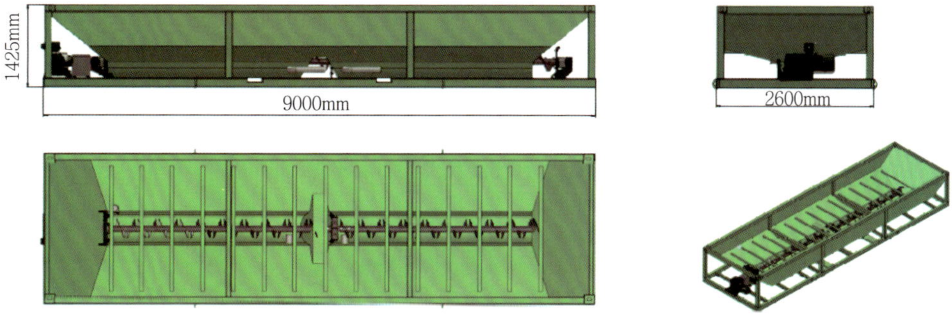

图 3-8　钻屑收集罐

2. 热脱附处理装置

该装置由进料、热馏炉、出渣、油气冷却四大系统组成，如图 3-9 所示。

图 3-9　热脱附处理装置

热脱附单套装置日处理能力为 100 ~ 150t，处理量大、连续运行时间长、装置自动化程度高、处理达标率 100%，其设备及技术参数见表 3-12。

表 3-12　热脱附处理装置组成

序号	系统名称	设备名称	技术参数	数量
1	进料系统	进料刮板机	上料速率≥ 10t/h	1 台
		振动筛料斗	有效容积≥ 1.5m³	1 个
		油基钻井液输送泵	输送速率≥ 5t/h	1 台
2	热馏炉系统	链板机	输送速率≥ 5t/h	1 台
		炉底刮板机	10m × 2m	1 套
		加热系统	W 型燃气蓄热式（HTAC）辐射管，烧嘴功率 120kW	1 套
3	出渣系统	水冷却垂直螺旋输送机	LS315–2.5m	1 台
		水冷却水平螺旋输送机	LS315–2.5m	1 台
		加湿搅拌机	SJ–20	1 台
4	油气冷却系统	浊循环水单元	10m × 2.4m × 2.4m	1 个
		柴油收集单元	30m³	1 个

1）进料系统

进料系统由进料刮板机、振动筛料斗、油基钻井液输送泵、主体框架组成，如图 3-10 所示。进料刮板机刮板链绕过链轮作无级闭合循环移动，完成含油岩屑的输送，含油钻屑落入振动筛筛面上，通过振动电机产生振动，将含油岩屑中粒径> 8mm 的石子等颗粒物筛分出来，其余物料落入料斗。料斗为内外两层，中间设有蒸汽盘管，接通蒸汽后可对含油岩屑进行伴热。料斗中的物料通过油基钻井液输送泵输送至热馏炉进料口，进行均匀分布进料。

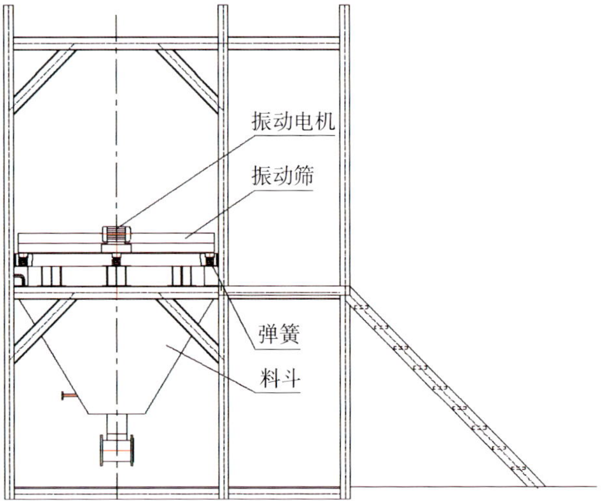

图 3-10　热脱附处理装置进料系统

2）热馏炉系统

该系统主要由链板机、炉底刮板机、加热系统、炉壳及钢结构组成，如图 3-11 所示。含油钻屑经布料器输送到热馏炉中均匀分布在链板机的链板上，由链板机将其向前缓慢移送，在隔氧状态下由加热系统间接加热，并使钻屑中的油类成分及水分完全蒸发，实现含油钻屑的固液分离。

链板机主要由头部传动装置、尾轮装置、链板及机架四个部分组成。电机、减速机驱动链轮旋转，使链轮带动与之啮合的链条连续运转，从而带动安装在链条上的链板循环移动，带动将布料器分布在链板上的含油钻屑匀速运动，由头部输送到尾部卸下。

炉底刮板机主要由头部驱动装置、机尾装置、刮板及机架等五个部分组成。电机、减速机驱动链轮旋转，使链轮带动与之啮合的链条连续运转，从而带动安装在链条上的刮板循环移动，将落入炉底的含油钻屑由头部刮送到热馏炉炉尾、螺旋输送机内排出，以避免炉底积灰将链板机卡死。

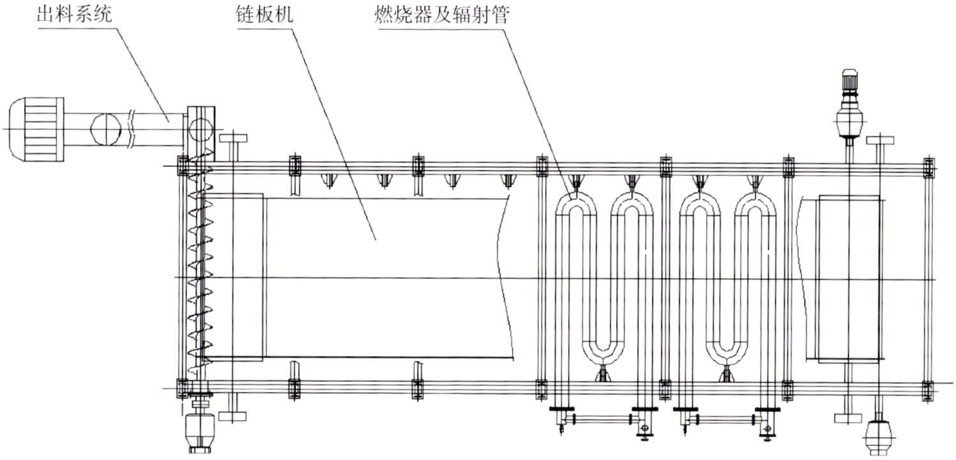

图 3-11　热脱附处理装置热馏炉系统

加热系统主要由辐射管，烧嘴，燃气管道及其燃气电磁阀、燃气手动球阀，鼓风机及其空气管道阀门，引风机及其烟气管道阀门组成，安装在热馏炉链板机链板的上方和下方，共16组辐射管，如图3-12所示。每组辐射管主要由W形辐射管、法兰、安装板、辐射管支架及支撑管组成，主要是为热馏炉提供外部热源，给含油钻屑传递热量。

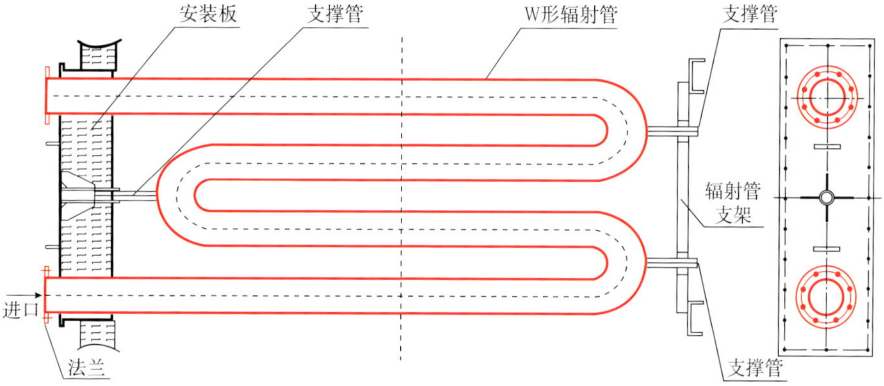

图 3-12　辐射管

3）出渣系统

该系统由水冷却垂直螺旋输送机、水冷却水平螺旋输送机和加湿搅拌机组成，如图 3-13 所示。热馏炉排出的灰渣排入水冷却垂直螺旋输送机，再进入水冷却水平螺旋输送机，经循环冷却水降温后输送到加湿搅拌机，经喷淋、加湿后，将干湿均匀的灰渣排入灰渣池。

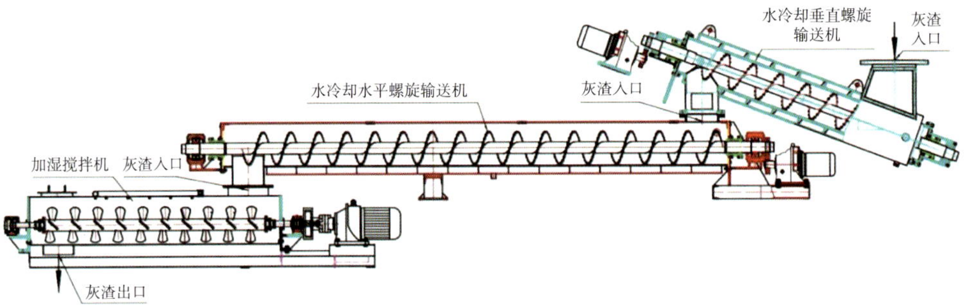

图 3-13　热脱附处理装置出渣系统

水冷却垂直螺旋输送机如图 3-14 所示，主要由电机、减速机、齿轮、O 形机壳总成、旋转接头及循环水管道等组成。热馏炉排渣口与外部相连，水冷却垂直螺旋输送机将物料输出炉外，同时具有机械密封作用，可以满足绝氧、密闭、连续输出的工艺要求。

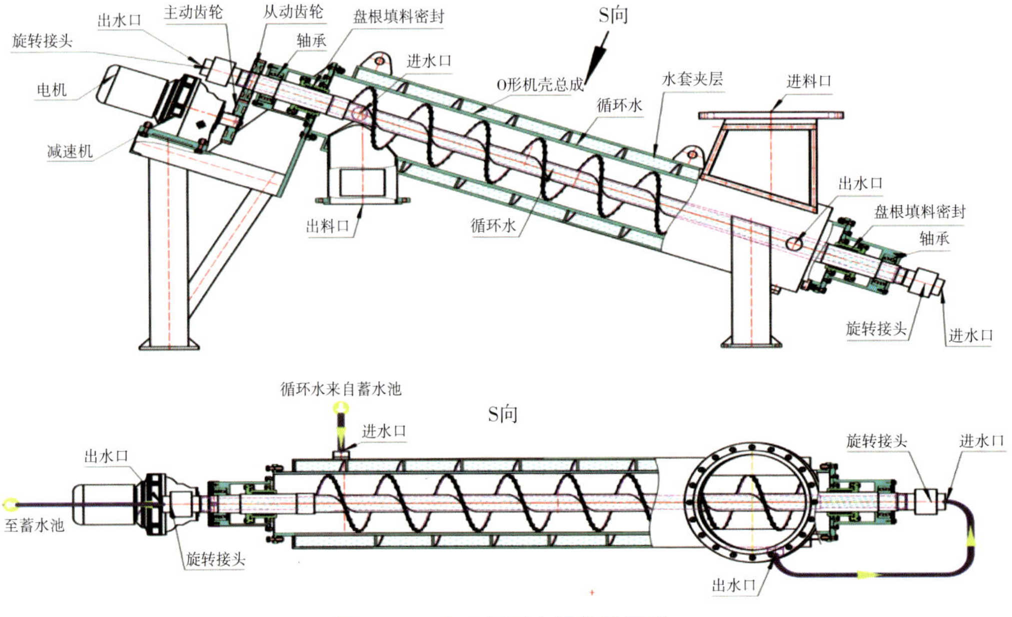

图 3-14　水冷却垂直螺旋输送机

水冷却水平螺旋输送机如图 3-15 所示，主要由电机、减速机、齿轮、螺旋叶片总成、U 形机壳总成、旋转接头进料口、出料口等组成。水冷却水平螺旋输送机输送灰渣的工作原理和轴端密封方式同水冷却垂直螺旋输送机一样，不同的是由于水冷却水平螺旋输送机采用灰渣水平输送，输送阻力小，因此，可实现对固相灰渣的长距离输送。

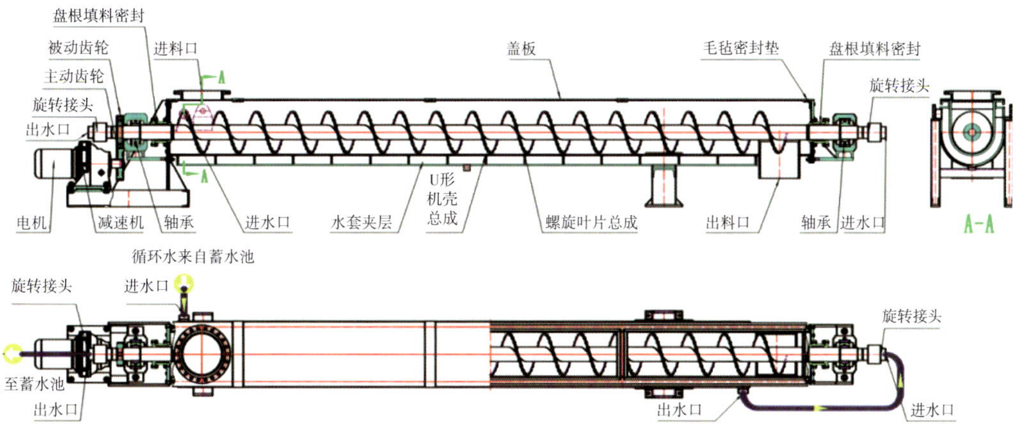

图 3-15　水冷却水平螺旋输送机

加湿搅拌机主要由电机、减速机、齿轮、叶片总成、机壳总成、轴承、喷淋头及喷淋管道等组成。电机、减速机通过联轴器驱动第一叶片轴（长轴）旋转，再通过齿轮驱动第二叶片轴（短轴）旋转，叶片排列按螺旋状装于两轴上，两叶片轴水平并列，旋转方向相反。如图 3-16 所示，两排叶片一排旋转搅拌向前推送灰渣，另一排经喷淋头均匀加水、加湿，最后形成的干湿均匀的灰渣由机壳另一端的出料口排入灰渣池。

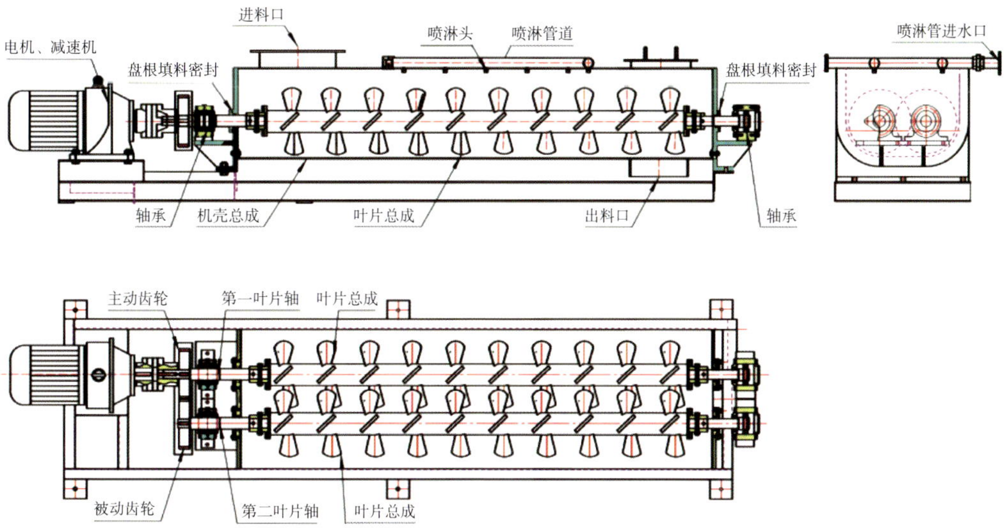

图 3-16　加湿搅拌机

4）油气冷却系统

该系统主要是收集热馏炉产生的高温油气混合物，经冷凝后油水分离，实现对油、水的回收利用，由浊循环水单元、柴油收集单元组成。

浊循环水单元主要由喷淋冷却器、油水尘三相分离器、浊循环水泵、浊循环水空冷器及其相应的管道、阀门组成。高温油气混合物经高温油气管道输送到喷淋冷却器中，循环冷却水由浊循环水泵加压、空冷器冷却后，形成油水混合物。循环冷却水因冷却高温油气，温度升高，由浊循环水泵抽出，输送到空冷器冷却后，再回到油水尘三相分离器经喷头喷入，对高温油气进行喷淋，如此循环往复。

柴油收集单元主要由油水尘三相分离器柴油仓及其柴油泵、柴油罐、管道、阀门组成。高温油气经冷凝后在油水尘三相分离器中完成油、水分离，柴油进入油水尘三相分离器柴油仓，经柴油过滤器过滤，由柴油泵抽送至储油罐中储存。

（三）产物资源化利用

通过随钻减量处理含油钻屑，产生的油水可直接参与井队循环罐利用。热脱附处理后的灰渣含油率满足国家市场监督管理局和国家标准化管理委员会颁布的《页岩气勘探开发油基岩屑处理方法及控制指标》（GB/T 41518—2022），剩余固相含油率≤ 2%，灰渣可铺垫井场，热脱附油、水在配制油基钻井液中可重复利用。

（四）HSE 注意事项

（1）建立污染预防机制和环境污染事故应急预案，配备应急救援器材、物资，定期组织应急演练。

（2）建立环境保护管理责任制度，设置专（兼）职环境保护人员，负责监督含油钻屑无害化处理过程中的环境保护及相关管理工作。

（3）员工应配齐劳动防护用品，定期接受职业健康体检，操作人员必须做好人身防护工作。

（4）经营情况记录以及污染物排放监测记录应保存 10 年以上，并接受环境保护主管部门的检查。

（5）现场贮存应满足《危险废物贮存污染控制标准》（GB 18597—2023）中的有关规定。

（6）收集转运应满足《危险废物收集　贮存　运输技术规范》（HJ 2025—2012）中的有关规定。

（7）现场防火防爆应满足 SY/T 5225 中的有关规定。

（8）热脱附处理过程中，应定期进行环境监测。

（9）操作过程中，应进行动态风险分析，制定管控措施。

（10）建立设备操作规程、维护保养制度。

第四节 典型工艺技术示范应用

一、JX6HF井钾基钻井液应用

（一）基本情况

JX6HF 井位于重庆市涪陵区江东街道办菜场村 2 组，属于川东南地区川东高陡褶皱带万县复向斜焦石坝背斜带乌江 1 号断背斜构造，地面海拔 385.45m。

（二）实施方案

二开 Φ311.2mm 钻头钻至井深 1839m（茅口组）将钾基聚合物钻井液体系转化为钙钾基聚合物钻井液体系，顺利钻至中完井深 3462m。该开次各段钻井液性能见表 3-13。

表 3-13　JX6HF 井钙钾基聚合物钻井液体系性能

井段（m）	ρ（g/cm^3）	FV（s）	PV（mPa·s）	YP（Pa）	Gel（Pa）	FL_{API}（mL）	MBT（g/L）	Cl^- 浓度（mg/L）	Ca^{2+} 浓度（mg/L）	Vs（%）
1839～2176	1.15	37	14	2.5	0.5/1	4.8	20	32000	200	5
2176～2400	1.20	45	15	3	0.5/1	3.2	20	31000	350	6
2400～2800	1.25	46	15	4	1/2	3.0	20	28500	600	7
2800～3100	1.30	47	15	5	1/2	3.6	20	26500	700	8

（三）分析与建议

1. 分析评价

1）整体性能优越

（1）各个流变参数数值均较低，流动性好，环空压耗降低，钻进排量大，利于提高机械钻速。结构弱，激动压力小，当量循环密度降低约 0.02g/cm^3，利于防漏。

（2）滤饼质量光滑、致密，滤失量低，能有效降低井下摩阻和钻进扭矩。

（3）固相含量低，性能稳定，维护简单。

2）提速效果突出

同平台的 JX2HF 井、JX5HF 井在该井段的钻速分别为 9.14m/h、8.83m/h，平均为 8.99m/h。该井应用钙钾基聚合物钻井液体系后，钻速为 11.03m/h；较同平台邻井提高 22.69%。

综上所述：钙钾基聚合物钻井液体系整体性能较其他体系优越，维护处理简单，防漏效果和提速效果显著，综合成本也较其他体系低，对于页岩气的开发具有良好的经济效益和社会效益。

2. 建议

在涪陵焦石坝工区内全面推广应用该钻井液体系；在与焦石坝具有类似构造的地层也可大量使用该体系。

二、JX2-5井随钻堵漏应用

（一）基本情况

JX2-5井位于重庆市南川区楠竹山镇，海拔高度825.9m，设计井深4827.25m，实际完钻井深4876m。其目的层为龙马溪组龙一、二小层以及五峰组地层，地层压力系数为1.15～1.25，地层岩性以黑色页岩为主。该井于2018年10月13日换为油基钻井液，12月31日三开钻进至3347m（层位：龙马溪组，岩性：黑色页岩）发生漏失，漏失时钻井液密度1.48g/cm^3，漏速30m^3/h，小排量循环观察，漏速为7.92m^3/h。

（二）实施方案

在满足旋转导向仪器正常使用的前提下，使用小颗粒堵漏材料进行堵漏。边钻进边加入随钻堵漏剂、刚性堵漏剂、弹性石墨和QW-1进行随钻堵漏，同时配堵漏浆（堵漏浆配方：3%随钻堵漏剂+5%刚性堵漏剂+3%弹性石墨+3%QW-1）42m^3。在井深3347m发生井漏后，先打堵漏浆（入井32m^3，打堵漏浆及替浆期间漏失钻井液28m^3），静止堵漏5小时后恢复钻进，仍有漏失现象，漏速为1.78m^3/h，交替循环地随钻添加堵漏材料（堵漏浆配方：1%随钻堵漏剂+1%刚性堵漏剂+1%弹性石墨），钻进无漏失。

2019年1月7日下钻至3982m遇阻划眼，1月8日划眼至4140m，划眼期间提钻井液密度至1.51g/cm^{3}出现微渗漏，漏速6m^3/h，其间加入随钻添加堵漏材料（堵漏浆配方：2%随钻堵漏剂+2%刚性堵漏剂+2%弹性石墨+1%QW-1），钻至4241m漏失量增大（此时漏速为8m^3/h），采用小排量循环观察，通过随钻补充堵漏材料（堵漏浆配方：2%随钻堵漏剂+2%刚性堵漏剂+3%弹性石墨+1%QW-1+1%MPA-Ⅱ），至2019年1月17日钻至完钻井深4876m，其间由于要平衡龙马溪组与五峰组交界面的破碎带，慢慢上调密度到1.54g/cm^3，间断发生渗漏，日均消耗量为16.2m^3，通过不断加入随钻堵漏剂、刚性堵漏剂、弹性石墨和QW-1等，日均消耗量降至7.8m^3，至完钻时钻井液密度达到1.54g/cm^3，无漏失。共漏失油基钻井液148m^3。

（三）分析与建议

1. 井漏原因分析

在油基钻井中，结合区域内龙马溪组地层的特征，龙马溪组龙一、二小层地层岩性以黑色页岩为主，地层裂缝发育，易发生渗透性漏失。漏失主要为渗透性微裂缝漏失。

2. 建议

（1）将随钻堵漏技术应用于渗透性微裂缝漏失，可有效解决漏失问题，大幅提高堵漏时效，降低钻井成本。

（2）根据漏速大小，优选堵漏材料，优化堵漏配方，提高堵漏效益。

三、WYB9-7井压裂液污染油基钻井液

（一）基本情况

WYB9-7 井为一口页岩气开发井水平井，目的层为龙马溪组；位于四川省威远县新店镇，构造位置处于四川盆地川西南坳陷北部白马镇向斜构造西部；海拔 338.36m、设计完钻井深 5670m（垂深 3812m），井场上布置了 8 口井。

2019 年 6 月 26 日使用 215.9mm 钻头三开钻至井深 4921m（水平段），甩出旋导工具，组合常规定向钻具进行继续钻进。7 月 3 日钻至井深 5100.03m，气测值由 35.8% 上升至 54.6%，钻井液出口密度由 2.0g/cm^3 下降至 1.96g/cm^3，循环罐液面上涨 0.6m^3，循环加重排气，维持钻井液入口密度 2.05g/cm^3，其间振动筛上返出少量掉块。7 月 4 日钻进至井深 5120m，累计混入 2.32g/cm^3（O ： W=82 ： 18）重浆 60m^3，理论提高钻井液入口密度至 2.09g/cm^3，实测钻井液密度为 2.02g/cm^3，出口最低密度为 1.99g/cm^3；加重除气期间振动筛上返出少量掉块，棱角分明，判断为地层新剥落掉块，最大掉块尺寸 3.5cm × 3cm × 0.6cm。因混入高密度钻井液油水比较高，入井方量多，钻井液常规性能无明显变化，7 月 4 日钻进至井深 5138m，钻井液出口密度由 2.0 ~ 2.02g/cm^3 逐步降至 1.98g/cm^3，钻井液性能异常：O ： W 由 82 ： 18 下降至 75 ： 25、70 ： 30、67 ： 33，ES 由 685V 下降至 398V，FL（HTHP）由 3.2mL 上升至 4.8mL，K 由 1.2mm 上升至 1.5 mm，钻井液增稠，黏度由 79s 上升至 90s，流变性变差，经分析为邻井压裂液窜到本井污染钻井液。

2019 年 7 月 4 日钻至井深 5138m 进行测斜作业，测斜完下放钻具中遇阻、不能转动，多次活动钻具仍不能解除阻卡，发生卡钻故障。

2019 年 7 月 5 日至 8 月 9 日处理卡钻不成功，采取套管内开窗侧钻方案。

（二）实施方案

1. 工程处理

至 2019 年 7 月 4 日以排量＜ 2.6L/s 开通泵，立压最高 21MPa，间开闸阀泄去钻具内压力后，开泵（反循环）3 ~ 5 冲，将环空逐步顶通并建立循环，顶驱钻速 60r/min 保持钻具活动正常，扭矩 8 ~ 17kN · m，逐渐提高排量至 11.5L/s，立压 20.5MPa 循环正常，倒划眼至 5124.70m 时憋泵，顶驱憋停，发生阻卡。后开泵（＜ 2.6L/s）立压上升至 20MPa，停泵后压力不降，上提下放活动钻具（最高 1350kN，最低 400kN，原悬重 1240kN）、顶驱设置扭矩 20kN · m 转动钻具不成功。打开泵反循环，闸门泄完钻具内压力，打开闸门后反循环管线不断流，但关闭闸门后在不开泵的情况下，钻具内压力快速上升至 22MPa。反复活动钻具，未能完全恢复自由状态，环空有少量钻井液返出，发

生卡钻。测卡情况：卡点 3453.46m，在井深 3446.81m 处采用爆炸松扣倒开上部钻具，在爆炸松扣后短起两柱至管鞋内静置观察，环空及钻具水眼无液体返出。自 7 月 29 日 13:30 倒扣后至 8 月 5 日 9:00，累计返出 46.77m^3 后断流，至 8 月 9 日静置观察，钻具内和环空都断流，井壁垮塌，导致埋钻。

2. 钻井液处理

2019 年 7 月 3 日钻至井深 5100.03m，气测值异常，全烃 35.8% 上升至 54.6%，测得钻井液出口密度最低降至 1.96g/cm^3，液面上涨 0.6m^3，循环加重除气，维持入口密度为 2.05g/cm^3 恢复钻进，全烃 30%～33%，振动筛上返出少量掉块，持续不断，最大尺寸 3.5cm×3cm×0.6cm，钻进至井深 5120m。本次循环除气及钻进期间累计混入 2.32g/cm^3 重浆 60m^3，理论提高钻井液入口密度 2.08～2.09g/cm^3，出口密度 2.06～2.07g/cm^3，实测钻井液出口密度最高 2.03～2.04g/cm^3，实际出口返出密度大多在 2.01～2.03g/cm^3，其间液面平稳。混入重浆、井浆的油水比都为 82 ∶ 18，ES 为 678V，本次循环加重除气过程中，除密度显示异常外，钻井液流变性能暂无异常。

当钻至井深 5123m，钻井液入口密度由 2.02g/cm^3 下降至 2.0g/cm^3；井深 5138m，钻井液出口密度由 2.0g/cm^3 下降至 1.99g/cm^3 再下降至 1.98g/cm^3，其间大循环混入 2.32g/cm^3 重浆 38m^3 恢复入口密度至 2.03g/cm^3，实际返出密度为 1.99～2.0g/cm^3。检测钻井液性能异常：密度由 2.0g/cm^3 下降至 1.99g/cm^3，黏度由 79s 上升至 92s，塑性黏度由 59mPa·s 上升至 73mPa·s，动切力由 10Pa 上升至 16Pa，初切由 5Pa 上升至 6Pa，终切由 10Pa 上升至 12Pa，碱度由 1.5 下降至 0.5，固含 45%，O ∶ W 由 82 ∶ 18 下降至 75 ∶ 25、70 ∶ 30、67 ∶ 33，ES 由 685V 下降至 413V。根据油水比反推计算地层流体侵入钻井液累计 11m^3。测斜后，下放钻具至 5135.2m 立压上涨至 35MPa，顶驱憋停，上提下放钻具遇阻，保持泵冲 30 冲 /min，上下活动钻具，倒划眼至井深 5127.05m，发生卡钻，处理卡钻不成功。在处理卡钻过程中，累计补充 2.32g/cm^3 重浆 98m^3。

2019 年 7 月 4 日关井求压，套压为 10MPa、立压为 24MPa。节流泄压 3 次，累计排液 3.5m^3，从分离器取样，测得出口密度下降至 1.91g/cm^3，黏度线流，初切 / 终切为 12.5Pa/20Pa，碱度为 0，油水比为 58 ∶ 42，破乳电压下降至 323V，钻井液被地层流体污染严重，预判为邻井压裂液压窜后污染本井钻井液。

2019 年 7 月 5 日泵入 10m^3 密度为 2.14g/cm^3 的油基钻井液、20m^3 密度为 2.30g/cm^3 的油基钻井液压井降压，累计泵入 2.14g/cm^3 油基钻井液 50m^3。7 月 6 日压井降压累计泵入 50m^3 密度为 2.32g/cm^3 的油基钻井液。7 月 6—10 日关井观察，关井观察压力变化期间，间断开泵、顶通钻具，保持水眼畅通，累计顶入 6.1m^3，密度 2.16g/cm^3，其间累计消耗 2.14～2.16g/cm^3 油基钻井液 66.1m^3，消耗油基钻井液 70m^3。

2019 年 7 月 12 日至 7 月 14 日间断泄压共 8 次，合计返出钻井液 45m^3；7 月 14 日至 7 月 26 日，关井观察、间断开泵顶通钻具，累计替入密度为 2.26g/cm^3 的油基钻井液 16.9m^3。7 月 26 日至 8 月 9 日处理井下被卡钻具不成功，后打水泥塞回填、侧钻。

（三）分析与建议

1. 钻井液污染及卡钻原因分析

该井油基钻井液先是受到正在压裂井的压裂液污染，然后工程措施不当，发生钻井液性能变差、卡钻故障，原因有以下几个方面：

（1）两个平台的压力已窜通。WYA3–4 井与 WYB9–7 井井底相距 1507.48m，相距较近。WYA3–4 井压裂作业的压力 61MPa、井底压力 99.57MPa；WYB9–7 井关井立压为 18MPa、井底压力 97MPa，两井关井井底压力相当。

（2）WYA3–4 井压裂液进入 WYB9–7 井，导致 WYB9–7 井钻井液受到严重污染，性能变差，影响井下安全。

（3）钻井液性能变差后诱发井壁垮塌、卡钻。

（4）钻井工程措施不当。井队没有重视邻井的压裂；对井下复杂原因判断不准。当出现压窜后未果断地起钻到安全井段，也未即时提高钻井液密度而平衡压裂液。

（5）钻井液抗压裂液污染能力差。

2. 建议

（1）井队应即时跟踪邻井压裂施工的进度情况，为井下复杂预判提供依据。

（2）发现有压窜污染时，应提高钻井液密度、压稳邻井压窜的压裂液，并立即将钻具起至安全井段再进行进一步处理。

（3）邻井有压裂作业时，要强化钻井液的抗压裂液污染能力，提高油水比，将浮化剂及润湿剂等加到设计的最高限值。

04 第四章 页岩气水平井固井技术

固井作为钻完井的关键环节，井筒密封完整性是影响压裂改造的主要因素之一。伴随着页岩气井水平段增长、压裂改造段数增多，对套管安全下入、界面清洗效率、水泥环力学性能等提出了更高要求。中国石化经过多年攻关研究，形成了套管安全下入工艺、弹韧性水泥浆体系、预应力固井等特色技术和配套固井装备，大幅提高了页岩气水平井固井质量，降低了井筒作业风险，为页岩气安全开发提供了良好的井筒条件。

第一节　套管安全下入工艺

套管下入是保障固井质量的关键前提，套管能否安全下至设计井深由井眼条件、管串结构设计、套管下入工艺以及配套固井工具附件等综合因素决定。

一、井眼准备

良好的井眼条件是保证优质固井的前提，体现在井壁规则稳定、井筒承压能力满足固井要求、井眼清洁程度高、钻井液易驱替等方面。井眼准备主要包括钻井液性能调整、模拟通井、井筒提高承压三个方面。

（一）钻井液性能调整

为了提高注水泥顶替效率，应在条件许可的情况下尽可能按固井要求进行钻井液性能调整，其基本原则：在保证井下安全的前提下尽量降低钻井液黏度、动切力、固相含量，在注水泥施工前充分循环钻井液，保证进出口钻井液性能一致。

以焦石工区 Φ215.9mm 井眼固井施工为例，下套管前需进行压稳气层和提高承压作业，在满足固井施工条件下，钻井液进出口密度波动幅度≤ 0.02g/cm^3，马氏漏斗黏度＜ 60s，动切力＜ 9Pa，固相含量＜ 23%，并且充分循环排除后效，全烃值＜ 5%，油气上窜速度＜ 10 ~ 15m/h ；下完套管后以不小于 30L/s 大排量循环三周以上，同时保持钻井液性能稳定。

（二）模拟通井

为保证套管顺利下至完钻井深，在下套管前，采用通井钻井组合进行扩划眼作业，从而达到消除井壁阻点的作用，通井钻具组合主要通过模拟套管刚度进行底部钻具组合设计，常用 Φ215.9mm 井眼推荐通井钻具组合见表 4-1。

表 4-1 常用 Φ215.9mm 井眼推荐通井钻具组合

通井方式	通井钻具组合
单扶通井	Φ215.9mm 牙轮钻头 + 转换接头 + 浮阀 + 转换接头 +Φ139.7mm 钻杆 + 转换接头 +Φ210mm 扶正器 + 转换接头 +Φ139.7mm 钻杆 + 转换接头 +Φ127mm 加重钻杆 + 随钻震击器 +Φ127mm 加重钻杆 +Φ127mm 钻杆 + 旁通阀 +Φ127mm 加重钻杆 + 转换接头 +Φ139.7mm 加重钻杆 +Φ139.7mm 钻杆 + 顶驱
双扶通井	Φ215.9mm 牙轮钻头 + 转换接头 + 转换接头 +Φ139.7mm 钻杆 + 转换接头 +Φ210mm 扶正器 + 浮阀 + 转换接头 +Φ139.7mm 钻杆 + 转换接头 +Φ208mm 扶正器 + 转换接头 +Φ139.7mm 钻杆 +Φ127mm 加重钻杆 + 随钻震击器 +Φ127mm 加重钻杆 +Φ127mm 钻杆 +Φ127mm 加重钻杆 + 转换接头 +Φ139.7mm 加重钻杆 +Φ139.7mm 钻杆 + 顶驱
双扶 + 清砂钻杆	Φ215.9mm 牙轮钻头 + 双母 + 浮阀 + 清砂钻杆 +Φ210mm 扶正器 + 清砂钻杆 +210mm 扶正器 + 加重钻杆 +Φ127mm 钻杆 + 清砂钻杆 +Φ127mm 钻杆 + 清砂钻杆 +Φ127mm 钻杆 + 清砂钻杆 +Φ127mm 钻杆 +Φ127mm 加重钻杆 +Φ139.7mm 钻杆

（三）井筒提高承压

井筒承压能力是保证固井质量和施工安全的关键因素。固井前需要进行井筒承压能力试验，例如焦石工区以不低于 1.8m³/min 排量循环至无漏失为合格。

1. 渗漏性地层提高承压措施

漏失量 1 ~ 3m³/h，采用随钻堵漏方式堵漏，套管下至完钻井深后，在循环过程中加入随钻堵漏剂，在渗漏地层中形成屏蔽暂堵层，强化原有的封堵效果。

2. 裂缝性漏失地层提高承压措施

漏失量> 3m³/h，采用随钻堵漏难以达到堵漏效果时，宜采用挤堵桥浆或注水泥塞方式堵漏，下光钻杆至漏层顶部，注入刚性纤维和粗粒径固体堵剂等桥浆，根据具体情况选择开井或关井憋堵，后期大排量验漏，若仍存在漏失，后期采用反复憋堵或注水泥塞方式，直至井筒承压满足要求。

二、管串结构设计

套管柱下入井中时受到各种作用力，基本载荷可分为轴向拉力、外挤压力及内压力。套管柱的受力分析计算是套管柱强度设计的基础，在设计套管柱时，应当根据页岩气井管柱设计要求考虑套管的基本载荷。本部分主要从设计原则、设计方法两个方面阐述管串结构设计。

（一）设计原则

根据页岩气钻井、分段压裂改造和固井工艺的特点，套管设计原则主要从以下几个方面考虑：

（1）满足钻完井作业过程中抗拉、抗挤、抗内压载荷等要求。

（2）满足页岩气开发和储层大型体积分段压裂工艺要求，选择适应的扣型和钢级。

（3）满足安全储备要求，尽可能延长套管的使用寿命。

（4）在满足上述要求的前提下，有足够的经济性。

（二）设计方法

1. 安全系数要求

为保证套管柱设计能够兼顾套管顺利下入与经济性，依据 SY/T 5724—2008《套管柱结构与强度设计》标准，抗挤安全系数 S_c=1.0～1.125；抗内压安全系数 S_i=1.05～1.15；抗拉安全系数 S_t=1.6～2.0。

2. 原始数据确定

套管柱的合理设计需依据钻井工程原始资料，主要包括各开次完钻井深、套管下深、中完钻井液密度、水泥返高要求等，套管柱抗挤、抗内压与抗拉系数的计算方面是否有特殊要求，原始数据见表 4-2。

表 4-2　套管柱设计原始数据

数据名称	数据名称	数据名称
井别	各开次最小钻井液密度（g/cm³）	
井号	地层水密度（g/cm³）	掏空系数
套管类型	天然气相对密度	抗挤系数（S_c）
套管下深（m）	地层压力梯度（MPa/m）	抗内压系数（S_i）
水泥返深（m）	上覆岩层压力梯度（MPa/m）	抗拉系数（S_t）
固井时钻井液密度（g/cm³）	地层破裂压力梯度（MPa/m）	岩石泊松比
各开次最大钻井液密度（g/cm³）	套管下入总长（m）	

3. 套管三轴应力强度计算

套管在井内会受到外力的作用，在考虑三轴应力载荷的情况下，套管三轴应力强度计算公式为：

三轴抗挤强度为：

$$P_{ca}=P_{co}\left[\sqrt{1-\frac{3}{4}\left(\frac{\sigma_a+p_i}{Y_p}\right)^2}-\frac{1}{2}\left(\frac{\sigma_a+p_i}{Y_p}\right)\right] \tag{4-1}$$

三轴抗内压强度为：

$$P_{ba}=P_{bo}\left[\frac{r_i^2}{\sqrt{3r_o^4+r_i^4}}\left(\frac{\sigma_a+p_o}{Y_p}\right)+\sqrt{1-\frac{3r_o^4}{3r_o^4+r_i^4}\left(\frac{\sigma_a+p_o}{Y_p}\right)^2}\right] \quad (4\text{–}2)$$

三轴抗拉强度为：

$$T_a=10^{-3}\pi(p_i r_i^2-p_o r_o^2)+\sqrt{T_o^2+3\times10^{-6}\pi^2 r_o^4} \quad (4\text{–}3)$$

式中 P_{ca}——三轴抗挤强度，MPa；

P_{ba}——三轴抗内压强度，MPa；

T_a——三轴抗拉强度，MPa；

P_{co}——抗挤强度，MPa；

P_{bo}——抗内压强度，MPa；

T_o——抗拉强度，MPa；

p_o——管外液柱压力，MPa；

p_i——管内液柱压力，MPa；

Y_p——管材屈服强度，MPa；

σ_a——轴向应力，MPa；

r_o——套管外径，mm；

r_i——套管内径，mm。

三、下套管技术

下套管过程中，受井眼的轨迹和井壁稳定性的影响；入井套管柱受到重力、浮力和摩擦阻力的共同影响，产生较大的变形和弯曲应力，导致摩阻较大，套管很难顺利下至预定位置。针对页岩气水平井长水平段、实钻轨迹复杂等工况，导致套管下入难度大，主要采用旋转下套管与漂浮下套管技术。

（一）旋转下套管技术

旋转下套管是一种适用于水平井下套管的辅助技术，在下套管时，让套管柱同时完成旋转、提放及循环钻井液等工作，最大限度地保证了套管顺利下到井底；显著提高了下套管到位的成功率、作业效率和作业安全性，尤其是在套管下入困难的大位移井和水平井中具有明显优势。

其主要技术优势在于：

（1）通过智能监控系统对上扣扭矩的精确控制，提高下套管的作业质量。

（2）通过液压或机械驱动，可实现下套管自动化，降低劳动强度。

（3）与传统下套管作业相比，无须液压套管钳等传统设备，减少作业人员和综合成本。

（4）在下放套管时可同时旋转和循环，降低了摩阻，提高了下套管作业的成功率。

（5）在套管下入过程中能够循环钻井液，减少灌浆时间，并加快套管下入速度。

目前主流顶驱下套管工具有液压内卡式、液压外卡式以及接箍外卡式三种。

1. 液压内卡式

该类装置上端与顶驱主轴相连接，可以通过顶驱传递扭矩，通过智能监控系统精确控制下套管作业时套管的上扣扭矩，如图 4–1 所示。其工作原理是通过顶驱的液压源，使驱动机构的上、下油腔充油并升压至设定压力，驱动活塞上下运动来驱动卡瓦机构收缩或张开，进而松开或卡紧套管，以传递旋转运动，完成上扣动作。该装置采用自封式皮碗封隔套管，可以在下套管作业的同时循环钻井液，以减少或避免复杂事故的发生。

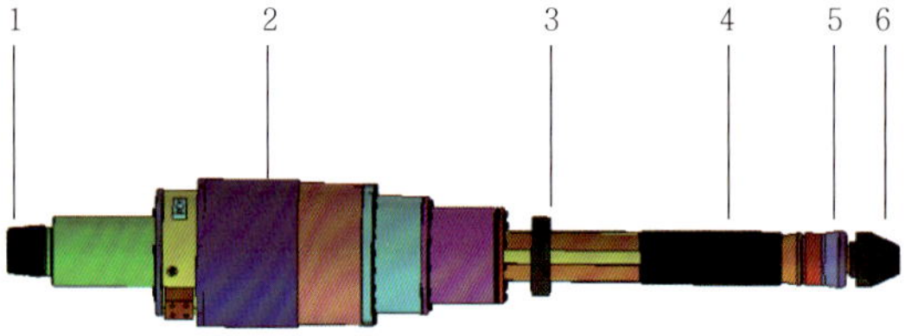

1—连接螺纹；2—驱动机构；3—限位机构；4—卡瓦机构；5—密封机构；6—导向机构

图 4–1　液压内卡式示意

两种液压内卡式旋转下套管装置性能参数见表 4–3。

表 4–3　两种液压内卡式旋转下套管装置性能参数表

型号	IHCRT178	IHCRT244
适用套管外径（mm）	177.8 ~ 244.5（7 ~ $9^5/_8$in）	244.5 ~ 339.7（$9^5/_8$ ~ $13^3/_8$in）
水眼直径（mm）	50.8（2in）	50.8（2in）
水眼密封压力（MPa）	35	35
最大抗拉 / 压载荷（kN）	2250/4500	4500/4500
最大工作扭矩（kN · m）	50	50
上端接头螺纹（API）	$6^5/_8$REG	$6^5/_8$REG

2. 液压外卡式

为了满足小规格套管下入深度大、提拉吨位大的要求，使用液压外卡式顶驱下套管装置。其工作原理与液压内卡式的区别在于卡瓦是在套管的外部通过收缩或张开，进而卡紧或松开套管，以传递旋转运动，完成上扣动作。

3. 接箍外卡式

该类旋转下套管装置主要由接箍外卡主体装置（如图 4–2 所示）以及其他附属配置

的位移补偿器、智能监控系统、附加吊环连接器和小吊环及吊卡、独立液压站等部件组成。其工作原理是接箍外卡主体装置油缸向下运动，环状的聚氨酯垫子首先接触到套管接箍端面完成端面密封，然后外壳沿斜坡继续向下运动把钳牙座、钳牙向内收紧，达到夹紧套管接箍外壁，靠摩擦力给套管旋扣。

图 4–2 接箍外卡主体装置

位移补偿装置上搭载智能监控系统（如图 4–3 所示），可做到对上扣扭矩、上提力及下压力、旋转圈数等参数的精确检测（扭矩检测精度可达 100N·m）及控制，还可做到实时屏幕图表显示及存储备查，同时具备多点视频监控，可通过高清显示器实时观察装置的工作情况。

图 4–3 位移补偿装置及智能监控系统

4. 旋转下套管工艺

（1）伸出顶部驱动工具摆臂，远程控制扣好套管单根吊卡，司钻上提游车，从坡道拉起套管单根。

（2）司钻上提游车至合适高度位置，收回摆臂使套管居中，司钻下放游车进行套管对扣。

（3）对扣成功，司钻继续下放游车，在导向头的引导下将顶部驱动工具插入套管内部，确保内卡瓦咬合套管内壁。

（4）司钻转动顶驱带动工具旋转，完成套管上扣，其后上提套管柱，套管操作人员打开转盘安装式卡瓦。

（5）旋转顶驱，边旋转边下放套管柱，同时控制打开套管单根吊卡，伸出摆臂连接下一根套管。

（6）继续下放套管柱至合适位置，关闭转盘安装式卡瓦，并松开顶部驱动工具内卡瓦，上提游车，继续连接下一根套管。

（二）漂浮下套管技术

漂浮下套管是通过在漂浮接箍和浮鞋之间注入空气或者低密度钻井液来增加套管在井筒中的浮力、降低套管下入摩阻，从而实现套管顺利下入，其中漂浮接箍是漂浮下套管工艺的主要固井工具。

目前漂浮接箍主要分为破裂盘式和滑套式，其中破裂盘式漂浮接箍外筒通过上下端的套管丝扣与套管相连，使用与套管相同的材料，夹筒内壁上部有特制丝扣，内部装置通过特制丝扣与外筒相连，与夹筒相连的塞座上下各有防旋转齿，可以防止钻水泥塞时发生旋转，通过密封圈将夹筒下部与外筒相连，压力破裂膜用不锈钢片制作，套管下到位后，地面加压将压力破裂膜压碎并开始注钻井液；滑套式漂浮接箍外筒分为上、下滑套两个部分（如图 4–4 所示），上、下滑套通过上锁销固定在外筒中，滑套底部有循环孔，套管下到位后，通过泥浆泵加压剪切球，露出循环孔即可循环。

图 4–4　漂浮接箍（左为破裂盘式，右为滑套式）

不同厂家漂浮接箍性能参数见表 4–4。

表 4-4 不同厂家漂浮接箍性能参数

公司	漂浮接箍类型	规格（mm）	打开压力（MPa）
Halliburton	破裂盘式	244.5	24～55
Davis	滑套式	244.5	35～38
中石油渤海钻探工程有限公司	滑套式	139.7	24
大庆钻井工程技术研究院	滑套式	139.7	25
中石油钻井工程技术研究院	破裂盘式	139.7	5～30
库尔勒中油能源技术服务有限公司	破裂盘式	139.7	15～45
德州大陆架石油工程技术有限公司	破裂盘式	139.7	41

四、关键固井工具附件

为保证套管顺利下入、提高套管居中度，应优选出合适的套管扶正器、浮箍浮鞋等固井工具附件。本部分主要阐述套管扶正器与旋转自导向浮鞋两大固井工具附件。

（一）套管扶正器

1. 扶正器类型

1）刚性扶正器

它的外边缘斜角为 30°、棱边 6 条或 8 条、采用整体铸造工艺制作，其结构如图 4-5 所示。下入套管中，依靠棱边支撑套管居中；在循环过程中形成旋流，对井壁虚泥饼冲刷。其优点在于刚性扶正器采用整体铸钢制作，刚性强、扶正效果好；缺点是狗腿度较大、缩径井段，易造成井下复杂，使用刚性扶正器前必须做好通井、井壁修整工作，避免井下复杂情况发生。

图 4-5 刚性扶正器

2）弹性扶正器

页岩气水平井常用的弹性扶正器为整体式弹性扶正器，如图 4-6 所示。整体式弹性扶正器由上套筒、下套筒和 6～8 道弹性扶正条组成，弹性扶正条连接于上套筒、下套筒之间。下钻过程中依靠弹性扶正条的支撑力保持套管居中，该扶正器优点在于应对井壁不规则井段，扶正条可根据受力情况发生形变，保证顺利通过不规则井段；缺点在于形变程度较大，套管居中效果较差。

图 4-6　整体式弹性扶正器

图 4-7　树脂旋流扶正器

3）树脂旋流扶正器

树脂旋流扶正器是由高分子材料，高温高压一体化铸造而成，外面有 4 道或 6 道扶正条（如图 4-7 所示）。其优点在于耐冲击、耐高温，整体质量较轻、具备微变形能力，特殊井段通过性较强、抗破裂能力较强；摩擦系数低，在井下运动时摩擦力小；耐磨损，扭矩小，低密度，坚固耐用，具有极强的耐腐蚀性能和耐温性能；在套管上可以自由转动和上下滑动，也可以用定位器或固定螺丝将其固定在套管某个位置上；在套管入井时能刮除泥饼，清洁井壁，在注水泥时能使水泥浆产生旋流，提高顶替效率；在斜井和水平井中，能托住套管，使套管居中，提高固井质量。

4）滚珠扶正器

滚珠扶正器通过侧边开槽嵌入钢珠，如图 4-8 所示，改变刚性扶正器和弹性扶正器滑动前进方式为滚动前进方式，减小下套管摩阻。目前涪陵页岩气井常用的滚珠扶正器主要有多滚珠扶正器和单滚珠扶正器两种，多滚珠扶正器主要应用于焦石、白马、红星等地层硬度较大区块水平井中，单滚珠扶正器主要应用于复兴区块陆相地层塑性强度较大的水平井中，以防止黏土矿物卡死滚珠失去滚动效果。

图 4-8　滚珠扶正器（左为多滚珠扶正器、右为单滚珠扶正器）

2. 扶正器安放

以涪陵工区套管扶正器选型与安放措施为例，在下套管中加入一定数量的扶正器，以软件进行分析、计算下套管摩擦阻力，扶正器安放设计如下：

（1）水平井段，每根套管加一个扶正器，采用刚性扶正器和滚珠扶正器交替安放。

（2）上部套管鞋以上套管重叠 300 米部分，每根套管安放一个刚性扶正器；井口以下 200 米，每根套管安放一个树脂旋流扶正器。

（3）斜井段保证二根套管加入一个树脂旋流扶正器。

（4）井口以下 200 米到套管鞋上 300 米的套管部分，每 5 根套管安放一个树脂旋流扶正器。

典型的套管扶正器安放要求如表 4–5 所示。

表 4–5　典型的套管扶正器安放要求

套管程序	套管尺寸 (mm)	钻头尺寸 (mm)	井段	扶正器型号	扶正器间距（m）
表层套管	339.7	444.5	直井段	弹性扶正器	30 ~ 40
技术套管	244.5	311.2	直井段	弹性扶正器	50 ~ 60
			造斜段	弹性扶正器 / 刚性扶正器	30 ~ 40
生产套管（油层套管）	139.7	215.9	井口	刚性扶正器	10 ~ 12
			直井段	刚性扶正器	50 ~ 60
			套管重叠 300m	树脂旋流扶正器	10 ~ 12
			造斜点 –A 靶点	树脂旋流扶正器	20 ~ 22
			A 靶点 – 井底	树脂旋流扶正器 / 滚珠扶正器	10 ~ 12

（二）旋转自导向浮鞋

旋转自导向浮鞋可使用自动导引套管下入的浮鞋来辅助套管下入，主要适用于狗腿度较大的复杂井眼或糖葫芦井眼。旋转自导向浮鞋结构主要由壳体、凡尔座、凡尔球、复位弹簧、滚珠和偏头引鞋组成，实物如图 4–9 所示。偏头引鞋的背面加工有对称的反螺旋沟槽，以利用摩擦阻力产生自导向作用。主要用于长水平段以及实钻轨迹复杂情况下的套管下入。

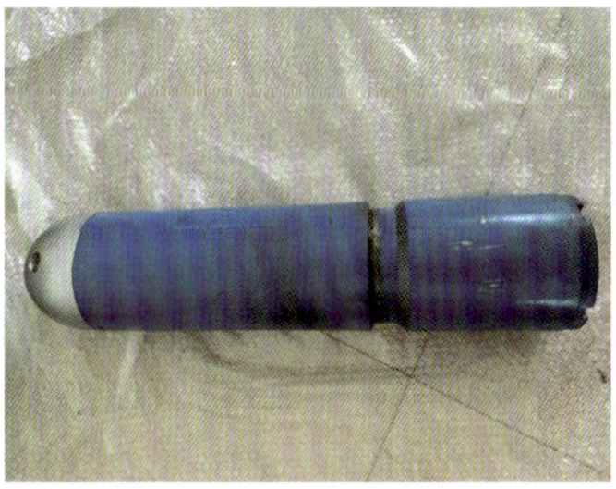

图 4–9　旋转自导向浮鞋

第二节　固井液技术

针对页岩气水平井长水平段、油基钻井液钻进以及储层压裂特点，形成了驱油清洗液、自修复水泥浆、高强低密度防窜水泥浆、胶乳韧性水泥浆、抗高交变载荷水泥浆等多种固井液体系，具备界面油基滤饼高效清洗、水泥环二次修复、低承压地层固井以及多频次交变条件下保持水泥环密封完整性的能力。

一、驱油清洗液体系

固井前置液是保证良好固井质量必不可少的一种固井工作液，油基钻井液钻进环境下采用的前置液主要以驱油清洗液为代表，通过渗透、剥离、乳化、增溶作用将壁面上的油基钻井液油膜剥离、乳化携带出井筒。

（一）作用原理

针对目前用于油基钻井液的清洗液增溶作用有限、用量大、清洗和润湿反转难以达到理想效果的难题，利用 HLB 值 12～18 的表面活性剂以及基础油相微乳增溶原理，增强驱油清洗液对油基钻井液的增溶作用，降低油水界面张力，以此达到对井壁油基泥饼高效驱替清洗和润湿反转的效果，从而提高固井界面胶结质量。

（二）技术特点

驱油清洗液体系技术特点：润湿反转能力优、清洗效率高、相容性强，能够有效清除井壁油基滤饼，提高界面胶结质量。

基础配方：水 +15%～30% 驱油清洗液 +0～365% 重晶石粉 +1.5%～3.0% 隔离剂 +1.0%～2.0% 缓凝剂，其性能指标见表 4–6。

表 4–6　驱油清洗液体系主要性能指标

性能	水	驱油清洗液
密度（g/cm^3）	1.00	1.00～2.35
清洗效率（%）	22.14	93.94
界面胶结强度（MPa）	0.016	0.746
沉降稳定性（g/cm^3）	—	＜ 0.03

采用六速旋转黏度计进行清洗效率评价，油基滤饼伴随清洗时间的延长逐渐清洗干净，如图 4–10 所示；当清洗 8min 后油基滤饼基本清洗干净。

图 4–10　不同清洗时间转筒外壁油基泥浆黏附试验

二、自修复水泥浆体系

井下温度压力波动、钻塞、射孔和压裂改造均有可能造成水泥环破损，产生微裂缝，严重时甚至会出现套管环空带压问题。自修复水泥浆体系能够对裂缝进行有效填补，实现微裂缝修复。

（一）作用原理

自修复水泥浆体系是一种水泥石受损后，能够进行自我修复的功能型材料，该材料将微胶囊与渗透结晶自修复理念相结合，以遇油气高效反应的高溶胀聚合物与硅酸钠为基础，结合微球包埋方法，将其制备成功能型自修复微球。可在水泥环出现微裂缝、微环隙时无须地面人工干预，遇油气自动反应修复微裂缝，改善水泥环密封完整性。主要应用于页岩气水平井技术及油层套管固井。

（二）技术特点

自修复水泥浆体系具有失水低、力学性能优、遇油气自修复能力强、配伍性良好的特点。

基础配方：G 级水泥浆 +1.5%～2.0% 降失水剂 +2.0%～3.0% 自修复剂 +0.3%～0.5% 分散剂 +0.2%～1% 缓凝剂 +0.5%～1% 消泡剂 + 水，其主要性能指标见表 4–7。

表 4–7　自修复水泥浆体系主要性能指标

性能	常规	膨胀水泥浆	自修复水泥浆
密度（g/cm^3）		1.88	
失水（mL）		＜ 50	
弹性模量（GPa）	8.38	—	6.24
抗压强度恢复率（%）	40.0	29.0	50.30
胶结强度恢复率（%）	53.2	48.6	70.70
渗透率恢复率（%）	—	—	65.77

采用火焰观测实验，评价水泥石自修复性能。在水泥环存在环隙状态下，将天然气流体注入水泥环后点燃，对火焰的大小与熄灭时间进行记录，如图 4–11 所示。在经过水泥石自愈合能力测试，天然气流速为 1200mL/min 的条件下，憋压养护 24 小时天然气流速降为 348mL/min，140 小时天然气流速降为 43mL/min，二次修复率达 96.4%。

图 4–11　水泥石自修复火焰观测实验

三、高强低密度防窜水泥浆体系

针对地层承压能力低、易漏井，常规低密度水泥浆防窜能力弱、早期强度低，高强低密度防窜水泥浆能够在保证良好沉降稳定性的基础上缩短稠化过渡时间，使水泥浆在胶凝失重的情况下具有良好的防窜性能。

（一）作用原理

高强低密度防窜水泥浆是基于紧密堆积理论而设计的，其设计原则主要是在满足水泥浆的流动性和稳定性的前提下，尽量提高体系的单位体积固相含量。通过优选高性能材料和优化材料配比，使得混掺体系的粒度分布曲线接近最佳粒度分布曲线，大小颗粒有效填充从而提高体系的堆积率。主要应用于焦石、江东等页岩气水平井生产套管固井。

（二）技术特点

高强低密度防窜水泥浆体系具有沉降稳定性好、防窜性能优、早期强度高的特点。

基础配方：G 级水泥浆 +1.5%～2.5% 降失水剂 +5%～15% 减轻剂 +3%～8% 增强剂 +1%～1.5% 膨胀剂 +1%～1.5% 防气窜剂 +0.2%～1% 缓凝剂 +0.5%～1% 消泡剂 + 水，其 35℃水浴养护早期强度数据见表 4–8，其主要性能指标见表 4–9。

表 4–8　高强低密度防窜水泥浆体系 35℃水浴养护早期强度数据

养护时间（h）	压力峰值（kN）	抗压强度（MPa）	平均抗压强度（MPa）
8	—	—	—
	—	—	
16	0.5	0.20	0.20
	0.5	0.20	
24	0.6	0.24	0.24
	0.6	0.24	
36	5.0	2.00	2.00
	5.0	2.00	
48	6.5	2.60	2.64
	6.7	2.68	
72	14.5	5.80	5.94
	15.2	6.08	

表 4–9　高强低密度防窜水泥浆体系性能指标

性能	指标	
密度（g/cm^3）	1.45	1.65

续表

性能	指标	
沉降稳定性（g/cm^3）	< 0.02	
稠化过渡时间（min）	< 15	
24h 抗压强度（MPa）	6.6	10.6
48h 抗压强度（MPa）	18.7	21.8

针对高强低密度防窜水泥浆体系进行稠化性能评价，如图 4–12 所示，该体系稠化曲线平滑，稠度过渡时间短，具有良好的防窜性能。

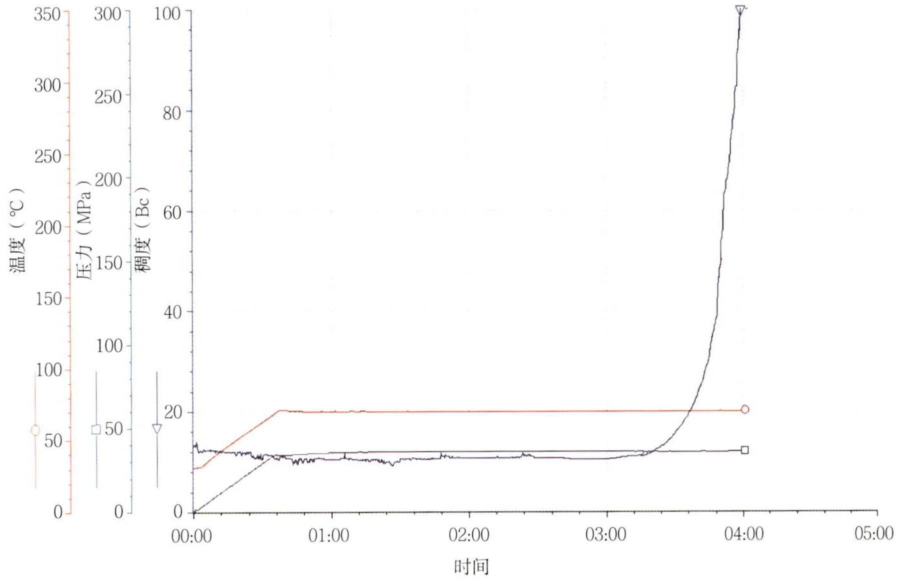

图 4–12　高强低密度防窜水泥浆体系稠化曲线图

四、胶乳韧性水泥浆体系

胶乳韧性水泥浆体系是针对页岩气水平井储层改造研发的功能型固井液体系，该体系以胶乳粉末或者液体胶乳弹韧性材料为基础，能够有效降低水泥石的弹性模量。

（一）作用原理

胶乳韧性水泥浆中胶乳颗粒分散均匀，伴随水泥水化反应的进行，在水化产物表面集聚的胶粒组成连续的薄膜，与水化产物连接在一起，构成一种由聚合物和水化互相渗透、复合的网状结构，最终形成聚合物薄膜覆盖的凝胶，在提高水泥浆渗透率的基础上能够有效改善水泥石力学性能。主要应用于页岩气水平井生产套管固井。

（二）技术特点

胶乳韧性水泥浆体系具有失水低、沉降稳定性好、防窜性能强、力学性能优、配伍性良好的特点。

基础配方：G级水泥浆 +1.5% ~ 2.5% 降失水剂 +1% ~ 2% 增强剂 +1% ~ 1.5% 膨胀剂 + 5% ~ 15% 胶乳 +0.3% ~ 0.5% 分散剂 +0.2% ~ 1% 缓凝剂 +1% ~ 2% 胶乳消泡剂 + 水，其主要性能指标见表 4–10。

表 4–10　胶乳韧性水泥浆体系主要性能指标

性能	指标
密度（g/cm^3）	1.40 ~ 2.50
失水（mL）	8 ~ 15
沉降稳定性（g/cm^3）	0 ~ 0.02
稠化过渡时间（min）	6 ~ 15
24h 抗压强度（MPa）	13.5 ~ 17.8
弹性模量（GPa）	2.31 ~ 6.23

胶乳韧性水泥浆体系静胶凝强度发展性能评价，如图 4–13 所示。该体系在 264min 开始发生胶凝反应，并在 24min 内形成静胶凝强度，能够在水泥浆胶凝失重的情况下快速发展水泥石强度，具有良好的防气窜能力。

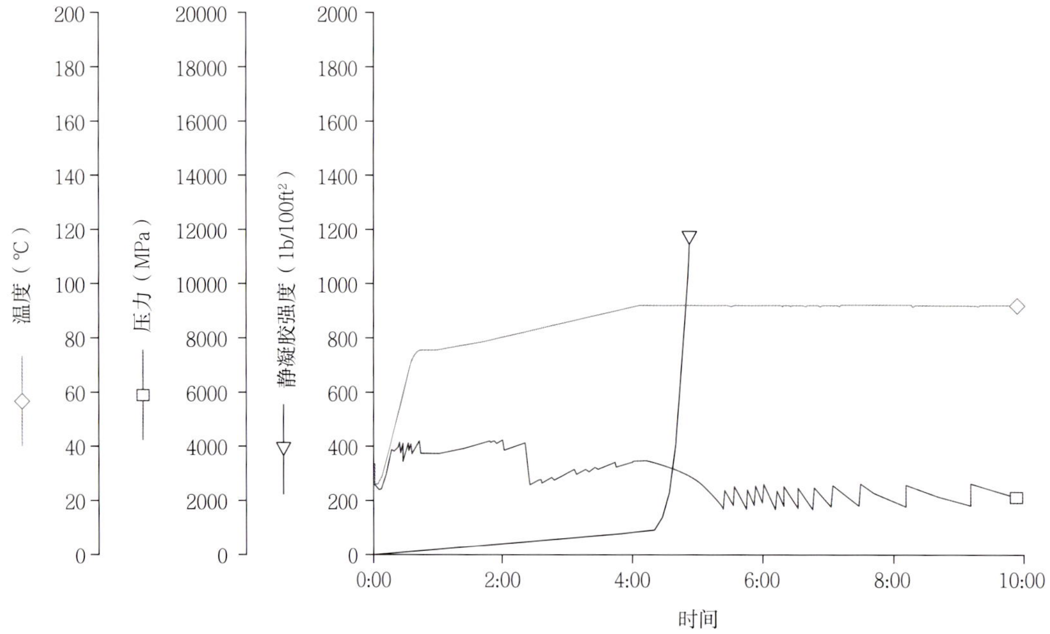

图 4–13　1.60g/cm^3 胶乳韧性水泥浆在 83℃时静胶凝强度发展曲线

五、抗高交变载荷水泥浆体系

抗高交变载荷水泥浆体系是针对页岩气水平井储层改造研发的功能型固井液体系，与胶乳韧性水泥浆体系的本质区别在于该体系以复配型惰性纤维弹韧性材料为基础，能够有效降低水泥石的弹性模量，提高水泥石在交变载荷条件下的完整性。

（一）作用原理

抗高交变载荷水泥浆体系参照混凝土钢筋的作用，通过增大弹韧材料在基材的接触面积，屏蔽裂缝发展。主要是以改性橡胶粉为主料，以增塑惰性材料、增韧纤维为辅料经混配而成，并通过膨化预处理增加比表面积，使其呈“微多孔”纤维状，与水泥基质结合良好，增加弹韧性材料与水泥石的胶结力，从而显著改善水泥石力学性能。主要应用于页岩气水平井生产套管固井。

（二）技术特点

抗高交变载荷水泥浆体系具有失水低、沉降稳定性好、防窜性能强、力学性能优、配伍性良好的特点。

基础配方：G 级水泥浆 +1.5%～2.5% 降失水剂 +1%～2% 增强剂 +1%～1.5% 膨胀剂 +2%～4% 弹韧剂 +1%～2% 防气窜剂 +0.3%～0.5% 分散剂 +0.2%～1% 缓凝剂 + 0.5%～1% 消泡剂 + 水，其主要性能指标见表 4-11。

表 4-11　抗高交变载荷水泥浆体系主要性能指标

性能	指标
密度（g/cm^3）	1.40～2.50
失水（mL）	12～20
沉降稳定性（g/cm^3）	＜ 0.02
稠化过渡时间（min）	4～6
24h 抗压强度（MPa）	10.4～20.8
抗拉强度（MPa）	3.68～4.13
弹性模量（GPa）	5.58～6.24
抗循环载荷次数	＞ 70

针对抗高交变载荷水泥浆体系进行多频交变载荷条件下轴向应变评价（如图 4-14 所示），该体系在循环加载 70 次后，轴向最大形变量为 0.63%，在分段压裂条件下可降低微环隙尺寸，提高水泥环密封完整性。

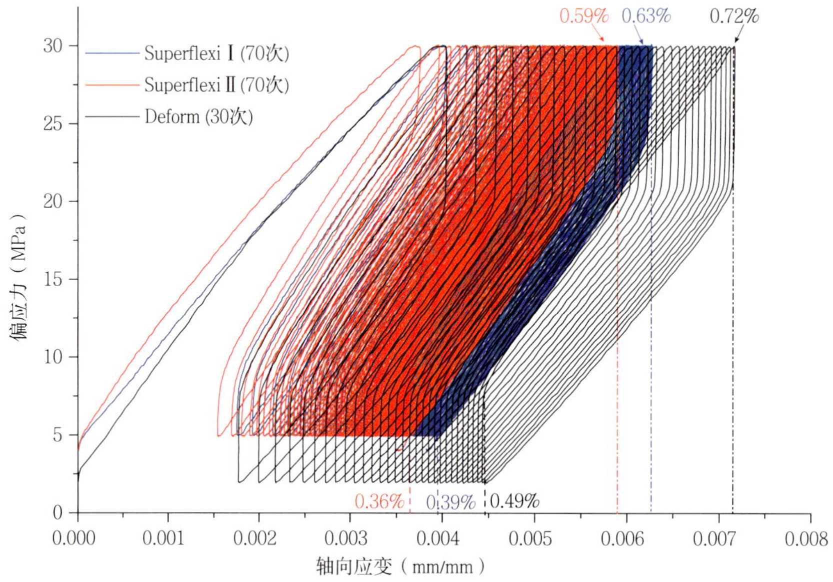

图 4-14　抗高交变载荷循环加载测试

Superflexi Ⅰ、Superflexi Ⅱ、Deform 分别为不同弹韧性水泥浆代号

第三节　固井工艺

针对页岩气水平井各层次固井难点，形成干法固井、正注反挤固井、预应力固井、泡沫水泥浆固井工艺，成功解决了空气钻后井筒转浆、低承压易漏地层固井以及储层改造条件下水泥环长久密封完整性难题，为页岩气田高效开采提供了良好的井筒条件。

一、干法固井工艺

干法固井是指在空气钻、泡沫钻完钻后的干井筒中，直接下入套管，进行注水泥作业的一种固井工艺。

（一）技术要点

干法固井井筒内介质为空气或泡沫，其技术要点：

（1）下套管前，以空气或空气泡沫充分循环携砂，井底干净或沉砂极少。

（2）下套管如果遇阻，则接气体用套管循环头，用空气或泡沫循环。

（3）井筒内为空气或泡沫，无浮力或小浮力，下套管时悬重偏大，防止溜钻或顿钻的发生。

（4）不存在界面泥饼冲洗问题，注替过程中不会发生混浆、窜槽等现象，有利于提高固井质量。

（5）固井公司编写干化固井施工设计方案，指导现场施工。

（6）采用分段注水泥方式，降低了环空液柱压力，减小了漏失风险。

（7）做好水泥浆返不出地面或设计环空高度的预案，一般采取反注水泥浆“戴帽”方式补救。

（8）主要适用于页岩气上部易漏地层采用空气钻或者泡沫钻环境，可以在不转换钻井液条件下进行固井作业。

（二）主要工艺流程

为保证干法固井井下安全及固井质量，主要采取以下工艺流程：

（1）下套管前采用刚性强于套管串的钻具组合彻底通井，对缩径、摩阻较大井段进行充分扩划眼，减小套管下入风险。

（2）裸眼段安放弹性或树脂旋流等对井壁伤害小的扶正器，一方面保证套管居中，另一方面减小扶正器和套管接箍对井壁的刮擦，避免产生掉块堵塞环空。

（3）下完套管后用雾化气体或泡沫大排量充分循环，一方面彻底清洁井眼，降低沉砂掉块憋堵环空的风险；另一方面提前润湿井壁，防止水泥浆进入环空快速失水，造成环空憋堵。

（4）采用浮箍浮鞋碰压或开井候凝的方式，利用U形管原理保证管鞋位置封固质量。

（5）采用间歇灌注的方式，尽量排尽环空气体，保证水泥石质量。

（6）使用流变性良好的先导水泥浆，提前润湿井壁，减小后续水泥浆滤失，稳定水泥浆性能。

（7）根据套管抗拉强度、线重，校核好下拉力和漂浮力，同时优化水泥浆流变性及施工排量，保证施工安全。

（8）环空灌注采用管外注水泥和管内注清水或钻井液方式，保证管内外压差不挤毁套管，管内泵入液体排量根据环空灌注排量决定，保证环空与管内液体上返速率一致。

二、正注反挤固井工艺

正注反挤固井工艺常用于承压能力低、漏失风险高的井筒固井施工。正注反挤工艺分为“正注”常规固井和“反挤”环空挤注两个固井步骤，“正注”即从套管内注入水泥浆，替浆至设计返高，“反挤”即从环空挤入水泥浆至两段水泥浆对接。

（一）技术要点

正注反挤固井工艺具有以下技术要点：

（1）固井公司编制正注反挤固井施工设计方案，提出地层承压值。

（2）按正注反挤固井施工设计要求，钻井队验证地层承压情况或作地层承压，应达到固井要求。

（3）正注反挤固井的水泥浆要求返至漏层或气层以上，相较于常规一次性返出地面，环空液柱压力大幅降低，减少了漏失风险。

（4）反挤水泥浆从井口向下挤入，保持了对气层的压持，降低了气窜的风险。

（5）主要适用于页岩气易漏地层固井。

（二）主要工艺流程

1. 正注反挤界面的选取

界面的选取原则上以防漏和压稳气层为原则，根据钻进过程漏失情况和油气显示，设计水泥浆返至漏层和气层以上 200 ~ 300m，直到正注水泥浆可以同时覆盖漏层和气层。

2. 反挤方式

反挤水泥浆前，先试挤清水 3 ~ 4m^3 挤通漏层，为反挤留出通道，再根据井筒漏失情况选择不同反挤方式，对于漏失量小、漏点集中的井，采用一次性反挤方式，反挤水泥浆量按正注反挤界面上部环空容积附加 10 ~ 20m^3 反挤；对于漏速较大、漏点分散、裸眼段较长的井，一次性反挤无法保证正注和反挤水泥环的连续性，采用间歇反挤的方式，每次挤入正注反挤界面上部环空总体积 1/3 的水泥浆，间隔 10 ~ 20min 再次挤入，直至水泥浆返至井口。

3. 反挤时间

对于漏点确定的井，正注后立即反挤，防止水泥浆凝固封堵反挤通道，憋开新漏点；对于漏点分散且漏点位置不明的井，候凝至正注水泥浆初凝再进行反挤，保证管鞋井段封固质量，同时避免液柱压力传递压漏管鞋处地层；另外对于浅层气较活跃的井，正注后立刻反挤，压稳气层防止环空气窜。

4. 水泥浆体系

正注水泥浆采用纤维防漏水泥浆体系，稠化时间控制在施工时间附加 40 ~ 60min，纤维防漏水泥浆有利于降低水泥浆在注水泥替浆过程中漏失，另外缩短稠化时间也有利于下部井段快速凝固，为反挤提供良好的井筒条件。反挤水泥浆采用常规水泥浆体系 + 速凝水泥的组合，利用常规水泥高滤失性，在漏失通道表面逐渐形成泥饼，堵塞漏失通道，减少漏失，反挤常规水泥后再挤入 200 ~ 300m 环空容积的速凝水泥浆，迅速封固井口防止浅层气窜入环空，聚集井口造成套管环空带压的情况。

三、预应力固井工艺

页岩气井预应力固井工艺主要通过清水顶替和环空加压两项措施，对套管施加外挤力使其具备弹性能，当水泥石体积收缩时，地层和套管释放弹性能弥补水泥石体积收缩形成的微间隙，使地层—水泥石—套管结合得更加紧密，从而降低环空气窜风险，提高固井质量和保证环空长效封隔。

（一）技术要点

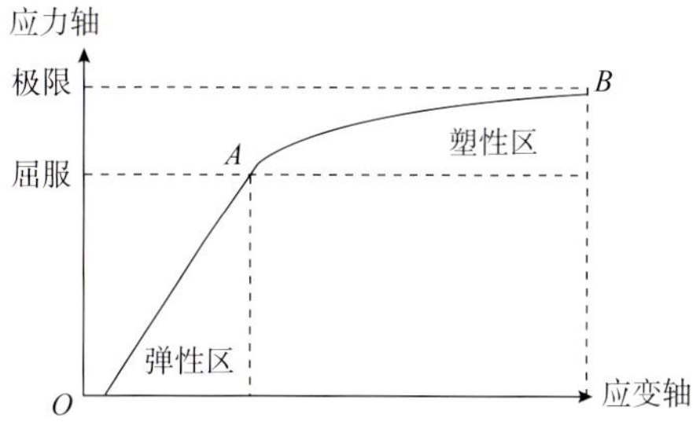

图 4-15 金属材料应力—应变关系

套管金属材料为弹性体、具有一定的应力—应变特征（如图 4-15 所示）：①给钢件施加应力，其应力—应变呈线性关系，解除应力后材料恢复其原始形态，该过程称为弹性形变。②给钢件持续施加应力，超出一定应变后，应力—应变不再呈线性关系，且解除应力后形变部分恢复，该过程称为塑性形变，应力—应变不再呈线性关系的起始点，称为屈服点（*A* 点）。③钢件受力至解除应力形变不再恢复，称该应力为钢件的极限强度，此时钢件结构已被破坏。

页岩气固井采用的预应力固井工艺技术要点：

（1）主要通过提前给套管施加预应力，平衡后期套管和水泥环之间的形变压差。

（2）固井公司编写预应力固井施工设计方案，指导现场施工。

（3）预应力固井需要考虑套管抗挤、抗内压能力，为预应力固井清水顶替和环空加压提供技术参考，防止压力过大，损伤套管。

（4）主要适用于页岩气井生产（油层）套管固井。

（二）主要工艺流程

1. 清水顶替

预应力固井采用清水顶替方式取代了传统重浆顶替的替浆方式，增大套管压缩预应力，降低套管的膨胀收缩带来的微间隙，提高固井界面胶结质量。清水顶替相较于传统重浆顶替，需要注意以下几点：

（1）清水顶替结束后，管内外压差较大，需要考虑套管抗挤能力，浮箍浮鞋的反向承压能力，防止压差过大造成套管挤毁，浮箍浮鞋失效的井下复杂情况的发生。

（2）由于油基泥饼、水泥浆具有一定的黏壁特性，采用清水顶替难以保证套管内壁油基泥饼、水泥浆被驱替干净，考虑清水顶替前压入一段后置液，冲洗干净套管内壁油基泥饼和水泥浆，节省后期通刮洗工序。

（3）清水顶替需要置换出大量钻井液，需要注意现场收容和安全环保问题。

2. 环空加压候凝

预应力固井的另一道工序是固井顶替结束后，通过井口向环空加一定压力，增加套管径向外挤力，提前施加预应力，防止后期水泥石体积收缩带来的微间隙；另外防止环空憋压，减少水泥浆失重引起的液柱压力损失，有利于气层的压稳。

根据候凝过程中水泥浆的失重引起的井底有效液柱压力损失，设计环空加压压力。要求环空井底有效液柱压力（环空液柱压力值＋环空加压值）大于气层压力，即气层压稳系数> 1.000，如式（4-4）所示。

$$F_{sur}=\frac{P_{fc}}{P_{gf}}=\frac{P_{fc}}{\rho gH} \tag{4-4}$$

式中　F_{sur}——气层压稳系数，无量纲；

P_{fc}——最终环空液柱压力，MPa；

P_{gf}——气层压力，MPa；

H——气层深度，m；

ρ——钻井液密度，g/cm^3。

为压稳气层，上部水泥浆要持续压持下部水泥浆，因此，设计时要求浆柱结构自下而上，静胶凝强度呈阶梯式发展。室内实验发现，水泥浆静胶凝强度在 48～240Pa 时发生气窜的危险性最大，因此在水泥浆计算失重时，领浆取静胶凝强度 48Pa，环空井底有效液柱压力 = 初始环空液柱压力 – 领浆失重压力损失 – 尾浆失重压力损失，计算如式（4–5）所示。

$$P_{fc}=\frac{\rho_c\left(l_{c1}+l_{c2}\right)+\rho_m l_m}{100}-\left(P_{ls}+P_{ts}\right) \tag{4-5}$$

式中　P_{ls}——领浆最大失重，MPa；

P_{ts}——尾浆最大失重，MPa；

l_{c1}——领浆长度，m；

l_{c2}——尾浆长度，m；

l_m——泥浆长度，m；

ρ_c——水泥浆密度，g/cm^3；

ρ_m——泥浆密度，g/cm^3。

尾浆最大失重计算公式为：

$$P_{ts}=\frac{\rho_c l_{c2}-1.0 l_{c2}}{100} \tag{4-6}$$

领浆最大失重计算公式为：

$$P_{ls}=\frac{4\times gel\times 0.001\times l_{c1}}{D_h-D_p} \tag{4-7}$$

式中　gel——水泥浆静胶凝强度，MPa；

D_h——井径，mm；

D_p——套管外径，mm。

四、泡沫水泥浆固井工艺

泡沫水泥浆是在水泥浆中混入一定比例的气体而形成，它能降低环空液柱压力，避免漏失风险，由于泡沫水泥浆具有密度低、强度高、失水低、防窜性能好等特点，被广泛应用于低压漏失井固井施工。泡沫水泥浆的制备方法主要有两种，即机械充气法和化学发气法，机械充气法相较于化学发气法具有易控制、气泡稳定等优点。

（一）技术要点

泡沫水泥浆固井工艺的主要技术特点：

（1）固井公司编写泡沫水泥浆固井施工设计方案，指导现场施工。

（2）设计泡沫水泥浆密度：小于钻进中的钻井液密度 0.10g/cm³，相较于普通低密度水泥浆可以进一步降低环空液柱压力。2022 年 T1 平台应用泡沫水泥浆固井的 3 口井提高承压情况如表 4–12 所示，采用泡沫水泥浆固井工艺降低地层承压当量密度 0.16～0.20g/cm³，极大降低了井队提高承压难度，甚至实现不提高承压固井，从而降低钻井成本。

表 4–12 T1 平台 3 口井泡沫水泥浆固井提高承压情况

井号	T1–3HF	T1–4HF	T1–2HF
完钻井深（m）	4793	5318	5015
钻井液密度（g/cm³）	1.56	1.48	1.49
井筒实际承压当量密度（g/cm³）	1.64	1.54	1.63
浆柱结构设计（泡沫水泥浆固井）	0～200m、1.80g/cm³ 盖帽浆，200～2500m、1.50g/cm³ 泡沫浆，2500～4793m、1.88g/cm³ 尾浆	0～500m、1.50g/cm³ 盖帽浆，500～2100m、1.42g/cm³ 泡沫浆，2100～2700m、1.60g/cm³ 泡沫浆，2700～5318m、1.88g/cm³ 尾浆	0～200m、1.80g/cm³ 盖帽浆，200～2200m、1.50g/cm³ 泡沫浆，2200～2700m、1.60g/cm³ 泡沫浆，2700～5015m、1.88g/cm³ 尾浆
提承压要求（g/cm³）	1.63	1.52	1.63
浆柱结构设计（常规固井）	0～1200m、1.60g/cm³ 领浆，1200～4793m、1.88g/cm³ 尾浆	0～1300m、1.53g/cm³ 领浆，1300～5318m、1.88g/cm³ 尾浆	0～1200m、1.54g/cm³ 领浆，1200～5015m、1.88g/cm³ 尾浆
提承压要求（g/cm³）	1.83	1.78	1.80

（3）泡沫水泥浆中液相呈连续相，有效孔隙度较少，因此泡沫水泥浆抗压强度及防窜效果优于常规低密度水泥浆；另外泡沫水泥浆由于气泡压力传递，候凝过程中近乎零失重，保证对气层的压稳。

（4）针对不规则、“大肚子”井段，泡沫水泥浆可通过气泡膨胀充填整个环空，实现高效顶替。

（5）主要适用于页岩气水平井生产套管易漏环境下固井。

（二）主要工艺

1. 井筒承压能力确定

下套管前通井中，对井筒进行测试承压，通过承压当量密度，反推泡沫水泥浆段长及密度，保证固井井底当量密度不大于漏失压力。

2. 浆柱结构设计

根据实际井筒承压能力，进行泡沫水泥浆柱结构设计，以压稳而不压漏为原则，保证泡沫水泥浆覆盖井筒漏点和承压薄弱点，防止发生漏失。

3. 水泥浆性能要求

泡沫水泥浆要求水泥基浆为冷浆、热浆的 $\Phi 3 > 10$，以保证充入的氮气气泡能在水泥浆中形成稳定均匀存在。另外，充气方式上根据不同井段温度、压力实行分段充气，保证水泥浆充气均匀。

4. 水泥浆泵注

依据固井施工设计的基浆密度，采用水泥车泵送水泥浆基浆，通过泡沫发生器系统将高压氮气与发泡剂、稳泡剂混合，与水泥浆基浆混合成泡沫水泥浆；泡沫水泥浆监控系统采集水泥浆、发泡液和氮气压力；根据水泥浆基浆排量、密度来实时控制氮气排量。

5. 环空加压方式

泡沫水泥浆环空加压方式采用常规密度水泥浆进行加压，通过压缩泡沫水泥浆实现压力传递，持续对尾浆进行压持，防止气窜；利用水泥浆自重进行环空加压、压稳泡沫水泥浆、防止膨胀。

五、固井质量管控

针对页岩气固井的特殊性，将整个固井流程分为固井施工前、施工中及施工后 3 大类、22 项、266 个节点，其中，固井施工前准备工作包括固井协调会、固井施工设计、水泥浆实验、附件选择和设备准备等五个方面；固井施工中包括固井设备摆放、设备管线检查及连接、施工技术交底、应急预案和现场施工等五个方面；固井施工后资料收集包括现场数据的确认和后期质量评价的跟踪。各岗位负责落实好各节点的完成情况，确保固井质量节点控制及管理全面到位。

（一）固井准备

（1）完钻前 500 ~ 800m 开始进入固井准备阶段，固井公司派出技术人员与设备管理人员前往井场，了解基本情况。

（2）根据实际井上情况制定固井施工方案。根据完钻井身结构、井温、井眼轨迹、井径扩大率、井下复杂情况、地质情况、邻井生产情况以及钻井液性能等相关资料，制定固井方案，编写固井施工设计方案。

（3）按照水泥灰及外加剂质检、小样实验、半大样实验和大样实验的节点流程来管控水泥浆实验质量，其中大样实验严格按照固井公司、甲方和第三方进行三方复核实验，实验结果均满足施工设计要求方准许现场施工，确保固井施工的安全和质量。

（4）依据固井施工设计要求进行扶正器、浮箍浮鞋选择。

（5）固井前根据施工需求安排施工设备和工具，主要包括灰罐、药品水罐、前置液罐、水泥车、压风机、管线和水泥头等，根据不同的井型、开次和压力级别采用不同的设备配套。

（二）固井施工

（1）车辆应停放在距井口 30m 以外，因工作需要必须进入距离井口 30m 范围内的车辆，应安装阻火器或其他相应安全措施，车辆、专业设备和现场操作均应置于井场视频监控系统覆盖范围之内，施工现场安全警示标志应摆放在醒目位置，高压区域应设置警戒线。

（2）进行设备管线目视化检查，设备管线连接牢固，水泥车高压管汇连接时应有活动范围，高低管汇的连接不准互压、互靠，且禁止长距离架空和交叉。

（3）进行固井现场技术交底，确保固井施工前各项准备工作落实到位，主要包括固井施工设计、药品水、水泥浆实验、参数仪、灰罐、前置液罐、设备和工具等的检查和落实。

（4）针对泵注固井液发生井涌或者井喷、漏失、未碰压、碰压后敞压不断流、设备故障等情况制定应急预案。

（5）严格把控管线试压、固井液泵注施工参数、下放胶塞、替浆施工参数、碰压、敞压、环空加压等施工关键节点。

（6）正注反挤施工过程中，正注水泥浆完毕后替浆需记录井口返浆情况，并为反挤施工提供依据，待水泥浆初凝后进行反挤作业，根据反挤压力判断漏失情况，并选择一次反挤或间歇反挤。

（7）预应力环空加压过程中，需注入清水进行逐步环空憋压至压稳气层，每次加压以 1MPa 为标准，直至初压稳定，候凝至尾浆初凝，继续每次以 1MPa 为标准加压，排量控制在 $0.1m^3/min$，直至加压到设计压力值，记录憋入量，以稳压 30min 无压降为准，关环空憋压候凝。

（8）泡沫水泥浆固井环空加压采用常规低密度水泥浆进行加压，需持续对尾浆进行压持作用，防止气窜。

第四节　固井装备配套

页岩气长期开采导致低压层的固井次数逐年增多，以及深层页岩气固井技术的发展，形成了以机械充氮为代表的泡沫水泥浆固井装备、大功率固井装备以及自动化固井装备，成功解决了低层压地层固井漏失风险高、深层固井泵压高、固井施工自动化程度低等难题。

一、泡沫水泥浆固井装备配套

泡沫水泥浆固井装置主要由水泥浆基浆供应系统、发泡液供应系统、氮气供应系统、泡沫发生器系统和泡沫水泥浆密度实时监控系统五部分组成（如图 4-16 所示）。为确保装置安全可靠，设计有氮气安全排放管线和止回阀门，起到防止流体回流和安全卸载压力的作用。

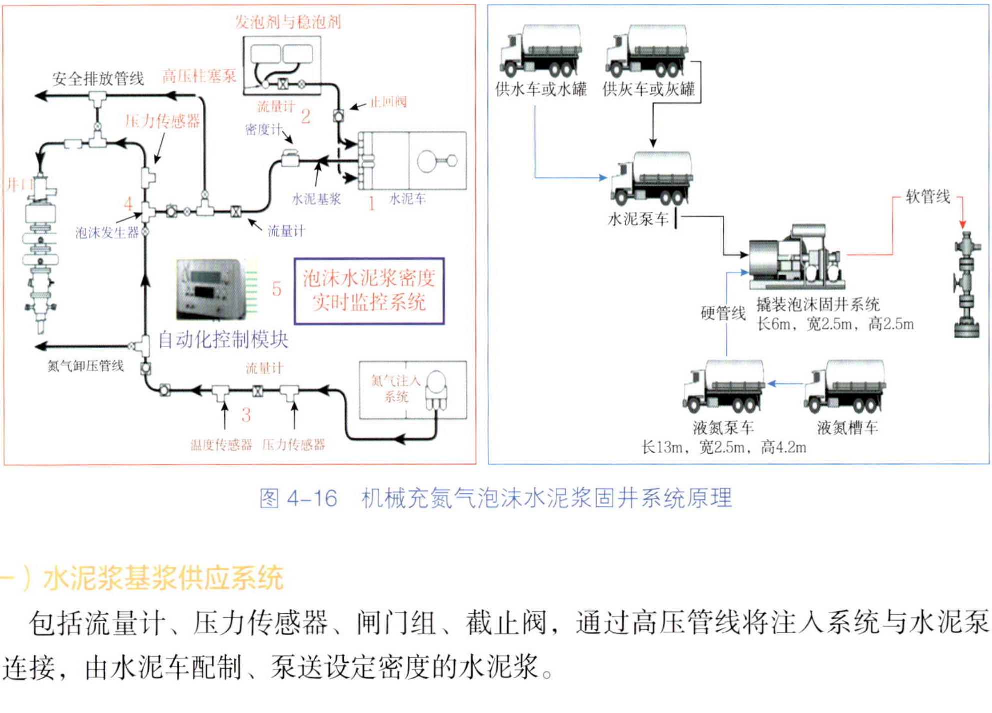

图 4-16　机械充氮气泡沫水泥浆固井系统原理

（一）水泥浆基浆供应系统

包括流量计、压力传感器、闸门组、截止阀，通过高压管线将注入系统与水泥泵车相连接，由水泥车配制、泵送设定密度的水泥浆。

（二）发泡液供应系统

发泡液供应系统设计有三通混合结构，发泡液经过喷嘴后和水泥浆进行充分混合。发泡液注入系统包括发泡液存储箱、自控式电动计量泵、单向截止阀、压力变送器。

（三）氮气供应系统

通过高压管线将本系统与液氮泵车连接，利用液氮泵车提供高压氮气。氮气属于惰性气体，不易与其他物质发生化学反应。氮气供应系统包括氮气存储罐、气体安全阀、气体压力调节阀、气体流量调节阀、气体流量计、压力变送器、单向截止阀、氮气排空阀等。

（四）泡沫发生器系统

泡沫发生器系统将氮气和含有发泡剂、稳泡剂的水泥基浆进行充分混合，如图 4–17 所示，在一定压力下产生气泡，形成泡沫水泥浆；再经过后端的均化腔室，形成气泡均匀、细腻的泡沫水泥浆。

图 4–17　泡沫发生器系统

（五）泡沫水泥浆监控系统

能实时采集水泥浆、发泡液和氮气的压力、流量和温度，根据水泥浆基浆排量、密度，实时控制氮气排量，达到设计的注氮率，利用编写的计算机模块进行计算，显示泡沫水泥浆密度。

二、大功率固井装备配套

随着川渝页岩气以及新疆特深层油气开发进程的加快，超深井及复杂地层固井作业出现频次增多，高压力、大排量、长时间不间断作业等向固井施工设备配套提出了更高的要求。2500 型固井水泥车能够有效改变目前国内固井装备自动化程度低、操作人员劳动强度大、施工效率与精度不理想的现状。该装备主要由底盘、配电系统、高低压管汇、电驱动力系统、控制系统、固井泵润滑系统、计量罐、混浆槽、混浆系统、液压系统等部件组成（如图 4-18 所示），装备可根据预先设计的作业参数自动调整各功能原件，实现全流程自动固井作业。

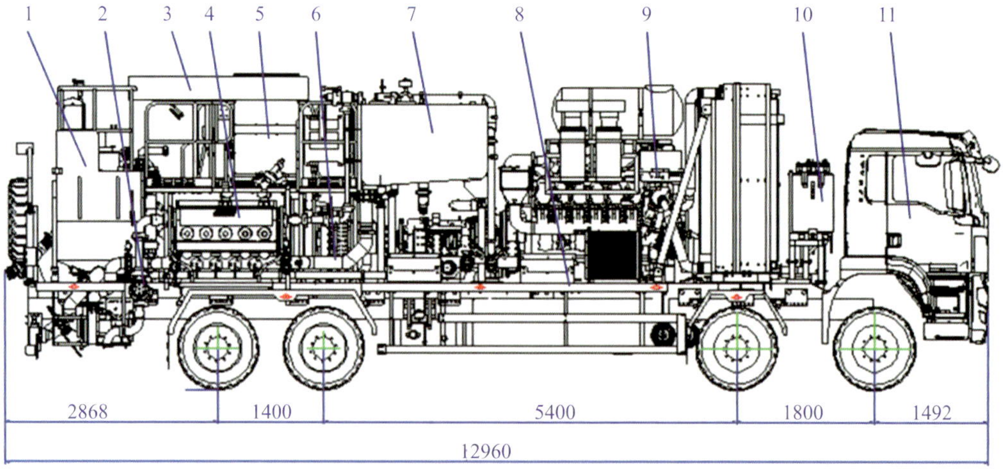

1—混浆槽；2—高压管汇；3—操作平台；4—固井泵；5—电控系统；6—低压管汇；7—计量罐；8—副大梁；9—动力系统；10—液压系统；11—底盘车

图 4-18　2500 型固井水泥车结构示意（单位：mm）

（一）2500hp 固井泵

基于深层工况，优化柱塞泵传动机构、泵壳和泵头体型腔，构建紧凑型传动机构、轻量化泵壳结构、高可靠性泵头型腔，形成了 2500hp 固井泵。2500 型固井车固井泵最大输入功率 2500hp，采用 5 缸泵设计，排出压力脉动小于 7%，最高作业压力 100MPa，最大施工排量 2400L/min，其性能参数见表 4-13。

表 4-13　各工况下固井泵性能参数

变速箱挡位	发动机转速（r/min）	冲次（次 /min）	排量（L/min）	压力（MPa）
Ⅰ	1900	79	656	100
Ⅱ	1900	111	916	89
Ⅲ	1900	135	1119	73
Ⅳ	1900	169	1391	58
Ⅴ	1900	189	1559	52
Ⅵ	1900	235	1939	42
Ⅶ	1900	299	2463	33

（二）Super-HEMI 大排量混浆系统

基于多相流混合过程动态模拟分析，建立混合器流场仿真模型，优化混合器关键参数，综合混合器供液、供灰性能，形成 Super-HEMI 大排量混浆系统。该系统混浆性能达到 $3.0m^3/min$（$1.90g/cm^3$），混浆能力较常规混浆系统提升 76%。具体性能参数见表 4-14。

表 4-14 混浆能力数据对比

项目		常规混浆系统	Super-HEMI
混浆能力（$1.90g/cm^3$）		$1.7m^3/min$	$3.0m^3/min$
边界条件（m^3/min）	清水	0.99	1.75
	二次循环	1.52	2.67
	水泥灰流量	0.73	1.28

三、自动化固井装备配套

自动化固井装备可以解决装备自动监控程度低、施工全过程管控能力弱、作业参数无法实时传输、现场复杂情况无法采用远程专家会诊等难题，在人员安全性、设备可靠性、作业经济性、施工参数科学性等方面有大幅度的提升。

（一）AnyCem 固井系统

AnyCem 固井系统是一个涵盖固井设计仿真、科学分析、生产组织、技术管理、作业监控、专家在线诊断、大数据分析等多功能的固井软件平台，由基础数据库、固井设计仿真与科学分析、自动化固井作业管控、固井大数据平台等模块组成。在固井现场作业时，AnyCem 固井系统可远程控制自动化稳定供灰系统操作（如图 4-19 所示），自动化固井水泥车上水、预混、泵注浆体、阶段切换、停泵、泄压、开闭旋塞阀等操作，自动化水泥头及配套闸阀系统的工作液流道切换、胶塞投递操作，同时基于作业装备的固井施工参数检测仪器，实现对供灰、泵注排量、流体密度、井口压力等施工参数的实时检测、采集与控制，并通过实时对比固井作业设计值，结合现场实际工况，实现对上述作业参数的远程优化调整控制。

图 4-19 AnyCem 固井系统远程控制

（二）自动化固井装备

1. 自动化稳定供灰系统

自动化稳定供灰系统以灰量质量控制、气量压力控制为监控核心，解决了传统灰罐供灰量波动大，导致水泥浆密度不易控制的难题，且实现了供灰设备远程可操作，自动化供灰速率波动量≤ 2%，罐余检测量≤ 1.5%，为水泥浆密度稳定控制提供了有利条件。

自动化稳定供灰系统由空压机撬和立式灰罐两部分组成，相比常规水泥供灰系统创新之处有以下几个方面：

（1）空压机撬通过增设加载 / 卸载电磁阀及控制系统进行信号控制，实现远程加载 / 卸载、数据采集等功能，同时集成带安全阀、减压阀和压力监控设备的大容积气瓶，并增设立式灰罐气动蝶阀控制气瓶，增加干燥器、减压阀、给油器及泄放球阀等装置提升设备运行稳定性。

（2）空压机撬利用搭载的控制系统实现空压机的远程启停、读取运行参数（水温、油压、负载、转速、排气温度、排气压力等），空压机撬的控制箱通过组合电缆连接灰罐控制箱，与立式灰罐进行数据交换，同时为立式灰罐的控制箱提供电力，空压机撬也通过井场有线网络连接固井指挥车，实现与 AnyCem 固井系统进行数据通信。

（3）立式灰罐增加重量与压力传感器，采集相关参数为自动供灰提供判断依据，灰罐将各开关阀由纯手动升级为电控气动方式，并增加阀门开度检测，通过电磁阀控制气源的流通量，实现各阀门高精度远程调节。

（4）立式灰罐增加控制箱，利用搭载的测控系统采集灰罐的重量、压力、蝶阀开度等，通过井场有线网络传递给 AnyCem 固井系统，系统在接收远程指令后对进气口及出灰口阀门进行控制，实现远程供灰调控。

2. 自动化固井水泥车

自动化固井水泥车基于固井混浆泵注作业关键技术环节和施工参数实时监控要求，结合 AnyCem 固井系统功能设计，实现了上水自动监控、闸阀开关机开度自动调节、施工参数自动传输、施工指令自动接收执行、排量与密度自动控制、超压超限自动报警等功能，可代替人工操作，实现自动化作业。

自动化固井水泥车相比常规固井水泥车主要创新之处有以下几个方面：

（1）采用全新设计的水泥车操控系统与控制面板，增加远程控制功能，可远程控制发动机启停、油门大小、变速箱挡位、底盘车转速、水阀灰阀开度、混浆搅拌器转速等，实时监测发动机、变速箱、计量罐、混浆罐、管路阀门、液压系统等状态与工作参数，实现对整车各系统全面监控。

（2）通过对混浆罐、水罐的控制升级，结合水阀与灰阀开度、混浆罐液位、柱塞泵排量与压力、清水液位、水泥浆参数等数据，实现双变量自动混浆以及混浆罐内水泥浆状态远程监控。

（3）灌注、喷射、供水和循环离心泵流量的控制升级成远程电控，配合不同工况实现离心泵远程启停控制；混浆罐搅拌升级为电动控制，实现搅拌马达转速的远程无级调速控制；在液压系统的直感表基础上配置压力传感器，实现远程监控系统压力。

3. 自动监控水泥头及闸阀系统

自动监控水泥头及闸阀系统采用自动控制系统、手自双工作模式、电控液机构、双保险指示器、快装短节等设计（如图 4-20 所示），可实时监测固井工作液参数、控制固井工作液流道切换、控制水泥头投递胶塞，系统动作指令响应时间小于 1s，实现了固井井口装备远程与自动化控制。

图 4-20　自动监控水泥头及闸阀系统

自动监控水泥头与闸阀系统相比常规固井水泥头，主要创新之处有以下几个方面：

（1）自动监控水泥头由远程控制的挡销结构与传统水泥头结构有机结合，设有液压螺杆式挡销执行器和胶塞下落指示器，可远程控制固井胶塞投递作业，并将胶塞下落信号反馈给自动控制系统。

（2）闸阀监控撬将固井工作液流道切换、固井工作液参数监测、动作阀门执行监测功能集于一体，由电控液动阀门控制流道切换，由高压质量流量计实时监测固井工作液排量、压力、密度、温度等参数，为自动化固井作业提供数据支持。

（3）自动控制系统控制闸阀监控撬和水泥头的阀门动作，并将各阀门动作状态、固井工作液性能参数通过井场有线网络传递给 AnyCem 固井系统，实现固井作业中自动化控制水泥头及闸阀系统。

第五节　典型工艺技术示范应用

一、SYX-XHF井漂浮下套管技术

（一）基本情况

SYX-XHF 井位于重庆市南川区东城街道大铺子村，是一口水平开发井，目的层是

龙马溪组龙一段。实钻完钻井深6945m，水平段长4035m，完钻钻井液密度1.50g/cm³，该井采用漂浮下套管技术。井身结构见表4-15。

表4-15 SYX-XHF井井身结构

开次	钻头尺寸×井深（mm×m）	套管下深×下深（mm×m）	钢级	壁厚（mm）	扣型	封固井段（m）
导管	406.4×378	339.7×377.94	J55	10.92	BTC	0～377.94
一开	311.2×2465	244.5×2460.9	N80	11.05	BG-PCT	0～2460.9
二开	215.9×6945	139.7×6940	TP110T	12.34	TP-CQ	1500～6940

（二）实施方案

1. 漂浮接箍性能参数

SYX-XHF井采用德州大陆架石油工程技术有限公司的漂浮接箍，其主要性能参数见表4-16，打开压力40～45MPa，液柱承压70MPa，抗内压140MPa（高于生产套管抗内压强度133MPa），后期压裂对套管串抗内压不存在不利影响。

表4-16 德州大陆架石油工程技术有限公司漂浮接箍性能参数

规格尺寸（mm）	打开压力（MPa）	液柱承压（MPa）	连接扣型	抗内压（MPa）	抗外挤（MPa）	耐温（℃）
140	40～45	70	套管扣	140	124	200

2. 漂浮接箍设计

模拟计算常规下套管与漂浮下套管摩阻，计算结果如图4-21所示。该井结合通井情况，全井平均摩阻系数为0.25，常规下套管仅在摩阻系数≤0.21条件下保证套管安全下入，摩阻系数为0.25的条件下无法顺利下至设计井深；漂浮下套管（漂浮4000m）能在摩阻系数≤0.30条件下保证套管安全下入，摩阻系数为0.25的条件下套管能够顺利下至设计井深，因此采用漂浮下套管能够实现套管安全下入。

针对漂浮4000m情况进行长度敏感性分析，漂浮4100m大钩载荷为60.73t，可顺利下入，具体数据见表4-17。而漂浮4000～4100m情况下漂浮接箍垂深为2651m，承受上部液柱压力为39MPa，该压力接近漂浮接箍的打开压力（40～45MPa），需采用双漂浮方案。因此设计1号漂浮接箍下深2890m、2号漂浮接箍下深1400m。

管串结构为：高承压旋转浮鞋+1号短套管（1m）+1根套管+1号浮箍+1根套管+2号浮箍+2号短套管（5m）+碰压座+3根套管+1号趾端滑套+1根套管+2号趾端滑套+1根套管+3号趾端滑套+套管串+1号漂浮接箍（2890m）+套管串+2号漂浮接箍（1400m）+套管串+联顶节。

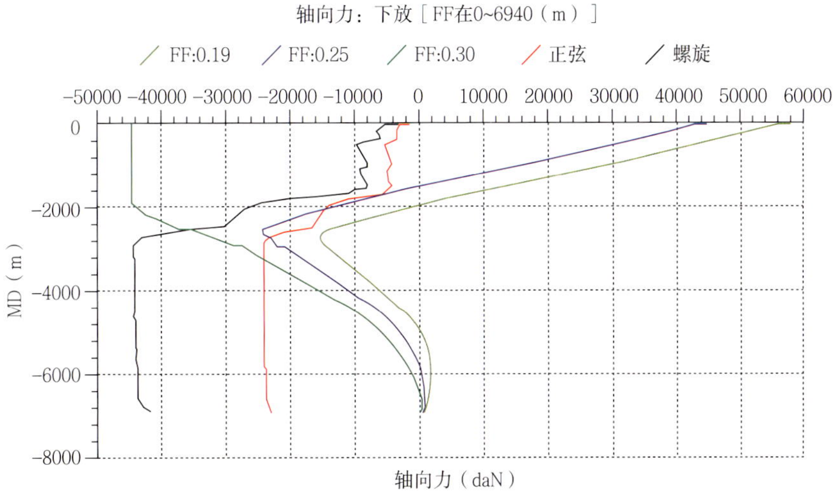

（a）常规下套管

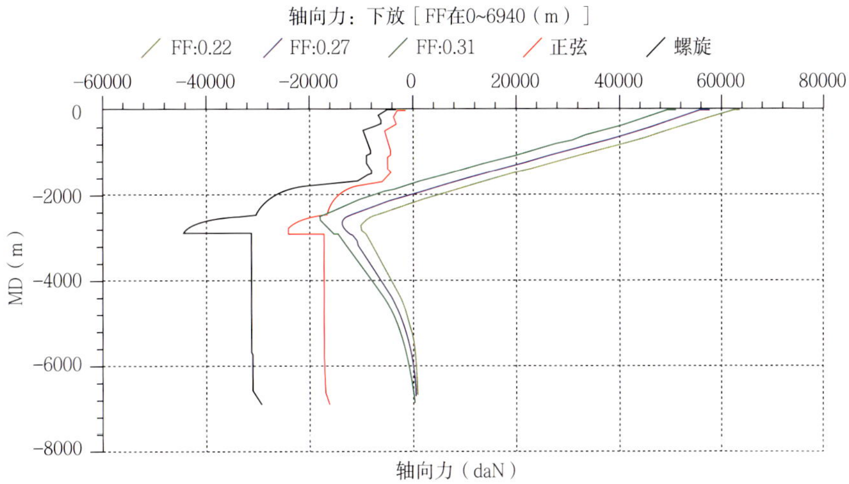

（b）漂浮下套管

图 4-21 常规下套管与漂浮下套管摩阻系数模拟

表 4-17 漂浮长度敏感分析

漂浮段长（m）	4000	4050	4075	4100	4150
大钩载荷（t）	60.42	60.61	60.68	60.73	60.71

3. 施工工艺

（1）按照管串表依次下入漂浮管柱，其中前 3 个套管附件之间灌满钻井液。

（2）安装 1 号漂浮接箍前，管串不进行灌浆作业。

（3）安装 1 号漂浮接箍后，边下套管边灌浆，每 10 根灌满，灌浆排量不得大于

$0.2m^3/min$；安装 2 号漂浮接箍前 10 根不灌浆。

（4）安装 2 号漂浮接箍后，边下套管边灌浆，每 10 根灌满，灌浆排量不得大于 $0.2m^3/min$。

（5）管串下至预定井深，进行管串坐挂，安装套管头，将注浆与排气双管线和水泥头连接，灌满钻井液缓慢憋压打开 2 号漂浮接箍破裂盘，控制排量小于 $0.3m^3/min$，缓慢升压至破裂压力，压力突降显示破裂盘破裂，在液柱压力传递到 1 号漂浮接箍后 1 号破裂盘破裂。

（6）破裂后先静置 1 ~ 2 小时排气观察，再边灌浆边排空气直至灌满泥浆。

4. 应用效果

SYX-XHF 井采用双漂浮下套管技术，全过程顺利，无遇阻显示，后期悬重为 535kN。对比同平台采用常规下套管技术，套管下至 3500m 出现遇阻，后期悬重为 300kN。漂浮下套管技术对长水平段套管安全下入具有显著作用。

（三）分析与建议

对比分析常规下套管与漂浮下套管在不同方式条件下大钩载荷的变化，可以看出，采用漂浮下套管技术能够有效解决页岩气水平井长水平段套管下入问题。同时采用漂浮下套管，能够让套管下入过程中的大钩载荷变化较为平稳，较大地降低了遇阻风险。

（1）在漂浮接箍安放位置设计上，必须严格依据漂浮接箍工具的承压能力来进行位置安放设计，避免套管在下入过程中灌浆导致漂浮接箍提前打开。

（2）在吊装搬运漂浮接箍中，要防止磕碰，在安装漂浮接箍时，扣套管钳头要远离破裂盘安装位置。

（3）若单井需做套管扣气密封试验，要严格试验过程中压力变化情况，防止气密封试验压力作用于漂浮接箍造成提前破裂。

（4）在套管下入过程中，安装 1 号漂浮接箍后需控制套管下入速度（单根套管纯下放时间 ≥ 60s），同时上提下放要平稳，以免激动压力造成漂浮接箍提前打开；若套管静止时间 > 5min，需活动套管，活动距离 ≥ 管串伸缩量的 2 倍。

（5）固井前，需计算理论顶替量，漂浮接箍位置的顶替量 $\pm 2m^3$ 为降排量顶替段，排量为 $0.8m^3/min$ 左右，观察压力情况，之后恢复正常固井程序直至碰压。

二、JYX-X1HF井和JYX-X2HF井环空带压预防技术应用

（一）基本情况

JYX-X1HF 井与 JYX-X2HF 井位于重庆市涪陵区江东办事处凉水村，是 JYX 平台的两口开发水平井，完钻井深分别为 4471m、5562m，完钻钻井液密度分别为 $1.69g/cm^3$、$1.42g/cm^3$。JYX-X1HF 井采用双凝双密度胶乳韧性水泥浆体系，水泥返高地面，替浆介质为钻井液，未采用预应力固井工艺。具体情况见表 4-18、表 4-19。

表 4-18 JYX-X1HF 井井身结构

开次	钻头尺寸 × 井深（mm×m）	套管下深 × 下深（mm×m）	钢级	壁厚（mm）	封固井段（m）
一开	406.4×702	339.7×700	L80	12.19	0～700
一开	311.2×2829	244.5×2826.82	J55	11.05	0～2829
二开	215.9×4471	139.7×4465.78	P110T	12.34	0～4471

表 4-19 JYX-X2HF 井井身结构

开次	钻头尺寸 × 井深（mm×m）	套管下深 × 下深（mm×m）	钢级	壁厚（mm）	封固井段（m）
一开	406.4×605	339.7×603.64	L80	12.19	0～605
一开	311.2×2912	244.5×2910.09	P110	11.05	0～2912
二开	215.9×5562	139.7×5557.37	P110T	12.34	0～5562

（二）实施方案

1. 水泥浆配方

JYX-X1HF 井的胶乳韧性水泥浆体系配方：G 级水泥 +1.5%～2.5% 降失水剂 +10%～15% 胶乳 +0.3%～1% 分散剂 +4%～8% 空隙支撑剂 +0.5%～1% 膨胀剂 +0.03%～0.2% 增韧纤维 +0.3%～1% 缓凝剂 +0.5%～1% 消泡剂。

JYX-X2HF 井抗高交变载荷水泥浆体系配方：G 级油井水泥 + 2%～3% 降失水剂 + 1.5%～2.5% 絮状弹韧剂 + 0.5%～1% 膨胀剂 + 0.5%～1% 防气窜剂 + 0.4%～0.6% 分散剂 + 45.6% 现场水 + 0.1% 消泡剂。

2. 施工工艺

JYX-X1HF 井采用双凝双密度胶乳韧性水泥浆体系，领浆密度为 1.69g/cm³、尾浆密度为 1.88g/cm³，水泥返高至地面，替浆介质为钻井液，不采用预应力固井工艺。

JYX-X2HF 井采用双凝双密度抗高交变载荷水泥浆体系，领浆密度为 1.47g/cm³，尾浆密度为 1.88g/cm³，水泥返高至地面，替浆介质为清水，采用预应力固井工艺，碰压完毕后采用环空加压逐级加至 25MPa。

3. 应用效果

JYX-X1HF 井压裂前环空带压为 0MPa，压裂后环空带压为 17.8MPa。JYX-X2HF 井压裂前与压裂后均不带压。

（三）分析与建议

JYX-X2HF 井胶乳韧性水泥浆、抗高交变载荷水泥浆以及预应力固井工艺的应用解决了压裂前后环空带压的难题，为页岩气水平井储层改造提供了良好的井筒条件，为预防环空带压提供技术措施。

（1）抗高交变载荷水泥浆体系与胶乳韧性水泥浆体系具有低弹性模量和高韧性的特点，在压裂前的套管试压过程中均能保证井筒密封完整性，因此采用两种体系均表现出压裂前不带压。

（2）在未采用预应力固井工艺条件下，压裂后出现环空带压，说明在压裂过程中，套管内压力变化使得水泥石与套管无法完全实现同步形变，从而在界面形成微环隙，导致环空带压现象。

（3）采用预应力固井工艺，在水泥浆未凝固的条件下给套管施加应力，使得水泥石凝固后套管处于压缩状态，产生一定的径向形变，壁面套管内压力变化而形成截面微环隙。

（4）在页岩气水平井生产套管固井中，建议在使用弹韧性水泥浆体系的基础上，结合预应力固井工艺，能够有效预防环空带压现象。

05 第五章 页岩气测录井技术

测录井技术是识别、评价页岩气储层的重要手段。在常规测录井工艺的基础上，通过不断实践和探索创新，形成了直推存储式、牵引器输送测井及碳同位素录井等适合页岩气大规模开发的测录井工程技术体系，建立了页岩气储层测录井综合解释评价方法，实现了资料快速录取和储层精准评价，保障页岩气开发效益。

第一节　录井工艺

录井技术是油气勘探开发中最基本的技术，是发现、评估油气藏最及时、最直接的手段。为满足页岩气勘探开发需要，除常规录井工艺外，推广应用了工程预警录井技术、碳同位素录井技术、元素录井技术、伽马能谱录井技术等特殊录井工艺，为页岩气勘探开发提供基础工程地质保障。

一、工程预警录井技术

页岩气钻进过程中，各层位复杂故障多，主要表现为纵向上浅层气发育、漏失层多、局部含硫化氢，易出现气侵、溢流、井漏等异常。工程预警录井通过工程参数录取分析，实时预警各类复杂情况，为安全钻井提供保障。

（一）异常类型

工区出露地层主要为侏罗系、三叠系，自上而下钻遇侏罗系、三叠系、二叠系、志留系、奥陶系等地层。各地层存在的钻井主要风险见表 5-1，主要异常类型表现在以下几个方面。

1. 气侵、溢流

威荣工区沙溪庙组砂岩段、新田沟组局部油气显示活跃，易造成气侵；焦石、江东、南川工区长兴组、龙潭组、茅口组和栖霞组气测值活跃，易造成气侵，其中龙潭组局部煤层气压力较高，可能造成井喷，南川工区茅口组具备一定产能。目的层龙马溪组底部页岩气层油气显示活跃、地层压力高，局部地区受裂缝影响，存在异常高压层段，易造成气侵、溢流。

2. 井漏

威荣工区沙溪庙组砂岩段、新田沟组局部发育裂缝，易出现漏失等复杂情况；焦石、江东、南川工区嘉陵江组和飞仙关组破碎带与裂缝发育段存在漏失情况；各工区韩家店组、小河坝组和目的层龙马溪组局部井段受裂缝影响，也存在漏失情况。

表 5-1　钻遇地层和钻井主要风险

<table>
<tr><th>层位</th><th>主要岩性</th><th>地压梯度（MPa/100m）</th><th>预测气水层</th><th>主要风险提示</th></tr>
<tr><td>沙溪庙组</td><td>泥岩、粉砂质泥岩、细砂岩</td><td rowspan="2">1.00 ~ 1.10</td><td>微含气层</td><td rowspan="2">防漏、防垮、防气侵</td></tr>
<tr><td>新田沟组</td><td>细砂岩、页岩</td><td></td></tr>
<tr><td>自流井组</td><td>粉砂质泥岩夹灰岩</td><td rowspan="3">1.10 ~ 1.30</td><td>微含气层</td><td rowspan="3">防塌、防气侵、防喷</td></tr>
<tr><td>珍珠冲组</td><td>泥岩、石英砂岩、粉砂岩</td><td></td></tr>
<tr><td>须家河组</td><td>石英细砂岩、页岩夹少量泥质页岩和煤线</td><td>含气层</td></tr>
<tr><td>雷口坡组</td><td>灰岩、泥质灰岩夹少量页岩、粉砂岩及泥质云岩</td><td rowspan="3">1.10 ~ 1.50</td><td>含气层、气层</td><td rowspan="3">防漏、防垮、防喷、防膏侵、防 H_2S</td></tr>
<tr><td>嘉陵江组</td><td>灰岩夹灰质白云岩、含灰白云岩、角砾岩</td><td>气层、含气层、水层</td></tr>
<tr><td>飞仙关组</td><td>灰岩、鲕粒灰岩、泥质白云岩夹泥岩</td><td>微含气层</td></tr>
<tr><td>长兴组</td><td>灰岩、泥质灰岩</td><td rowspan="2">1.10 ~ 1.50</td><td>气层、含气层</td><td rowspan="4">防漏、防垮、防喷、防 H_2S</td></tr>
<tr><td>龙潭组</td><td>碳质泥岩、灰岩</td><td>微含气层</td></tr>
<tr><td>茅口组</td><td>灰岩、云质灰岩、含泥灰岩夹泥岩</td><td rowspan="6">1.10 ~ 1.50</td><td>气层、含气层</td></tr>
<tr><td>栖霞组</td><td>灰岩、泥质灰岩</td><td>含气层</td></tr>
<tr><td>梁山组</td><td>泥岩、碳质泥岩夹灰岩</td><td>页岩气层</td><td>防垮</td></tr>
<tr><td>黄龙组</td><td>灰岩、云质灰岩</td><td></td><td></td></tr>
<tr><td>韩家店组</td><td>泥岩夹泥质粉砂岩</td><td></td><td>防漏、防垮</td></tr>
<tr><td>小河坝组</td><td>泥岩、粉砂质泥岩</td><td>裂缝型气层</td><td>防漏、防垮</td></tr>
<tr><td>龙马溪组</td><td>泥岩、页岩夹泥质粉砂岩</td><td rowspan="5">1.00 ~ 1.80</td><td>页岩气层、裂缝气层</td><td rowspan="2">防漏、防喷、防垮</td></tr>
<tr><td>五峰组</td><td>页岩、介壳灰岩</td><td>页岩气层</td></tr>
<tr><td>涧草沟组</td><td>灰岩</td><td></td><td rowspan="3">防垮、防卡、防 H_2S</td></tr>
<tr><td>宝塔组</td><td>灰岩</td><td>裂缝型气层</td></tr>
<tr><td>十字铺组</td><td>泥质灰岩</td><td></td></tr>
</table>

（二）异常判别方法

复杂故障发生时并非所有参数都会出现异常，主要通过必要参数和辅助参数判别相结合的方法进行异常判别。气侵、溢流和井漏异常的必要参数为气测、出口流量、总池体积等，辅助参数为立压、钻时、钻压等，工区主要异常类型及相关录井参数变化特征见表 5–2。

表 5–2 工区主要异常类型及相关录井参数变化特征

序号	异常类型	录井参数变化特征	
		必要参数	辅助参考参数
1	溢流	出口流量、总池体积增大	气测值增大、立压增大、钻时减小、钻井液密度减小
2	井涌	出口流量、总池体积增大	钻时减小、立压增大、钻井液密度减小
3	井漏	总池体积、出口流量减小	钻时、立压、钻压减小，大钩载荷增大
4	气侵	气测全烃、甲烷增多	钻时减小，出口流量增大、总池体积增大、后效气明显

1. 气侵、溢流

钻进过程中钻遇浅层气和目的层异常高压层段，地层流体快速进入井筒，录井参数主要表现为气测值增加、出口流量增加、总池体积增加。首先是密切关注气测井变化趋势，只要气测值有上升趋势，对出口流量和总池体积重点监控，将总池体积报警门限分别设置为 0.5m^3 和 1.0m^3，一旦出现报警，结合立压、钻井液性能等做出准确预报，通知司钻关井观察，确保做到“1.0m^3 报警，2.0m^3 关井”。

2. 井漏

录井参数主要表现为总池体积和出口流量减小，钻时、立压、钻压、大钩载荷等参数均有明显的表征；因此对于井漏异常，设定总池体积和出口流量为必要参数，立压、钻时、钻压等为辅助参考参数。

（三）实施路线

工程预警分钻前风险预测、钻中风险监测和钻后总结分析三个阶段进行风险管控，各阶段工程预警技术路线如图 5–1 所示。

1. 钻前风险预测

收集邻井钻录测地层压力、地应力分析、油气显示、溢流、井漏、卡钻和其他复杂情况及事故资料；基于地质、工程设计，初步判断正钻井是否存在破裂带、高压层、断层、裂缝等因素，进行潜在风险分析，明确正钻井油气显示段、异常复杂段，做好地质预告，让施工方在施工前充分了解施工风险，有针对性地做好施工方案优化和风险预案，防患未然。

2. 钻中风险监测

安装各种监测报警装置，正确合理地设置报警门限值，配备 H_2S、CO_2 监测防毒报警系统。针对不同的综合录井参数变化特征进行跟踪统计计算，过滤出传感器自身原因导致的参数非正常波动，判断参数变化趋势，计算当前综合录井参数的均值。排除人为因素和地面条件变化引起的参数异常变化，按照异常状态判断条件确认异常类型，提醒井队及时处理异常。

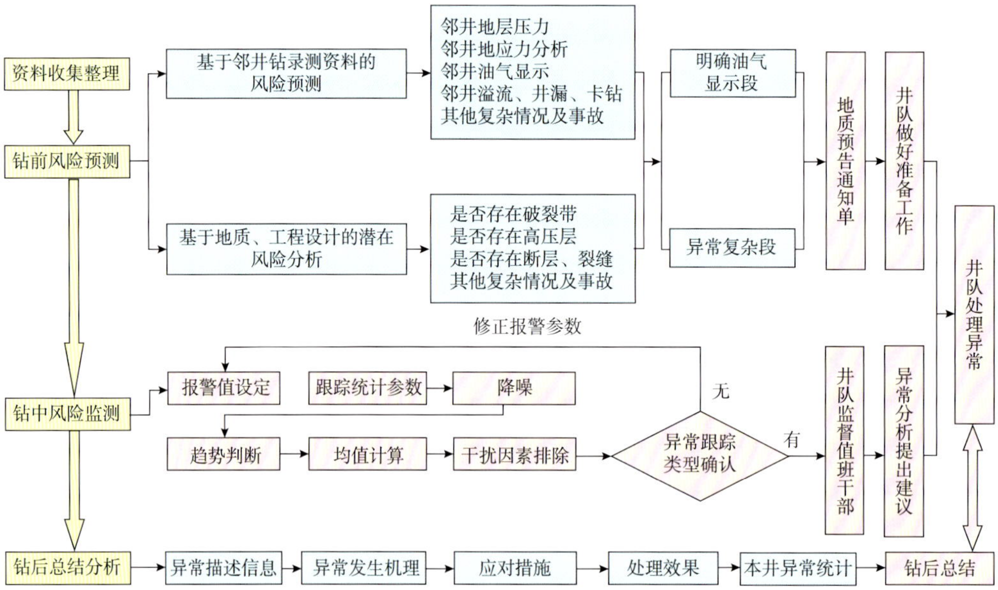

图 5-1　工程预警技术路线

3. 钻后总结分析

钻后风险总结分析包括两个方面：一是总结目标井施工过程中的异常描述信息、异常发生机理、应对措施和处理效果，建立工区异常情况的录井预警数据库，指导新井作业；二是对全井风险评价技术实施的效果进行验证。

二、碳同位素录井技术

碳同位素录井技术是在钻井现场采集泥浆气和岩屑气体样品，通过色谱分离气体组分，通过红外光谱检测甲烷、乙烷、丙烷等组分的 ^{12}C、^{13}C 含量。该技术基于同位素动力学和热力学分馏理论，利用碳同位素数据进行油气成因类型识别、成熟度计算、油气源对比分析、油气藏地球化学分析，以及页岩气"甜点"和储层连通性评价、页岩气产能预测等。

（一）碳同位素录井方法

1. 油气成因判识

任何烃类流体中均含有 ^{12}C 和 ^{13}C 两种稳定的碳同位素，通常用 $^{13}C/^{12}C$ 的值确定 $\delta^{13}C$，而不同类型的油气具有不同的 $\delta^{13}C$ 值。目前烃类气体分类按有机成因母质不同分为油型气和煤型气，煤型气碳同位素比油型气碳同位素重，煤型气 $\delta^{13}C_1$ 一般在 $-28‰\sim-24‰$

范围，油型气一般小于 –28‰。按生成演化阶段划分为生物气、生物 – 热催化过渡带气、热解气和裂解气。生物成因气位于浅层地层，为微生物作用形成，碳同位素“轻”，$\delta^{13}C_1$值一般≤ –60‰；热成因气为有机质随埋深增大，温度增高，产生于干酪根或先期生成的原油，碳同位素“重”，$\delta^{13}C_1$ 值一般在 –60‰ ~ –20‰，不同类型油气碳同位素值的变化如图 5–2 所示。

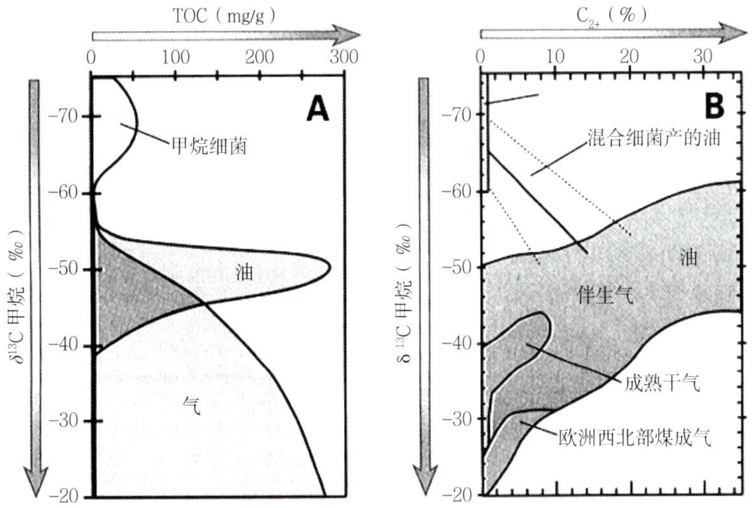

图 5–2　不同类型油气碳同位素值的变化（据 Leroy Ellis 和 Martin Schoell 等）

2. 油气成熟度判识

在油气生成过程中，根据碳同位素热动力学分馏理论，^{12}C-^{12}C 键较 ^{13}C-^{12}C 键和 ^{13}C-^{13}C 容易断裂。随着有机质成熟度的增高，形成的油气中的 $\delta^{13}C$ 值相应增大，即 $\delta^{13}C$ 值与有机质的热演化程度存在较好的相关性。利用碳同位素判识油气成熟度，主要有三种方法：一是建立甲烷、乙烷和丙烷的 $\delta^{13}C$ 值与 R_o 的关系图版或方程式，对油气热成熟度进行定性或定量判识；二是建立甲烷、乙烷和丙烷的 $\delta^{13}C$ 值之间的差值与 R_o 的关系图版或方程式，对油气热成熟度进行定性或定量判识；三是根据不同有机质的碳同位素分馏因子计算公式，绘制不同类型有机质甲烷、乙烷和丙烷的 $\delta^{13}C$ 值与 R_o 的关系图版，其中甲烷碳同位素与成熟度关系图版如图 5–3 所示，对油气热成熟度进行定性或定量判识。

3. 储层连通性判识

稳定碳同位素作为气体“指纹”检测技术，相比传统的泥浆色谱录井技术而言，其受钻井条件、烃类气体在钻井液中扩散及脱气过程中分馏效应的影响小，稳定碳同位素录井技术检测的随钻过程中烃类气体同位素值相对稳定，另外，不同油气系统在地质历史运移、成藏过程中烃类气体势必存在一定的差异，因此利用储层中烃类气体组分稳定碳同位素 $\delta^{13}C$ 值的差异性能够评价储层纵向和横向的连通性或封闭性。

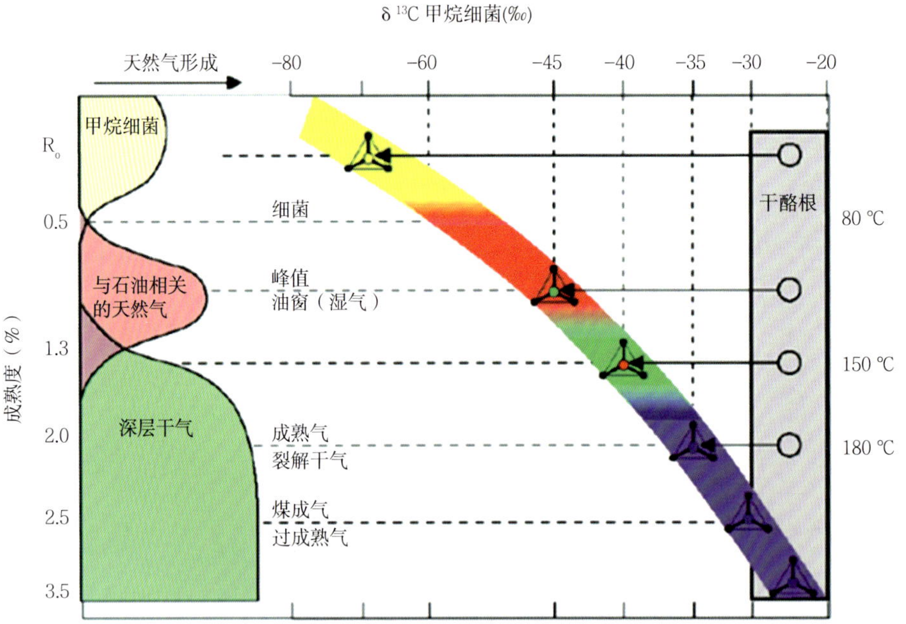

图 5-3 甲烷碳同位素与成熟度关系图版（据 M.Schoell）

一般情况下，连通的储层或者为一套油水系统的储层，稳定碳同位素值相似，反之，不连通的储层或不同油水系统的储层，稳定碳同位素值存在较大的差异，不同油水系统的稳定碳同位素值差异如图 5-4 所示。划分了 A、B、C、D、E 共 5 套层，分别进行地

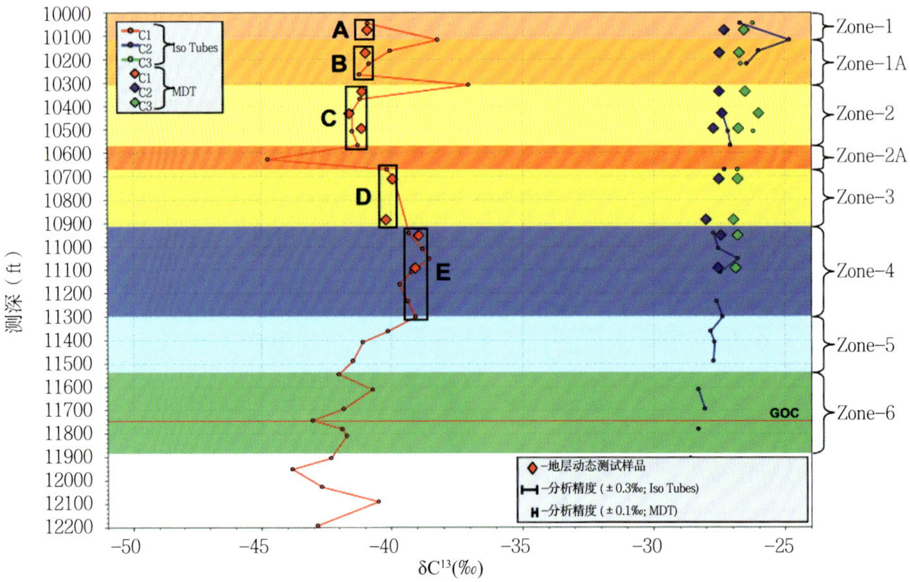

图 5-4 不同油水系统的稳定碳同位素值差异（据 Beeunas 等，2004；/ft=0.3048m）

层动态测试（MDT）和随钻烃类气体甲烷同位素检测，A、B、C 三套层具有相似的随钻录井稳定碳同位素值，推测三套层纵向上连通为一套油气系统，A-C 储层组合和 D、E 储层的稳定碳同位素值差异较大，表明 A-C 储层、D 储层、E 储层互不连通，以上分析与 MDT 烃类气体稳定碳同位素值分析一致。

4.“甜点”评价

在页岩气碳同位素录井工作当中，除了泥浆气的测量，岩屑罐顶气的测量也是一项重要的工作。岩屑罐顶气的测量并不是一次测量，因为岩屑的放气是一个随时间逐渐展开的过程，所以岩屑罐顶气测量对应一个完整的时间序列。通过某一个岩屑罐顶气碳同位素在时间序列下的变化特征，来分析该页岩样品的基本地质属性特征。目前主要应用于两个方面：通过岩屑罐顶气碳同位素变化速率分析页岩基质渗透性特征；通过岩屑解析气量与碳同位素平衡关系刻画页岩相对含气程度。罐顶气的“甜点”分析不仅可以应用于垂直井段，也可以应用于水平井段，它弥补了水平井段不易取心的难点。

（二）工艺流程

随钻过程中通过连续采集泥浆气和岩屑罐顶气两种样品，现场实时对泥浆气和罐顶气进行碳同位素的检测、分析与应用。

1. 仪器标定

1）CO_2–Ratio 基线矫正

设置参数，观察曲线振荡情况，在保证曲线振荡小于 1‰时可以开始进行同位素测量。

2）浓度矫正

标准样矫正误差在 1‰以下的，可以用来矫正色谱峰。

2. 样品采集

泥浆气样品采集，待到取样深度时，样品袋一端接泥浆气放空一端，另一端接至样品袋，气体充满样品袋后，将袋阀门关闭拧紧，标注样品的深度、全烃、取样时间和取样日期。

岩屑气样品采集，捞取与气样同一深度的岩屑，立即将岩屑样品放置于取样罐中，岩屑样品量约占取样罐体积的 1/2，倒入少量清水，使岩屑和清水总体积占取样罐体积的 3/4，水位位于取样罐边部的小箭头处，滴入 2 ~ 3 滴 Zephline Chlorite，盖紧取样罐。标注样品的深度、全烃、取样时间和取样日期，倒置。

3. 样品检测

在两个注样室当中注入样品，按照仪器规范的流程进行检测，两次进样时间差在 30 ~ 40s。

4. 数据处理

1）碳同位素数据处理

选择吸收峰较高的样品。选定三次标准样品的甲烷碳同位素均值（或某一次的标准样品碳同位素值）作为参照值计算分析样品的真值，计算方式如下：

分析样品真值 = 分析样品测试值 –（标准气体测试值 – 标准样品真值）

2）气体组分浓度的计算方法

分析样品组分浓度利用外标法进行计算，用样品分析各组分的积分面积与标准气体分析的各组分积分面积之比来求得，其计算方式如下：

分析样品 C_n 浓度 = 检测样品峰面积 × 标准气体 C_n 含量 × 标准气体注射量 /（分析样品注射量 × 标准气体峰面积）

三、元素录井技术

元素录井技术是通过对样品中的 Mg、Al、Si、P、S、Cl、K、Ca、Ba、Ti、Mn、Fe 等十多种元素的检测分析，依据元素构成矿物、矿物组成岩石、岩石组成地层的关系，来识别岩性和进行层位判断。元素、矿物成分的检测与评价是页岩油气层的重要研究内容之一，在化学地层评价、沉积环境识别、应力环境描述、水平井地质导向和压裂改造选层等方面具有重要的作用。

（一）岩性识别

页岩气通常使用 PDC 钻头 + 油基钻井液体系的钻井方式，导致岩屑细碎，常规方法难以准确识别岩性。因此，配套元素录井技术能够辅助判断岩性，准确卡取层位。

从 X 射线荧光元素分析谱图和实测数据可以看出，不同岩性的元素分析谱图特征不同，相同岩性的元素组合特征相似。Si 元素在砂岩中富集，表现为含量高值，Fe 元素含量减少，Si、Fe 元素为异向性，二者呈负相关关系（影响因素：硅质泥岩、燧石层中 Si 含量也较高）；泥岩类的元素含量与砂岩相似，区别是 Fe、Al、S、P、K 在泥岩中富集（影响因素：长石砂岩、钾盐中 K 含量较高）；Ca、Cr 元素在灰岩中富集；Mg、Ca 在白云岩中富集。

（二）脆性评价

脆性评价是储存岩石力学特性分析的重要内容，也是压裂选层的重要依据。泥页岩储层的岩石力学特性对油气开发影响极大，通过开展泥页岩力学特性和脆性评价方面的研究，可以为泥页岩油气钻井和压裂设计工作提供技术支撑。泥页岩的脆性与其弹性参数和矿物组成关系密切，通过数值模拟和实验测量，利用综合弹性参数和矿物组成实现单井脆性评价。

根据岩屑或岩心脆性矿物含量与脆性指数判别。脆性矿物含量估算公式为：

$$V_{\mathrm{BRIT}}=V_{\mathrm{Si}}+V_{\mathrm{CO_3}} \tag{5-1}$$

式中 V_{BRIT}——储层脆性矿物含量，%；

V_{Si}——储层石英质（石英、长石）矿物含量，%；

V_{CO_3}——储层碳酸盐矿物（方解石、白云石）含量，%。

$$BRIT=V_{Si}/(V_{Si}+V_{CO_3}+V_{Sh}) \tag{5-2}$$

式中 BRIT——储层脆性指数，无量纲；

V_{Sh}——储层黏土矿物含量，%。

BRIT≥0.5、V_{BRIT}≥60，认为页岩气储层改造易形成放射状网络裂缝；BRIT≤0.2、V_{BRIT}≤30，认为页岩气储层改造易形成单缝。

为了更好确定储层的优劣，根据元素含量计算出泥质、云灰质和长英质的百分比含量，对施工区域元素录井数据进行分析，确定出了优质储层的元素含量范围，建立元素录井优质储层的三角形解释图版，如图5-5所示。

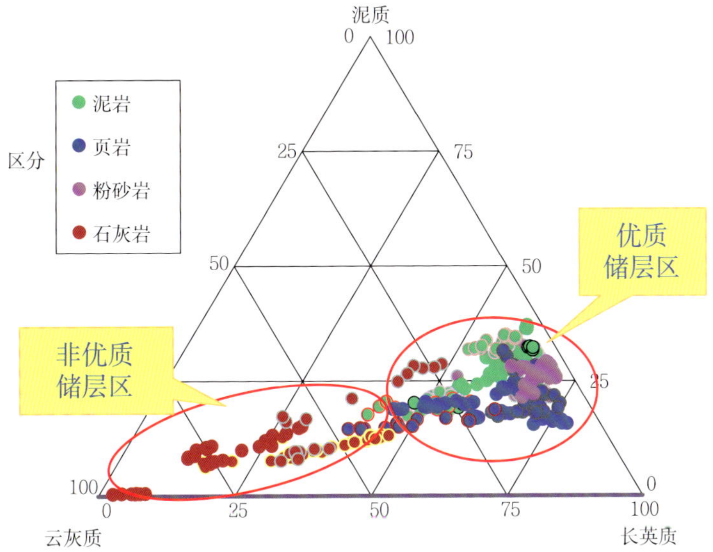

图5-5 元素录井优质储层三角形解释图版

（三）精细地质导向

元素录井数据携带了丰富的地层信息，为地层识别以及评价参数计算提供了数据支持。利用元素录井数据识别控制点、目的层、钻头穿行状态和评价页岩参数，可为页岩气水平井地质导向提供依据。

焦石、江东、威荣、南川区块龙马溪组–五峰组一段的9个小层均为深水陆棚相，纵向上小层岩性不同，元素含量也不同。根据岩石的矿物成分，可将岩相划分为黏土质、钙质和硅质等3类。

在地质导向过程中会遇到地层变化复杂、水平段长、钻遇率难保障、岩屑识别困难等难题，尤其使用常规LWD工具施工时盲区过长、无方位伽马，难以及时、准确判断轨迹与地层的切割关系。因此，推广“元素录井＋常规LWD工具”的地质导向模式，为水平井地质导向提供判断依据，有效提高优质储层钻遇率。各工区目的层①～⑨小层元素特征明显，9 个小层 Si、Al、Ca、Fe、Mg、S、P、K 等元素具有明显变化特征。对南川工区龙马溪组－五峰组利用元素录井特征进行了小层划分，结果如图 5-6 所示。

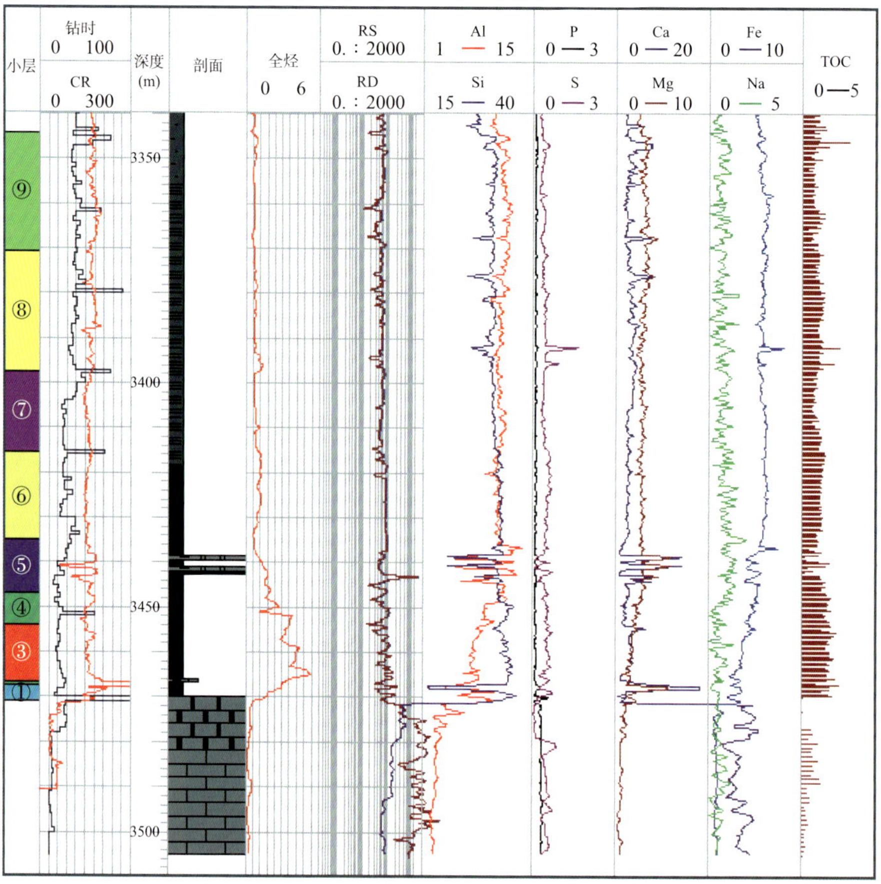

图 5-6　南川工区龙马溪组－五峰组元素录井分层剖面

四、伽马能谱录井技术

伽马射线通过伽马能谱录井仪器的闪烁体时，脉冲幅度与粒子在闪烁体内消耗的能量成正比，根据脉冲幅度的大小可以确定入射粒子的能量，利用脉冲幅度分析器可以测定入射射线能谱，确定页岩气储层中放射性元素 U、Th、K 的含量。伽马能谱录井是地质层位识别、储层评价和地质导向的重要参考依据。

（一）小层识别

威荣工区龙马溪组整体具有如下特征：进入 1 亚段④小层，岩屑伽马明显上升，U 值升高，Th 值降低；进入③小层，岩屑伽马显著上升，U 值升高，Th 值降低；进入

②小层，岩屑伽马从高值开始降低；进入①小层，岩屑伽马、U 值开始升高；进入五峰组灰岩，岩屑伽马、U 值从高值明显下降。

根据区域上龙一段各小层特征，利用伽马能谱录井数据可以很好地划分小层。对 W4-X5HF 井利用伽马能谱录井曲线进行小层划分，结果如图 5-7 所示。

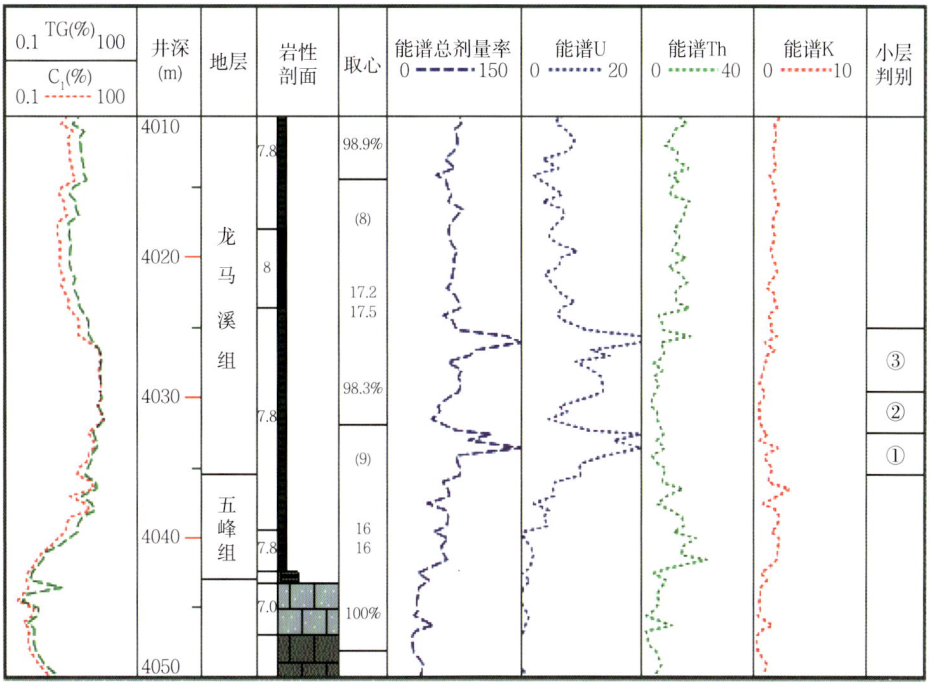

图 5-7 W4-X5HF 井利用伽马能谱录井曲线进行小层划分结果

（二）储层评价

富含有机碳的高放射性页岩气储层在伽马能谱曲线上的特征是钾和钍含量低而铀含量高。龙马溪组中上部是典型的普通页岩，钾和钍含量高，铀含量低；下部的页岩是富含有机碳的优质储层，其特征是钾和钍含量较低，总伽马剂量率和铀含量特别高，在自然伽马能谱曲线上具有高伽马、高铀、低钾、低钍的“两高两低”特征，利用 γ 能谱总剂量率、U/K 以及能谱 TOC 数据，可对储层进行评价，W4-X5HF 井利用伽马能谱录井曲线进行储层评价结果如图 5-8 所示。

（三）辅助地质导向

龙马溪组底部优质页岩段沉积环境相近，岩性特征相似，当水平巷道在箱体内钻进时，常规钻时、岩屑、气测等资料和随钻自然伽马曲线难以判断水平巷道位置及轨迹的上穿和下切。由于 U 含量在龙一段底部出现高异常段，因此可以充分发挥伽马能谱录井优势，寻找地区标志性特征，利用 U 含量值、各曲线变化形态、参数比值等对小层进行划分，实现小层的精确定位，解决单伽马地质导向问题，实时辅助地质导向，提高优质页岩气储层钻遇率。W4-X5HF 井利用伽马能谱录井曲线识别小层位置辅助地质导向结果如图 5-9 所示。

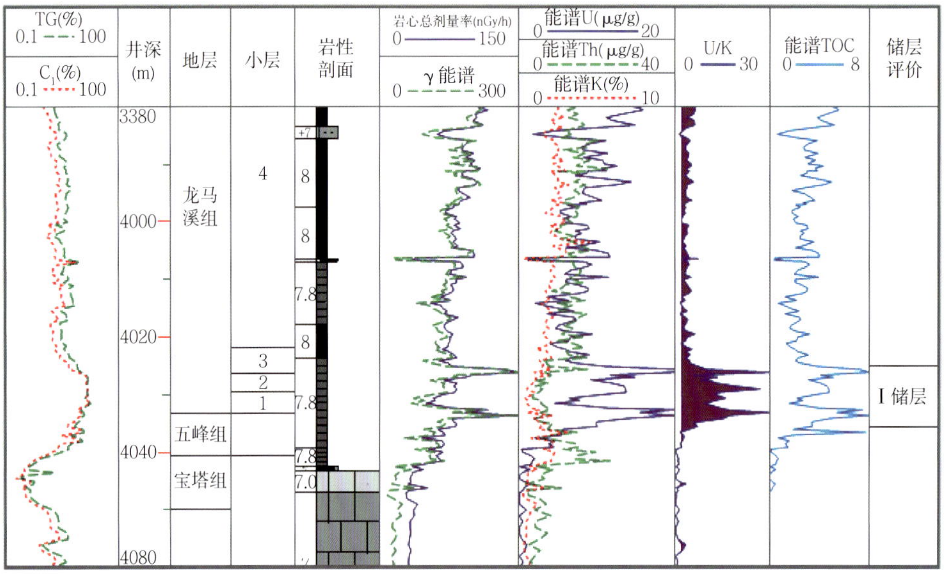

图 5-8　W4-X5HF 井利用伽马能谱录井曲线进行储层评价结果

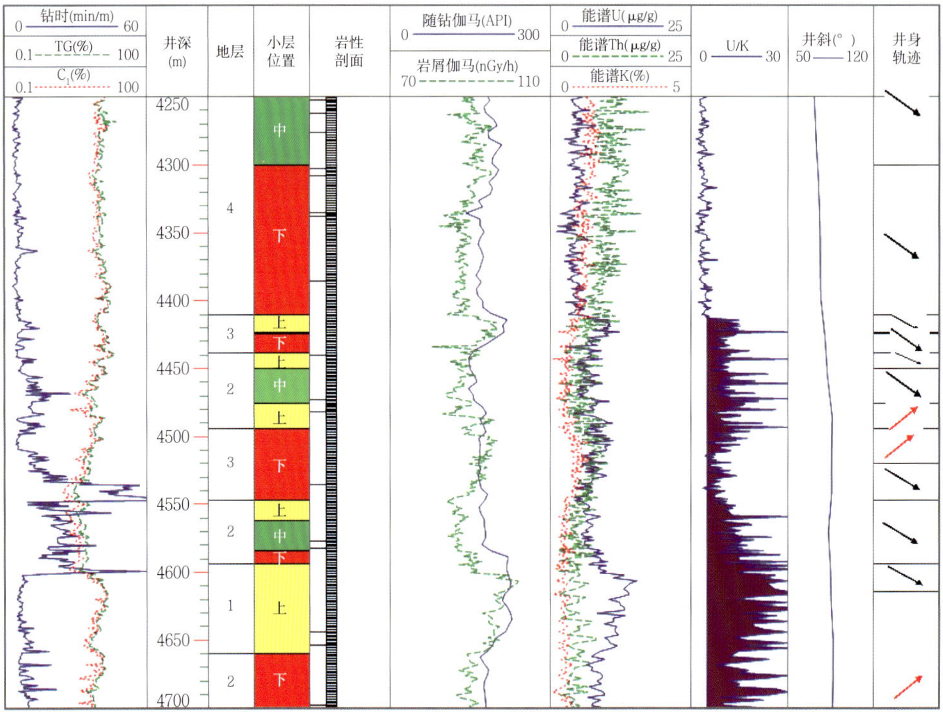

图 5-9　W4-X5HF 井利用伽马能谱录井曲线识别小层位置辅助地质导向结果

第二节 测井工艺

页岩气开发测井中面临井眼条件复杂、水平段长和无钻机情况下的高时效考验，对测井一次成功率和取全取准资料的要求高，给传统测井技术带来极大的挑战，测井技术也随之不断迭代升级，发明了直推存储式测井仪器和大功率牵引器，开发了连续油管传输测井工艺，保障复杂水平井测井资料应采尽采。

一、直推存储式测井

直推存储式测井系统由地面系统和下井仪器两个部分组成。其工艺特点类似于随钻测井，作业时，井下仪器串通过渡短接连接在钻具底部，通过钻具输送一次入井完成所有项目的测量，实时存储测井数据，成为目前页岩气水平井测井的主要工艺技术之一。

（一）技术要点

直推存储式测量系统由地面控制系统、各类传感器及井下仪器组成。以 SEMLS-1000 测井系统为例，井下仪器的一般连接顺序如图 5-10 所示，包括全套常规测井 + 阵列声波测井 + 阵列感应测井项目。为了提高“一趟测”长组合仪器的通过性，在主要仪器之间加装挠性短节，声系两端加装扶正器。

其主要技术特点如下：

（1）收集井底温度、井底压力、深度传感器接头尺寸、钻具组合、井身结构、井眼轨迹、钻井施工复杂情况、钻井液性能、油气显示等基础资料，根据测井项目和施工井基础资料编制测井施工设计方案，选择性能满足测井施工要求的仪器和电池，确定测井仪器下井组合顺序。

（2）选择合适的过渡短节，检查过渡短节探伤情况，施工前应进行外观检查，过渡短节螺纹、台阶面完好，本体外径无磨损。

（3）施工前对所使用电池电量进行检测，电池电量应满足 1.5 倍测井作业时效。

（4）核对钩载、深度传感器能否与钻机系统正常配接。

（5）连接时深系统，通电检查传感器工作状态，确认信号采集正常。

（6）联合钻井队检查确认提升设备完好，核对下井钻具组合，明确测井起始深度、井底位置深度及钻具编号。

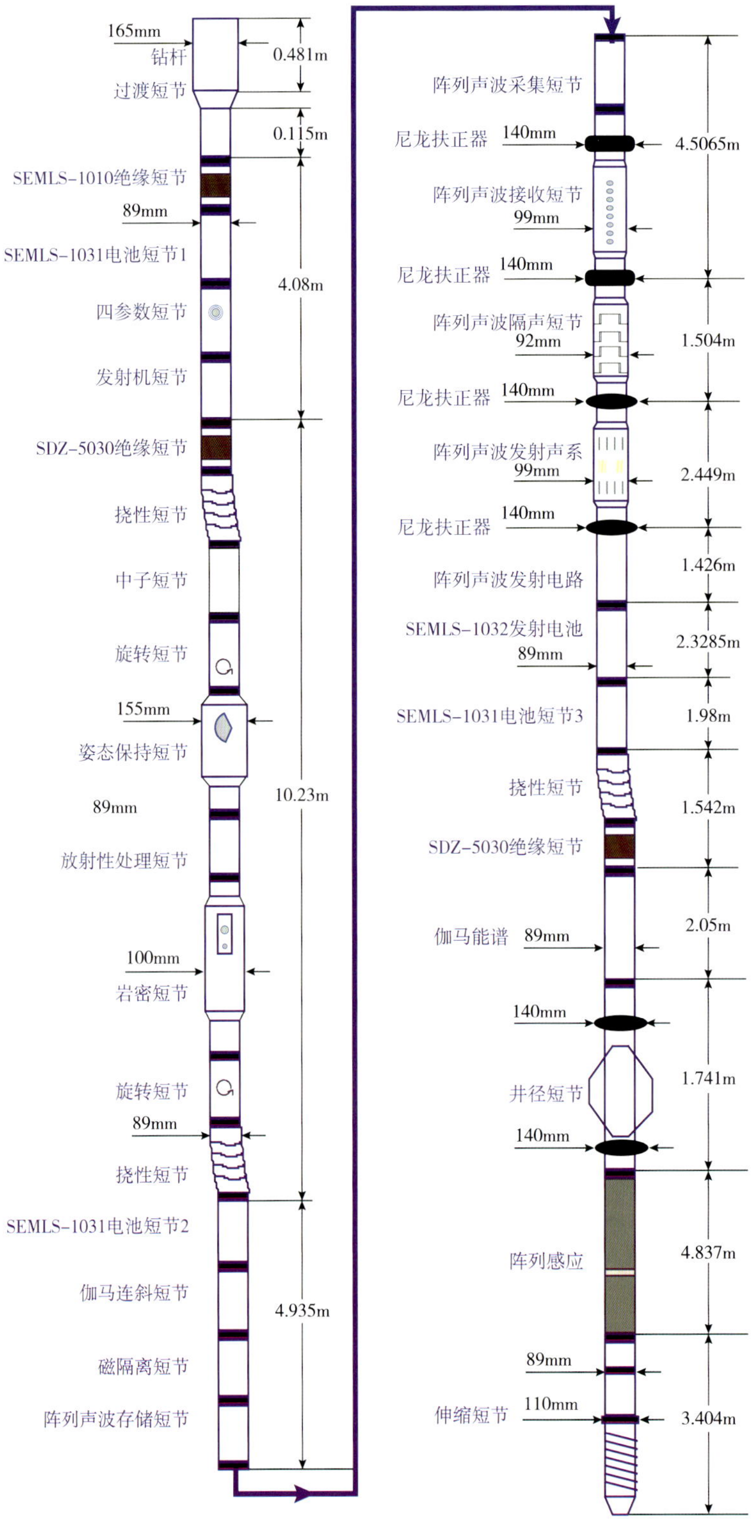

图 5-10　SEMLS-1000 井下仪器连接顺序

（二）主要工艺流程

主要工艺环节包括：生产准备、配合方技术交底、明确测量任务、井眼准备、工具准备、工具安装、下钻测井、起钻测井、拆卸仪器、读取数据和资料验收等。

1. 井眼准备

（1）钻井队完钻后通井，保障井眼稳定，钻具起下钻顺畅，测井前起下钻摩阻＜20 吨。

（2）钻井队起钻前循环钻井液两周以上，至振动筛上无明显掉块，用 80～120 目过滤器过滤钻井液。

（3）准确计算油气上窜速度，计算井眼稳定时间，确保稳定时间大于测井所需时间的 1.5 倍。

2. 工具安装

（1）钻井队协助测井队连接绞车传感器和钩载压力探测器，配合测井队标定深度。

（2）钻井队配合测井队在井口连接调试仪器。

（3）测井队对仪器授时（预设开始测井记录时间），上部通过公头总成连接到钻杆。

3. 下钻测井

（1）下钻前十柱及起钻后十柱，司钻听从测井队井口坐岗人员指令。

（2）下钻过程中，操作要平稳，禁止顿钻、溜钻。

（3）下钻过程中，严格按照钻具表顺序下钻。如下钻过程需要甩加单根，必须提前告知测井队。

（4）套管内下钻速度≤ 15m/min，裸眼下钻速度≤ 9m/min，下钻时若出现遇阻净增加 2 吨以上，反复活动三次还是无法通过，井队起钻通井。

（5）下钻过程中，出现影响起下钻作业的意外情况时要及时通知测井方。

（6）录井队配合钻井队做好下井钻具的记录。

（7）下钻测井到离人工井底 10m 左右，停止下钻，准备上提测井。

（8）钻井方、录井方、测井方核对下钻数据。若数据准确，起钻测井；若数据不准确，查找问题。

4. 起钻测井

（1）起钻测井过程中，严格按照钻具表顺序起钻。起钻测井过程需要甩加单根，必须提前告知测井队。

（2）起钻过程中，操作应平稳，禁止顿钻、溜钻。

（3）起钻速度套管内＜ 15m/min，裸眼内＜ 9m/min。

（4）如起钻过程中出现钻具内喷浆现象，钻井队需通知测井队，自行决定处理措施。

5. 安全要求

（1）若起下钻有遇阻卡现象，并超过正常摩阻 2 吨，钻井队应停止操作，与测井队沟通后进行处理。

（2）钻井队循环钻井液时，泵压≤ 10MPa。

（3）钻井队在进行其他作业（如灌浆、维修设备等），需钻具坐卡时，必须提前告知测井队，以防深度跟踪错误。

6. 资料预处理和质量验收

测井结束后用计算机连接仪器检查和读取数据；对测井时间和深度进行校正；将井下数据文件和时间、深度文件合并转成 rdr 文件，进入 5700 系统导入 rdr 文件，选择相应刻度和参数重新进行计算，检查曲线的相关性并处理。经过数据质量检查和验收，测井资料合格，则按要求提交测井原始数据。

如果测井资料质量不合格，则换仪器重测，或者执行测井设计相关预案。

（三）复杂情况预防与处理

1. 仪器遇阻

仪器下放过程中遇阻，悬重变化超过 2 吨或钻具遇阻明显，且在同一遇阻点遇阻 3 次，起钻，仪器起出井口后，井队通井。

2. 仪器遇卡

（1）若遇卡，钻井队首先应在测井队要求下，在上提悬重增加 5 吨或下放悬重减小 2 吨的范围内活动钻具；若无法解卡，应立即建立循环，循环排量控制在 $1.2m^3/min$ 范围内。

（2）根据权限指引，上提张力最大增加量至 10 吨。

（3）直推式测井不允许旋转钻具，若遇到确实需要转动钻具的极端情况，需向作业方上级及甲方主管领导请示，批准后方可旋转钻具，旋转钻具控制范围：转速＜ 10r/min，扭矩＜ 20kN · m。

（4）若不能解卡，则优先考虑井控风险。井队请示甲方并获得批准后，执行钻井卡钻处理程序。

3. 仪器落井

根据起钻情况判断断裂位置。若是钻具断裂导致仪器落井，则由钻井队按照打捞钻具的方式进行打捞；若是钻具与仪器连接处断裂，则由测井队采用卡瓦打捞的方式进行打捞。

二、牵引器传输测井

牵引器传输测井是将测井仪器（枪串）连接在牵引器尾端，通过电缆向牵引器供电，驱动牵引器向前移动，将测井仪器送到目的层的一种测井工艺。

（一）技术要点

牵引器测井系统由地面系统和井下仪器两部分组成，地面系统如图 5-11 所示，井下仪器如图 5-12 所示。测井仪器（枪串）输送到目的层位后，先断开牵引器供电，再向测井仪（枪串）供电，上提电缆，完成测井或射孔作业。该工艺测井成功率高，返工成本低。没有钻机配合时，可以采用吊车配合施工。

图 5-11　牵引器地面系统

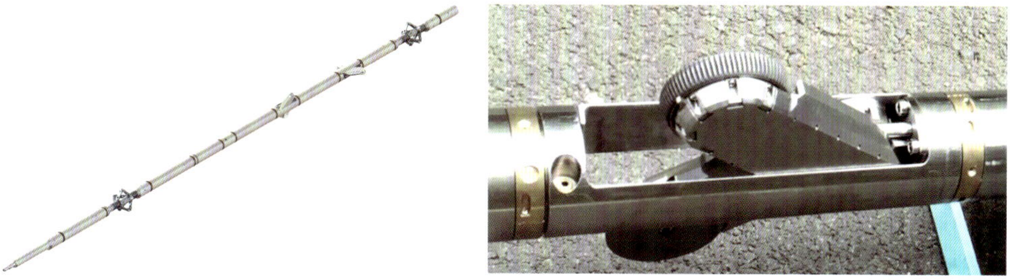

图 5-12　井下仪器

其主要技术要点如下：

（1）在牵引器传输测井前应进行通井、刮管等井筒清洁作业，确保井筒通畅、无杂物。

（2）一般要求最大井斜角＜ 97°，每 30m 井斜变化率＜ 12°。在井筒清洁、轨迹平滑的情况下，该工艺应用的最大井斜纪录是 116.29°。

（3）直井段上提、下放速度按≤ 50m/min 控制；当需要从变径外通过时，上提、下放速度按≤ 10m/min 控制；若井斜超过 50°，则上提、下放速度按≤ 30m/min 控制。

（4）若仪器遇阻，则马上停止绞车，将电缆缓慢上提到保持拉直，使电缆的实际拉力达到安全张力以上。

（5）为减小井下仪器发生旋转与电缆自身剪切应力快速释放造成的影响，需要在牵引器和电缆相连接的部位设置旋转短节。

（二）主要工艺流程

主要工艺环节包括：生产准备、配合方技术交底、明确测量任务、举行施工班前会、现场准备、井口安装、测井作业、拆卸仪器和资料验收等。

1. 现场准备及井口安装

（1）绞车摆放应与井口距离＞25m。绞车应与井口、滑轮保持在一条直线上。车辆前轮回正，后轮安放掩木。

（2）天滑轮与T形吊卡连接，安装在吊卡内确认锁好，并加装二次保险装置。地滑轮用链条或钢丝绳固定在井架横梁上，距离钻台0.4～0.8m。

（3）井口安装完成后，应要求井队将井口转盘和游动滑车锁死。

（4）吊装仪器设备时，不应在悬挂的重物下工作、站立、通过，上下钻台时应手扶扶梯，不应携带重物。

（5）井口组装仪器时，锁好井口仪器卡盘，盖住井口组装台缺口，不应在井口转盘上搁放物品或工具。

（6）外接电源应由井队有资质的人员进行安装，确认电压、频率等参数符合设备要求。安装接地线，接地电阻应＜4Ω。

（7）安装张力线、井口视频线等地面连接线时，做好保护措施，避免人员踩踏、重物打击等造成损伤。

（8）在无钻机配合的情况下，天滑轮由吊车悬挂。其他过程与钻机作业相同。

2. 测井作业过程

（1）仪器下放。下放速度应符合《石油电缆测井作业技术规范》（SY/T 5600—2016）中的要求，下放仪器到自然遇阻后，上提测量50m以上的重复曲线，完成后下放仪器至自然遇阻状态。

（2）仪器推送。启动牵引器向下推送仪器。应按牵引器操作规程操作仪器，根据现场实际情况调整牵引参数，确保仪器平稳运行。通过张力控制牵引速度与电缆下放速度一致。推送仪器串至目的层位。

（3）资料测量。使用牵引器将测井仪器推送至目的层后，关闭牵引器，切换供电方式，向测井仪器供电。通电检查工作正常后，开始上提仪器测井，测井速度应符合《石油电缆测井作业技术规范》（SY/T 5600—2016）中的要求。

（4）测井完毕。上起电缆，在仪器起出井口后，拆卸仪器串。

（5）拆卸设备。确认资料采集齐全并验收合格后，按安装顺序的逆顺序拆除井口，对测井仪器进行拆卸、保养，回收测井仪器，井口交配合方。

（三）复杂情况预防与处理

1. 仪器遇阻

（1）仪器在牵引过程中遇阻，应及时与现场监督和现场协作方（钻井队、作业队、试气队）联系，告知遇阻情况。测井曲线应记录遇阻情况。

（2）在同一深度点出现遇阻达到 3 次，应告知协作方处理井筒。

（3）遇阻后，若上提电缆过程中有遇卡现象，应通知协作方进行后续井筒处理。

2. 仪器遇卡

（1）严格按操作规程进行电缆测井作业，调整好绞车的系统扭力，认真观察张力变化，以及时发现挂卡现象。

（2）遇卡后，根据张力和深度及时判断是仪器在井下遇卡还是电缆在井口遇卡，分析遇卡原因。

（3）如确认是仪器在井下遇卡，在安全张力范围内应缓慢上提仪器，观察仪器能否解卡，同时，应尝试启动牵引器的往复牵引，以活动井下仪器。

（4）如井下仪器始终无法解卡，应向甲方代表汇报情况，商讨解卡、打捞方案，准备解卡、打捞作业。

三、连续油管传输测井

连续油管传输测井是将测井仪器连接在连续油管下端，依靠连续油管自身的强度和韧性将井下测井工具、仪器送至水平段或大斜度井底，完成资料录取的一种测井工艺，应用范围包括连续油管存储式测井、带电缆连续油管井下电视测井、带光缆连续油管产气剖面测井等。

（一）技术要点

测井常用的连续油管外径有：25.4mm、31.8mm、38.1mm、44.5mm、50.8mm 和 60.3mm。该工艺现场安装简单方便，无须井架、钻杆或油管，现场作业情况如图 5–13 所示。

连续油管可以在带压情况下，进行连续展开和回收作业，无须压井或关井；可以随时泵送流体，为作业提供了很大的便利和灵活性。与电缆作业相比，连续油管拥有相对较大的承载能力，同时拥有较好的拉伸性能以及井下超载提升能力。

测井前需采用连续油管通井，要求摩阻＜ 10t。入井前用软件模拟工具串入井过程，根据模拟结果优化入井工具串结构。

图 5–13 连续油管现场作业情况

（二）主要工艺流程

主要工艺环节包括：生产准备、配合方技术交底、明确测量任务、举行施工班前会、作业准备、测井作业和资料验收等。

1. 连接绞车传感器，标定深度

使用与连续油管设备配套的深度传感器，将传感器安装在连续油管设备的注入头部分，传感器的链轮与注入头处的链条接触，链条带动传感器链轮，使其和链条做同步运动。连续油管深度传感器安装完毕后，将传感器总线连接到数据处理面板，开机试运行，标定深度。

2. 打开井口，井口连接调试仪器

井口连接仪器时，采用吊车吊装仪器对接。一般采用从下往上逐步组装连接仪器，专人指挥吊车，缓慢操作，对接仪器，避免不居中、下压过多导致仪器对接失败的现象。仪器安装后，调试检查仪器工作状态，确保仪器工作正常。

3. 仪器上部通过公头总成连接油管

仪器与连续油管通过公头总成进行连接。由于连续油管有一定弯曲现象，对接困难时，可加柔性短节，克服连续油管接头弯曲带来的影响。

4. 连接井口防喷管等井控设备

根据井控要求连接井口防喷管。连接完毕后，以最低排量注水返排，确保井筒内液面补水至井口，尤其是测井资料需要测到井口时，一定要注意补水至井口，以免资料漏测。

5. 下放测井

连续油管在过防喷盒和压裂井口时，速度≤ 5m/min，试下 30m 观察设备运转情况。待正常后，速度应保持在 10m/min 匀速下放，每下入 300m，进行一次上提测试，查看悬重是否在正常值之内。

下放测井到离人工井底 50m 左右，速度≤ 5m/min。下入深度以连续油管作业队提供的数据为准，下放至距离前一趟连续油管通井所探的人工井底位置或者遇阻位置前 10m，停止下放。

连续油管方、测井方核对下钻深度数据，若数据准确，则起钻测井。

6. 上提测井

上提连续油管，观察悬重，速度控制在 10m/min，当连续油管末端距井口 50m 时，连续油管上提速度应降为 5m/min；当连续油管末端距井口 20m 时，连续油管上提速度应降到 2.5m/min 以下。

一般不允许无故停、放连续油管设备。测量过程中，连续油管设备如果需要停止运行，检查维修，应提前通知测井队记录停止时间。

上提连续油管直到井下工具连接头探至防喷盒，拆卸井口及工具串。

7. 读取数据和资料验收

测井仪器交由测井队读取资料，资料验收正常，拆卸深度传感器，回收工具，施工完成。

（三）复杂情况预防与处理

1. 遇阻

（1）若在仪器下放过程中，管串摩阻过大，可加入减阻剂，降低摩阻，确保下钻顺畅。

（2）若仪器下放过程中，仪器遇阻超过正常摩阻 2t 或连续油管遇阻明显，且在同一遇阻点遇阻三次，需记录遇阻曲线，起连续油管，待仪器提出井口后，通井。

2. 遇卡

上提测井，若遇卡，以 7～10m/min 的速度上下活动连续油管尝试解卡，活动过程中密切关注悬重变化。上提悬重控制在连续油管 80% 屈服极限，以及仪器最大抗拉强度控制在 80% 以内，下压悬重控制在 2t 以内。

如果不能解卡则进行以下步骤：

（1）保持下压力 2t，泵注 $3m^3$ 金属减摩阻剂。

（2）泵注金属减摩阻剂的过程中，控制泵压在 40MPa 以内，开返排，控制井口压力在 20MPa 以内。

（3）待金属减摩阻剂全部进入井筒后，停泵关井，关注悬重变化。

（4）如果下压悬重值没有恢复，尝试上提油管至正常悬重后，重新下压 2t，没有效果则重复尝试。

（5）如果悬重恢复，则表明连续油管解卡，低速（5m/min 以内）上提油管并保持泵注，泵压控制在 40MPa 以内，使金属减摩阻剂布满整个井筒。

（6）如果多次下压无法下入，则尝试上提油管解卡，上提力尽量控制在连续油管 80% 屈服极限，以及仪器最大抗拉强度控制在 80% 以内，上提前通知无关人员远离危险区域。

（7）如果不能解卡则继续开泵正循环，泵压控制在 40MPa 以内，循环 1.5 周井筒体积后停泵关返排，上下活动尝试解卡。

3. 连续油管挤毁

当井内压力远大于连续油管内压时，容易造成连续油管挤毁。如果连续油管循环压力出现异常增加，可以判断连续油管发生挤毁，按以下措施处理：

1）挤毁延伸至防喷盒以上（连续油管活动困难，防喷盒处泄漏）

（1）关上防喷盒剪切闸板，待连续油管落入井内，关闭井口主阀。

（2）井口防喷装置泄压后，释放防喷盒自封压力，摘除防喷盒密封胶芯和铜套。

（3）回收剩下的连续油管。

（4）压井，讨论下一步落井连续油管打捞计划。

2）挤毁发生在防喷盒以下（多次尝试上提毫无进尺而下放正常）

（1）下入连续油管，确认连续油管完好部分下至防喷盒半封以下，关上防喷盒卡瓦闸板和半封闸板。

（2）压井，防喷管内泄压后，释放防喷盒自封压力，摘除防喷盒密封胶芯和铜套。

（3）打开防喷盒半封和卡瓦闸板，回收连续油管。

4. 连续油管下放失速

连续油管下放失速，一般发生在连续油管下至井内较深位置时。如果出现油管失速，则按以下步骤进行处理：

（1）主操作人员将连续油管注入头和滚筒方向控制手柄置于入井工位，增加注入头夹紧力。

（2）如果出现泄漏，可增加防喷盒压力。

（3）如果连续油管继续落井，将注入头方向控制手柄置于中位，关上防喷盒卡瓦闸板。

（4）如果连续油管停止落井则关上防喷盒半封闸板，关上防喷盒半封，待井控有效后再进行以下步骤。

（5）对注入头链条卡瓦进行检查，清理。

（6）适当调高注入头夹紧和张紧系统的最高工作压力。

（7）整改完成后调高链条夹紧力，打开防喷盒半封和卡瓦闸板，如果油管没有再发生失速现象则上提油管。

（8）将卡瓦闸板夹持的油管部分上提至地面后，检查油管。如果没有损伤，则继续作业；如果损伤严重，则继续回收连续油管，讨论下步作业计划。如果连续油管继续落井，则会落至井底或井内障碍位置，待连续油管停止后，上提连续油管。如果上提遇卡，则按遇卡的应对措施进行处理。

第三节　测录井综合解释评价

综合解释评价以页岩气“七性关系”分析为基础，建立页岩气测录井综合评价体系，以测井评价的页岩气储层地化参数、物性参数、脆性参数以及测井曲线变化特征等为依据，结合岩心、岩屑和气测录井信息，制定页岩气测录井分类划分标准，为页岩气勘探开发提供科学依据。

一、页岩气储层识别

通过对页岩气储层测录井响应特征及响应敏感的测井曲线进行分析，利用曲线重叠、交会图等技术方法，可以准确识别页岩气优质储层。

（一）页岩气储层测井响应特征

相对于普通页岩，页岩气储层具有地层脆性矿物含量高、黏土含量低、有机质丰度高、含气性好的特点，使得其与普通页岩测井响应特征存在明显差异。通过不同工区页岩气有效储层研究表明，五峰组－龙马溪组的优质页岩气储层的测井响应特征见表 5-3，具有“四高三低”特征，即自然伽马高异常（120～400API）、高铀含量、相对高声波时差、相对中高电阻率、相对低无铀伽马、中低体积密度（优质储层段密度通常低于 $2.55g/cm^3$）和相对低补偿中子；游离气含量较高时，补偿中子具有天然气“挖掘效应”特征。

表 5-3 五峰组－龙马溪组页岩气层测井响应特征

测井曲线	曲线特征	影响因素
自然伽马	高值，一般高于 120API	页岩中富含有机质
铀曲线	高值	
声波时差	较高，常有周波跳跃	有机质丰度高，声波时差大；含气量增大，声波时差变大
中子	相对低值	含气量增加，中子值变低（挖掘效应）
密度	中低值	有机质丰度高，含气量增加，密度值变低
电阻率	相对中高值	脆性矿物含量增加，有机质丰度高，成熟度适中，电阻率增高

（二）页岩气储层识别技术

1. 利用“四高三低”测井响应识别储层

页岩气储层是富含有机质的页岩，有机质成熟度适中，具有一定的储集空间，游离气和吸附气在其有机质和储集空间内聚集。相对于普通页岩，含气页岩的自然伽马值更高，并受有机质吸附的影响表现为高铀特征。

受储集空间和富有机质、含气的影响，含气页岩普遍具有更高声波时差和更低体积密度特征。页岩一般表现为高中子孔隙度，游离气含量高的优质储层段受天然气挖掘效应的影响，补偿中子显著降低。

富气页岩相对普通页岩而言，由于有机质含量高、含气性好，电阻率相对较高，根据“四高三低”测井响应特征可以直观识别页岩气储层。

结合岩心分析资料以及录井资料来看，如图 5-14 所示，井段 X385～X410m，含铀伽马曲线与无铀伽马曲线响应差值 60～100API，时差较高、密度和中子降低，录井和岩心分析资料均显示为较好的页岩含气层。而在 X250～X290m 以及 X416m 以下的深度范围内，两条伽马曲线差异较小或者无差异，密度较高、中子特高或特低、电阻率较低或特高，为较差的页岩气储层甚至非储层。

2. 声波 - 电阻率曲线重叠法识别储层

该方法基于 Passey 的 $\Delta \lg R$ 方法计算地层总有机碳含量的原理。它假设烃源岩与非烃源岩地层矿物成分一致或基本不变，调整曲线刻度范围，使一条孔隙度曲线（一般为声波时差曲线）与深电阻率曲线在泥岩处重合，重合处的泥岩为非烃源岩，而 $\Delta \lg R$ 值明显变大处即为烃源岩层。因为地层中高有机质含量导致声波时差测井出现高值，但排除岩性变化对电阻率的影响，电阻率曲线的变化还受有机质成熟度和孔隙流体的综合影响，在声波时差变大的同时电阻率也变大意味着有机质成熟度变高，烃源岩进入生烃阶段。

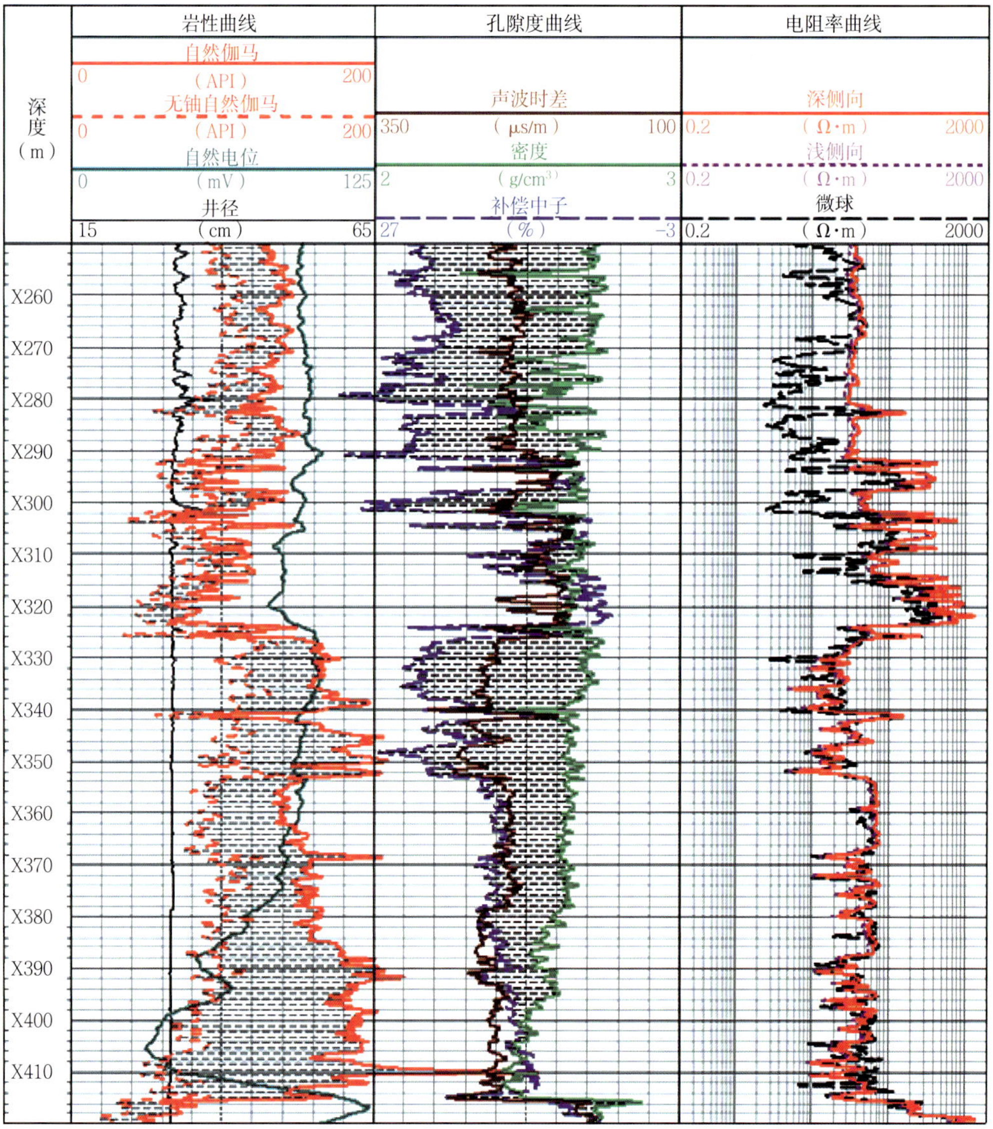

图 5-14　页岩气储层测井响应特征实例

如图 5-15 所示，图中 A、E 层，声波时差和电阻率曲线重合，代表非源岩泥质层段或水层，二者的区别在于非源岩泥质层段导电，使电阻率相对水层电阻率低，同时声波时差值较小；在 C、F 层，受有机质影响声波时差值明显升高，但二者成熟度的差异导致成熟度较高的烃源岩层段视电阻率值的增大而增大。

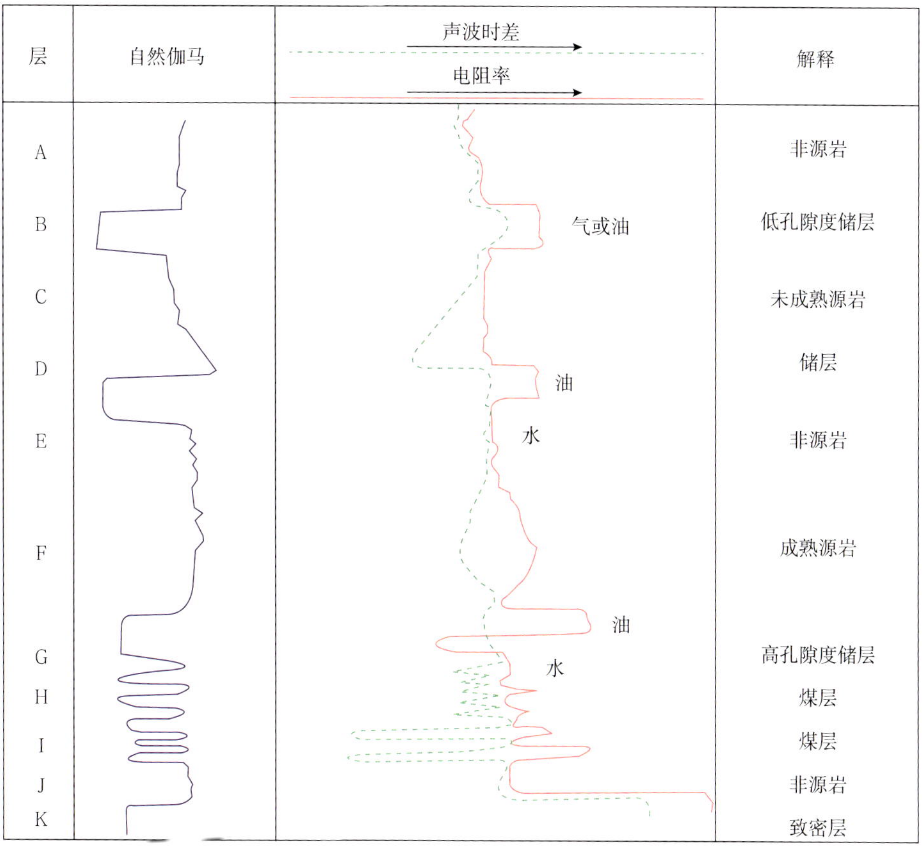

图 5-15 曲线重叠法识别页岩气储层（烃源岩）示意

该方法只是对烃源岩做了定性识别，未给出烃源岩的岩性特征，因此，要进一步识别页岩气储层还需结合其他测井曲线或者录井资料来综合定性判断。

3. 常规测井资料交会图法识别储层

优质页岩气储层与普通页岩地层在有机质含量、孔隙度以及含气性方面存在显著差异，导致对优质页岩储层测井响应敏感的测井曲线（自然伽马能谱、双侧向、补偿密度、补偿声波和补偿中子孔隙度等测井资料）响应特征相对于普通非储层页岩地层存在明显差异。因此，优质页岩气储层与普通页岩地层在测井响应值域分布区间上存在显著差异，利用测井资料交会图技术突出其差异特征，能够准确地进行优质页岩气储层测井识别。

通过对页岩气储层测井响应敏感的测井曲线交会方法对比分析，认为 CNL-AC、

DEN-CNL、AC-RD、DEN-GR 及 U-Th/U 等交会图方法都可以有效识别优质页岩气储层。川南地区龙马溪组－五峰组页岩储层测井曲线交会图如图 5-16 所示。

4. 元素测井和岩性扫描测井识别储层

元素俘获能谱（ECS）测井可直接获取地层中 Si、Ca、Fe、S、Ti、Gd、Al 等 8 种元素，其中 Si 主要与石英关系密切，Ca 与方解石和白云石密切相关，利用 Si 和 Ca 可以计算石膏的含量，Fe 与黄铁矿和菱铁矿等有关，Al 与黏土（高岭石、伊利石、蒙脱石、绿泥石、海绿石等）含量密切相关。基于氧闭合模型技术，可定量计算页岩矿物组分，进而对优质储层进行识别。

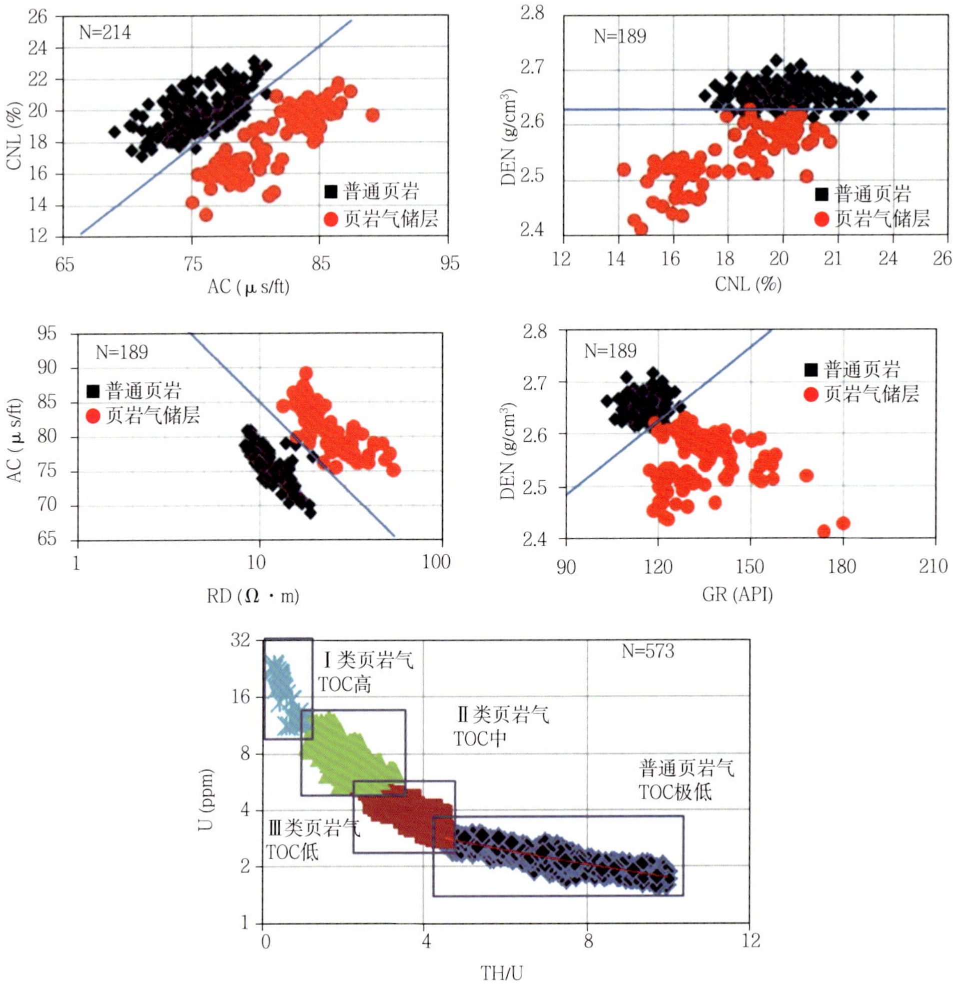

图 5-16　川南地区五峰组－龙马溪组页岩储层测井曲线交会图

以涪陵工区 J-XX1 井为例，元素处理成果如图 5-17 所示，测量井段 2136.0～2292.0m，泥岩层，泥质含量约 55%；2292.0～2326.0m，泥质粉砂岩地层，泥质含量 20%～30%；2326.0～2338.0m，泥岩层，泥质含量 55%～60%；2338.0～2352.5m，碳酸盐岩含量增加，为 5% 左右；2352.5～2379.0m，泥质含量 42%，碳酸盐岩含量 2%～8%；2379.0～2415.0m，泥质含量约 36%，含有 7% 左右的碳酸盐岩和少量的黄铁矿。

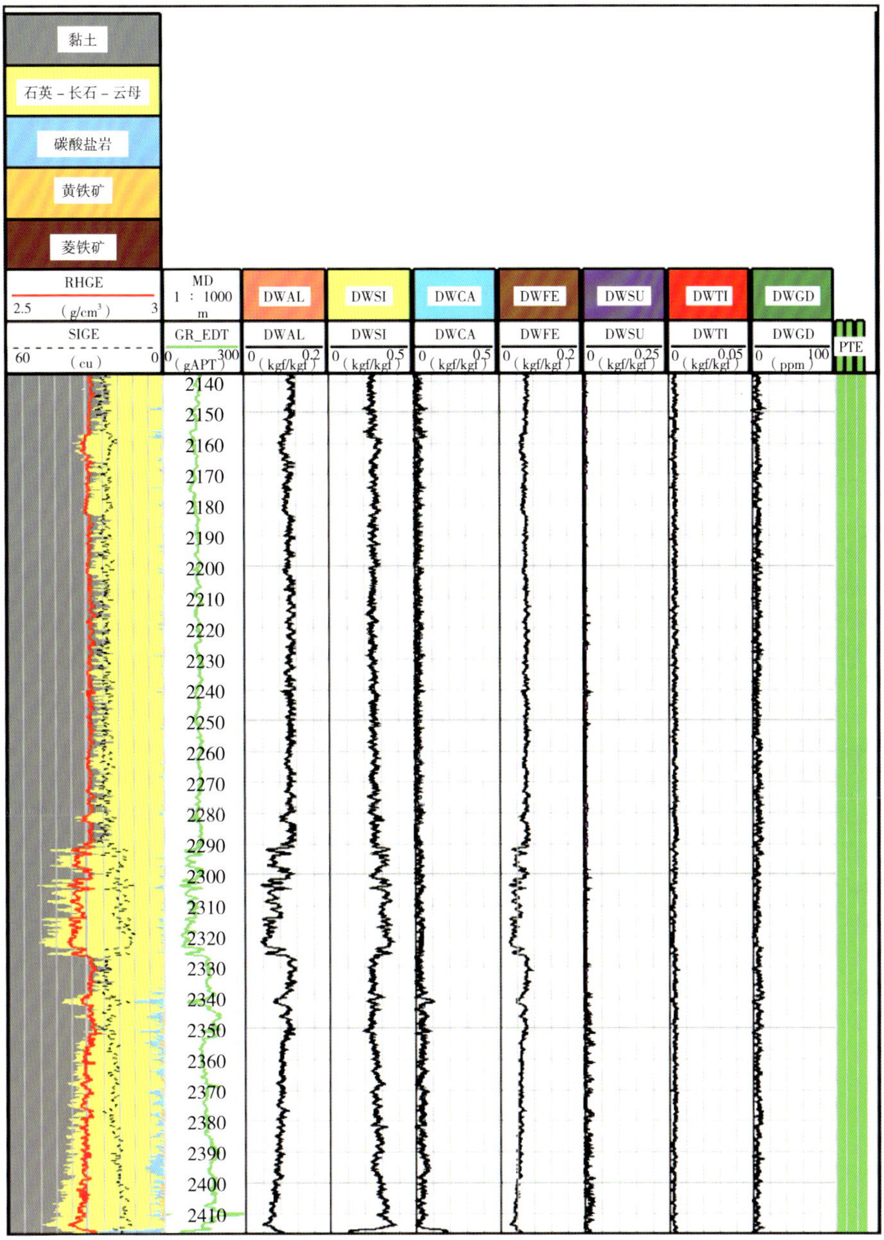

图 5-17　J-XX1 井元素处理成果图（2136.0～2415.0m）

岩性扫描（Litho Scanner，LS）测井是在 ECS 测井基础上发展的一种岩性测量新技术，可以测量更多的元素种类，包括硅、钙、铁、硫、钛、钆、氯、钡、氢、镁、碳、铝、钾、锰、钠、铜、镍、氧等，测量精度也较 ECS 测井有所提高，可以提供精细的矿物剖面和总有机碳（TOC）。根据测量提供的高 TOC、高硅、低泥质特征可以直接识别页岩气有利储层。

二、页岩气解释评价

页岩气储层测录井综合解释评价的内容和方法均与常规储层有明显区别。页岩气储层解释评价的核心任务是解决储层地质、工程"双甜点"评价关键参数，着重解决储层孔隙度、TOC 和含气量（吸附气及游离气量）、地层可压裂性指数等地质与工程参数。

通过对测井资料预处理，基于岩心数据刻度测井建立页岩气储层矿物组分及含量、地化参数、储集参数、含气量和脆性指数等测井定量计算模型，实现对页岩气储层地质与工程参数的定量解释与综合评价。

（一）页岩气储层评价参数计算方法

1. 矿物含量

在常规测井解释理论中，地层体积模型一般简化为泥质、骨架矿物及孔隙三部分，即可满足常规储层评价需要。但页岩储层矿物组成较常规储层更复杂，主要由有机质、黏土矿物（伊利石、蒙脱石、高岭石、绿泥石）、脆性矿物（石英、长石、方解石、白云石等）、特殊矿物（如黄铁矿等）以及孔隙（无机矿物孔隙、有机质孔隙）构成，采用常规储层简化后的体积模型难以满足页岩非常规储层测井解释评价需要。考虑地层中实际矿物含量情况、常规测井资料有限性，为便于各主要矿物成分的含量求解，如图 5-18 所示，在常规测井解释页岩地层矿物含量时将页岩储层体积模型简化为黏土矿物、硅质类矿物（石英、长石等）、钙质类矿物（方解石、白云石等）、有机碳以及孔隙等五部分。

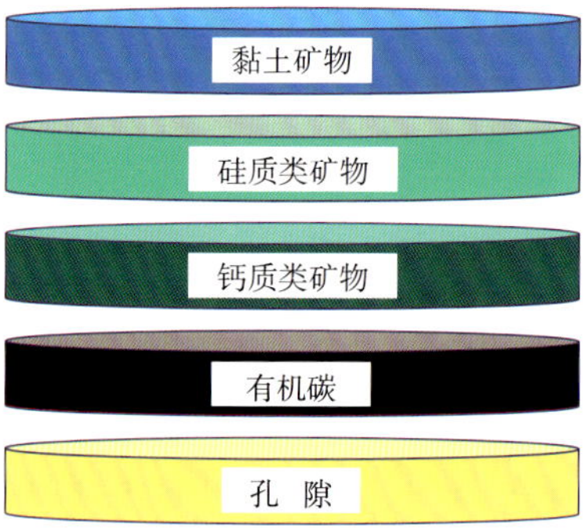

图 5-18 页岩气地层矿物组成五元体积模型

常规测井资料评价页岩地层矿物含量是在岩心黏土矿物实验室分析资料基础上，开展矿物含量与测井曲线相关性分析，优选对各类矿物含量敏感的测井曲线，采用多元回归、最小二乘等方法，建立各种矿物含量岩心刻度条件下的测井定量计算模型。

ECS/LS 测井通过测量地层 10～18 种元素含量，主要包括：硅、钙、铁、硫、钛、钆、氯、钡、氢、碳、镁、铝、钾、锰、钠、铜、镍、氧，基于岩心分析资料选择地层矿物组成模型，建立氧化物闭合模型确定元素含量，运用最小二乘法和广义逆矩阵法求解方程的线性方程组得到矿物组分，能够准确计算和评价岩石组分及含量。

因此，根据测井资料及岩心分析情况，可以采用以下方法进行地层矿物含量解释评价：

（1）在有岩心分析资料，有 ECS/LS 测井数据时，利用岩心资料和 ECS/LS 测井资料建立钙质岩类、硅质岩类、黏土等参数的解释模型。

（2）在无岩心分析资料，有 ECS/LS 测井数据时，利用元素测井经验模型计算钙质岩类、硅质岩类、黏土等参数。LY1 井 LS 测井地层矿物含量处理成果如图 5-19 所示。

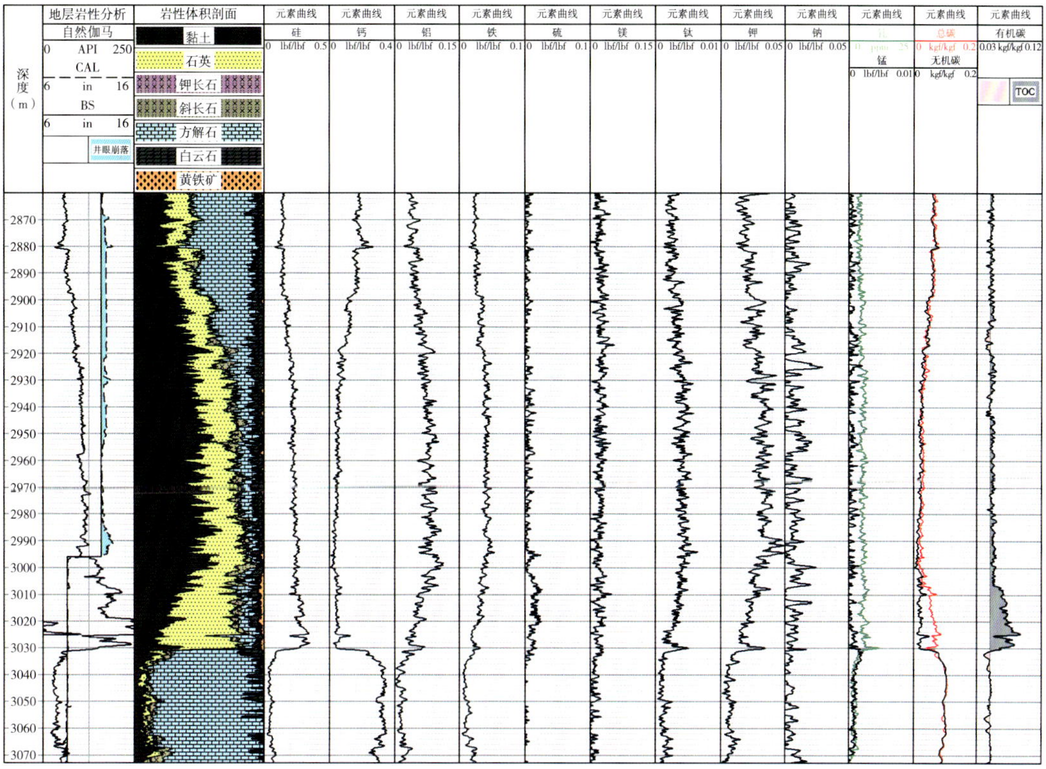

图 5-19 LY1 井 LS 测井地层矿物含量处理成果图

（3）在有岩心分析资料，无 ECS/LS 测井数据时，利用岩心分析数据刻度常规测井数据，采用多元回归、最小二乘等方法建立钙质岩类、硅质岩类、黏土等参数的计算模型。YY2-X 井岩心刻度常规测井地层矿物含量处理成果如图 5-20 所示。

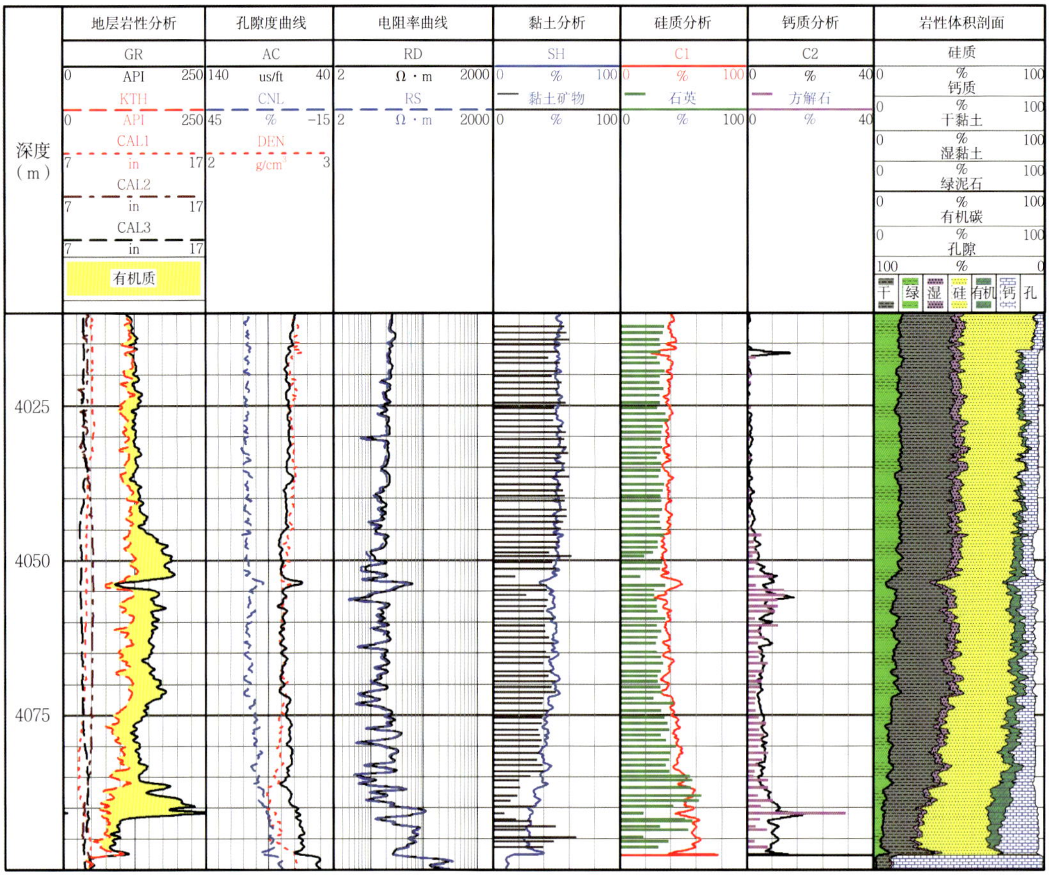

图 5-20　YY2-X 井岩心刻度常规测井地层矿物含量处理成果图

（4）在无岩心分析资料，无 ECS/LS 测井数据时，应用去铀伽马、中子 - 密度交会图等方法计算各种矿物成分与含量。

2.TOC 含量

在测井曲线特征上，干酪根具有相对高放射性、高声波时差、低密度、高中子值的特征。由于干酪根与 TOC 含量具有直接关系，通过测井曲线计算 TOC 含量，常见的方法有岩性密度法和自然伽马能谱法。实践证实，在国外应用成功的 $\Delta \lg R$ 法不适用于我国的过成熟页岩储层。

TOC 含量与干酪根的含量、类型密切相关，通过求得 TOC 含量可以了解地层的生烃能力，判断页岩气储层含气量。干酪根密度较低，在 0.95 ~ 1.05g/cm^3，页岩储层富含干酪根必然会降低其地层体积密度。研究证明，地层体积密度与 TOC 含量（TOC）具有较好的线性关系。因此，可以利用岩心分析得到页岩体积密度与 TOC 含量的关系，建立岩性密度测井 TOC 含量预测模型，页岩储层 TOC 和 DEN 交会图如图 5-21 所示。

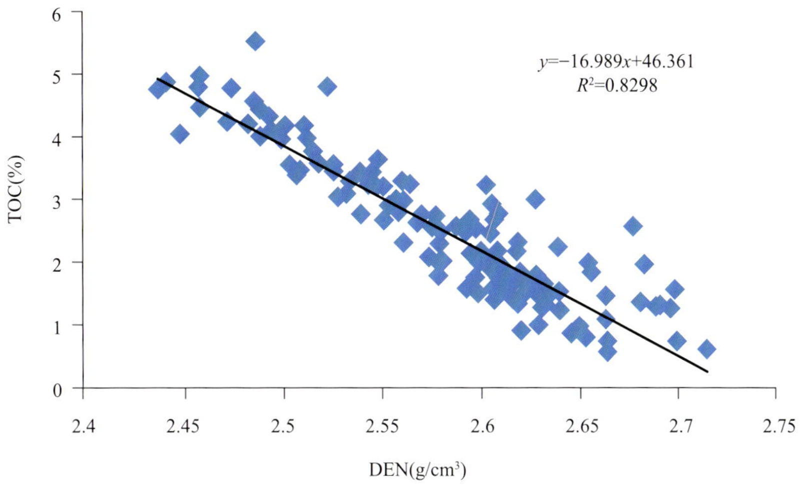

图 5-21　页岩储层 TOC 和 DEN 交会图

TOC 含量计算公式如下：

$$TOC=A\cdot\rho_b+B \tag{5-3}$$

式中　A、B——模型系数；

ρ_b——岩石体积密度，g/cm^3。

以涪陵主体区块为例，TOC 含量采用密度回归方程计算，公式如下：

$$TOC=-16.989DEN+46.361 \tag{5-4}$$

式中　DEN——密度测井值，g/cm^3。

3. 孔隙度

泥页岩的矿物成分复杂，各组分含量变化范围大，导致密度、声波、中子骨架值均不可知，三孔隙度曲线已经不能像在砂岩、碳酸盐岩地层一样直接用于孔隙度计算。所以分别作岩心氦气孔隙度与单条孔隙度曲线的关系交会图，其中声波曲线与岩心氦气孔隙度所反映的对应关系最好，刻度两者之间的关系式，建立用声波曲线计算泥页岩孔隙度模型。

岩石物理特征和测井响应对比分析认为：页岩总孔隙度与密度、声波、中子等测井曲线具有较好的相关性，束缚水孔隙度与黏土矿物含量呈正相关关系。以焦石工区为例，利用龙马溪组 - 五峰组 180 块物性分析测试结果，分别建立了孔隙度和声波的相关关系［式（5-5）］，孔隙度与密度、声波、中子的多元线性回归方程［式（5-6）］，束缚水孔隙度与黏土矿物含量［式（5-7）］以及有机孔隙度与 TOC 含量的相关关系［式（5-8）］：

$$POR_{总}=0.2115AC-11.598\quad R=0.724 \tag{5-5}$$

$$POR_{总}=0.156\times AC+0.093CNL-4.12\times DEN+1.906 \quad R=0.73 \tag{5-6}$$

$$POR_{束缚}=0.097V_{CLAY}-3.128 \quad R=0.8 \tag{5-7}$$

$$POR_{有机}=1.3594TOC-0.1041 \quad R=0.9931 \tag{5-8}$$

式中　$POR_{总}$——总孔隙度，%；

$POR_{有机}$——有机孔隙度，%；

$POR_{束缚}$——黏土束缚水孔隙度，%；

DEN——密度测井值，g/cm³；

AC——声波测井值，ft/μs；

CNL——中子测井值，%；

V_{CLAY}——黏土矿物含量，%；

TOC——总有机质含量，%。

4. 渗透率

地层渗透率受多种因素制约，在常规储层中，可以采用 Timur 公式来计算地层绝对渗透率（*PERM*）：

$$PERM=0.136\times POR^{4.4}/S_{wb}^{2} \tag{5-9}$$

式中　POR——地层孔隙度，%；

S_{wb}——束缚水饱和度，%。

泥页岩在矿物组分、粒度、孔隙结构、储集特征等方面与砂岩、碳酸盐岩不尽相同，不宜采用 Timur 公式计算页岩渗透率。

在有岩心分析数据的情况下，通过建立渗透率和孔隙度的关系模型，可以较好地对地层渗透率进行评价。如图 5-22 为某地区页岩岩心孔隙度与渗透率交会图，该地区页岩岩心孔隙度与渗透率相关系数为 0.923。

由岩心数据相关分析确定的页岩渗透率计算模型为：

$$PERM=10^{-6}\phi^{5.5797} \tag{5-10}$$

式中　ϕ——孔隙度，%。

从相关系数和岩心对比结果来看，该模型在该地区有较好的应用效果。总体来说，页岩储层的岩心渗透率普遍$<0.1\times10^{-3}\mu m^2$，属于超低渗透率范畴。一般数值越低，计算的相对误差越大，且开发的页岩气均属于大规模压裂改造后的人工气藏，精确评价原始渗透率意义不大。

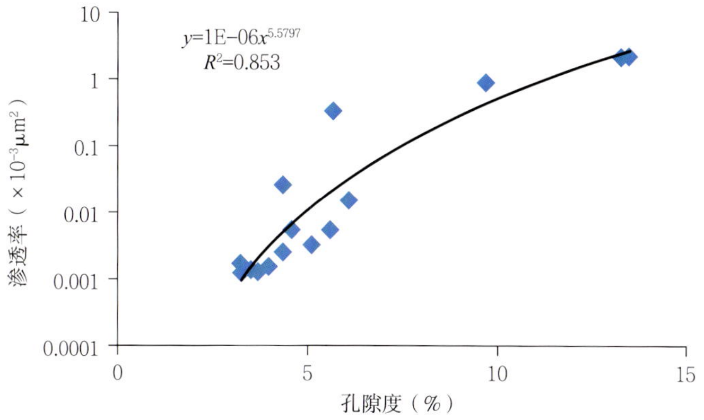

图 5-22 某地区页岩岩心孔隙度与渗透率交会图

5. 含气饱和度

传统的阿尔奇法求取储层含油气饱和度的前提条件是，泥质含量低，仅有地层水导电，构成地层骨架的矿物成分不导电。然而，页岩储层中高含泥质导致地层束缚水含量较高，导电矿物黄铁矿含量也较高，导致页岩储层导电机理复杂，利用阿尔奇法计算得到的页岩储层含气饱和度准确度低、可靠性差。

研究发现，页岩气储层 TOC 含量与含气饱和度（S_g）存在很好的相关性。利用 TOC 含量计算含气饱和度的公式为：

$$S_g=1-(TOC_t/TOC_b)^{-1/n} \tag{5-11}$$

式中 TOC_t——页岩储层的 TOC 含量，%；

TOC_b——选取处于同一页岩段内相邻的非储层 TOC 含量平均值作为该页岩储层的 TOC 含量背景值，%。

如图 5-23 所示，黑线为阿尔奇公式计算得到的含气饱和度，红线为 TOC 法计算得到的含气饱和度。分析认为，TOC 法计算的含气饱和度更接近真实情况，避免了页岩储层中导电矿物造成的低电阻率对含气饱和度的影响。

如图 5-24 所示，随着黏土含量增加，含水饱和度不断加大，有机碳含量增加，含水饱和度不断减小，表明页岩储层饱和度主要受黏土含量与有机碳含量双重因素的影响。因此，基于黏土含量与有机碳含量双重因素，建立了非电法的页岩气储层含水饱和度（S_w）的另一种计算方法，计算公式如下：

$$S_w = 27.78 - 6.62 \times TOC + 0.86 \times V_{SH} \quad R = 0.94 \tag{5-12}$$

式中 S_w——含水饱和度，%；

TOC——总有机质含量，%；

V_{SH}——泥质含量，%。

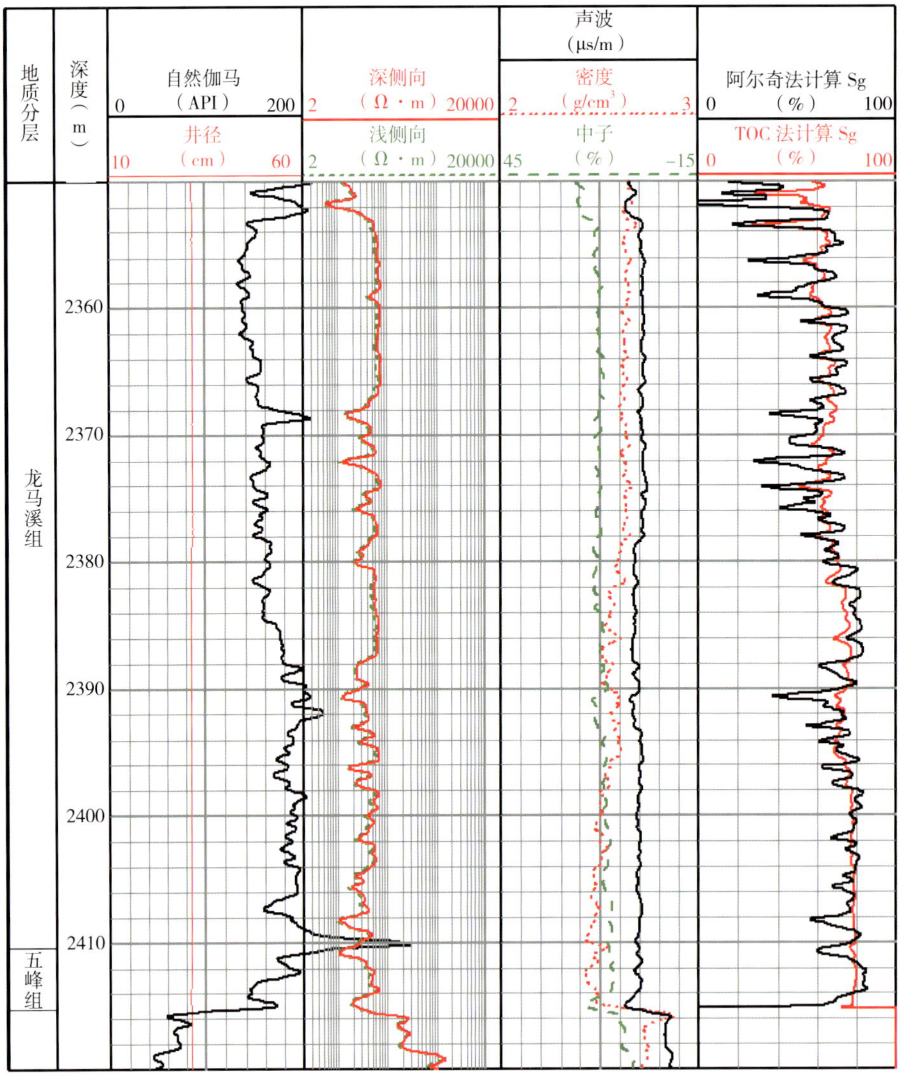

图 5-23 阿尔奇法与 TOC 法计算含气饱和度对比图

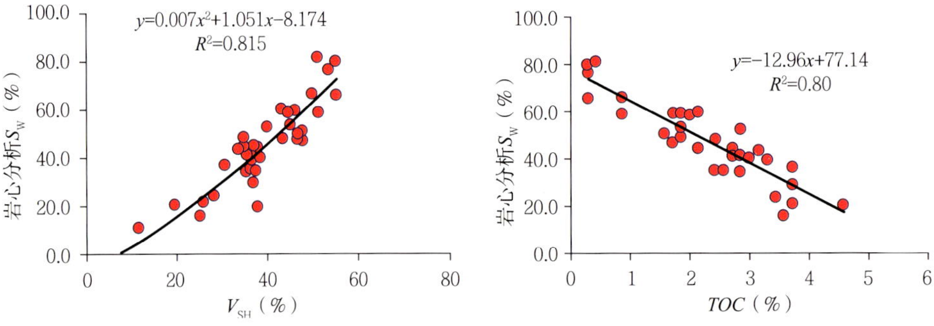

图 5-24 页岩气储层饱和度与黏土、有机碳含量关系

基于电法测井的阿尔奇、西门度模型等含水饱和度计算模型，将由黄铁矿等导电矿物引起的储层低电阻率反映为由地层含水饱和度变化引起的电阻率变化，对实际地质情况和测井解释造成一定假象和困难。基于黏土含量和有机碳含量双重影响的非电法含水饱和度模型能够较好地避开由黄铁矿等导电矿物引起的电阻率偏低的影响，对页岩地层含水饱和度实际地质情况进行准确的表征，结果如图 5-25 所示。

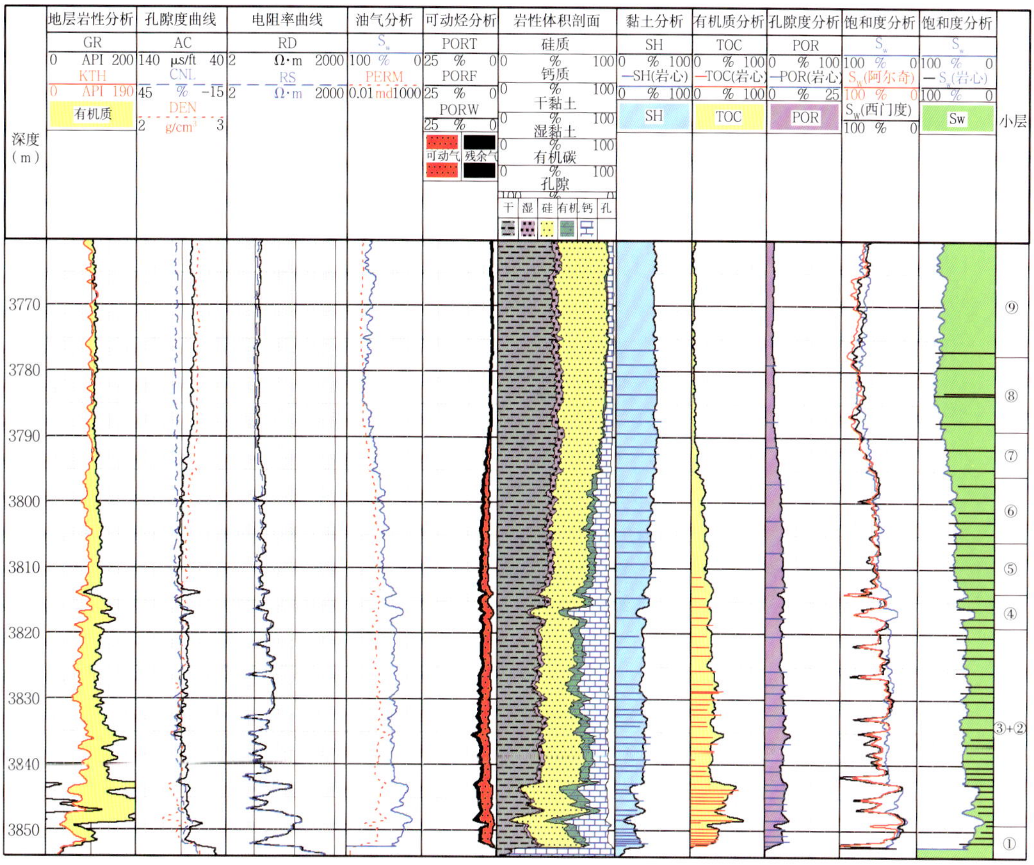

图 5-25 川南地区页岩测井储层参数评价与岩心分析数据对比

6. 含气量

含气量是页岩气储层含气性评价的最重要参数之一。页岩气主要由吸附气和游离气组成，因此页岩气储层总含气量（Q_{gt}）计算公式为：

$$Q_{gt}=Q_{gf}+Q_{gs} \tag{5-13}$$

式中 Q_{gf}——地层吸附气含量，m^3/t；

Q_{gs}——地层游离气含量，m^3/t。

1）游离气含量计算模型

游离气一般赋存于泥页岩的微孔隙或裂缝中，主要与泥页岩孔隙度、含气饱和度等因素有关。游离气含量系指单位体积或重量泥页岩中游离气在地面条件下的体积，单位为 m^3/t，计算公式为：

$$Q_{gf} = \frac{S_g \times POR}{DEN \times B_g} \tag{5-14}$$

式中 B_g——天然气体积系数，无量纲；

POR——页岩气储层孔隙度，%；

S_g——页岩气储层含气饱和度，%；

DEN——页岩气储层密度，g/cm^3。

2）基于兰格缪尔等温吸附模型的吸附气含量计算模型

目前，国内外大多采用兰格缪尔等温吸附模型（简称兰氏模型）开展页岩吸附气含量实验分析，并在此基础之上进行页岩吸附气含量的定量地质评价，计算公式为：

$$V = \frac{V_L \times P}{P + P_L} \tag{5-15}$$

式中 V——吸附体积，m^3/t；

V_L——兰格缪尔体积（简称兰氏体积），m^3/t；

P_L——兰格缪尔压力（简称兰氏压力），MPa；

P——地层压力，MPa。

由于实验室分析的兰氏体积和兰氏压力是在特定样品和温度的情况下得到的，如果直接将该兰氏体积和兰氏压力应用于页岩吸附气含量测井定量评价中，会对吸附气含量测井计算结果造成较大误差。因此，只有在将兰氏体积和兰氏压力用测井参数进行定量动态表征后，方可将兰氏模型从实验室领域推广应用到测井解释领域。

（1）温度影响校正。

实验表明，随着温度的变化，页岩吸附气含量会发生明显变化，且温度变化对吸附气含量的影响具有稳定的单一变化特征，如图 5-26 所示。同时分析发现，随着温度的增加，吸附气含量会减小，兰氏体积和兰氏压力均成指数规律减小，如图 5-27 所示。因此反映最大吸附能力的兰氏体积的温度校正函数为：

$$V_{Lt} = F_{(T)} \times V_{L0} \tag{5-16}$$

式中 V_{L0}——实验获得的兰氏体积，m^3/t；

V_{Lt}——经过温度校正的兰氏体积，m^3/t；

$F_{(T)}$——兰氏模型的温度校正函数，℃。

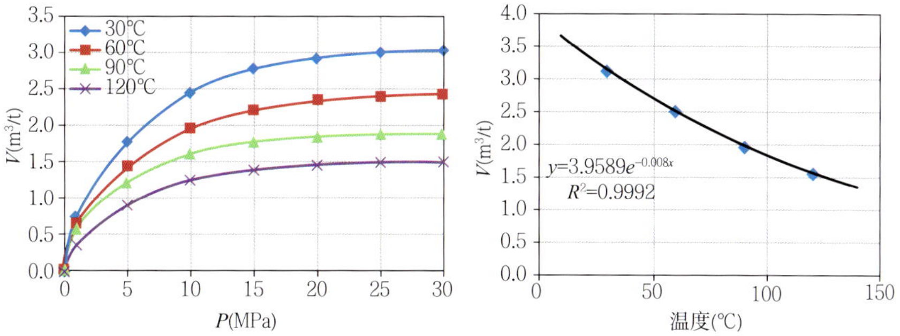

图 5-26 页岩在不同温度条件下的等温吸附线与页岩兰氏体积随温度变化特征

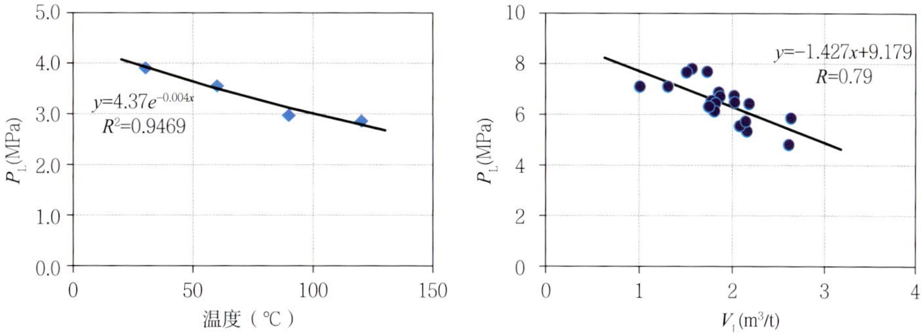

图 5-27 页岩兰氏压力随温度变化特征与页岩兰氏压力和兰氏体积关系

由于实验室数据通常是在不同温度下获取的，因此需进行统一的温度校正，兰氏模型的温度校正函数为：

$$F_{(T)} = \exp\left[A\times(T-T_0)\right] \tag{5-17}$$

式中 A——校正系数，常为 -0.016 ~ -0.008；

T_0——页岩样品的实验温度，℃；

T——地层温度，℃。

川南深层页岩兰氏压力与兰氏体积的关系如图 5-27 所示，随着兰氏体积的增加，兰氏压力逐渐减小，二者呈一定的线性关系，建立川南深层页岩兰氏压力 P_L 的温度校正函数为：

$$P_L = -1.427V_L + 9.179 \tag{5-18}$$

$$P_{Lt} = P_{L0}\times\exp\left[B_1\times(T-T_0)\right] \tag{5-19}$$

式中 P_L——某温度下的兰氏压力，MPa；

V_L——某温度下的兰氏体积，m³/t；

P_{L0}——实验获得的兰氏体积 V_{L0} 对应的兰氏压力，MPa；

P_{Lt}——经过温度校正的兰氏压力，MPa；

B_1——拟合系数，无量纲。

（2）有机碳含量影响校正。

如图 5-28 所示，川南地区不同页岩样品在不同温度下，随着 TOC 含量的增加，兰氏体积也在增加，反映吸附能力随 TOC 增加而增强，但在不同温度条件下，TOC 含量与兰氏体积的关系曲线的斜率不同，表明其吸附能力随 TOC 增加而增加的速率不一样。利用温度校正模型将兰氏体积统一校正到实验温度后，不同页岩样品随着 TOC 含量的增加，兰氏体积增加，且表现为兰氏体积与 TOC 含量二者具有正相关关系，其关系式为：

$$V_{L0}=-0.062\times TOC^2+0.937\times TOC \tag{5-20}$$

式中 V_{L0}——实验获得的兰氏体积，m^3/t；

TOC——总有机碳含量，%。

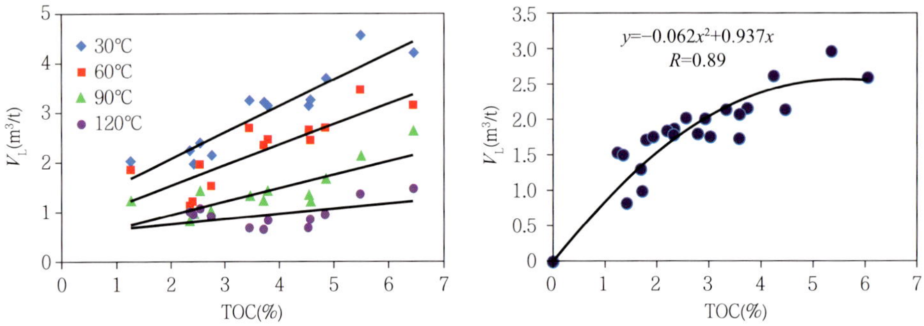

图 5-28 页岩温度校正前 TOC-V_L 关系与页岩温度校正后 TOC-V_L 关系

（3）地层压力影响。

实验及兰氏模型表明，随着压力的增加，吸附气含量增加，当增大到一定程度时，吸附气含量将达到最大，即兰氏体积。因此，计算页岩所在深度的地层压力非常关键。

伊顿法是计算地层压力的一种常用方法，它是基于地层的压实理论、有效应力理论和均衡理论，利用地区经验及测井资料建立起来的地层压力计算模型。伊顿法预测地层压力的模型为：

$$P_p=\delta_v-(\delta_v-\delta_w)\left(\frac{\Delta t_n}{\Delta t}\right)^C \tag{5-21}$$

式中 P_p——地层压力，MPa；

δ_v——垂向应力，MPa；

δ_w——静液柱压力，MPa；

C——压实指数，无纲量；

Δt——实测声波时差，μs/ft；

Δt_n——压实线上的声波时差，μs/ft。

（4）页岩气储层吸附气含量。

根据兰氏体积（V_L）和兰氏压力（P_L）的多因素动态计算方法，结合研究区地层在纵向上温度、压力以及 TOC 含量动态变化的特征，建立基于兰氏模型的页岩吸附气含量动态测井解释模型：

$$Q_{gs}=\frac{F_{(T)}V_{L0}P}{P_{Lt}+P} \tag{5-22}$$

3）基于 TOC 的吸附气含量统计计算方法

除了基于兰氏模型建立的页岩吸附气含量动态计算方法外，还可采用与 TOC 含量相关的实验统计方法计算吸附气含量。

四川盆地某页岩气田的 TOC 含量与等温吸附实验确定的吸附气含量的相关关系如图 5-29 所示，可以看出，TOC 含量与等温吸附实验确定的吸附气含量线性关系显著。实验条件下，吸附气含量与实测 TOC 的关系为：

$$Q_{gs}=0.6991\times TOC+0.1728 \tag{5-23}$$

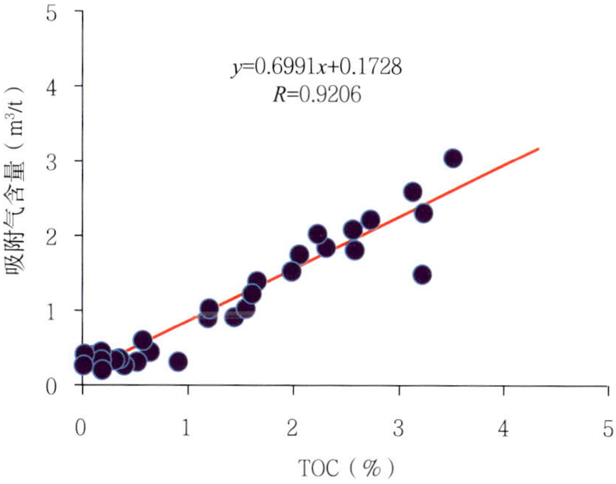

图 5-29 四川盆地某页岩气田 TOC 含量与等温吸附实验确定的吸附气含量关系

由于吸附实验时页岩处于烘干状态，干黏土对甲烷气体有较强的吸附性，与地层条件下的湿黏土对甲烷吸附能力减弱的情况不同，式（5-23）中的常数 0.1728 实际上是干黏土吸附甲烷的影响。所以，在计算地层条件下吸附气含量时，应去掉干黏土的吸附影响。

据此，建立了地层条件下吸附气含量与 TOC 含量的关系式：

$$Q_{gs}=0.6991\times TOC \tag{5-24}$$

7. 脆性指数

页岩脆性可以从矿物组分和岩石力学两方面进行分析评价。

利用岩石矿物学方法计算脆性参数，计算公式如下：

$$BRIT=\frac{V_{石英}}{V_{石英}+V_{碳酸盐岩}+V_{黏土}}\times 100\% \tag{5-25}$$

式中 $BRIT$——矿物含量脆性指数，%；

$V_{石英}$——地层石英含量，%；

$V_{碳酸盐岩}$——地层碳酸盐岩含量，%；

$V_{黏土}$——地层黏土含量，%。

利用岩石力学方法计算脆性指数一般从杨氏模量和泊松比方面进行考虑。杨氏模量和泊松比并非直接反映岩石脆性的参数，但是一般认为杨氏模量越大，泊松比越小，岩石脆性越好。计算公式如下：

$$YMB=\frac{E_s-E_{min}}{E_{max}-E_{min}} \tag{5-26}$$

$$RPB=\frac{U_{max}-U_s}{U_{max}-U_{min}} \tag{5-27}$$

$$BI=\frac{YMB+RPB}{2} \tag{5-28}$$

式中 E_{min}——最小杨氏模量，MPa；

E_{max}——最大杨氏模量，MPa；

E_s——杨氏模量，MPa；

U_{min}——最小泊松比；

U_{max}——最大泊松比；

U_s——泊松比；

YMB——均一化后的杨氏模量；

RPB——均一化后的泊松比；

BI——脆性系数，%。

（二）页岩气储层综合评价

依据《页岩气资源和储量估算规范》（DZ/T 0254—2020）的规定，优质页岩储层评价下限标准：有机碳成熟度 $R_o\geqslant 0.7\%$、总有机碳含量 $TOC\geqslant 1\%$、含气量 $\geqslant 1m^3/t$、脆性矿物含量 $\geqslant 30\%$。

结合页岩气勘探开发实践，以地质评价标准为基础，综合优质储层地质、工程“双甜点”参数建立了页岩气储层分类综合评价方案，将页岩气储层划分为三种类型，详见表 5–4。

表 5–4 川南地区某气田龙马溪组 – 五峰组页岩气储层分类评价标准

储层级别	地质评价因素					工程评价因素	
	TOC（%）	含气量（m^3/t）	孔隙度（%）	脆性矿物含量（%）	黏土含量（%）	脆性指数（%）	断韧脆性指数(v/v)
Ⅰ类页岩气层	≥ 4	≥ 4	≥ 6	≥ 50	≤ 30	≥ 50	≥ 0.4
Ⅱ类页岩气层	2 ~ 4	2 ~ 4	4 ~ 6	40 ~ 50	30 ~ 50	≥ 40	0.2 ~ 0.4
Ⅲ类页岩气层	1 ~ 2	1 ~ 2	2 ~ 4	30 ~ 40	≥ 50	≥ 30	> 0.1

W1X 井位于四川盆地川南地区 W 构造南缘 BM 向斜，五峰组 – 龙马溪组地层埋深为 3160.0 ~ 3587.0m，实钻录井显示油气层深度为 3525.0 ~ 3587.0m，岩性以灰黑色页岩为主，夹灰色粉砂质泥岩。在泥浆比重为 2.07g/cm^3 的条件下，气测全烃由 1.056% 上升至 8.017%，槽面见针尖状气泡，显示优质储层的含气性和保存条件好。

川南地区 W 区块 W1X 井优质储层测井识别如图 5–30 所示，W1X 井优质页岩气层段主要发育在龙马溪组底部 – 五峰组的高伽马井段，其测井响应特征为伽马异常高值、高声波时差、相对高中子和高电阻率，低密度（优质储层段密度 < 2.5g/cm^3），在 3525.0 ~ 3587.0m 利用测井曲线重叠法识别优质储层发育，与录井全烃气测显示结果一致。

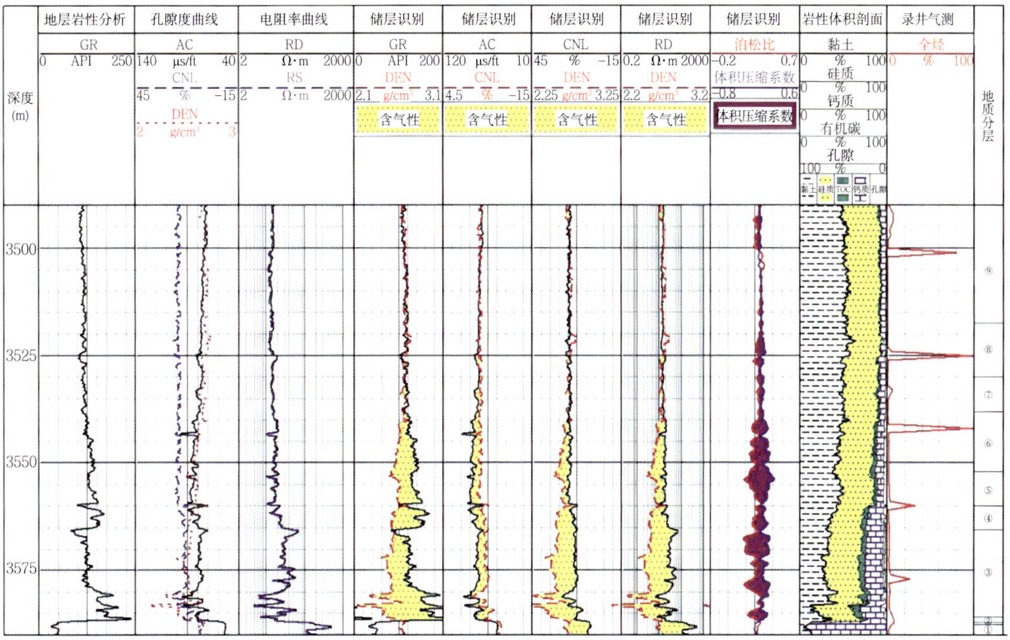

图 5–30 川南地区 W 区块 W1X 井优质储层测井识别

根据建立的川南地区龙马溪组－五峰组页岩气储层参数解释模型，对 W1X 井页岩储层地质与工程参数完成了综合评价，结果如图 5–31 所示。

其中，3560.0～3587.0m 井段主要特征参数：黏土矿物含量平均值为 27.8%，总有机碳含量平均值为 4.5%，孔隙度平均值为 5.9%，含气饱和度平均值为 71.5%，吸附气含量平均值为 2.3m^3/t，游离气含量平均值为 3.5m^3/t，总含气量平均值为 5.8m^3/t，含气特征明显；脆性矿物含量 BRIT 平均值为 60.3%，脆性指数 BI ＞ 70%，均反映地层脆性和可压裂性好，综合评价为 I 类页岩气层。

3540.0～3560.0m 井段主要特征参数较下部 I 类页岩气层在有机碳含量、含气性和脆性指数上略差，依据处理解释成果综合评价为Ⅱ类页岩气层。

3525.0～3540.0m 井段主要特征参数：黏土矿物含量平均值为 57.8%，总有机碳含量平均值为 1.2%，孔隙度平均值为 3.1%，含气饱和度平均值为 40.2%，吸附气含量平均值为 0.8m^3/t，游离气含量平均值为 0.5m^3/t，总含气量平均值为 1.3m^3/t，具有一定的含气特征；脆性矿物含量 BRIT 平均值为 36.2%，脆性指数 BI 平均值为 43.8%，反映地层具有一定的脆性和可压裂性，综合评价为Ⅲ类页岩气层。

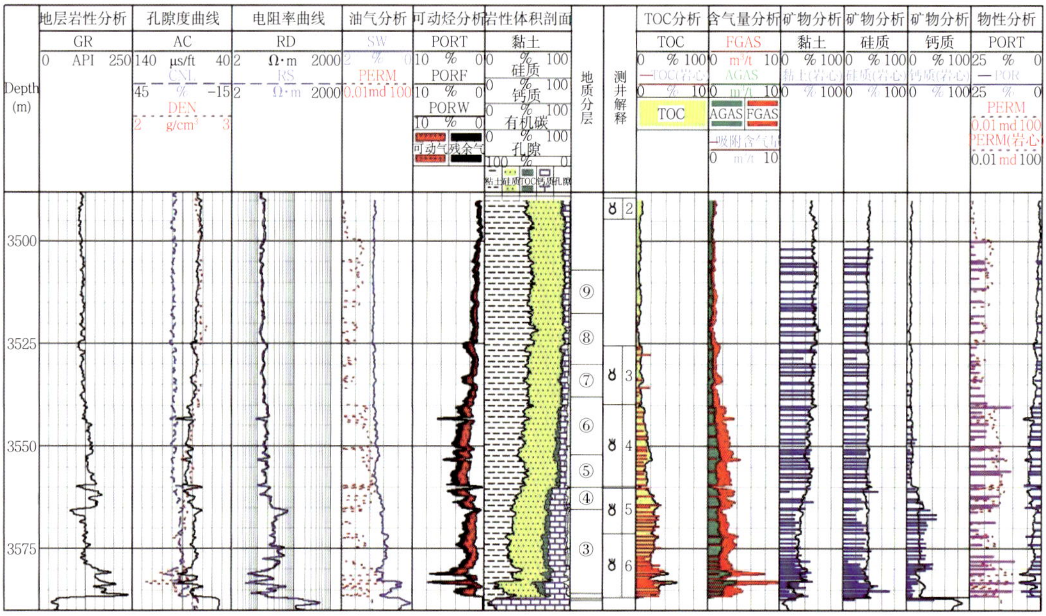

图 5–31　川南地区 W 区块 W1X 井测井解释成果

根据综合评价结果，针对 3560.0～3587.0m 的 I 类页岩气层实施了水平井钻井，压裂测试获得天然气无阻流量 25.4032×10^{4}m^3/d，实现了 W 地区五峰组－龙马溪组的页岩气勘探突破。

第四节　典型工艺技术示范应用

一、W5-X1HF井碳同位素录井

（一）基本情况

W5-X1HF 井是川南地区一口评价井，钻至井深 5200m 完钻，水平段长 1410m。本井针对牛蹄塘组、陡山沱组开展碳同位素录井，样品采集包括泥浆气样品和岩屑气样品，分别进行烃类气体碳同位素和烃类组分的分析检测。

（二）实施方案

采集泥浆气和岩屑气两种样品类型。泥浆气为泥浆脱析器引出管线中收集的气体，每个样品采气量为 100 ~ 200mL，采用锡 / 铝箔袋进行收集。岩屑罐顶气为岩屑罐中收集岩屑后，岩屑在室温常压下释放出的气体。通常岩屑样品采样量为 400 ~ 500g，采用水封倒置，并在不同时间序列（1d/3d/7d/1mon）下进行烃类组成和碳同位素特征的分析检测。样品采集方案如图 5-32 所示。

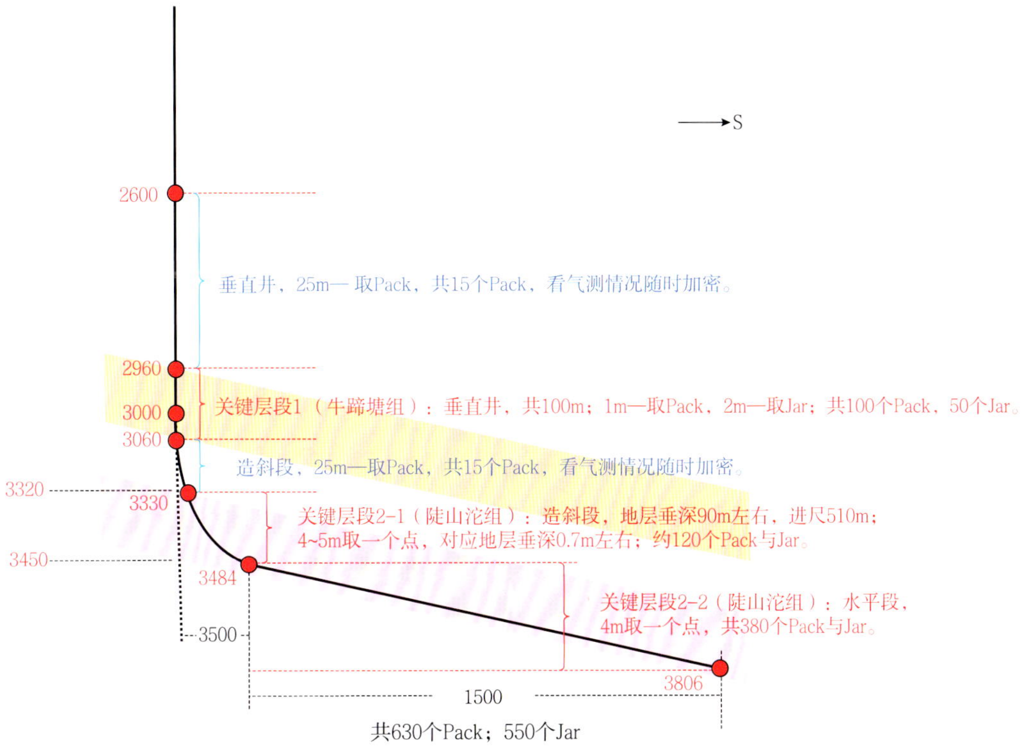

图 5-32　W5-X1HF 井泥浆气和岩屑气样品采集方案（单位：m）

检测均为现场实时分析检测，分析设备为美国加州能源与环境研究院研发的色谱－红外光谱碳同位素分析仪（GC-IR2），如图 5-33 所示。

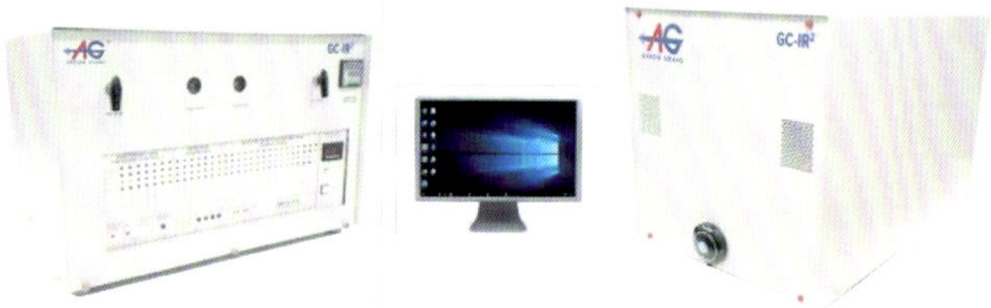

图 5-33　气相色谱－红外光谱碳同位素分析仪（GC-IR2）

（三）分析与建议

1. 利用泥浆气碳同位素快速判断页岩气富集层段

W5-X1HF 井牛蹄塘组上部的灰岩组及灰质砂岩段取样间隔为 25m/ 样，进入泥页岩层段区域取样间隔为 1m/ 样。泥浆气甲烷碳同位素值的规律性特征如图 5-34 所示：从 2600m 至 2950m，甲烷碳同位素值逐渐变重，从 -34.5‰渐变至 -29.0‰；自 2950m 进入牛蹄塘页岩段，甲烷碳同位素值开始急剧变轻，至 3000m 处，碳同位素值变化至 -34.0‰；3000m 以下的页岩层段甲烷碳同位素值整体较轻，集中在 -34.0‰至 -33.0‰的范围内，虽然具有向深部逐渐变轻的趋势，但变轻的幅度大为减缓；至页岩底部 3060～3070m 与下部灯影组岩石接触的区域，甲烷碳同位素值进一步变轻，碳同位素值处于 -35.0‰至 -34.0‰。

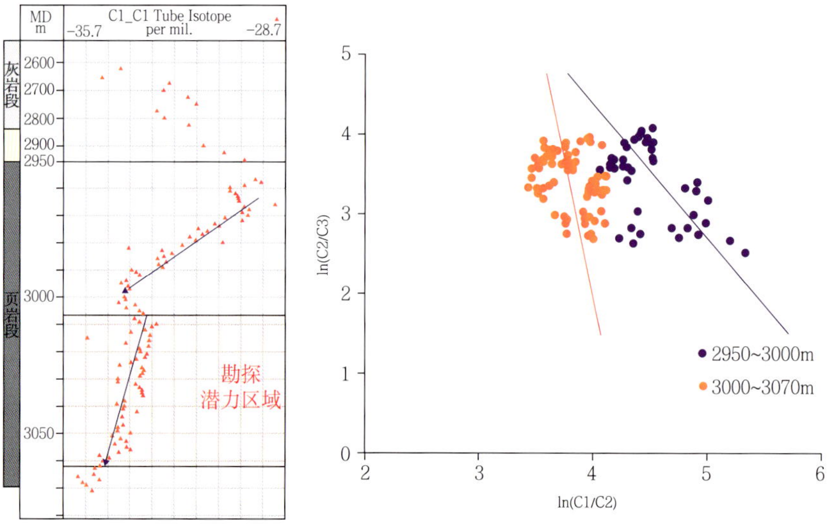

图 5-34　W5-X1HF 牛蹄塘段泥浆气甲烷碳同位素值变化特征与天然气成因判识

以牛蹄塘组 3000m 深度为界，上下段页岩样品的天然气甲烷碳同位素组分数据存在明显区别：3000～3070m 天然气样品 ln（C1/C2）变化范围较小，而 ln（C2/C3）变化范围较大，十分接近于原油裂解气的特征；2950～3000m 天然气样品 ln（C1/C2）变化范围相对于下段更广，样品点趋势线的斜率也更小，说明 2950～3000m 页岩气当中干酪根裂解气所占比例明显高于下段。

2. 利用岩屑气碳同位素评价直井页岩气“甜点”段

牛蹄塘组 2950 ~ 3000m 的岩屑罐顶气碳同位素值相对于泥浆气差别并不明显，而在 3000m 以下岩屑罐顶气碳同位素值则开始明显重于泥浆气，并且在 3030 ~ 3060m 处达到最大，72h 的岩屑罐顶气（累计）与泥浆气的碳同位素差值在 6‰左右。

从岩屑罐顶气碳同位素值随时间序列的变化来看，其变化速率最大的一段同样在 3030 ~ 3060m，说明该段岩屑气释放过程中碳同位素分馏效应最为明显。反映到两项“甜点”评价指标上，3000m 以下页岩基质渗透性要明显低于上部，即页岩更为致密一些，考虑到前文基于泥浆气碳同位素做出的液态烃类残留比例的判断，致密的物性条件有利于烃类的保存；相对含气量指标较高的区域体现在 3030 ~ 3060m，分析认为，这也是该地区牛蹄塘组页岩核心“甜点”层段。

将碳同位素录井确定的页岩气“甜点”段与常规手段获得的“甜点”评价结果相对比：TOC 的高值点出现在 3030m 左右，其上下 TOC 值逐渐降低但变化幅度较小；岩心解析含气量高值出现在 2980 ~ 3060m 这个相对较宽的范围内；气测高值则出现在 3010m 之后，最高值段集中于 3020 ~ 3035m，三者的判断结论并不统一。相对而言，碳同位素录井方法判断的“甜点”范围更集中，区分也更加明显，如图 5-35 所示。

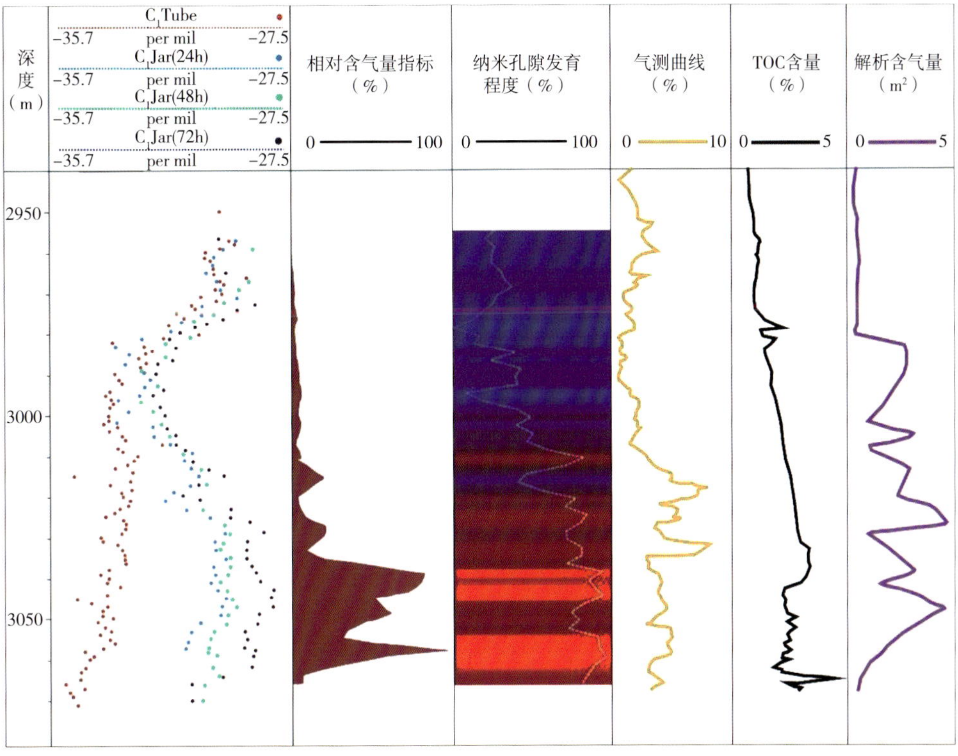

图 5-35 W5-X1HF 井牛蹄塘段岩屑碳同位素录井成果

W5-X1HF 井原设计的水平井目标层段是陡山沱段页岩，根据导眼井获取的 TOC、气测等相关资料，将水平井的穿行层位定为 3 小段。但是进入水平段以后，在实际的试钻进过程中，地层气测显示并不好，因此决定另选水平井钻进层位。

根据碳同位素录井结果，陡山沱段岩屑释放气相对于泥浆气碳同位素值变重明显的区域出现在 5 ~ 7 小段以及 3 小段的中部，但是，其在后续时间序列下的变化整体偏小。进一步的“甜点”指标分析表明，陡山沱段页岩渗透性整体上要低于牛蹄塘段下部；虽然 3 小段个别区域气量指标较高，但整体厚度较薄，连续性较差，而其上部的 5 ~ 7 小段岩屑罐顶气变重幅度较大，气量指标也相对较好，这与本次钻井过程中的气测显示比较一致。因此，重新将 5 ~ 7 小段作为水平井的钻进层位是一个比较好的选择，如图 5-36 所示。

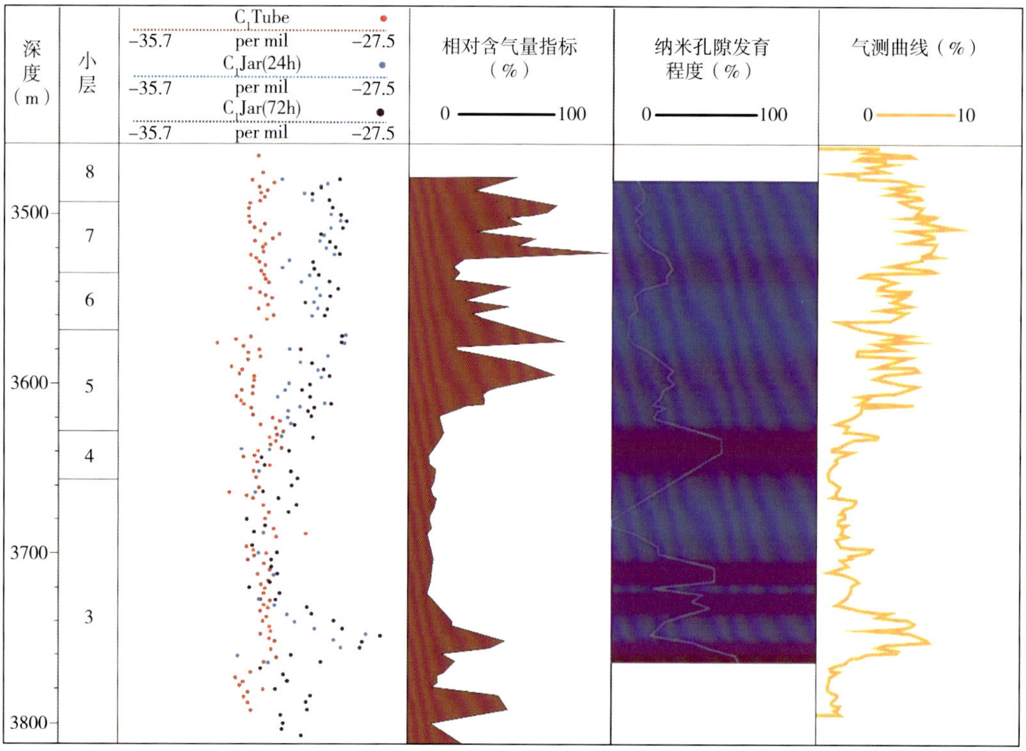

图 5-36　W5-X1HF 井陡山沱段岩屑碳同位素录井成果

3. 利用岩屑气碳同位素评价水平井页岩气“甜点”段

在按相对含气量所划分的七个“甜点”中，根据基质渗透性的表现，可以划分为两类：A 类岩屑气碳同位素初始即偏重，碳同位素与气量后期变化都不明显（高伽 2 顶部、6 小层、高伽 1），基质渗透性指标较高；B 类岩屑气碳同位素存在后期逐渐变重特征，气量也逐渐增加（高阳 3 与高伽 3），所计算出的基质渗透性指标也偏低。可见，同样是含气量较高的“甜点”段，前者比后者物性好一些。从开发效益上来讲，A 类“甜点”在压裂后会具有较高的初始产能，而 B 类“甜点”在初始产能上不占优势，但页岩气释放或开采过程会相对漫长一些。因此，如果在有限的经济条件下，A 类“甜点”区是首选的压裂区域，其次是 B 类“甜点”区，如图 5-37 所示。

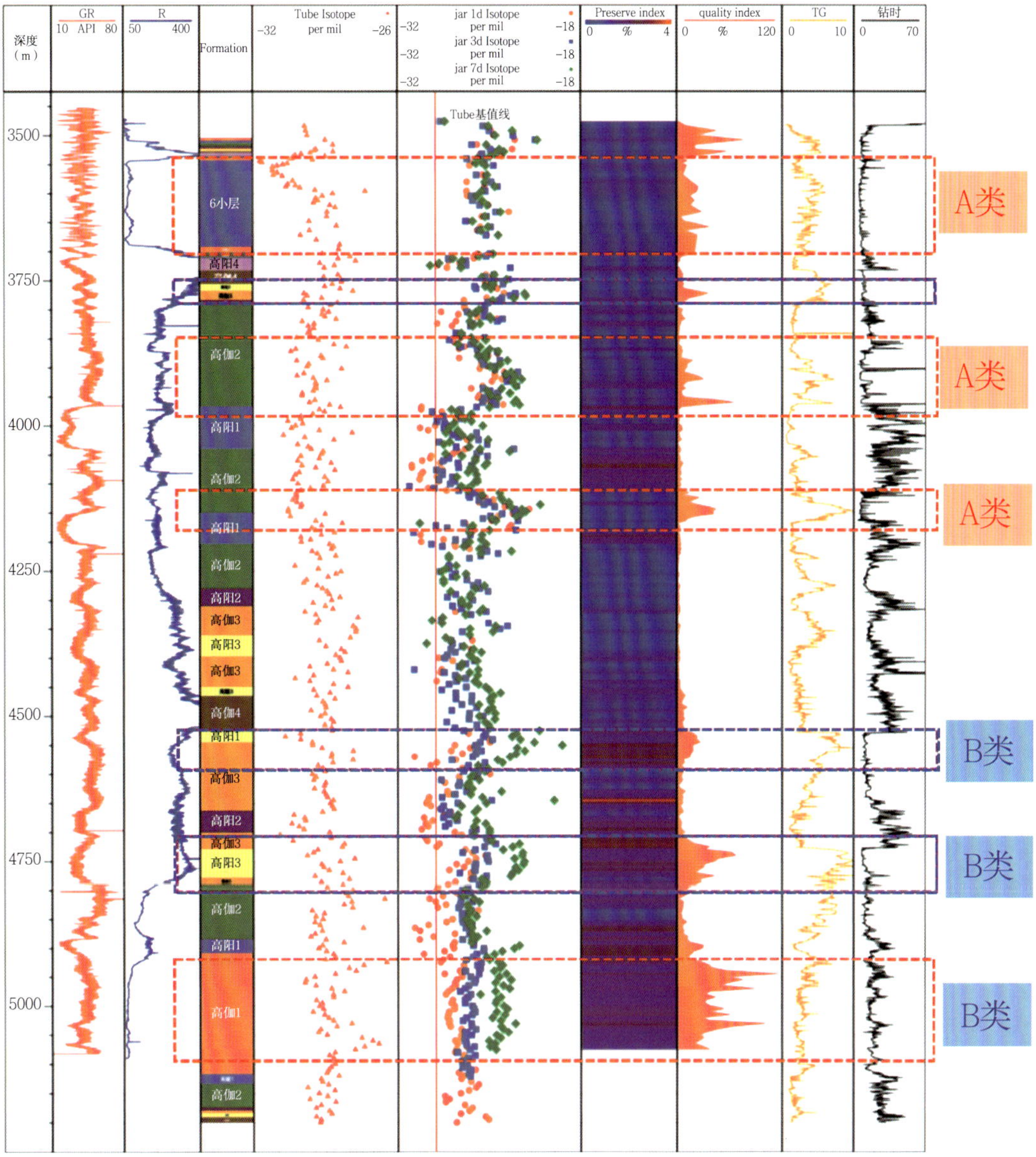

图 5-37 W5-X1HF 井陡山沱段水平井碳同位素录井综合成果

4. 分析与建议

（1）对比其他盆地页岩气数据，从同位素倒转特征来看，牛蹄塘段具有较好的页岩气勘探潜力。通过泥浆气碳同位素垂向变化特征的分析，认为牛蹄塘段页岩气 3000.0m 以下保存条件较好，原油裂解气贡献比较大；通过岩屑气同位素特征，结合指标分析，将牛蹄塘段的页岩气“甜点”段定在3030.0～3060.0m。

（2）陡山沱段与牛蹄塘段页岩气同位素特征差异明显，陡山沱段页岩气较重的同位素特征与较干的组分特征可能与生油母质或盐水反应有关。通过岩屑气碳同位素特征分析，认为5小段与7小段是有利的页岩气勘探“甜点”目标。

（3）加大碳同位素录井技术在页岩气勘探开发中的应用力度，有效划分水平井“甜点”段。

二、J5-X5HF井牵引器测井

（一）基本情况

J5-X5HF井是一口重点评价水平井。实际井深5965.0m，自A靶点水平段长3065.0m。根据J5-X5HF井钻井地质设计要求，采用牵引器测井工艺完成本井的固井质量评价测井。

主要施工难点：

（1）为保证取全取准曲线，多角度评价固井质量，优先选用八扇区水泥胶结（RIB）测井仪进行测井，主要难题是将测井仪器安全输送至目的层。

（2）该井水平段较长，最大井斜91.85°，井斜从60°至90°井段造斜较快，水平段起伏，总牵引时间接近15h，考验牵引器长时间工作的稳定性。

（3）该井水平段垂深2750.0m，直井段电缆自重约560kg，3000.0m水平段电缆自重约600kg，牵引器及仪器自重310kg，考验牵引负载能力。

（二）实施方案

在满足牵引负载的前提下，为保证测井时效，提高牵引速度，减少仪器在井内滞留时间，降低额外风险，经过技术人员讨论，决定优选1∶75的减速器配合驱动电机。所有参与施工的地面仪器，下井仪器，绞车、电缆、配套工具，均按规定进行强制保养，并按照下井的组合进行地面硬连接，通电试机近3h，先后进行牵引器打压刻度、RIB刻度、GR刻度等工作。实时监测牵引器的运行状态，将电机与齿轮充分进行磨合，使牵引器空载性能达到最佳。

根据现场井况及进度要求，在取得可靠数据的基础上，编制可行的施工设计方案，并严格按方案实施。施工前，与现场监督、钻井方和录井方召开交底会，向钻井方了解钻井数据与井内复杂情况，强调该井测井施工应注意的事项。召开班组会，通报井身状况，评估施工风险点及危害，强调施工要求。

施工中，按施工设计进行现场施工准备，经过18h施工，成功牵引仪器到井底并完成测井，牵引长度3142.0m，创全国水平井牵引测井纪录。取全取准了固井质量资料并通过验收，顺利完成了该井的固井质量评价施工任务。

（三）分析与建议

（1）本井的顺利施工，充分展示了牵引器输送测井工艺的技术优势，解决了超长水平井的固井测井施工难题，节约大量测井作业时间，降低了综合作业成本。

（2）牵引器技术在工程测井、套后测井和生产测井等方面具有高安全性、高适用性和高时效性的优势，建议加强牵引器输送测井工艺在套管井作业中的应用，提高作业时效。

三、W9-X1HF测井遇阻卡

（一）基本情况

W9-X1HF 井为三开制导眼井，完钻井深 3714.0m，钻头尺寸 215.9mm，最大井斜 42°。测量项目：常规综合，测量井段：3194.0～3714.0m，测井工艺：电缆测井。

第一趟：自然伽马＋井斜方位＋双侧向＋补偿声波＋双井径仪器组合，下至 3408m 时遇阻，上提遇卡严重。调整仪器组合为伽马＋侧向仪器，重新下井，下至 3330.0m 时遇阻，交井队通井。

连续三次通井，并缩短仪器组合，仍然在 3346.0～3483.0m 井段遇阻，上提频繁遇卡，最大净增张力 10kN。甲方决定变更测井工艺，采用直推存储式测井顺利完成了测井任务。

（二）实施方案

电缆测井遇阻卡后，钻井队改变钻具刚性结构，调整钻井液性能，分别采用双扶正器、单扶正器进行了三次通井，对遇阻遇卡井段划眼，测井队配合调整仪器组合长度，仍然频繁遇阻卡，损失时间 136h。

在通井无效的情况下，钻井队申请用直推存储式代替电缆传输式测井。甲方批复变更申请，同意用直推存储式完成测井任务，作业时间 30h。

（三）分析与建议

（1）本井斜导眼 3220.0～3450.0m 井段井眼轨迹的全角变化率较大，最大为 23.51°/100m，应该是测井仪器通过性差、通井无效的原因。

（2）电缆测井遇阻卡，应及时分析主要影响因素，一次通井无效后应向甲方及时提出测井工艺变更申请或建议，采用通过性和安全性更好的存储式测井工艺解决复杂井测井难题。

06 第六章 页岩气压裂工艺技术

水平井大规模压裂改造是实现页岩气效益开发的关键环节。中国石化经过十余年的创新攻关和工程实践，形成了“井工厂”压裂、密切割压裂、重复压裂等高效压裂技术，研发了一体化变黏压裂液体系和系列暂堵材料，配套了全电动压裂自动化装备，构建了压前分析、压中控制、压后评价成套压裂技术体系，实现了页岩储层高效改造，保障了页岩气井压裂增产。

第一节　页岩气压裂工艺

页岩气压裂工艺主要包括：“井工厂”压裂、分段压裂、密切割压裂、暂堵压裂、重复压裂、压裂监测与评价等一系列适用于页岩气高效开发的压裂工艺技术。

一、“井工厂”压裂

“井工厂”压裂是将压裂设备固定于某一场地，对其周边位置较为集中的多口井或丛式井组实施批量压裂作业的施工方式，通过统一的工序控制、标准的施工工艺、连续的物料供给实现效率和效益的最大化。

（一）“井工厂”压裂布局及作业模式

1. 布局原则

（1）满足工艺、技术、安全要求；

（2）结合井场条件、生产协调等工作进行布局，整体布局宜采用“工”字形或三角形布置；

（3）按照作业环节衔接划分独立作业单元区；

（4）泵车作业区留足设备维修以及更换通道；

（5）液罐区及酸罐区尽量靠近低压供液设备，液罐采用双层罐布置；

（6）泵送作业区与压裂作业区按照互相配合的原则进行布置。

2. 标准化布局设计

“井工厂”压裂井场标准化布局主要划分为供液配液区、连续输砂区、压裂主体施工区和压裂液返排及回收区四个区域，如图 6-1 所示。

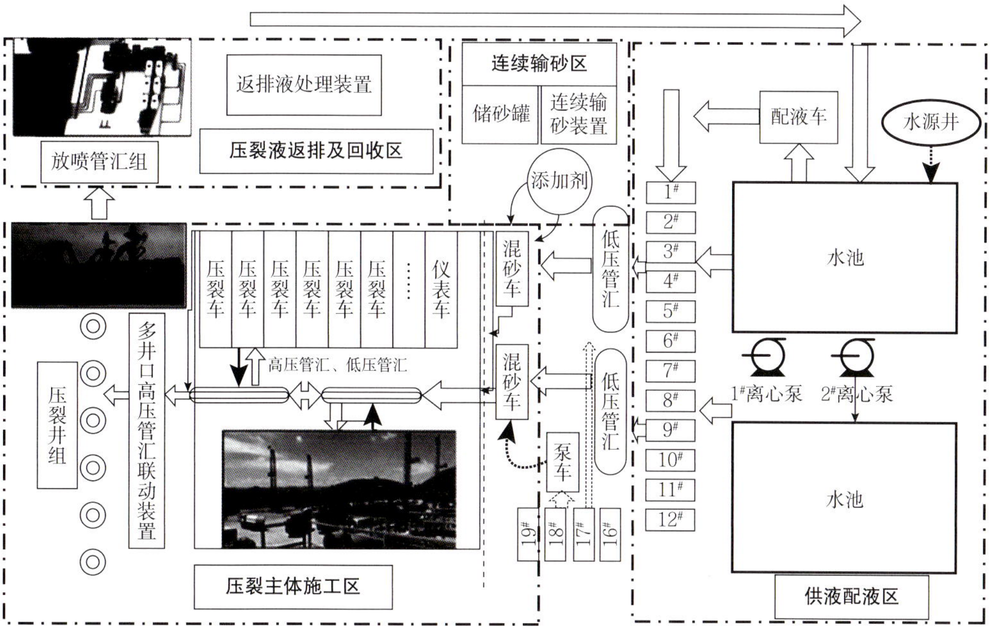

图 6-1 “井工厂”压裂井场标准化布局

（1）供液配液区。完成蓄水、压裂液配制等工作，并向混砂装备持续供给压裂液。

（2）连续输砂区。完成压裂支撑剂材料的屯放、存储以及支撑剂连续输送至混砂装备。

（3）压裂主体施工区。是标准化井场的关键区域，该区域内的设备主要包括压裂装备、混砂装备、高低压管汇装置以及仪表集中控制装置，压裂主体施工区主要用于将压裂液与支撑剂快速混合并通过压裂装备增压泵注至井底。

（4）压裂液返排及回收区。主要用于放喷测试，按照压裂工艺要求设置放喷池并对返排液进行处理，处理后的返排液可循环至液体供应区，以实现压裂液的循环利用。

3. 作业模式

1）拉链式压裂

拉链式压裂是用一套压裂车组对多口相邻水平井进行交替分段压裂的压裂改造模式，在一口水平井压裂作业的同时，对另一口配对井进行射孔、下桥塞等作业，两口井交替施工、逐段压裂。

（1）井口标准布局。

当两口井进行交叉式作业时，常规地面高压流程不能满足多井交叉作业。采用新型压裂分配管汇可满足多井交叉压裂工艺要求，其地面流程如图 6–2 所示。

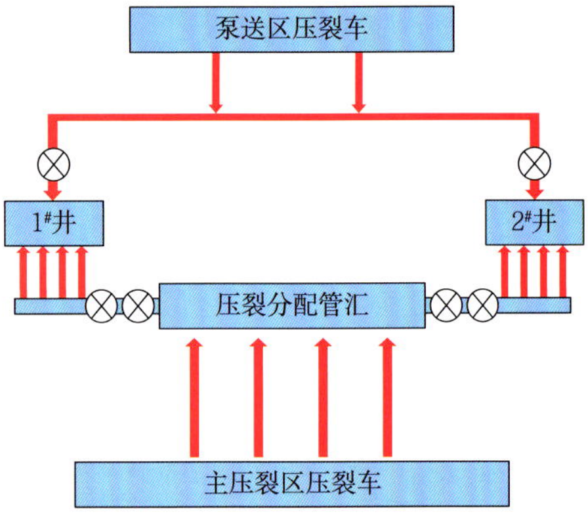

图 6–2　新型压裂分配管汇地面流程

采用旋塞阀组合的常规方法主要缺点：

①流程复杂，连接件多，系统可靠性较低；

②旋塞阀不具有防砂功能，频繁操作容易砂卡导致损坏；

③现场操作速度慢，且容易出错，高压区操作时安全风险高。

新型压裂分配管汇设计要求：

①以排量、压力级别要求设计管汇压裂级别；

②与现有压裂管线接口匹配；

③通过高压管线连接进入一体式压裂六通；

④一体式压裂六通通过侧翼 PFFG130–105 手动平板阀实现多路分流。

（2）地面配套系统。

“井工厂”压裂地面配套系统由连续泵注系统、连续供砂系统、连续配液系统、连续供水系统和工具下入系统等组成，如图 6–3 所示。连续泵注系统是“井工厂”压裂的核心，主要包括高压泵注系统和低压集流供液系统。高压泵注系统的主要压裂装备包括压裂泵车、混砂车、仪表车、高低压管汇、各种高压控制装置、井口控制闸门组等。低压集流供液系统包括储液罐、集流管汇和供液管线等。

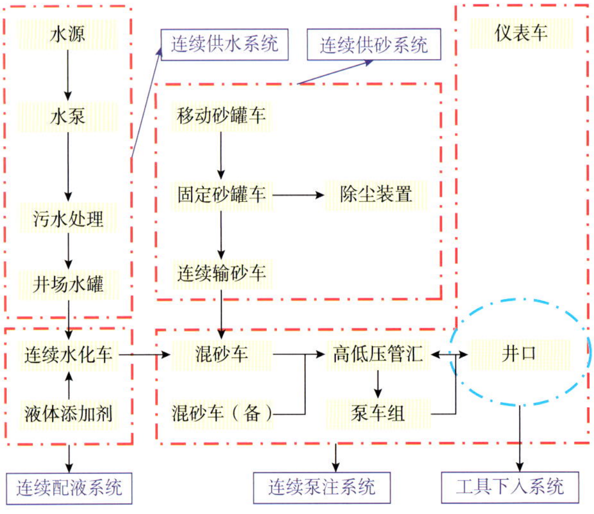

图 6–3　“井工厂”压裂地面配套系统

（3）作业工艺。

①提前编制压裂方案。统筹编排整体运行方案，明确施工任务，匹配人员、设备，改变以往各自组织的局面，全方位指导施工运行。

②严格执行施工运行安排。压裂实施过程中，严格按照单井和平台井制定施工运行模式高效运行。

③规范化压裂流程。压裂液连续混配，配液与压裂施工同时进行，采用部分过渡罐起缓冲作用，减少压裂等停时间；压裂（酸化）材料连续供给，施工前一次性将所有井的支撑剂和化工料组织到位，压裂施工采取开关阀门的方式，完成所有井的压裂工作；标准化压裂机组配置，根据“井工厂”长时间作业需求，配置不同功率储备系数的压裂机组；高低压管汇连接一次到位，合理摆放储液罐和连续混配车位置，一次性连接多井组低压管汇和高压管汇，在高压泵车组与多井口之间安装多井口高压管汇联动装置，通过高压阀门的开启和关闭实现不同井口压裂施工；压裂返排液处理，“工厂化”压裂液量大，为提高水资源利用率，减少污水排放，缓解环保压力，需对压裂返排液进行处理后再利用。

④“工厂化”流水线作业。如图 6-4 所示，拉链式压裂在两口井中采用交替压裂工序，压裂一口井时另一口井可同时进行射孔作业，施工效率大幅提高。

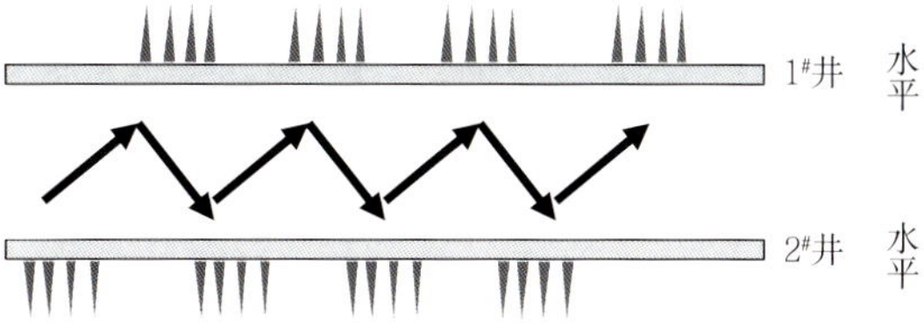

图 6-4　拉链式压裂施工顺序示意

2）同步压裂

同步压裂，又叫多井同步压裂，作业模式为两套机组对两口或两口以上的配对井同时进行大规模压裂施工。压裂过程中充分利用井间应力干扰，促使水力裂缝扩展过程中相互作用，增加水力裂缝的改造体积，以增加水力压裂裂缝网络的密度及表面积，获得连通多井的复杂裂缝网络，达到初期高产和长期稳产的目的，提高多井初始产量和采收率。其工艺流程如下：

（1）同步完成两段压裂作业。由单个压裂队伍对两套机组采用大排量的同时对相邻双井供液，每次泵送在双井同步完成两组压裂段。

（2）同步完成两段电缆作业。由两部电缆、吊车和电缆桥塞泵送设备，各自独立对双井同时进行桥塞泵送和射孔作业，每次完成两组压裂段的射孔及桥塞坐封。

（3）同步改善井间缝网。从趾部开始，在同步压裂过程中，两口井相对应的两组压裂段在井间裂缝相交部位中形成良性互动，不仅能提高井间缝网的复杂程度，还能抑制缝长的越界延伸，降低由于形成少数超长缝而导致的负面井间压裂干扰概率。

（二）交叉压裂工艺流程

1. 井筒及井口准备

（1）采用连续油管作业进行第一口井“通刮洗”施工。

（2）试压。套管、井口试压，稳压 30min，压降≤ 0.5MPa 为合格。

（3）安装压裂井口。安装压裂井口，试压，稳压 30min，压降≤ 0.5MPa 为合格。

（4）建立泵送通道。首段采用连续油管传输射孔或者打开趾端滑套建立泵注通道。

2. 压裂施工

连接第一口井地面设备及试压流程，进行地面流程试压。实施第一段压裂施工。

3. 顶替

用清水将 3% 氯化钾溶液替至设计位置。

4. 第二口井压裂施工

（1）采用连续油管作业进行“通刮洗”施工。

（2）试压。套管、井口试压，稳压 30min，压降≤ 0.5MPa 为合格。

（3）安装压裂井口。安装压裂井口，试压，稳压 30min，压降≤ 0.5MPa 为合格。

（4）建立泵送通道。首段采用连续油管传输射孔或者打开趾端滑套建立泵注通道。

（5）压裂施工。连接地面设备及试压流程，进行地面流程试压。实施第一段压裂施工。

（6）顶替。用清水将 3% 氯化钾溶液替至设计位置。

5. 第一口井第二段射孔及压裂施工

（1）下桥塞。安装井口电缆防喷器并试压合格后，井口打备压，使防喷管与井筒压力一致，下可溶桥塞、射孔枪及配套工具。水平段采用清水或清水配制的减阻水将可溶桥塞泵送至设计井深。

（2）坐封。按桥塞位置，点火坐封桥塞。

（3）射孔。依次上提射孔枪至设计位置，进行射孔，记录射孔前后压力数据。

（4）起出射孔工具。起出射孔工具串，检查射孔情况。要求发射率达到 100%。

（5）压裂施工。按第一段压裂施工流程进行施工。

（6）顶替。用清水将 3% 氯化钾溶液替至桥塞位置，加快可溶桥塞的溶解。

6. 第二口井第二段射孔及压裂施工

按照下桥塞、坐封、射孔、起出射孔工具、压裂施工、顶替等工序完成第二口井第二段压裂施工。

重复 5、6 工序，完成交叉压裂。

二、分段压裂

水平井分段压裂技术作为页岩油气资源开发的关键技术，主要是依据“甜点”分析，将水平井优化分成若干段，通过分段工具对水平井实施逐段改造。

（一）桥塞分段压裂

桥塞分段压裂作为页岩气开发最主要的压裂技术之一，在压裂时可提供稳定的层间封隔，常采用复合桥塞和可溶桥塞，钻除后随返排液排出井筒，从而保证井筒全通径，为后期生产测试提供有利条件。

1. 工艺原理

采用投送工具进行投送，通过电缆传输可溶桥塞泵送到井筒预定层位后，利用火工品爆炸产生的推力推动滑套，挤压胶筒和背圈，同时带动锥体挤压卡瓦，当达到卡瓦的破裂压力时，卡瓦向外移动，咬合套管，锥体与卡瓦形成自锁，胶筒膨胀与套筒内壁贴合，完成桥塞的丢手坐封，其示意如图 6–5 所示。当需要对桥塞上部产层压裂时，投球泵送到中心管上部的内圆锥面上，密封后进行压裂。压裂施工完成后，桥塞在含有一定浓度电解质溶液的地层返排液中经过一定的时间后即可完全溶解，留出井筒全通径以供后续生产。

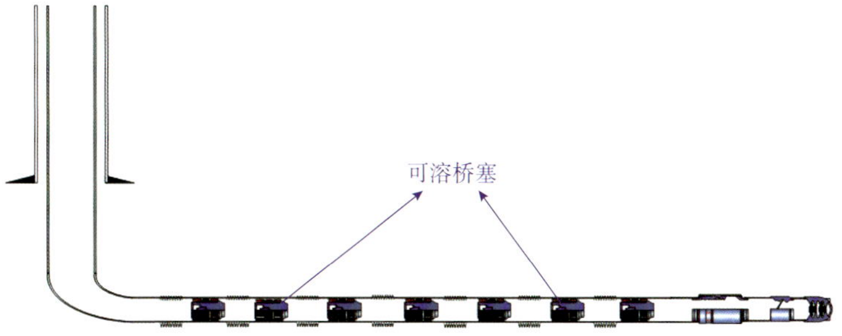

图 6–5　桥塞分段压裂示意

2. 分段桥塞

1）复合桥塞

主要由密封系统、锚定系统、丢手机构等部件组成。密封系统由胶筒、上下锥体和防突隔环组成。上下锥体在释放工具作用下剪断销钉，压缩胶筒形成密封。防突隔环的作用是压缩时首先胀开紧贴套管壁，在上下两个防突隔环中间形成一定的空间，使得胶筒压缩时在空间内均匀胀大，阻止胶筒压缩时出现“肩部突出”撕裂现象。锚定系统由上下卡瓦、自锁环等组成。上下卡瓦的作用是将复合材料桥塞支撑在套管上，并限制其纵向移动，用于保持其密封性。锁环上的倒齿与中心管的倒齿互相啮合，坐封后永久固定于坐封状态。坐封丢手机构的主要部件是剪切销钉，用于坐封工具和桥塞的连接，完成坐封后被剪断，使坐封工具和桥塞脱开丢手。复合桥塞的结构如图 6–6 所示。

桥塞工作时，中心管与外套件做相对运动，压缩胶筒和上下卡瓦，胶筒胀开紧贴套管壁，达到封隔上下层的目的，上下卡瓦在锥体上裂开紧紧啮合套管，当胶筒、卡瓦与套管配合紧密不可压缩达到设计值时，剪断释放销钉，坐封工具与桥塞脱开，完成丢手任务。桥塞中心管与上锥体内锁环设有倒齿机构，坐封后自锁形成啮合锁紧，桥塞始终处于坐封状态。桥塞卡瓦钻除后，剩余部分会落到下一级桥塞上，因此，桥塞的底部需要设计成能与下一级桥塞相互啮合的形状，以防止剩余部分随钻头（磨鞋）旋转而无法磨铣。

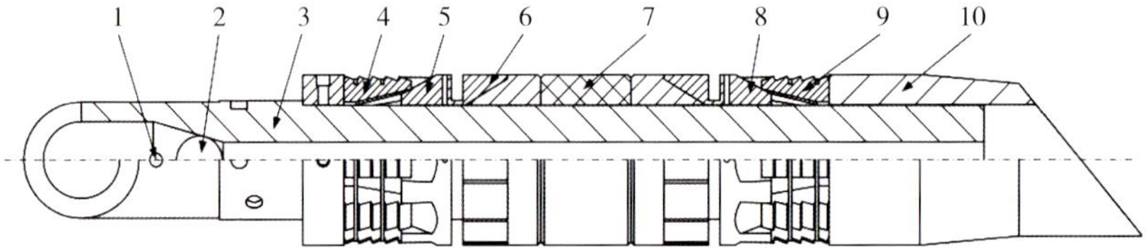

1—释放销钉孔；2—投球；3—中心管；4—上卡瓦；5—上锥体；
6—防突隔环；7—坐封胶筒；8—下锥体；9—下卡瓦；10—斜面下接头

图 6-6　复合桥塞结构示意

复合桥塞使用方便、成本低廉，能耐 150℃高温，并且能耐油、气、水介质的长期浸泡；具有易钻铣、主体材料密度小、易返排等特点，满足连续管快速钻磨需求。

2）可溶桥塞

主要由芯轴、筒状卡瓦、胶筒、锥体、引鞋、锁环等零部件组成，常使用于水平井或垂直井的分段/层、压裂或其他临时性封堵作业，是页岩气开发中非常重要的产品，其结构如图 6-7 所示。

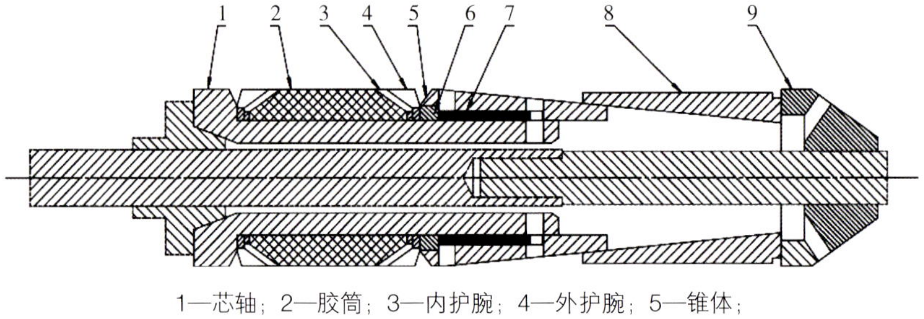

1—芯轴；2—胶筒；3—内护腕；4—外护腕；5—锥体；
6—扶正环；7—锁环；8—筒状卡瓦；9—引鞋

图 6-7　可溶桥塞结构示意

使用时，调节螺杆上端适配器与坐封工具芯轴连接，坐封工具外筒端面抵至桥塞台肩端面，采用电缆/油管将桥塞送至设计坐封位置，经过机械接箍定位器确定位置后，采用液压或火药桥塞坐封工具对可溶桥塞施加一定的推力，芯轴与外筒发生相对运动，使卡瓦沿锥体斜面向外扩张，实现锚定。紧接着胶筒变形扩展密封套管内腔。压裂完毕后，在放喷和生产过程中，桥塞逐渐溶解于返排液内并随之排出。

可溶桥塞工作压力 70MPa、有效承压时间 8～24h，有效密封时间长；全溶时间（温度 93℃，3%KCl 溶液）7～15 天。

3. 工艺流程

（1）工具下井前对井眼进行充分的通井、刮管和洗井处理，确保井眼的通畅。

（2）连接工具串，下放工具串至开泵深度（一般定于井斜 30°～45°），并在工具串到达开泵深度前 30min 通知压裂队做好泵送准备。

（3）根据井斜的增加，以 $0.2m^3/min$ 的排量逐步提高泵送排量，以确保工具串正常前行，直到泵送至目的层深度后停泵。

（4）对照套管节箍数据表实时校深，确定标准接箍；缓慢上提至坐封深度，确认无误后，点火坐封。

（5）通过点火电压和电流来判断是否点火成功，根据电缆张力下降、电缆震动情况来判断桥塞是否成功丢手，确定桥塞坐封丢手后，上提电缆至第 1 簇射孔深度射孔点火。

（6）射孔点火完成后，缓慢上提电缆 50m，速度控制在 600m/h 以内，无异常后，转入正常上起，速度≤ 3000m/h。

（7）确认工具串完全进入防喷管内后，关闭井口阀门，卸掉防喷管内压力，卸开防喷管，吊离井口，同时下放电缆，将工具串缓慢放至地面，检验射孔发射率。

（二）趾端滑套压裂

趾端滑套压裂是将趾端滑套与套管一起连接入井并固井，通过井筒试压、打开滑套而形成的分段压裂完井技术，它有效替代了第一段的射孔作业，实现了页岩气开发的降本增效。

1. 工艺原理

趾端滑套压裂工艺如图 6–8 所示，将趾端滑套与套管连接并一趟下入井内，在滑套入井过程中，将趾端滑套预置在套管管柱中，在下入预定位置后，采用常规固井或裸眼完井的方式进行固井施工，通过趾端滑套的延时功能，对套管进行全井筒试压。试压结束后，趾端滑套打开，建立井筒 – 地层的流通通道，然后进行压裂施工。其中最底端趾端滑套为压力延时滑套，为纯压力打开，配有延时机构，可适用于全井筒套管试压。

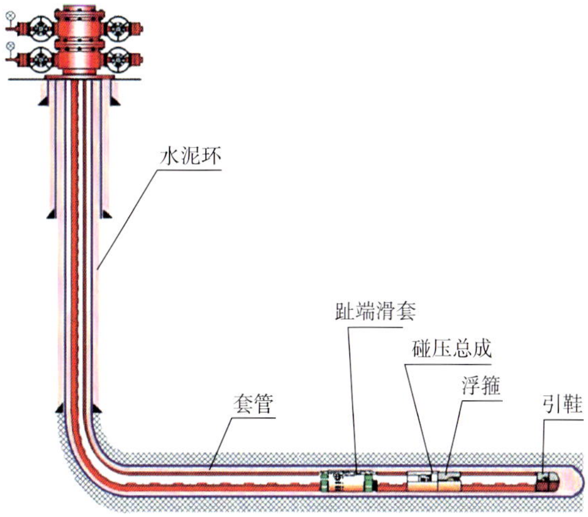

图 6–8 趾端滑套压裂工艺

2. 趾端滑套

趾端滑套通过延时机构的延时作用，保证套管压力完整性测试的实施。主要由爆破阀（破裂盘）、内活塞、液体腔、延时阀和真空腔等部件组成。当在井筒内部施加的工作压力超过破裂盘的限定压力后，破裂盘开启，液体推动活塞移动，同时激活延时阀控制系统，活塞将液体腔内的液压油缓慢挤入真空腔，通过延时阀控制液压油的流速，待试压时间达到 30min 或其他标准试压时间，内活塞移动到位，滑套完全开启，建立井筒－地层流通通道，以方便后续射孔和压裂作业，其结构如图 6–9 所示。

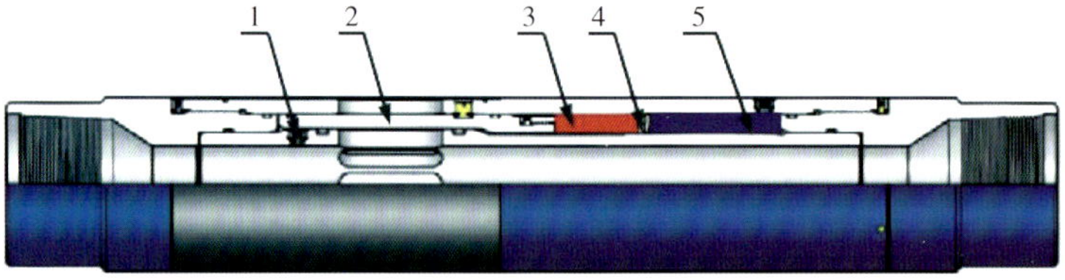

1—爆破阀；2—内活塞；3—液体腔；4—延时阀；5—真空腔

图 6–9　趾端滑套结构示意

趾端滑套依靠井筒绝对压力延时打开滑套，满足井筒试压要求；压裂孔眼满足现场施工排量、砂比、连续冲蚀 4h 的要求；采用耐高温的高黏油脂进行压裂孔眼封堵，能够防止入井及固井施工过程中井内污物进入滑套。

3. 工艺流程

1）滑套入井

在滑套入井过程中，根据设计完成固井管柱的下入，其中可试压趾端滑套距离碰压座间隔 2 个套管，碰压座下端距离上浮箍一个短节或一根套管。在下入过程中遇阻＞ 5t 时，须采取措施处理合适后方可继续下入。

2）滑套固井

在滑套固井过程中，水泥头有效长度必须＞ 500mm，固井胶塞需装入水泥头，且保证水泥头挡销关闭到位，胶塞无下落可能。替浆剩余 2 ~ 4 ㎡时，需控制水泥浆泵入排量。固井过程中压力控制在 40MPa 以内。固井完成后应进行通刮井处理，以便于后期滑套开启的施工。在碰压时，压力持续上升 5MPa 时停泵不泄压，憋压时间控制在 5min 左右。

3）滑套开启

（1）安装井口，连接地面管线，并对管线试压，以保证施工顺利进行。

（2）打开井口阀门，对井筒灌液。井筒灌满后对井内套管管柱及工具进行整体打压，试压 50MPa，稳压时间按照现场要求确定；合格后持续打压至 60MPa，稳压时间按照现场要求确定；合格后继续打压至 70MPa，稳压时间按照现场要求确定。

（3）连续升压至破裂盘开启压力，使得破裂盘破裂并对井内管柱测试高压，测试时间为工具推荐的延时时间（受温度和压力影响略有不同），测试时间过后压力突降，此时说明滑套已打开。若需立即进行压裂施工，需小排量补压，直至建立排量，排量达到设计值后需保证压力不上涨方可进行后续压裂施工。

三、密切割压裂

采用密分段细分簇的密集切割方式作为理想的技术途径，形成了密切割压裂工艺技术。通过缩短段簇间距，增加裂缝条数，扩大泄气通道，提高裂缝复杂度，配合高强度加砂，提高压后储层导流能力，从而达到提高单井产量的目的。其中高密布缝是关键，由早期 15 ~ 20m 的簇间距逐步优化改进至目前 7 ~ 10m 的簇间距，单井产量得到大幅度提升。

（一）密切割压裂机理

基于最短基质渗流理论，通过采用缩小缝间距的密集切割方式，增加裂缝控制面积，缩短基质流体与人工裂缝的渗流距离，促使裂缝形成连片控制区域，更有利于对塑性较强、应力差较大、难以形成复杂缝网的储集层实施体积改造，常规体积压裂布缝模式和密切割体积压裂布缝模式如图 6-10、图 6-11 所示。随着对页岩气压裂改造机理、工艺技术模式和现场实践认识的不断深入，密切割压裂工艺技术使体积改造工艺内涵得到深化，促进了页岩气改造理念的更新迭代，由以往追求储层的波及体积最大化向追求改造体积内裂缝密度、裂缝比表面积最大化转变；由区块内单井控藏技术模式向储层内缝控基质技术模式转变，不仅强调单井与区块合理匹配，更加强调裂缝系统与油气藏充分匹配，延长单井重复压裂周期甚至避免了重复压裂，提高单井生命周期内最终采收率。

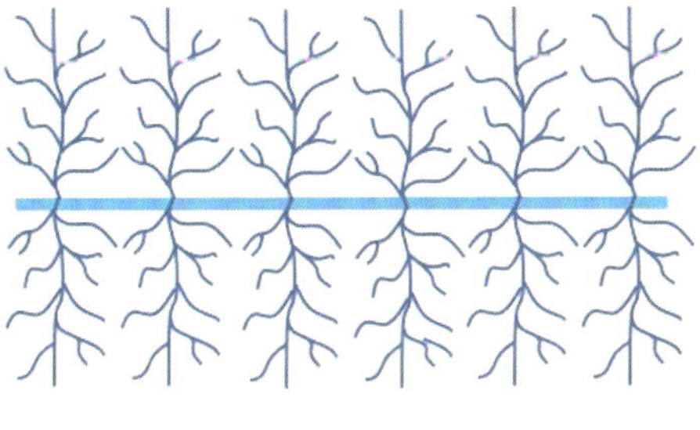

图 6-10　常规体积压裂布缝模式

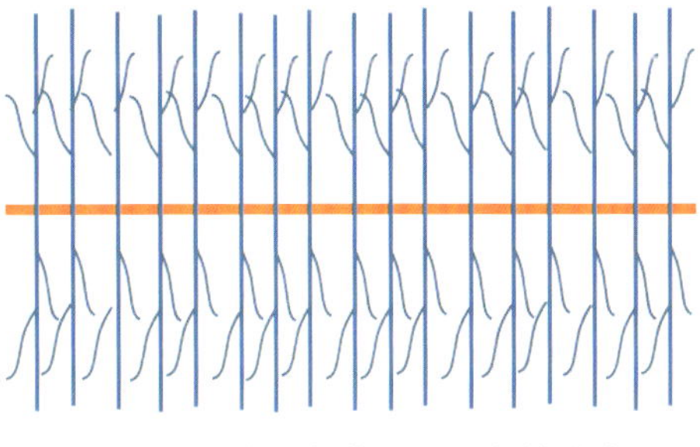

图 6-11　密切割体积压裂布缝模式

为进一步阐明密切割机理，假设在无限均质储层条件下且处于线性流状态，建立产量目标函数，函数如下：

$$\frac{q}{P_{\rm pi}-P_{\rm wf}}=\frac{C\sqrt{(\phi C_{\rm t})_{\rm i}}\,A\sqrt{K}}{B\sqrt{\mu_{\rm i}}\sqrt{t}}+b \tag{6-1}$$

$$A = 4H_f N_f X_f \tag{6-2}$$

式中 q——产量，m^3/d；

P_{pi}——无限均质储层中的任意位置 i 处压力，MPa；

P_{wf}——无限均质储层井底流动压力，MPa；

C——流体压缩系数，MPa^{-1}；

ϕ——储层孔隙度；

C_t——岩石总压缩系数，MPa^{-1}；

B——地层体积系数；

μ_i——流体黏度，mPa·s；

t——渗流时间，d；

A——裂缝系统总表面积，m^2；

K——储层渗透率，μm^2；

b——常数；

H_f——裂缝高度，m；

N_f——人工裂缝条数，条；

X_f——裂缝半长，m。

由上述公式可以发现，单井流体产量与裂缝系统总表面积及储层渗透率呈正相关关系。裂缝系统总表面积实际上是由有效裂缝条数决定的，对于一定长度的水平段来讲，段间距越小、缝间距越小，水平段密集切割程度越高，有效裂缝条数也就越多，产量也相应越高；缝间距越小，裂缝越密集，越有利于增加裂缝渗流面积；裂缝越密集，储层改造越彻底，越有利于提高裂缝系统的渗透率。这从本质上解释了页岩气压裂工艺越来越趋于追求更小的段、簇间距和更高的人工裂缝密度的原因。

常规分段分簇与多簇密切割的对比如图 6-12 所示。常规分段分簇与多簇密切割相比，在提速提效方面，多簇密切割可以减少单井段数，缩短施工周期、提高压裂速度。在增产提效方面，多簇密切割提高了裂缝密度，能够增加泄气通道，提高单井产量。

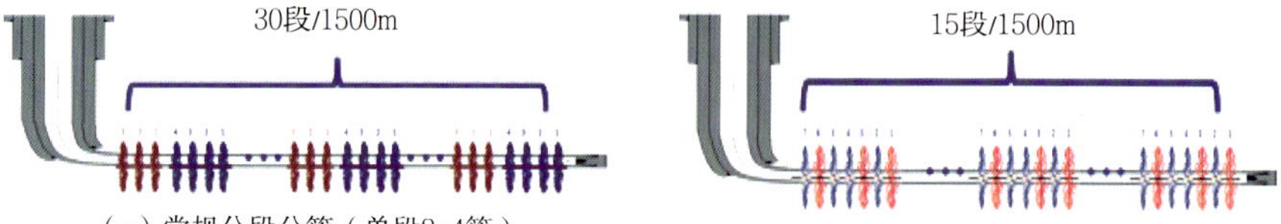

（a）常规分段分簇（单段2~4簇）　（b）多簇密切割（单段6~7簇）

图 6-12　常规分段分簇与多簇密切割对比图

（二）密切割压裂工艺设计

1. 分段分簇原则

1）地质分段依据储层物性、脆性矿物、有机质丰度、含气量等实验分析参数，初步确定页岩气层划分标准。综合钻井、测井、录井等成果进行地质分段。

2）可压性分段参考岩石力学、地应力、脆性指数等评价可压性，脆性指数大、破裂压力小的地层可压性好，脆性指数中等、破裂压力中等的地层可压性中等，脆性指数小、破裂压力大的地层可压性差。根据元素录井脆性划分标准可知，脆性好：脆性指数≥60%；脆性中等：脆性指数40%~60%；脆性差：脆性指数≤40%。以储层岩性计算脆性指数的公式如下：

$$\text{脆性指数}=\frac{\text{石英含量}}{\text{石英含量}+\text{黏土矿物含量}+\text{碳酸盐岩矿物含量}}\times 100\% \tag{6-3}$$

通过分析矿物含量，计算岩性脆性指数，从而判断可压性。

以岩石力学参数计算脆性指数的公式如下：

$$\text{脆性指数}=\frac{0.6895E-28\nu-1}{14}\times 10^2+80 \tag{6-4}$$

式中 E——杨氏模量，10^4MPa；

ν——泊松比。

综合强度、硬度、杨氏模量、泊松比，进行岩石力学性能分析，计算岩性脆性指数，从而判断可压性。非常规测井解释岩石力学参数统计见表6-1，岩石力学参数分析图版如图6-13所示。

表6-1 非常规测井解释岩石力学参数统计

地层	小层	深度			静态岩石力学参数	
		顶深（m）	底深（m）	厚度（m）	杨氏模量（GPa）	泊松比
五峰组－龙一段	⑤	2620	2686	66	27.66	0.299
	④	2686	2704	18	27.65	0.29
	③	2704	2714.4	10.4	29.679	0.258
	②	2714.4	2718.6	4.2	26.797	0.223
	①	2718.6	2724.5	5.9	29.658	0.228

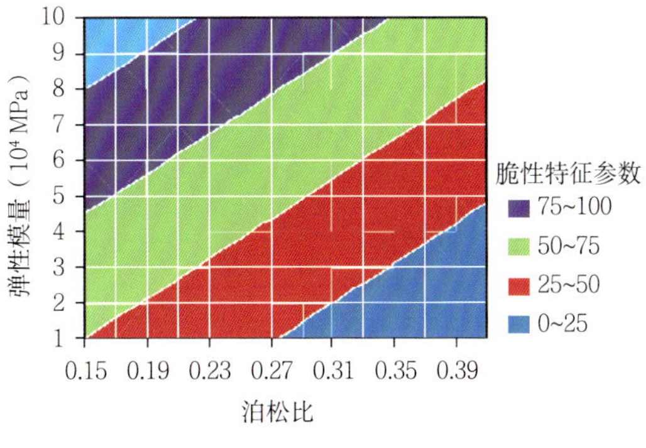

图6-13 岩石力学参数分析图版

3）综合分段原则

基于地质分段、可压性分段和水平段穿层情况，综合考虑元素测录井、气测、随钻伽马测井资料，将储层参数、完井参数相近的井段划分为同一压裂段，工程上主要考虑脆性指数、实钻参数、地应力等指标将水平段综合分段。

4）压裂工程分段原则

根据储层岩性特征、物性特征、气测显示、电性特征，结合岩石力学参数、固井质量评价结果，进行综合压裂分段设计。尽量保证段内均质性较好，减少段内跨越小层，避免出现岩性、物性、地应力差异过大的情况。单段簇数依据单段长度及优化簇间距确定。

5）射孔簇位置优选原则

（1）选择气测显示好的位置射孔；

（2）选择低密度、低破裂压力位置射孔，尽量保证各簇破裂压力差异小；

（3）选择固井质量好的位置射孔，避开套管节箍和扶正器。

2. 簇间距设计

对于页岩地层，密集布缝有利于增强储层保压能力，补充储层能量。缩小缝间距，增大裂缝密度，有效控制面积增大，有利于增加单井采收率。

1）采用北美经验法计算簇间距

以北美经验法计算簇间距的公式如下：

$$Spacing = 0.3135 \times \left[K_{\mathrm{t}} / (\phi C_{\mathrm{t}})\right]^{0.5} \tag{6-5}$$

式中 $Spacing$——簇间距，m；

K_{t}——基质渗透率，μm^2；

ϕ——孔隙度，无因次；

C_{t}——压缩系数，MPa。

2）采用双倍有效渗流距离法计算簇间距

以双倍有效渗流距离法计算簇间距的公式如下：

$$L = (2\Delta P - 0.9) / (0.0019 / K + 0.0024) + 1 \tag{6-6}$$

式中 L——簇间距，m；

K——基质渗透率；μm^2；

ΔP——最终渗流压差，MPa。

依据簇间距计算式（6–5）、式（6–6），结合综合分段情况进行分簇。密切割设计裂缝模拟反演如图 6–14 所示。

在不同储层条件下，采用北美经验法及双倍有效渗流距离法计算的簇间距见表 6–2。

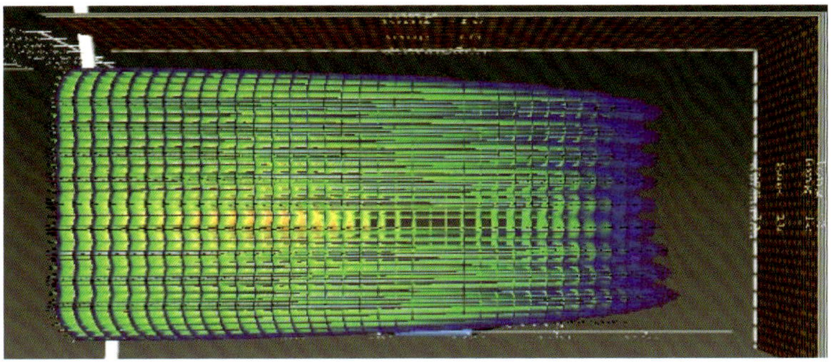

图 6-14 小簇间距密切割设计裂缝模拟反演

表 6-2 不同储层条件下簇间距推荐参数表

K（mD）	最终渗流压差（MPa）	Φ	北美经验法簇间距（m）	双倍有效渗流距离法簇间距（m）
0.005	1	0.0459	6.127	3.74
0.007		0.0459	7.249	5.62
0.01		0.0459	8.665	7.37
0.03		0.0459	15.008	12.51
0.05		0.0459	19.375	17.78
0.07		0.0459	22.926	34.5
0.1		0.0459	27.4	50.15
0.3		0.0459	47.459	114.9
0.5		0.0459	61.269	155.26

考虑到应变环境，在拉张应变环境下采取单段多簇密切割，适当缩小簇间距至 7～12m；在挤压应变环境下采取少簇密切割，扩大簇间距至 12～15m，有利于提高裂缝复杂程度，增加裂缝表面积。

3. 射孔参数设计

综合优选双“甜点”位置进行射孔，确保“甜点”位置具有多簇裂缝起裂延伸。

（1）依据井眼扩径及井漏情况，综合考虑射孔数量、射孔枪及射孔弹类型。

（2）按照提高单孔进液流速利于压裂加砂、提高缝内净压力的原则，每孔流量≥ $0.2m^3/min$。

（3）降低孔眼摩阻，为加砂施工预留足够的压力空间，孔眼摩阻一般≤ 5MPa。

（4）为了便于深层加砂和降低孔眼摩阻，主要考虑采用大孔径射孔弹。

（5）综合考虑地质特征、井筒条件、簇间诱导应力影响，优选射孔枪、射孔弹型号，优化单簇射孔长度、孔密、相位角等参数。

（6）结合段数、段长、簇间距等因素，对每段进行簇长设计，根据每米孔数为 16 孔或 20 孔，可以计算得到每簇射孔孔数。

基于孔眼摩阻公式，计算形成了在孔眼半径为 10.5mm 下开启孔眼数与孔眼摩阻的对应关系，便于射孔参数优化设计，形成的对应关系图版如图 6-15 所示。

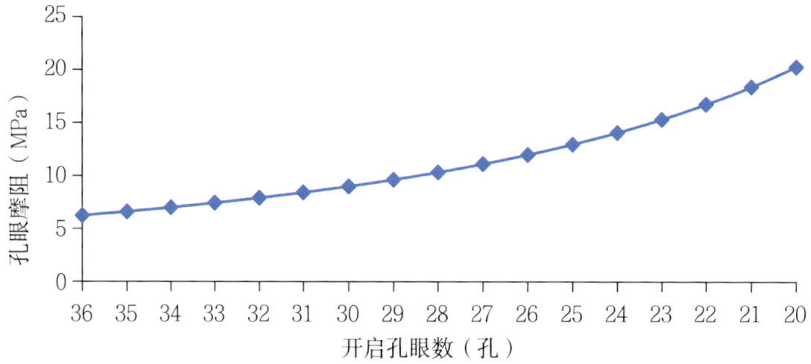

图 6-15　开启孔眼数与孔眼摩阻关系图版

4. 施工参数设计

1）排量设计

根据延伸压力梯度、井深、摩阻、排量等因素预算压裂井口施工压力，结合下入套管抗内压参数、井口施工压力限压，设计施工排量。

压裂液摩阻计算公式如下：

$$\Delta P_{\mathrm{f}} = 1.3866 \times Q^{1.8} \times L \times D^{-4.8} \times (1 - f) \tag{6-7}$$

式中　ΔP_{f}——压裂液摩阻，MPa；

Q——施工排量，m^3/min；

L——管柱长度，m；

D——管柱内径，m；

f——减阻率，%。

井口施工压力计算公式如下：

$$P_{井口} = P_1 + P_2 + \Delta P_{\mathrm{f}} - P_3 \tag{6-8}$$

式中　$P_{井口}$——井口施工压力，MPa；

P_1——裂缝延伸压力，MPa；

P_2——炮眼摩阻，MPa；

ΔP_{f}——压裂液摩阻，MPa；

P_3——液柱静压力，MPa。

2）砂量设计

考虑到返排问题，贯彻“少液多砂”思路，结合具体地质、工程参数，按照裂缝饱充填高导流设计理念，增大加砂强度。产量随导流能力增加而增大，导流能力>

2.0dc・cm 时累计产量递增减缓。不同导流能力对应的半年累计产量如图 6-16 所示。

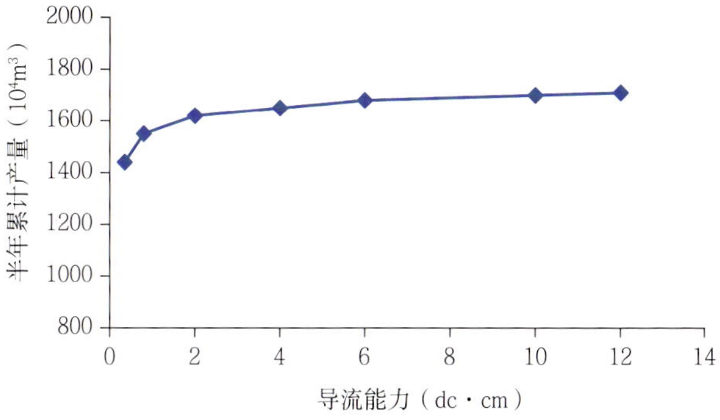

图 6-16　不同导流能力对应的半年累计产量

在页岩气储层压裂中，当导流能力＞2.0dc・cm 时，即可以建立良好的气体渗透通道。模拟显示，当单段加砂量＞$100m^3$ 时可满足导流能力的要求。可以根据导流能力、储层岩石力学等优选单段加砂量。加砂量与裂缝导流能力的关系如图 6-17 所示。

3）液量设计

产量随裂缝半长增加而增大。经压裂优化软件 Meyer 开展不同规模裂缝形态模拟，最终依据裂缝半长、缝高、改造体积等因素优选液量规模。不同裂缝半长对应的半年累计产量如图 6-18 所示。

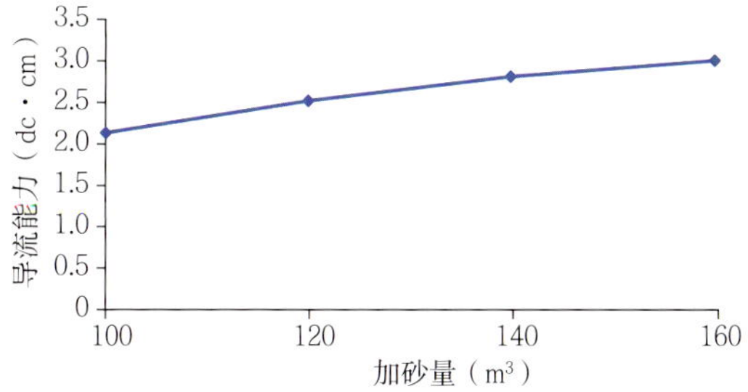

图 6-17　加砂量与裂缝导流能力的关系

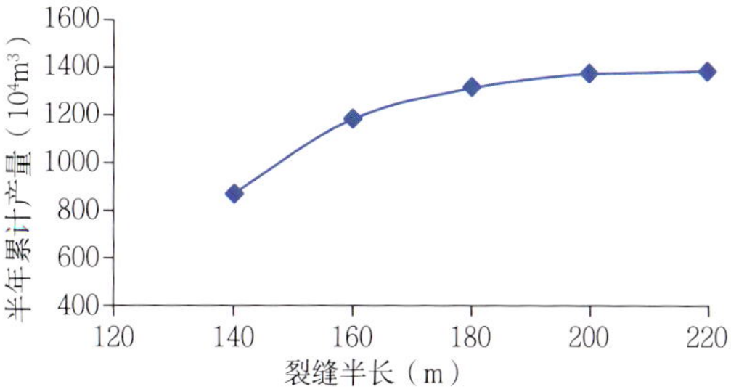

图 6-18　不同裂缝半长对应的半年累计产量

四、暂堵压裂

暂堵压裂就是在压裂中途投入一定尺寸和一定数量的暂堵材料，解决多簇裂缝改造不均匀的问题，达到压裂增产效果。目前页岩气井压裂现场所用转向暂堵压裂主要包括层内转向和层间转向两种，对应水平井多簇压裂，分别为簇间暂堵和缝内暂堵。

（一）簇间暂堵

簇间暂堵是通过投注暂堵球等暂堵材料实现暂堵转向而形成的缝口暂堵工艺技术，它有利于提高多簇裂缝的开启效率。

1. 工艺原理

由于储层非均质性、簇间应力干扰等问题，压裂过程中存在单段多簇不均衡扩展现象，通过投注暂堵球封堵部分进液效果好的射孔孔眼，迫使压裂液流向低效射孔簇，达到均匀改造储层的目的。压裂结束后暂堵球能自然溶解 / 降解，重新打开暂堵炮眼，实现油气生产通道的完全开启。

2. 暂堵球

由早期用塑料球、橡胶球等难溶解球逐步优化改进成复合树脂材料可溶暂堵球、绳结暂堵球等。按溶解温度分为低温暂堵球、中温暂堵球和高温暂堵球等。暂堵球性能参数指标见表 6–3。

表 6–3　暂堵球性能参数指标

参数	指标
外观	白色至黄色圆球状
直径（mm）	11、13、15、18
密度（g/cm^3）	0.9 ~ 1.25
溶解温度（℃）	50 ~ 90
溶解时间（h）	4 ~ 24
承压能力（MPa）	70

1）优选原则

（1）高温高压下，4 ~ 24h 后暂堵球可降解，失去机械强度，能实现自行解堵。

（2）暂堵球承压强度高，在 70MPa 下能有效密封孔眼，不发生变形。

（3）暂堵材料的密度在 950 ~ 1050kg/m^3 时的暂堵效率较高，采用与压裂液等密度的材料能取得较高的暂堵效率。

（4）暂堵球尺寸优选需根据射孔孔径设计，在排量为 4 ~ 6m^3/min 时具有较高的暂堵效率。

2）参数设计

综合射孔弹型号、射孔总数、投球前支撑剂加量及孔眼磨蚀，明确暂堵球大小、数量和组合方式等关键参数。

暂堵球粒径计算公式如下：

$$D_{暂堵球} = kD_{炮眼} \tag{6–9}$$

式中　k——系数，取值 1.4 ~ 1.5；

$D_{暂堵球}$——暂堵球直径，mm；

$D_{炮眼}$——模拟井筒条件进行地面打靶试验，射孔弹在套管形成的炮眼直径，mm。

单次投球用量一般为需暂堵孔数的 1.2 倍。

进液通道（射孔炮眼）的尺寸必须和暂堵球的尺寸相匹配才能保证暂堵球在孔眼上坐封后既不因压差而嵌入，也不因压裂液冲刷而脱落。实际压裂时射孔炮眼会因支撑剂的打磨而增大尺寸，这就需要额外考虑排量、射孔数及暂堵时的支撑剂用量对炮眼尺寸的影响。经过理论计算和现场验证，形成的暂堵球粒径设计推荐见表 6–4。

表 6–4 暂堵球粒径设计推荐

暂堵前加砂量（m^3）	总孔数（孔）	初始孔径（mm）		
		9.5	10.5	13.6
		暂堵球粒径（mm）		
40	36	15.5	15.5	18
	48	13.5	15.5	18
	64	13.5	13.5+15.5	15.6
70	36	15.5	15.5+18	18
	48	13.5+15.5	15.5+18	15.5+18
	64	13.5	15.5	18

暂堵球在炮眼附近的受力情况较复杂，暂堵球位置、暂堵球尺寸、暂堵球密度、压裂液黏度和孔眼进液情况都会影响暂堵球的坐封。在计算时取 35% 作为暂堵坐封失败率平均值，得到暂堵球的用量系数 k 为 1.54。总射孔数、射孔孔径和加砂量都会影响投球后的压力上升值，在此以 5MPa 的节流压差提升为标准，给出暂堵球用量的设计推荐，见表 6–5。

表 6–5 暂堵球用量设计推荐

暂堵时加砂量（m^3）	总孔数（孔）	初始孔径（mm）		
		9.5	10.5	13.6
		暂堵球用量（粒）		
40	36	12	15	25
	48	22	25	39
	64	37	43	60
70	36	15	18	28
	48	25	29	43
	64	40	48	64

3. 工艺流程

（1）按设计要求，准备暂堵球和投球装置，核实规格和数量，投球装置如图 6–19 所示；

（2）在高压管汇至井口的流程上，配置相应数量的投球装置，投球装置旁设置视频监控设备；

（3）压裂施工前，现场监督人员、施工方将暂堵球清点后预置投球器中，并保持旋塞阀关闭状态，由监督人员拍照或录像，压裂车循环试压结束后开始压裂施工；

（4）压裂施工时，收到投球暂堵的指令后，使用远程液压 / 电动系统控制投球器旋塞阀门，通过视频监控观察旋塞开启状态，确保暂堵球按设计要求投注。

（a）实物图　　（b）结构图

图 6–19　投球装置

（二）缝内暂堵

缝内暂堵是通过在压裂液中投放一定数量颗粒状暂堵剂实现在裂缝内的架桥封堵，它有利于提高裂缝复杂程度。

1. 工艺原理

缝内暂堵使用暂堵剂能够形成黏弹性滤饼的固体颗粒，进入地层中裂缝端部或高渗透带，在高渗透带后产生滤饼，屏蔽优势进液通道，进而提高井底水力压裂缝内净压力，当其超过老裂缝中薄弱部位的破裂压力，可达到形成新裂缝或沟通天然微裂缝的目的。

2. 暂堵剂

主要成分为聚乙烯醇，是一种无色透明白色晶体颗粒，其粒径主要分布在 10 ~ 100 目，具有较强的吸水溶胀性能。在 80℃水中 15min 体积可增长 6 倍，之后逐渐溶解，至 180min 可实现完全溶解，如图 6–20 所示。

缝内暂堵剂的受控参数主要有缝宽、尺寸和缝口体积。固体颗粒能否成功发生堆积堵塞现象受控于水力裂缝宽度与颗粒尺寸的比值，通常用 Meyer 模拟裂缝缝宽，可以匹配暂堵剂颗粒尺寸；裂缝能否完全被封堵受控于缝口体积与暂堵剂体积用量之比，缝口体积很难进行量化，一般在暂堵剂用量上，结合现场经验、压裂效果及暂堵剂推荐原则进行设计，见表 6–6。

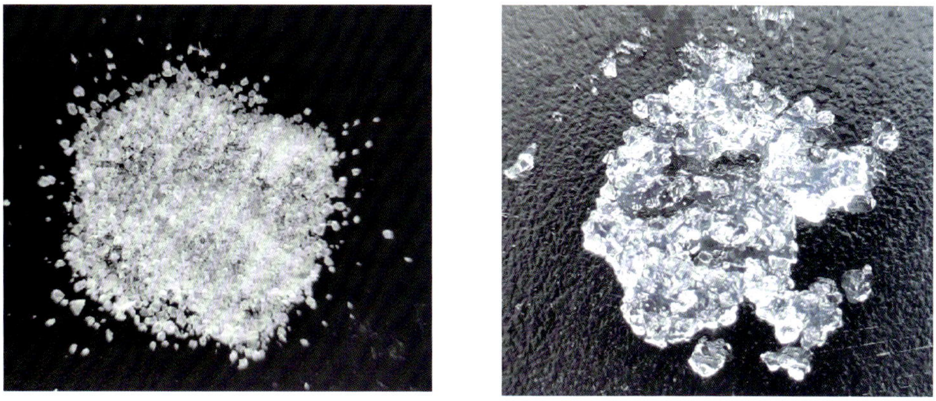

图 6–20 暂堵剂干燥和吸水后的外观

表 6–6 暂堵剂应用推荐原则

暂堵剂粒径	暂堵环境类型	推荐目数
大粒径	堵孔眼，重复压裂，天然裂缝特别发育	5/20 目
中等粒径	堵缝口，水平应力差大，天然裂缝较发育，裂缝内暂堵	30/50 目
小粒径	中等粒径上架桥，水平应力差大，裂缝内暂堵	60/100 目
细粒径	封堵微裂缝、孔喉，基质滤饼暂堵	100/200 目

3. 工艺流程

（1）按设计要求准备暂堵剂，核实规格和数量；

（2）每段安装设计要求将暂堵剂提前放在混砂车指定区域内；

（3）压裂施工过程中，为了提高暂堵效果，一般采用降排量（降至 $4m^3/min$）加暂堵剂，加完暂堵剂后，慢提恢复排量；

（4）现场监督人员、施工方接收到投暂堵剂的指令后，立即在规定的时间内采用干填法将暂堵剂加入混砂罐。

五、重复压裂

重复压裂是指对于随着生产周期的延长，初始压裂后的气体产量不佳或大幅下降，但具备经济价值的井进行二次压裂增产的工艺。一般可分为机械封隔（双封单卡、可膨胀衬管、重建井筒等）和化学暂堵（笼统暂堵、液体胶塞暂堵）重复压裂工艺。目前，通常采用套中固套重建井筒重复压裂技术。

（一）工艺原理

重复压裂是通过采用双封单卡、可膨胀衬管、下入小尺寸套管等机械封隔工具或暂堵材料暂堵老孔眼而重新建立井筒的压裂工艺技术，用于对储层进行重新选层、重新射孔等，实施再次改造，以达到提高储量动用率和气藏采收率的目的。重复压裂裂缝形成机理包括四种：①同层压新裂缝，即在原有裂缝的基础上造新裂缝来开采剩余油气储量；②同井新层压新裂缝，即通过补射非主力产层或非均质厚产层改善油气井产量；③原有裂缝改造，即通过重新压入支撑剂、延伸原有裂缝等措施使原来失去作用的裂缝重新开启，达到改善生产动态的目的；④转向压裂，即封堵原有裂缝后重新进行压裂作业产生新裂缝。

（二）套中固套重建井筒重复压裂

套中固套重建井筒重复压裂工艺如图6-21所示，在水平井段的原有套管（5.5in）内下入小尺寸套管（通常是3.5in）至井底并固井，永久性隔离已射孔的原有套管，再按照新井压裂设计进行分段射孔和压裂作业。

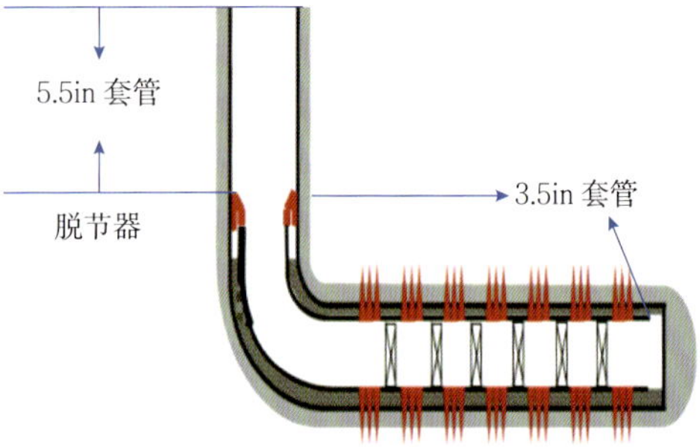

图6-21　套中固套重建井筒重复压裂工艺

1. 技术要点

重建井筒重复压裂工艺主要是通过重新下入小尺寸套管，建立完整的新井筒，然后进行桥塞射孔和分段压裂，再次改造地层以激发老井的潜力，获得更高产量。相较于其他重复压裂，更能够实现剩余潜力较大的段簇精准改造。

（1）重新下入小套管完成固井后，井筒需保持完整性；

（2）采用水泥浆封堵老炮眼后，重新射孔并能够精准实现段簇设计；

（3）配套小尺寸井下工具和可溶桥塞，保证工具可靠性；

（4）改进射孔弹，确保射穿双层套管的穿深和孔径，为后续压裂提供良好的通道；

（5）通过调整段簇设计、规模参数和暂堵工艺等，实现老缝疏通和新缝再造。

2. 选井选层

重复压裂选井一直是重复压裂技术攻关的一个重要研究内容。重复压裂目标井的正确选择决定着重复压裂的成败。重复压裂选井需考虑的因素很多，且各个因素之间有着十分复杂的非线性关系，给选井分析造成了很大的困扰。一般通过老井动态分析资料（包括气井生产数据、投产初期含水、产量统计）、测井二次解释资料、二次产剖测试、初次压裂资料和数值模拟结果等进行综合分析，采用地质综合分析法、油藏工程法、油藏数值模拟法、地震方法和示踪剂法等，全面研究剩余气在平面、层内和层间的分布规律，优选重复压裂目标井。

重复压裂选井条件：

（1）具有足够的剩余储量和地层能量；

（2）初次压裂的裂缝规模不够；

（3）初次压裂的支撑剂破碎严重，渗透率低；

（4）初次压裂的裂缝有效支撑范围不够或支撑剂铺置分布不合理；

（5）初次压裂由于施工过程中的问题，致使压裂失败。

重复压裂选层原则：

（1）优选与以往压开层位不重复的层；

（2）优选潜力大的重复压开层位；

（3）优选含水级别较低的层；

（4）利用数值模拟技术及新井饱和度资料，优选重复压裂层位。

3. 工艺流程

（1）地层增能补压。根据地层亏空情况，注水充能直到井筒能建立循环。采用压裂车从套管内向地层回注清水增能，排量在 2～4m^3/min，泵压控制在 45MPa 内，根据施工泵压确定是否增加回注量，预计在 1500～2000m^3。循环清洗井筒确定漏失量，为堵漏作业提供参考，同时观察邻井采气井口压力变化。

（2）原井筒刮管。下入非旋转刮壁器对全井筒进行刮管，对挂卡位置上下反复刮壁 3 次以上（记录好遇阻、挂卡位置），确保后期套管顺利下到位，刮壁完成后循环调整压井液至进出口液体性能一致。采用通井规通井，管柱下放速度保持在 10～20m/min，距设计人工井底 50m 后速度≤ 5m/min，对遇阻或缩径井段进行多次划眼处理，充分循环，洗净井底沉砂等异物确保井眼干净，达到井底无沉砂、井壁无台肩、无阻卡。

（3）地层增能、堵漏。向原井筒内回注 2% 氯化钾溶液，利用碳酸钙颗粒和固化水对老炮眼进行堵漏，使堵漏剂在近井地带形成支撑。计算固化水暂堵用量，上返至设计位置后，关井继续正挤固化水，待压力急剧上升后，停泵、憋压观察 10min，观察漏失情况，直至承压成功。井底稳定后，在井口加压 12MPa 确定承压能力。

（4）下入小尺寸套管。对所下入的套管进行逐根通径、丈量、检扣、洗扣、编号，通径规符合 API 标准，对井控装置进行全面彻底检查。小尺寸套管下入原井筒水平段以前每 30 根套管灌满浆，进入水平井段以后每 1 根套管灌满浆，小尺寸套管下入水平井段后，每根小尺寸套管下放时间≥ 45s，防止压力激动压漏地层。

（5）固井注水泥施工。先泵注清水，再泵注水泥浆顶替清水，碰压稳压，检查回流情况，管串脱手，循环洗井，一直看到水泥浆混浆返出，固井注水泥施工才能结束。

（6）脱节器丢手。上提固井管柱悬重比脱节器上部管柱悬重多 2～3t，旋转固井管柱上提，观察指重表若 10s 悬重降低 2～3t 则脱手成功，若悬重没有降低则没有脱手，继续重复前面步骤至脱手，直到脱手成功。

（7）检测固井质量。水泥浆候凝 48h 后测固井质量，连续油管通井，检测小尺寸套管所形成的现有井筒大小和内壁，对现有井筒试压，现有井筒试压合格后，固井施工结束。

（8）簇间、原簇射孔。根据剩余可采储量分布和重建井筒情况，设计两种射孔方式。一种是分段靠近趾端，初次压裂储量动用程度低，以簇间补孔和有潜力的老炮眼位置重新射孔相结合为主；另一种是分段靠近根部，初次压裂各簇储量动用程度较高，以原簇间剩余潜力为主，原簇间多簇密切割、缩短簇间距。

（9）按照重建井筒后的泵注及暂堵设计要求，依次完成重复压裂步骤。

六、压裂监测与评价

压裂监测与评价技术主要用于分析压裂井的裂缝形态展布特征，验证压裂改造效果。随着非常规油气资源的开发，形成了微地震裂缝监测技术、示踪剂监测技术等多种压裂监测与评价技术。

（一）微地震裂缝监测技术

微地震裂缝监测技术是通过观测、分析由压裂、注水等石油工程作业导致岩石破裂或断错所产生的微地震信号，从而监测地下岩石破裂、裂缝空间展布的地球物理技术。

1. 工艺原理

微地震裂缝监测技术的应用基础是摩尔－库伦理论和断裂力学，与常规石油地震勘探原理相似，只是求解过程相反，在微地震监测过程中震源的位置、震动时刻、震源强度都是未知的，求解这些参数需借鉴天然地震学的方法和思路。水力压裂造成地层裂缝的出现，随着压力的变化，裂缝延伸所产生的震动能量以弹性波的形式向外传播。向四周传播的弹性波被布置在监测井周围的检波器接收，根据直达波的时差，求解微地震震源位置。通过震源的概率分布描述裂缝形态，利用三维可视化技术给出裂缝空间图像，确定压裂时产生裂缝的方位、长度和高度。

2. 监测与评价

在页岩压裂过程中，只有尽可能增加裂缝的复杂性，才能在压裂裂缝波及范围内实现动用体积的最大化，提高压裂效果和后续开发的经济性。微地震裂缝复杂性指数（FCI）作为评价裂缝复杂性的方法之一，常在页岩气压裂裂缝监测与评价中应用。

微地震 FCI 的定义为微地震监测的缝宽与缝长之比。

$$FCI=\frac{W}{L} \tag{6-10}$$

式中 FCI——裂缝复杂性指数，无因次；

W——垂直缝长方向压裂液波及范围的一半，m；

L——压裂裂缝半长，m。

理想情况下裂缝复杂性指数为 1，裂缝为常规单一裂缝时接近于 0。介于二者之间的为复杂裂缝，且指数越高，裂缝复杂程度越高。指数事件点离散程度低，反映裂缝形态相似度高和裂缝单一性，涪陵区块 FCI 表征如图 6-22 所示。

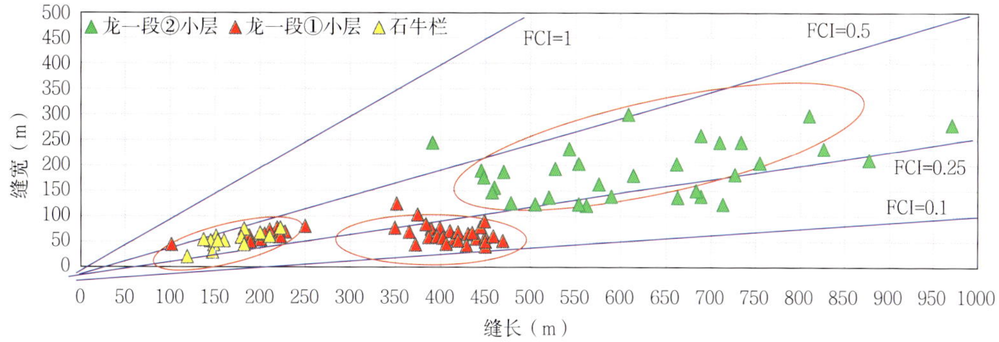

图 6-22　涪陵区块 FCI 表征

3. 工艺流程

通过对监测数据进行实时扫描，利用人工干预的方式对采集得到的记录进行筛选，实时提取有效微地震事件记录，实现微地震地面监测的现场实时处理、解释。微地震地面监测现场实时处理主要步骤包括信号解编、原始资料预处理、微地震事件识别与定位及配置自动处理参数等，确保资料品质及定位的精度，其中资料预处理及事件定位是实时处理的主要质控点。预处理后，对随机噪声进行了较好的压制，减小了异常振幅对弱信号事件识别、提取及定位带来的影响。野外生产工艺流程如图 6-23 所示，现场实时处理、解释流程分别如图 6-24 和图 6-25 所示。

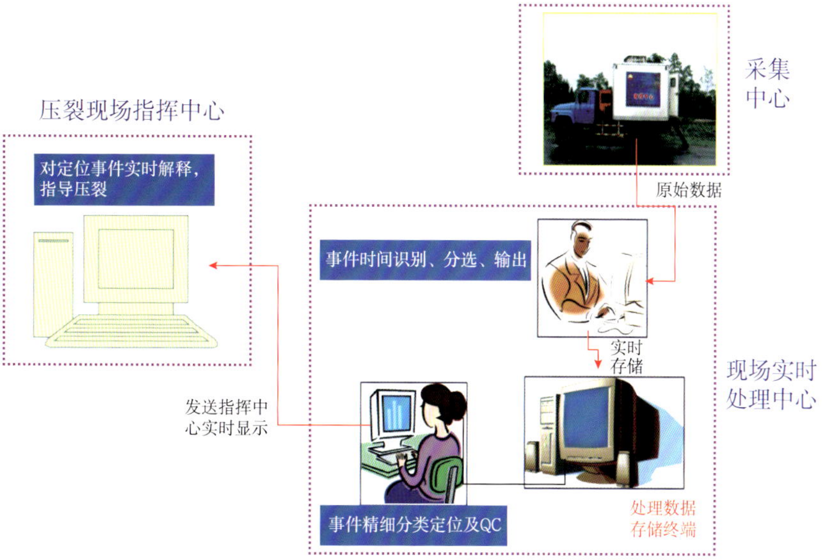

图 6-23　野外生产工艺流程

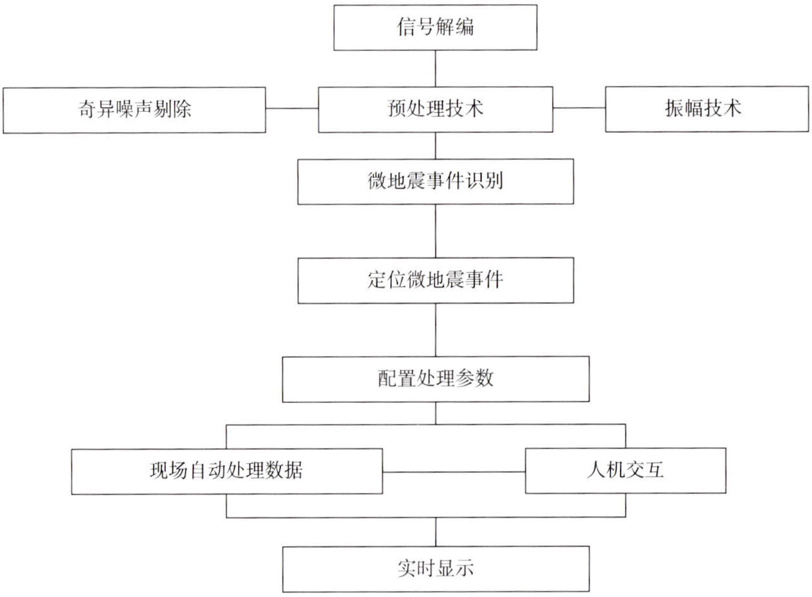

图 6-24　现场实时处理流程

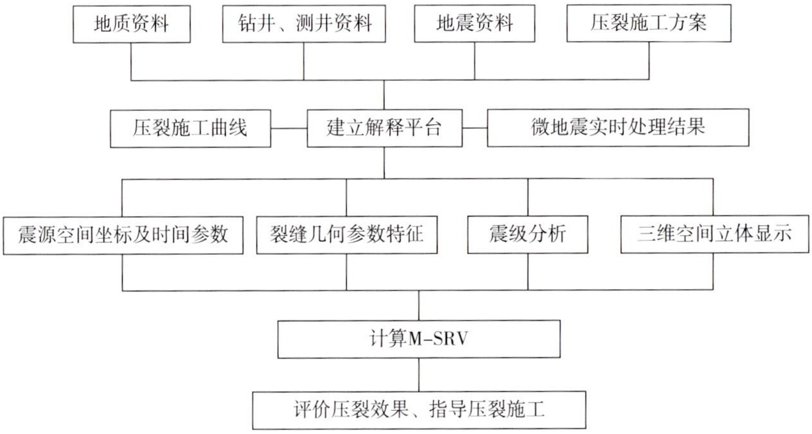

图 6-25　现场实时解释流程

（二）示踪剂监测技术

示踪剂监测技术是在压裂时注入不同类型的气相和液相示踪剂，再测试产出气、液中不同示踪剂的含量，根据示踪剂比例计算每段的产气、产液量，并通过连续测量结果判断裂缝形态。

1. 工艺原理

在压裂过程中选择特征各异的液相和气相示踪剂，与压裂工作液一同泵入地层，返排过程中示踪剂被地层流体携带至地面，通过对产出流体中所含示踪剂进行分类、化验分析和计算，得到各层段体积改造后的产液贡献率，并以此对井筒流体通道畅通情况进行分析判断，为体积压裂试采效果评价提供帮助。

2. 监测与评价

示踪剂注入 – 返排解释技术是依据示踪剂返排浓度与裂缝形态的对应关系来判断裂缝形态而形成的一种裂缝监测技术。研究示踪剂产出曲线表征和压裂后裂缝形态，首先要明确不同压裂后裂缝形态所对应的示踪剂返排浓度曲线的特点，包括峰值浓度、见示踪剂时间、峰值出现时间、曲线形态和后期见示踪剂时间等，典型的示踪剂产出曲线如图 6–26 所示。

当压裂多层段时，由于每个压裂层段储集特征及压裂形成的裂缝存在差异，示踪剂推进距离也存在差异。示踪剂伴随返出液向井筒回流产出曲线会出现峰值，绘制的曲线形状也会有所不同，有的示踪剂曲线出现多峰响应。在以微裂缝为主的缝网体系中，示踪剂产出的总体形态特征为一条先缓慢上升，后缓慢下降的近似正态分布的曲线；在以大裂缝为主的缝网体系中，示踪剂产出的曲线形态为单峰形，并且产出速度越快，峰形越尖锐；在大裂缝与微裂缝共存的缝网体系中，示踪剂产出浓度随时间变化的曲线形态为初始浓度较高，后逐渐下降的单峰抛物线形。

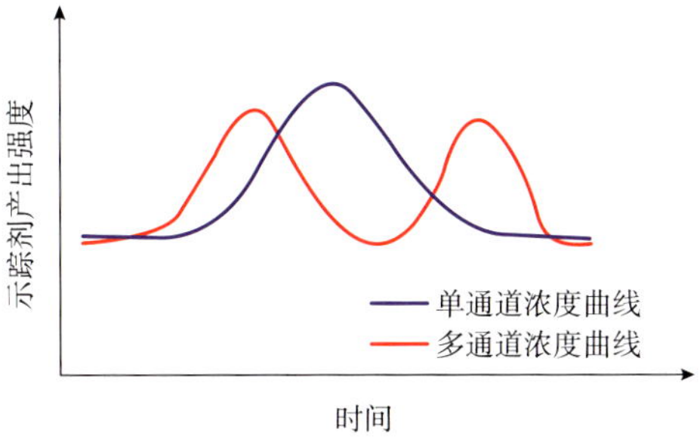

图 6–26 典型的示踪剂产出曲线

示踪剂满足要求：在地层条件下稳定，如高压稳定性和高温稳定性；化学性质稳定，不与地层岩石、压裂液、地层水等发生化学反应，同时还具有生物稳定性；在低浓度情况下也具有易于检测性；返排产出的压裂液、地层水等中背景浓度低；示踪剂的吸附量低，滞留量少；来源广泛，安全环保，现场实际施工时配制简单；多种示踪剂共同使用时，彼此之间无化学反应，不互相干扰；与压裂液的配伍性很好。目前现场常用的示踪剂分为化学示踪剂、放射性示踪剂和同位素示踪剂。

3. 工艺流程

（1）压裂施工开始后，将示踪剂加入混砂车中进行搅拌混合，再注入井中，结合施工排量注意示踪剂的加入量和加入时间；

（2）停止加入示踪剂后，注入不含有示踪剂的压裂液进行压裂施工，推动示踪剂在裂缝中运移；

（3）压裂液开始返排后，持续进行示踪剂采集和计量；

（4）根据采集和计量的数据，获得示踪剂返排浓度曲线，绘制无因次的浓度曲线，对获得的数据和曲线进行分析描述，综合解释和描述压裂后裂缝形态特征等，压裂示踪剂注入－返排工艺流程如图 6–27 所示。

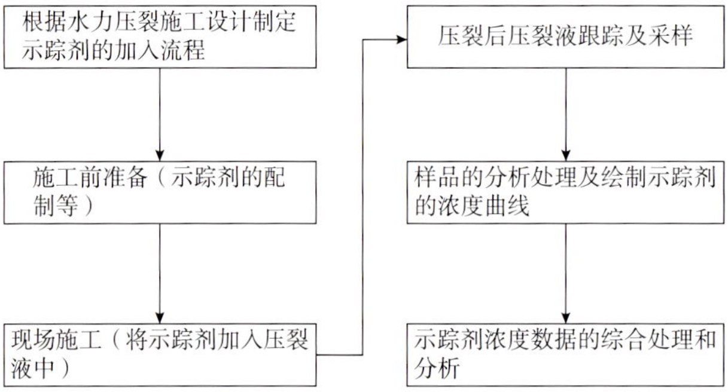

图 6–27　压裂示踪剂注入－返排工艺流程

第二节　压裂液体系与支撑剂

压裂液体系是指由多种添加剂按一定配比形成的非均质不稳定化学体系，主要作用是将地面设备形成的高压传递到地层中，使地层破裂形成裂缝并沿裂缝输送支撑剂，进入裂缝的支撑剂能有效支撑裂缝，确保裂缝具有一定的导流能力。

一、压裂液体系

压裂液体系的主要功能是造缝并沿张开的裂缝输送支撑剂。近年来，压裂液体系由早期常规粉剂型滑溜水优化改进为一体化变黏压裂液体系，满足了耐盐、高效减阻、快速溶解等性能要求，同时，通过调整减阻剂浓度实现滑溜水、线性胶和胶液的在线实时切换，节约配液及人工成本。

（一）设计原则

（1）满足国家及当地环保要求。

（2）结合储层地质特征及工艺需要选择合适的压裂液体系。

（3）压裂液体系需满足生产需要，便于现场施工组织及实施。

（4）降低施工管柱摩阻，加强储层保护，降低伤害。

（5）满足增加裂缝复杂程度或者提高半缝长的需要，增强携砂性。

（6）压后易返排，满足低成本、易配制的需要。

（二）一体化变黏压裂液体系

一体化变黏压裂液是以悬浮乳液降阻剂为主剂，以交联剂、助排剂、黏土稳定剂等为辅剂形成的免混配压裂液体系，可实现不同黏度滑溜水、胶液的在线实时切换。

1. 滑溜水体系

滑溜水配方：0.05%～0.15% 降阻剂 +0.2% 复合增效剂（防膨剂、助排剂和杀菌剂），滑溜水性能指标见表 6–7。

表 6–7 滑溜水性能指标

序号	性能		指标
1	外观		乳白色均匀液体
2	pH 值		7.2
3	密度（25℃）（g/cm^3）		1.03
4	溶胀时间（s）		40
5	表观动力黏度（mPa·s）	0.05%	3
		0.08%	6
		0.12%	12
6	表面张力（mN/m）		27.2
7	防膨体积（mL）		1.8
8	与返排液配伍性		与返排液混合后放置 12 小时无沉淀物，无絮凝
9	放置稳定性		常温下放置 10 天不出现沉淀、絮凝或者分层现象
10	减阻率（清水 0.05% 加量）（%）		75
11	杀菌率（%）		100

2. 胶液体系

胶液配方：0.3%～0.45% 降阻剂 +0.25%～0.3% 交联剂 +0.2% 复合增效剂（防膨剂、助排剂和杀菌剂）+0.01%～0.08% 破胶剂，胶液性能指标见表 6–8。

表 6–8 胶液性能指标

序号	性能		指标
1	基液表观黏度（mPa·s）	0.3%	24
		0.4%	36
		0.45%	42
2	线性胶 pH 值		7.2
3	交联时间（s）		90～240
4	胶液耐剪切性能	90℃，$170s^{-1}$ 下剪切 1h，剪切黏度（mPa·s）	65

续表

序号	性能		指标
5	胶液破胶性能	破胶时间（h）	2
		破胶液黏度（mm/s）	1.85
		破胶液表面张力（mN/m）	27.0
		防膨体积（%）	2.0
		破胶液残渣含量（mg/L）	65
6	胶液降阻率（%）		70.5
7	胶液初始剪切黏度下降率（5min、$170s^{-1}$）（%）		5
8	与现场配液用水配伍性		无沉淀、无混浊
9	杀菌率（%）		100

3. 性能要求

1）溶解性

乳液降阻剂具有速溶性能，40s 内即可溶解，溶解后液体均一、无“鱼眼”，如图 6–28 所示。

图 6–28 乳液降阻剂溶解后外观

2）增黏性

一体化乳液型压裂液增黏性能优异，当降阻剂加量为 0.05%～0.2% 时，可用于滑溜水；加量为 0.25%～0.35% 时，可用于线性胶；加量达 0.4% 以上时，可用于交联冻胶。不同浓度条件下降阻剂加量与黏度的关系见表 6–9。

表 6–9 不同浓度条件下降阻剂加量与黏度的关系

液体类型	常规滑溜水				高黏滑溜水				线性胶			胶液		
浓度（%）	0.05	0.07	0.09	0.1	0.12	0.15	0.18	0.2	0.25	0.3	0.35	0.4	0.5	0.6
常温黏度（mPa·s）	3	4.5	7.5	9	12	15	18	21	22.5	24	36	42	48	54

3）耐盐性

一体化乳液型压裂液可采用 100% 返排水配液，不同矿化度条件下的压裂液黏度见表 6–10。

表 6–10 不同矿化度条件下的压裂液黏度

序号	矿化度（ppm）	加量（%）	黏度（mPa·s）
1	20000	0.1	4.5
		0.3	18

续表

序号	矿化度（ppm）	加量（%）	黏度（mPa·s）
1	20000	0.45	25.5
		0.5	30
2	40000	0.1	3
		0.3	12
		0.45	24
		0.5	27
3	60000	0.1	2.4
		0.3	12
		0.45	22.5
		0.5	27

4）润湿性

一体化乳液型降阻剂润湿性好，0.1% 降阻剂水溶液表面张力＜ 28mN/m，可改变岩石的润湿性，降低毛管阻力，更有利于液体渗吸到储层基质，提高远端改造效果。而其他同类乳液降阻剂 0.1% 降阻剂水溶液表面张力＞ 35mN/m，需要另外添加助排剂。

5）降阻性

一体化乳液型降阻剂加量为 0.05% 时，降阻率＞ 70%，在＜ 40s 条件下即产生降阻效果，表现出速溶性，不同降阻剂加量下一体化乳液型降阻剂的降阻率如图 6–29 所示。

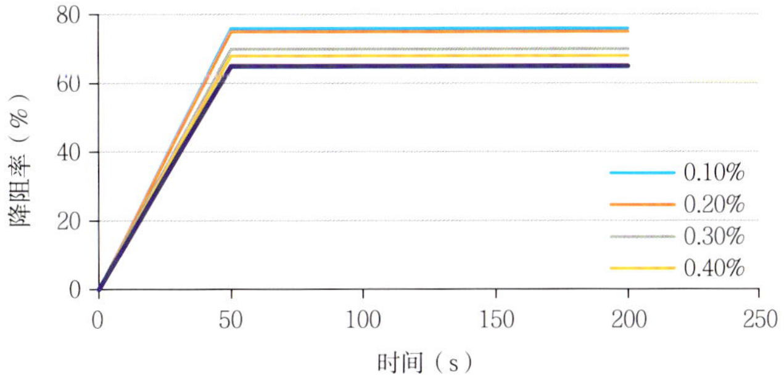

图 6–29　不同降阻剂加量下一体化乳液型降阻剂的降阻率

6）破胶性

一体化可变黏乳液型压裂液破胶剂的选择如下：温度≥ 70℃时采用常规破胶剂过硫酸铵；温度在 30 ~ 70℃时采用低温破胶剂，破胶液黏度＜ 3mPa · s，且破胶后分子量＜ 10000，降解液澄清透明无残渣，可用于不同油气储层实现快速破胶，尤其针对低温储层，利于压后返排，减少储层残渣堵塞伤害。一体化可变黏乳液型压裂液降解前后外观性状变化如图 6–30 所示。

图 6–30　一体化可变黏乳液型压裂液降解前后外观性状变化

（三）工艺流程

1. 上料前准备

包括分析调整设计配方、取现场水样、进行室内配方模拟及调整、订货、编写压裂施工设计方案、准备相关资料、准备仪器设备及劳保用品、举行技术对接会、踏勘及仪器设备到场等。

2. 化工料入场

包括运输管控、卸货和货物清点。

3. 配液前质量控制

包括设备安装校正、加量与施工排量关系表制作及张贴、液罐和配液水检查、质量检测和配方调整及现场技术交底等。

4. 配液过程质量控制

包括化工料准备、配液设备准备和配液过程质量控制等。

5. 每段施工前质量控制

包括水样和压裂液检测、设备和化工料检查、破胶剂及暂堵剂准备。

6. 每段施工过程质量控制

包括仪表车指挥、液体化工料添加、取样送样、破胶剂添加等。

7. 每段施工结束质量控制

包括清洗泵、核对用量并签单、清点并上报化工料计划、铺盖化工料和包装物回收等。

二、支撑剂

支撑剂的作用在于填充压裂产生的水力裂缝，使得压裂结束后裂缝不再闭合，且形成一个具有高导流能力的渗流通道。早期主要采用陶粒、覆膜砂等支撑剂，考虑到降本增效需求，目前使用价格低的石英砂为主要支撑剂，通过高强度加砂满足导流能力的要求。

（一）支撑剂类型

页岩气井常用的支撑剂有陶粒、覆膜砂和石英砂三种。陶粒支撑剂圆度和分选性好，化学性质稳定，支撑裂缝导流能力较好，但价格贵，且密度偏高，压裂过程中的携带距离有限，容易脱砂，不利于形成远井支撑；石英砂支撑剂取材广泛，价格便宜，但强度低，易破碎，圆度和分选性不好，支撑裂缝导流能力差；覆膜砂是在石英砂表面覆有一层树脂膜，能够进一步提高石英砂的强度和导流性能，其价格和性能介于陶粒和石英砂之间。常见不同类型支撑剂的性能见表 6-11。

表 6-11 常见不同类型支撑剂的性能

支撑剂类型	体积密度（g/cm^3）	视密度（g/cm^3）	测试压力（MPa）	破碎率（%）
覆膜石英砂	1.56	2.55	69	8.1
石英砂	1.57	2.59	69	36.1
覆膜低密度陶粒	1.39	2.36	69	1.7
低密度陶粒	1.38	2.40	69	27.5
中密度陶粒	1.63	2.98	69	7.9
高密度陶粒	1.83	3.23	69	4.32

目前常用支撑剂为 70/140 目石英砂、40/70 目石英砂和 40/70 目低密度陶粒，常见支撑剂技术质量要求见表 6-12。

表 6-12 常见支撑剂技术质量要求

项目 / 目数	粒径（μm）粒径上限	粒径（μm）粒径下限	圆度 & 球度	体积密度（g/cm^3）	酸蚀率（%）	浊度（FTU）	破碎率（%）35MPa	破碎率（%）69MPa
	符合率 > 96%							
70/140 目石英砂	212	106	> 0.8	≤ 1.55	< 7	< 100	≤ 7	—
40/70 目低密度陶粒	425	212	> 0.8	≤ 1.55	< 5	< 100	—	≤ 9
40/70 目石英砂	425	212	> 0.8	≤ 1.55	< 5	< 100	≤ 7	—

（二）支撑剂优选与评价

1. 支撑剂抗压级别优选

结合地层闭合压力及岩石力学指导支撑剂抗压级别选型。其中，地层闭合压力可以用地质资料或测试压裂解释得出。目前，地层闭合压力并不作为指导压裂设计选取支撑剂类型的唯一标准，通常会结合裂缝导流能力需求来综合选取。

2. 支撑剂粒径优选

支撑剂尺寸的选择主要取决于最小缝宽，随着页岩储层脆性的增加，裂缝形态变得复杂，缝宽变窄，因此选择的页岩压裂支撑剂尺寸小于常规油气井。基于压裂软件模拟裂缝宽度，当支撑剂的粒径不大于缝宽的 1/6 时，支撑剂既能进入裂缝，又不易造成砂堵。在导流能力控制方面，大粒径支撑剂比小粒径支撑剂更有优势，因此可在压裂快结束时尾追大粒径支撑剂，增强近井裂缝的导流能力。

为确保微缝系统的远支撑、饱充填，考虑支撑剂粒径、支撑剂密度、液体黏度和液体密度，形成如图 6–31 所示的支撑剂粒径优选图版，计算不同规格支撑剂悬浮于不同黏度液体的有效运移距离，确定支撑剂的粒径及类型。

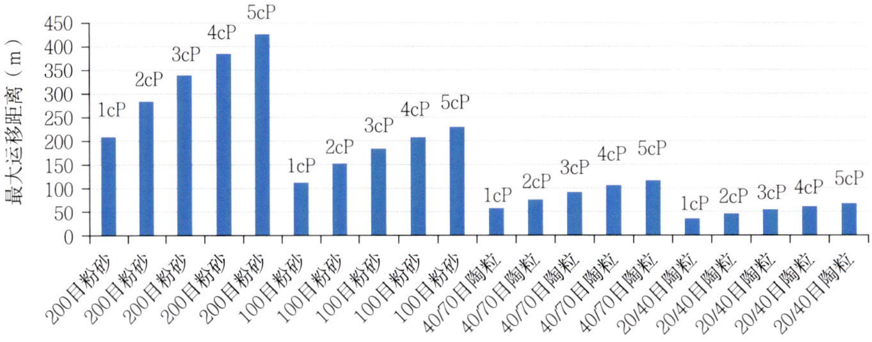

图 6–31 支撑剂粒径优选图版

3. 支撑剂组合优选

闭合应力下的裂缝导流能力主要由支撑剂的抗压强度、铺置浓度及粒径大小共同决定。通过测井资料、岩石力学实验、小型压裂等手段预测裂缝的闭合压力，优选支撑剂的抗压级别。

铺置浓度很大程度上影响裂缝的导流能力，通过增加铺置浓度，可一定程度地降低对支撑剂抗压性能的要求。越来越多的页岩气井通过增加铺置浓度，采用石英砂支撑剂或覆膜砂支撑剂替代陶粒支撑剂，能满足经济性开发要求。

依据支撑剂长期导流能力室内实验评价：如图 6–32 所示，45.00 ~ 50.00MPa 闭合压力下石英砂与覆膜砂导流能力差距较小，与陶粒导流能力差距较大，同等铺砂浓度下，导流能力相差 75%；如图 6–33 所示，石英砂：陶粒（7：3）+ 铺砂浓度 5.00kg/ ㎡的

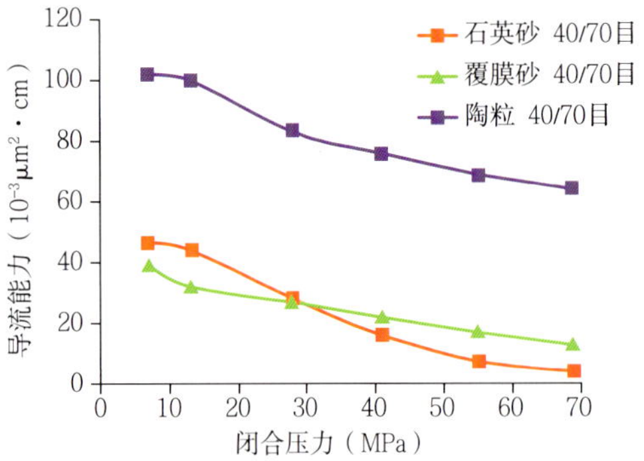

图 6–32 不同支撑剂的导流能力测试结果

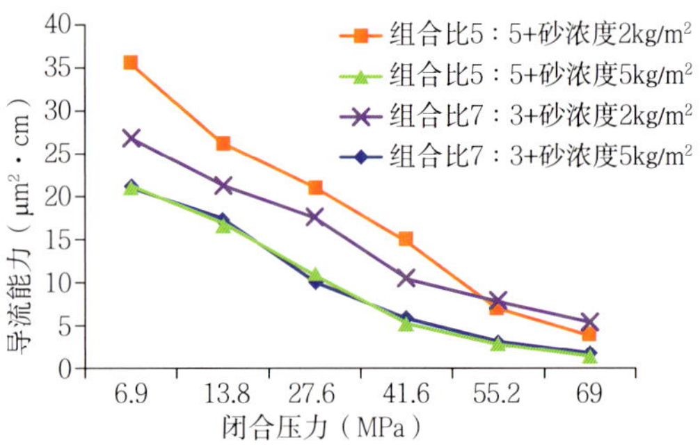

图 6–33 石英砂与陶粒不同组合下的导流能力测试结果

导流能力较石英砂：陶粒（5：5）+ 铺砂浓度 2.00kg/m^2 提高 45% 以上，提高铺砂浓度，有利于弥补陶粒缺失带来的导流能力损失。

考虑到支撑效果同时兼顾成本要求，优选 70/140 目石英砂和 40/70 目石英砂两种主支撑剂，配合高强度加砂（加砂强度 3.00t/m，铺砂浓度 5.00kg/ ㎡以上）开展压裂施工。

（三）工艺流程

1. 加砂流程

1）前置液阶段

前置砂塞一般选用 70/140 目石英砂支撑剂，由于石英砂支撑剂的圆球度差，作为前置砂塞具有更好的打磨效果，能充分降低近井裂缝的弯曲摩阻，降低施工压力，且 70/140 目石英砂的小粒径、低密度特性能发挥一定的降滤作用，可降低后续砂堵的风险。对于施工压力高，加砂难度大的井前期甚至可以使用 200 目小粒径支撑剂，降低施工难度，提高微裂缝的支撑能力。

2）主压裂阶段

页岩气压裂主支撑剂一般选用 40/70 目支撑剂。以涪陵页岩气田为例，前期支撑剂以陶粒和覆膜砂为主，随着对页岩气储层裂缝导流能力认识的加深和降本增效意识的增强，现阶段中浅层页岩气基本采用石英砂支撑剂，但对于垂深大、应力强的井，也会采用覆膜砂或陶粒支撑剂。对于加砂难度大的井，也可采用 70/140 目支撑剂作为主支撑剂。

3）尾追阶段

为了增强近井裂缝的导流能力，在压裂即将结束时，可尾追 5 ~ 10m³ 粒径为 30/50 目的高强度支撑剂，支撑剂一般采用具有一定防出砂效果的覆膜砂或抗压效果好的陶粒。尾追砂塞不是页岩气压裂的必要程序，对于施工条件不允许或加砂难度大的井，可不尾追大粒径支撑剂。

2. 加砂方式

1）段塞式加砂

针对储层埋深较深、天然裂缝较为发育等加砂困难的地层，采用段塞式加砂，能够有效预防储层砂堵，降低施工风险。同时，采用段塞式加砂能够在加砂困难的情况下探索储层加砂临界点，从而提高加砂强度，提升改造效果，段塞式加砂施工曲线如图 6–34 所示。

2）连续式加砂

在页岩气压裂施工过程中，当施工压力较低或者施工压力窗口较大时，可以考虑采取连续式加砂方式。采用该方式能够提升单段加砂强度、增加裂缝支撑面积，增强页岩气渗流能力，连续式加砂施工曲线如图 6–35 所示。

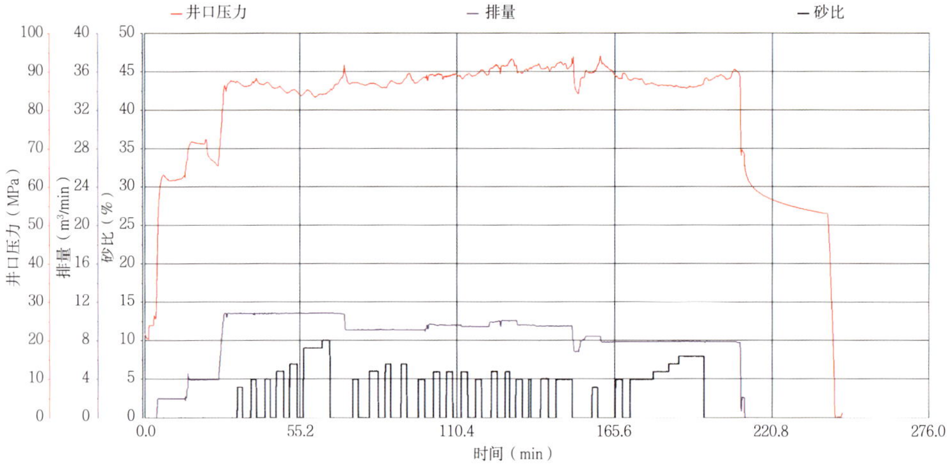

图 6-34　段塞式加砂施工曲线

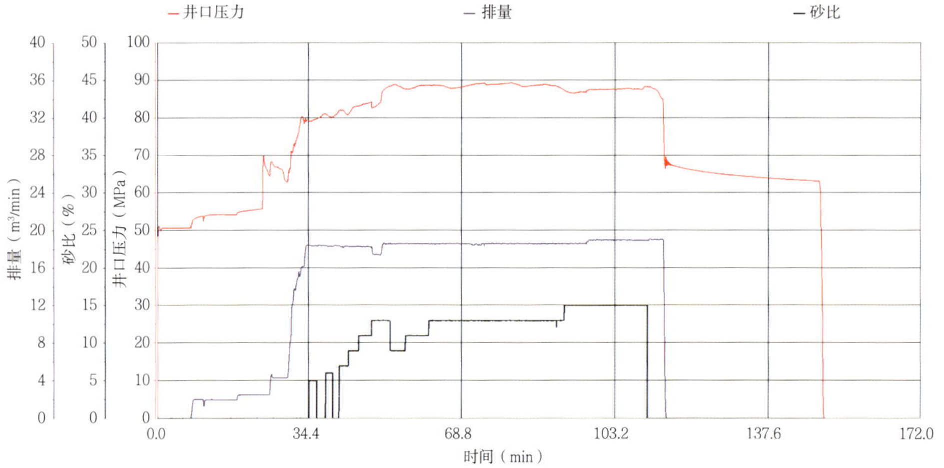

图 6-35　连续式加砂施工曲线

第三节　压裂装备

页岩气压裂装备包括高压泵注、供液、配液、储（供）砂等设备及其配套设施。主压设备有压裂泵车、混砂车、混配车和仪表车等，辅助设备有管汇 / 车、压裂井口、供液撬、砂罐和液罐等。

一、压裂主体设备

（一）压裂设备选型原则

（1）设备压力级别满足设计要求。

（2）车组水马力满足在限压条件下的设计排量和长时间稳定输出要求。

（3）根据井场电网电容、场地条件选择柴驱、电驱压裂泵车组合模式。

（4）整套设备性能稳定、可靠，满足施工设计要求。

（5）整套设备安全防护设施齐全可靠。

（二）设备配套

1. 压力级别配置

根据工程设计预测的施工压力和邻井施工情况，确定选用 105MPa 或 140MPa 压力级别设备。

2. 水马力计算

单井施工泵车组的使用总功率不低于设计总功率的 1.1 倍；井工厂施工泵车组的使用总功率不低于设计总功率的 1.2 倍。

计算示例：某压裂井工厂设计最大施工排量 $14m^3/min$，施工限压 95MPa，该井压裂施工泵车组总水马力计算如下：

设计总水马力 =22.34 × 设计最大施工排量 × 设计施工限压

=22.34 × 14 × 95

=29712.2HP

施工泵车组总水马力（下限值）= 设计总水马力 ÷ 0.8 × 1.1

=29712.2 ÷ 0.8 × 1.1

=40854.3HP

根据计算，该井压裂泵车组总水马力大于 40855.3HP 即可满足施工要求。

3. 压裂设备

压裂时主要通过压裂泵车打压将液体注入地层，大规模压裂往往需要压裂泵车提供更高的动力，且能长时间稳定工作。主压设备有压裂泵车、混砂车、仪表车、管汇 / 车、混配车、压裂井口和砂罐等。

1）压裂泵车

（1）压裂泵车技术参数。

压裂泵车主要为压裂施工提供功率，保证施工在安全的工作压力下正常进行。泵车类型有柴驱压裂车、电驱压裂撬等设备，压裂泵车主要参数性能指标见表 6–13。

表 6–13 压裂泵车主要参数性能指标

设备类别	设备名称	主要技术参数
压裂泵车	SYL2500Q–140/SYL3000–140 型柴驱压裂车	输出水马力：2500/3000HP、最高压力：138MPa
	SCF5000Q–140Q 型电驱压裂撬	输出水马力：5500HP、最高压力：138MPa

（2）压裂泵车选型。

压裂泵车配置除考虑压裂设计总功率外，还需根据泵车的连续工作时间选择泵车功率储备系数，由此确定压裂泵车的型号和配备数量。目前页岩气压裂施工柴驱压裂车车配置有 2000 型、2300 型、2500 型和 3000 型四种，电驱泵车配置有 5000Q–140DQ 电驱压裂撬，通过压裂车的性能、功率对比及其他因素进行主压设备的优选。

①柴驱压裂车性能对比。

2000 型、2300 型、2500 型和 3000 型柴驱压裂车性能对比曲线如图 6–36 所示。

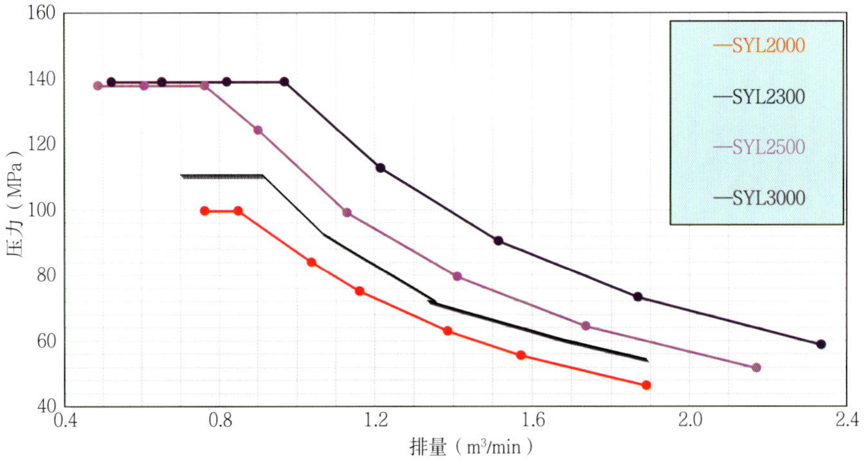

图 6–36　3000 型、2500 型、2300 型和 2000 型柴驱压裂车性能对比曲线

② 5000Q–140DQ 电驱压裂撬性能参数。

5000Q–140DQ 电驱压裂撬性能曲线如图 6–37 所示。

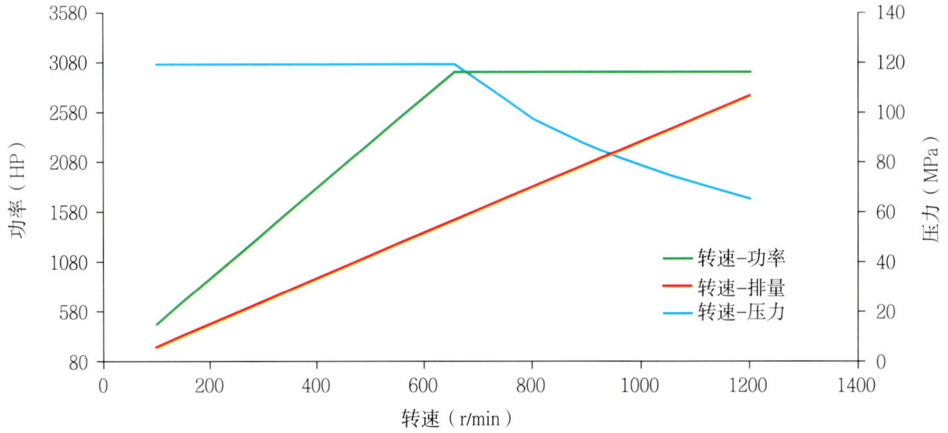

图 6–37　5000Q–140DQ 电驱压裂撬性能曲线（3.75 in 柱塞）

③功率密度对比。

2000 型、2300 型、2500 型、3000 型柴驱压裂车，5000Q-140DQ 电驱压裂撬的功率密度对比如图 6-38 所示。对比结果表明，在相同工况条件下，5000Q-140DQ 电驱压裂撬的输出水马力最大，3000 型柴驱压裂泵车次之，2500 型、2300 型、2000 型泵车的水马力依次减小。

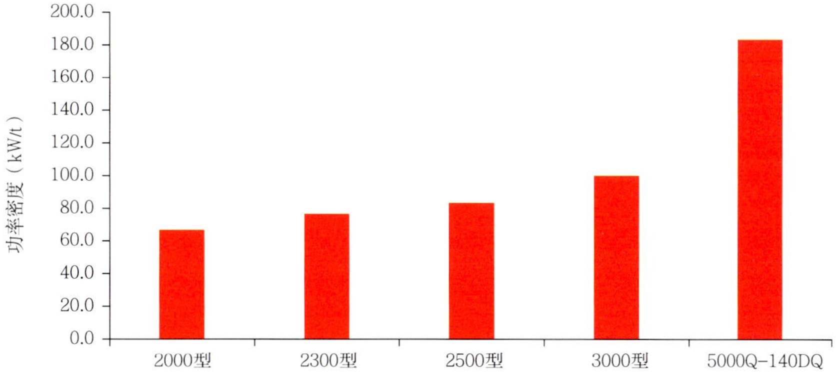

图 6-38 5000Q-140DQ 电驱压裂撬，3000 型、2500 型、2300 型、2000 型柴驱压裂车功率密度对比

④压裂车组选型。

压裂泵车有柴驱压裂车和电驱压裂撬，由于电驱压裂撬具有工作压力范围广、能耗小、噪声低、设备维护方便等优势，电驱压裂撬已成为当前页岩气大规模压裂的主流设备，但是，部分地区由于未建立电网或者电网容量无法满足压裂需求而采用柴驱压裂或柴驱配合电驱压裂。目前页岩气大规模压裂机组主要有全电驱压裂、全柴驱压裂、柴驱 + 电驱组合压裂三种模式。

应用实例：某页岩气平台两口井按照井工厂模式压裂，设计限压 95MPa，排量 14 ~ 16m^3/min，计算总水马力为 50935HP，压裂车数量选择计算如下：

a. 全柴驱压裂，单车水马力为 2500HP。

柴驱数量 = 压裂泵车组总水马力 / 单台柴驱压裂车输出水马力

= 总水马力 / 单泵柴驱压裂车水马力

=50935 ÷ 2500

=20.4

需配置 21 台 2500HP 的柴驱压裂车以满足施工需求。

b. 全电驱压裂，单台电驱压裂车输出水马力为 5000HP。

电驱数量 = 压裂泵车组总水马力 / 单台电驱压裂车输出水马力

= 总水马力 / 单泵电驱压裂撬水马力

=50935 ÷ 5000

=10.2

需配置 11 台 5000HP 的电驱压裂撬以满足施工需求。

此外，电驱压裂需考虑到井场电网容量能够满足全套电驱机组压裂所需电网容量。

柴驱 + 电驱压裂，柴驱压裂车为 2500HP，电驱压裂撬为 5000HP，平台电网总容量为 10000kVA：

电网排量 = 电网总容量 ÷16.7÷ 限压

=10000÷16.7÷95

=6.3

柴驱数量 =（设计排量 – 电网排量）× 限压 ×22.34÷ 柴驱水马力

=（16–6.3）×95×22.34÷2500

=8.2

按照 7 台电驱压裂撬 +9 台柴驱压裂车可满足施工需求。

2）混砂车

目前页岩气压裂混砂车有柴驱和电驱两种，其中，柴驱混砂车有 HS16、HS20 两种型号，电驱混砂车为 HS40 电动混砂撬。为满足页岩气压裂大排量稳定供液，现场常配置双混砂车，一主一副（主混砂车加砂、副混砂车供液，为降低混砂车实际砂浓度，要求主混砂车排量要高于供液混砂车排量），由于电动混砂撬具有能耗低、噪声小、维护方便等优势，根据井场电网条件优先使用电动混砂撬。

（1）HS16 混砂车。

HS16 混砂车主要参数性能指标见表 6–14。

表 6–14　HS16 混砂车主要参数性能指标

参数	指标
最大排量（m^3/min）	16（清水）
最高工作压力（MPa）	0.7
输砂器输砂量	360m^3/h（6m^3/min）
混合罐容积（m^3）	1.3

（2）HS20 混砂车。

HS20 混砂车主要参数性能指标见表 6–15。

表 6–15　HS20 混砂车主要参数性能指标

参数	指标
最大排量（m^3/min）	20（清水）
最高工作压力（MPa）	0.7
输砂器输砂量	480m^3/h（8m^3/min）
混合罐容积（m^3）	1.3

（3）HS40 电动混砂撬。

HS40 电动混砂撬主要参数性能指标见表 6–16。

表 6–16　HS40 电动混砂撬主要参数性能指标

参数	指标
最大排量（m^3/min）	40（清水）
最高工作压力（MPa）	0.5
输砂器输砂量（kg/min）	20000
混合罐容积（m^3）	1.3
混排一体罐最大排量（m^3/min）	20（清水）

3）仪表车

页岩气压裂仪表车有全柴驱系统和油电混控系统两种型号。根据选择的压裂车组模式进行配套。现场常采用一台仪表车实现所有压裂泵车的在线控制，具有单车控制和编组控制两种方式。

网络连接为工业以太网 + 双环网，可保障压裂泵车运行数据传输的稳定性和高效性。压裂仪表车与压裂泵车数据传输如图 6–39 所示。

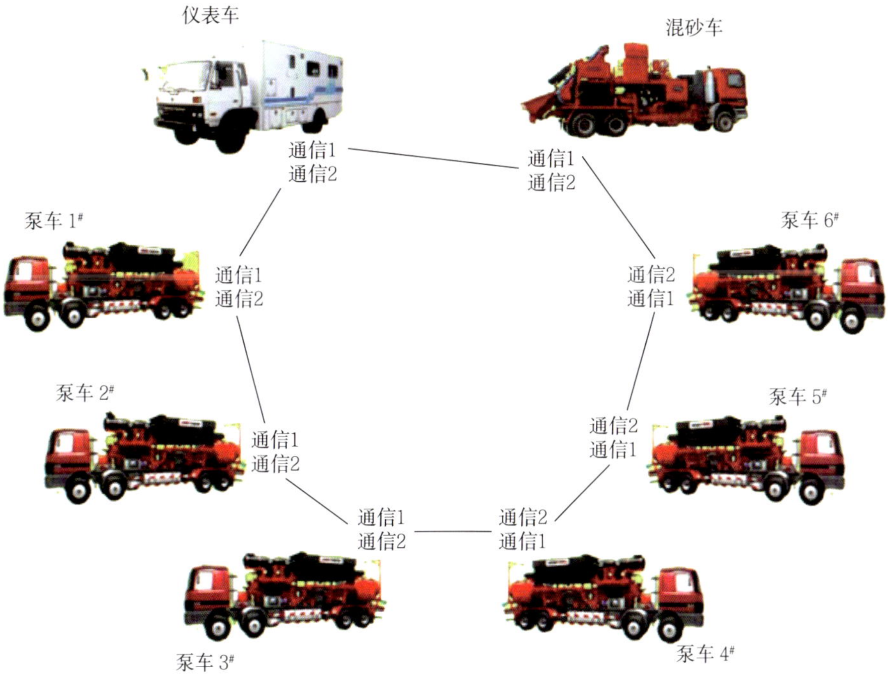

图 6–39　压裂仪表车与压裂泵车数据传输示意图

4）高压集流管汇

（1）常用管汇：由活动弯头、高压三通、立体四通、直管、安全阀等元件组成，采用双高压管汇连接所有压裂泵车，通过 6 路高压管线连接至压裂井口，可满足页岩气压裂 18m³/min 的排量要求。

（2）一字形大通径高压管汇：主通径 180mm，工作压力 105/140MPa，最大排量 18.61m³/min，法兰连接，钢圈密封，安全系数高，采用一字形单通道，连接部分减少，有效降低高压风险隐患。压裂高压集流管汇如图 6–40 所示。

5）高压分配管汇

由通径 130mm、承压 105MPa 的平板阀、高压短节和压裂注入头及其他辅助配件组成。根据同平台多井压裂顺序，使用高压分配管汇断开其余压裂井通道实现对某一井单独压裂。压裂高压分配管汇如图 6–41 所示。

图 6–40　压裂高压集流管汇

图 6–41　压裂高压分配管汇

4. 压裂设备配置

1）105MPa 设备配置

（1）主压设备配置。

压裂泵车限压 95MPa，工作压力在 85MPa 以内，水马力系数按照 1.1 配置，满足 14～16m³/min 排量要求；主混砂车排量 16～20m³/min，副混砂车 / 供液撬排量 16m³/min，混砂车 2 台，仪表车 1 台。

（2）管汇配置。

压裂管汇主要包括高压管汇、一字形大通径高压管汇和低压管汇。

①高压管汇。

高压管汇由活动弯头、高压三通、立体四通、直管和安全阀等组成，采用双管汇系统，通过 6 根 Φ76mm 高压管线连接至压裂井口，可满足页岩气 18m³/min 的压裂要求。双管路高压管汇结构如图 6–42 所示。

②一字形大通径高压管汇。

一字形大通径高压管汇由高压短节和平板阀组成，主通径为 180mm，最大排量为

18.61m³/min，由法兰连接，钢圈密封，减少了连接点，有效降低了刺漏风险，提高了安全系数，一字形大通径高压管汇结构如图 6–43 所示。

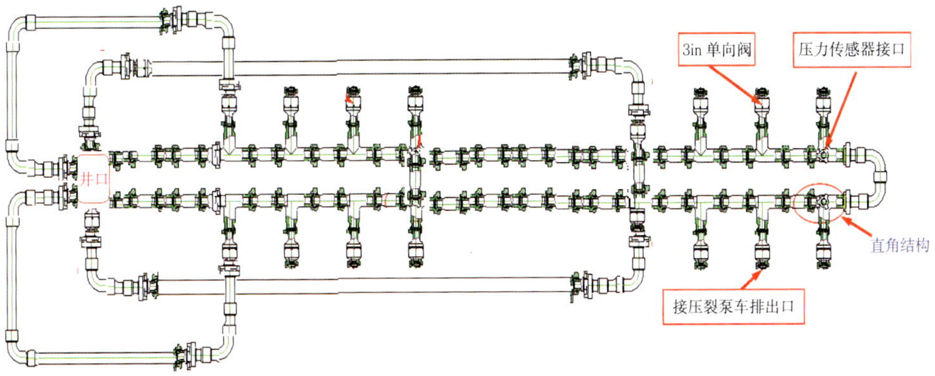

图 6–42 双管路高压管汇结构示意图

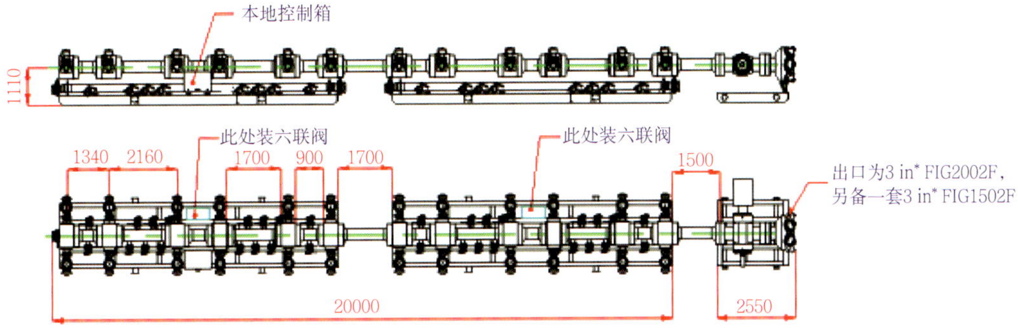

图 6–43 "一"字形大通径高压管汇结构示意图（单位：mm）

③低压管汇。

低压管汇主要由主管汇、吸入口和蝶阀组成，采用"一"字形结构、T 形结构或Ⅱ形结构，T 形低压管汇结构如图 6–44 所示。

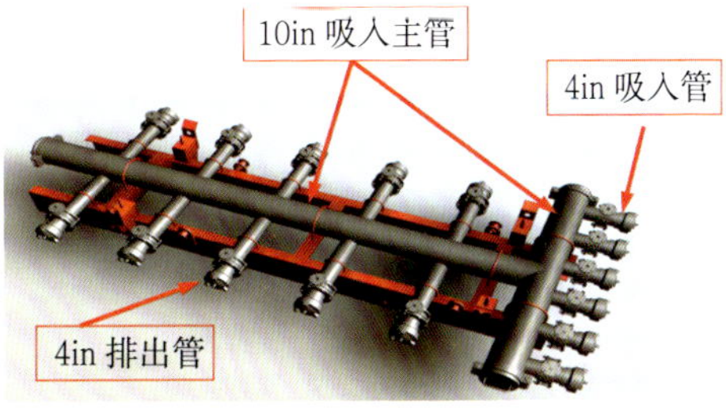

图 6–44 T 形低压管汇结构

④高压元件。

高压元件主要规格及性能参数见表 6–17。

表 6–17 高压元件主要规格及性能参数

规格和类型	内径（mm）	出厂壁厚（mm）	流量（m³/min）
2in 105MPa 整体直管	43.50	≥ 9.6	1.14
3in 105MPa 整体直管	69.85	≥ 12.0	2.80
4in 1502 整体直管	88.90	≥ 25.0	4.54

续表

规格和类型	内径（mm）	出厂壁厚（mm）	流量（m^3/min）
2in–105MPa 长半径活动弯头	47.75	≥ 11.43	1.31
3in–105MPa 长半径活动弯头	69.85	≥ 13.46	2.80
3in–140MPa 长半径活动弯头	76.20	≥ 30.5	3.34
2in × 2in 105MPa 旋塞阀	44.45	≥ 13.89	1.14
3in × 3in 105MPa 旋塞阀	69.85	≥ 17.02	2.80
3in × 3in 140MPa 旋塞阀	76.2	≥ 30.4	3.34

⑤大通径压裂井口配套。

KQ130/78–105 大通径压裂井口装置主通径为 130mm，工作压力为 105MPa，装置结构如图 6–45 所示。

⑥罐具配置。

液罐罐容为 $1800m^3$，酸罐罐容为 $150m^3$，清水池蓄水能力 ≥ $800m^3$，砂罐罐容为 $120m^3$。

2）140MPa 设备配置

压裂泵车施工限压 110MPa，工作压力在 105MPa 以内，水马力系数按照 1.1 配置，机组稳定工作排量 > $16m^3/min$；混砂车供液能力为 $16m^3/min$，140MPa 高压件、140MPa 压裂井口，其他配套装备完善、可靠。

KQ130/78–140 大通径压裂井口装置主通径为 130mm，工作压力为 140MPa，装置结构如图 6–46 所示。

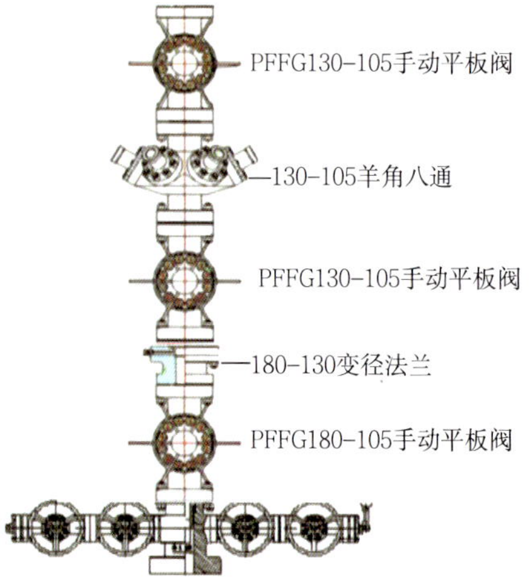

图 6–45　KQ130/78–105（压裂头式）压裂井口结构示意图

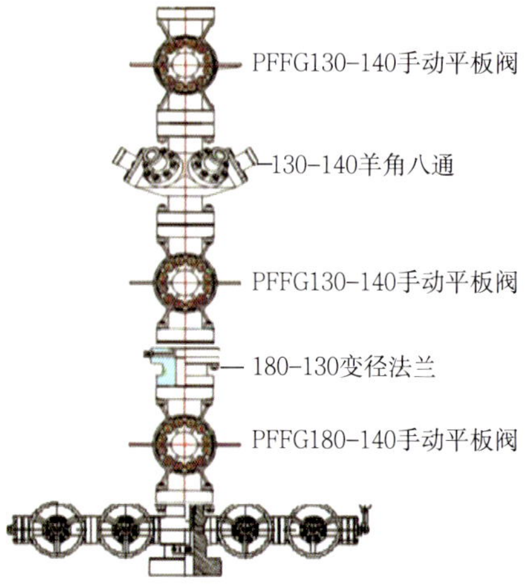

图 6–46　KQ130/78–140（压裂头式）压裂井口结构图示意图

二、辅助压裂设备

（一）低压流程自动化控制系统

在大型压裂施工中，早期的低压流程能够满足现场大排量、大液量的持续供－配液，但现场储罐数量多、人工劳动强度大且现场自动化程度低，严重制约了全电动压裂系统的自动化控制。目前，已经开展多链路供液液位吸排均衡、变黏压裂液自动控制、低压流程远程控制等研究，实现液面实时监控及自动补液功能和供－配液流程自动化控制，形成低压全流程“一键式”自动化控制模式，如图 6–47 所示。

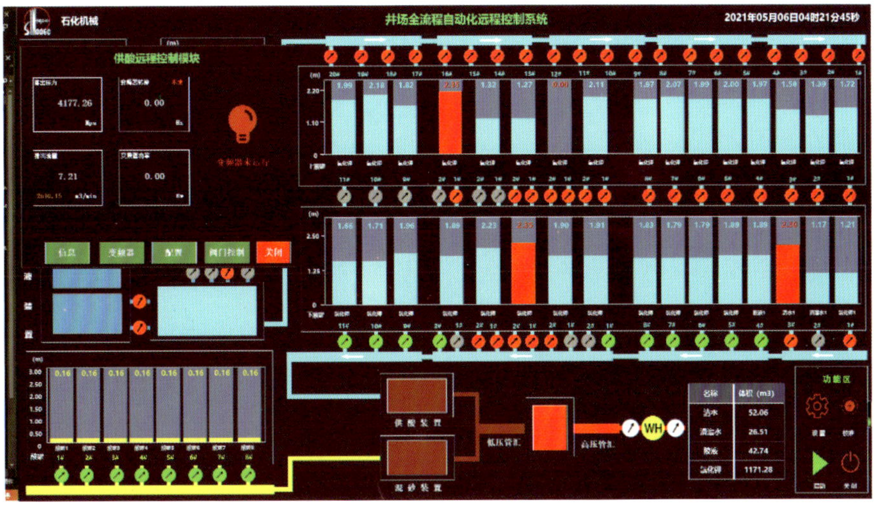

图 6–47　低压全流程“一键式”自动化控制模式示意图

（二）斗提式自动供砂装置

针对电驱机组压裂节奏快、加砂量大、连续施工等特点，研制了斗提式自动供砂装置，如图 6–48 所示，由立式砂罐、连续供砂装置及控制系统组成，采用模块化连接，电动闸板阀控制，操作及维护方便。

连续供砂装置由立式砂罐、斗提机、履带输送机、螺旋输送器及破袋器等附件组成。立式砂罐由罐体Ⅰ、罐体Ⅱ、锥形仓及底座、钢基础等附件组成。控制系统由电动闸板阀、防爆控制箱及视频监视系统等组成。

主要参数：

（1）结构设计：8.0m × 2.4m × 8.0m，装置总功率约 79.5kW，双破袋器结构，一次加两袋沙子，设计砂面监测系统，实时监测砂面高度，准确测算容积，增加应急加砂口，出现故障不影响现场加砂。

（2）储砂能力：容积 180m³，双仓式结构，能够同时存储 4 种类型支撑剂。

（3）输砂能力：输砂速度≥ 150m³/h，单类型支撑剂出砂速度 4 ~ 6m³/min。

图 6-48 斗提式供砂装置

（三）混配装置

混配装置主要用于加砂压裂作业中将清水和各类添加剂（固体或液体）按一定比例混合均匀，达到设计压裂液性能，向压裂罐组以一定排量泵送混配完成的压裂液，供压裂车组压裂施工，适用于各类油气井压裂液的配置，混配装置如图 6-49 和图 6-50 所示，其主要参数指标见表 6-18。

图 6-49 柴驱混配车

图 6-50 电动混配撬

表 6-18 混配装置主要参数指标

设备名称	主要技术参数
混配车	配液能力：4～16m^3/min
HS40 电动混砂撬	额定功率：650kW，最大流量：16m^3/min（配套电动泵使用）

（四）快速插拔装置

快速插拔装置借鉴深水水下连接器技术，采用双油缸举升推盘，卡爪抱紧母接头，通过液压控制系统实现远程控制连接及解锁，多井泵送井口快速切换，压裂与泵送施工无缝衔接，井间转换效率提升 80% 以上，作业人员由 5 人减少到 3 人，避免人员高处作业。快速插拔装置如图 6-51 和图 6-52 所示，其主要参数指标见表 6-19。

图 6-51　CBQ12-105 型

图 6-52　CBYK3-105 型

表 6-19　快速插拔装置主要参数指标

产品型号	CBQ12-105	CBYK3-105
通径	Φ120mm	Φ130mm
额定工作压力	105MPa（15000PSI）	105MPa（15000PSI）
上下端连接扣型	10½–4ACME	9½–4ACME OTIS
最大液控压力	21MPa	12MPa
适用介质	含 H_2S 的原油、天然气、水等（EE 级）	石油、泥浆、水、天然气、硫化氢
工作温度	–29 ~ 121℃	–29 ~ 121℃
液控管线连接形式	NPT 1/4 快速接头	NPT 1/4 快速接头
安全锁定方式	液压卡爪式压紧块（6 爪）+ 锁紧环	液压插板式锁紧器（3 块）

（五）多功能液添撬

页岩气压裂基本以乳剂配方为主，种类多，性能变化范围广，要求液添泵实时改变浓度形成不同性能的压裂液，现有混砂车、混配车自带液添泵种类少，量程大，精度低，精细调节难度大，无法适应乳液型压裂液配置要求。研发了低精度多功能液添撬，由 6 个凸轮泵组成，选用质量流量计计量，可实现多种乳剂同时加注和压裂液实时调整，具备在线和远程加注两种模式。多功能液添撬主要参数指标见表 6-20。

表 6-20　多功能液添撬主要参数指标

序号	名称	型号 / 规格 / 参数
1	控制方式	手动控制 / 自动控制
2	撬架结构	带防碰架整体焊接框架式，上部起吊点
3	电机	2.2kW–4P 变频电机

续表

序号	名称	型号 / 规格 / 参数
4	减速机	WG25-2.2-1，速比 3.27
5	液添泵	凸轮泵，XHB25-D
6	排出最高压力	0.6MPa
7	排出最大排量	300L/min/（单泵 1 ~ 50L/min）
8	管汇	软管，不锈钢接头
9	工作温度	-20 ~ 45℃
10	接口规格	吸入口 1½in CAMLOCK 快速接头
		排出口 1½in CAMLOCK 快速接头
11	设备外形尺寸	3000mm × 1200mm × 1980mm
12	整撬重量	1500kg

第四节　典型工艺技术示范应用

一、JYXX平台全电驱井工厂压裂

（一）基本情况

JYXX 平台是涪陵页岩气田针对上奥陶统五峰组 – 下志留统龙马溪组部署的一个大型页岩气立体开发平台，共部署 12 口井 /303 段（其中上部气层 3 口，中部气层 1 口，下部气层 8 口），JYXX 平台 12 口井的基本参数见表 6-21。

本平台井压裂主要难点：同平台压裂 12 口井，数量多，平台连续生产运行保障难度大；涉及上部、中部、下部立体压裂，对压裂顺序、施工工艺控制调整要求高；单井穿行层位和天然裂缝发育存在差异，现场连续加砂砂堵风险大。

表 6-21　JYXX 平台井基本参数

序号	井号	段数	试气段长（m）	穿行层位
1	JXX-5HF	27	1913	①、②、③
2	JXX-6HF	28	2007	①、②、③
3	JXX-7HF	25	1803	①、②、③
4	JXX-8HF	23	1602	①、②、③
5	JXX-9HF	17	1340	①、②、③
6	JXX-10HF	21	1529	①、②、③
7	JXX-11HF	20	1374	①、②、③
8	JXX-12HF	23	1361	②、③

续表

序号	井号	段数	试气段长（m）	穿行层位
9	JXX-S1HF	25	1572	⑦、⑧
10	JXX-S2HF	31	2001	⑦、⑧
11	JXX-S3HF	37	2402	⑦、⑧
12	JXX-Z1HF	26	1703	④、⑤

（二）实施方案

JYXX 平台井属于焦石区块开发井，以提升裂缝质量、增大有效泄气面积为核心改造思路，采用“高密布缝＋限流射孔＋高效铺置”压裂工艺模式，主体设计分 17～37 段，以 5～6 簇射孔为主，能缩短段簇间距，增加裂缝条数，提高裂缝复杂度，保证各簇均匀进液。

1. 标准化井场布局

按照 24h 连续压裂施工模式，现场规划压裂施工区、高压电设备区、泵送射孔区、砂罐区、配液区和生活区 6 个区域。

2. 装备配套

按照压裂设计总水马力配备 5000 型电驱压裂撬 12 台，采用 HS40 电动混砂撬，具备双混双排系统，单机最大排量 $2\times20m^3/min$，相互独立、相互备份，提高了混砂作业的可靠性；采用 CGST-1200 型电动配液装置，最大混配能力 $20m^3/min$，混配能力提升 50%。配套斗提式自动输砂装置，输砂能力提高至 $150m^3/h$，满足高强度连续加砂工艺要求，应用自动化供液系统，升级液罐及阀门控制和液位监测方式，实现无人值守、远程监控、自动供液和作业全程记录。JYXX 平台井装备配套见表 6-22。

表 6-22　JYXX 平台井装备配套

设备名称	数量	规格型号	生产厂家
电驱压裂撬	12 台	SCF5000	第四机械厂
VFD 变频房	6 套	SJDKB105-2X5L-1	第四机械厂
电动混砂撬	1 台	HS20	第四机械厂
混砂变频房	1 台	SJDKB10005L-1	第四机械厂
混配主撬	1 台	CSGS-1200	四机赛瓦
3150kVA 移动变电站	1 台	YX106B	中车永济电机有限公司
35kVA/12.5MVA 移动变电站	1 台	YX106	中车永济电机有限公司

3. 生产组织运行保障

建立多专业配合机制，配备 3 套 35kV/10kV 开闭所装置，设置 6 级保护定值，保障 24 小时供电稳定；采用新增清水管线＋建设返排液供水管线＋平台周边自行输水供水模式，同时优化清水池＋液灌＋在线配液三种储液方式，实现压裂用水不间断，保障供水量≥ 450m³/h；建立承包商保供机制，现场配备大容量四仓式电动砂罐（总容量 200m³），按照施工进度备足支撑剂存量，保障单日供砂量≥ 550m³。

4. 技术支撑

以平台为单元，组建专家决策平台，成员涵盖地质、压裂、泵送射孔和连续油管作业等多专业专家及技术负责人，做到压裂顺序、方案调整、参数调整与装备性能和现场运行联动，平台作业期间，累计快速处理异常 9 起，节省施工时间 58.2h。

（三）分析与建议

通过开展大平台全电动压裂，有效缩短建产周期，施工 50 天完成压裂 303 段，实现平台压裂、泵送、钻塞、试气同步开展，同比缩短建产周期 11%，集成化提速效果明显，降低复杂故障发生概率。相比柴驱压裂，现场作业人员减少 15 人，设备占地面积减少约 23%，噪声下降 46%，能源消耗平均降低 33%。平台产量提升显著，平均单井产量 16.24 万 m³/d，最高产量 23.69 万 m³/d。

全电动压裂井工厂大规模应用配套，验证了电动压裂机组井工厂布局模式、大规模连续作业装备配套、压裂工艺实时调整等措施的可靠性，大幅提升了工厂化作业效率，实现了气田高效率、低成本和绿色开发。针对平台多井，考虑降本增效，建议采用全电动压裂井工厂模式。

二、JX–X1HF井重复压裂

（一）基本情况

JX–X1HF 井目的层位于龙马溪组，水平段长 1197.69m，初次分 15 段压裂，单段段长 51～91m，平均 80m，分段工具为球笼式可钻复合压裂桥塞；射孔共 43 簇，射孔每段 2～3 簇（前两段 2 簇），1.0～1.5m/ 簇，60° 相位角，20 孔 /m，总孔数 60 孔，孔径 9.5mm；簇间距 20～31m，平均 25.3m，段间距 25～33.5m，平均 30m。

设计液体体系为前置酸降＋滑溜水＋胶液。全井主压裂用液 23590m³，平均单段 1572.8m³，其中滑溜水 1281.4m³、胶液 277.4m³、酸液 14.0m³，用液强度 20m³/m。全井加砂 674.6m³，单段平均加砂 45.0m³，加砂强度 0.9t/m。对 JX–X1HF 井压裂后测试获日产天然气 25.83×10^4m³。投产后，截至目前，累计产气 6917.30×10^4m³，产水 6843.8178m³，返排率 14.13%。

本井压裂主要难点：在原井上实施压裂，由于老孔及新孔的存在，有可能漏失严重，影响携砂改造效果，增加施工风险；非均质性增强，井筒方向应力差异增强，改造难度大；根部大量进液进砂，影响针对性改造效果，过度改造，造成局部近井应力集中，井筒完整性差。

（二）实施方案

本井属于重复压裂井，以挖潜各簇间剩余潜力、原簇未动用或低动用剩余潜力为主导思想和设计原则，施工中，若出现井底压力高、泵送困难等复杂情况，现场讨论后确定下步施工方案。

1. 重建井筒

JX-X1HF 井设计在 5.5in 套管内下入 3.5in 套管固井完井进行井筒重建，JX-X1HF 井重建井筒压裂管柱结构如图 6-53 所示。

2. 分段工具优选

分段工具拟选用耐温 150℃、耐压差 70MPa 的全可溶桥塞，采用每段 2～4 簇射孔，簇长 0.3～1.0m。射孔枪外径 Φ60mm，工作压力 105MPa，耐温 140℃，相位角 60°，孔密度 20 孔 /m，射孔弹型号 DP26RDX9-4XF。

3. 压裂施工

本井设计压裂 21 段，共 80 簇。首段射孔为连续油管桥塞射孔，首段为 2 簇（簇长 1m），避开老炮眼位置，重新簇间射孔；第 2 段开始采用电缆泵送桥塞方式，第 2 段 2 簇（簇长 1m），第 3～12 段每段 4 簇（簇长 0.5m），第 13～21 段每段 4 簇（簇长 0.3～0.6m），全井共补孔 80 簇。其中，第 3～12 段为簇间补孔 24 簇，老簇补孔 20 簇，第 13～21 段为簇间补孔 36 簇。

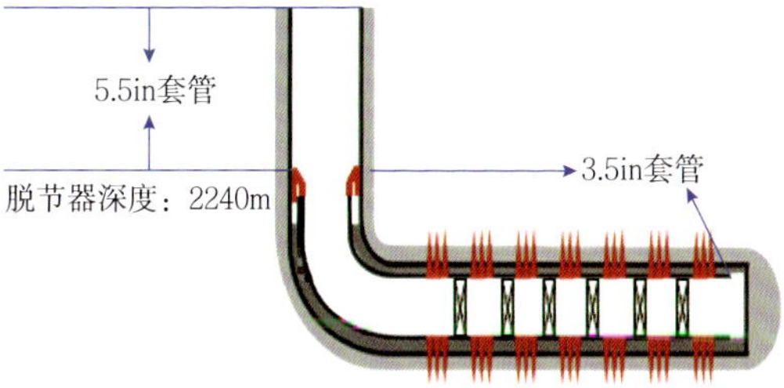

图 6-53　JX-X1HF 井重建井筒压裂管柱结构

（三）分析与建议

在限压 85MPa 的条件下，根据“一段一策”的总体思路，从趾端到根端逐段优化压裂施工排量及泵注工艺，顺利完成 21 段压裂施工。

（1）与一次压裂对比，重复压裂施工时开井压力普遍高于一次压裂，反映重复压裂改造到了原来未改造到的储层。

（2）重复压裂平均加液强度 28.2m³/m，平均加砂强度 1.62t/m，强度均高于一次压裂（加液强度 19.5m³/m，加砂强度 0.9t/m）。

（3）重复压裂地面停泵压力平均 32.6MPa（井底停泵压力约 58.4MPa），折算压裂梯度为 0.022MPa/100m，一次压裂停泵压力平均 25.3MPa（井底停泵压力约 51.1MPa），折算压裂梯度为 0.019MPa/100m。

（4）第一次压裂后使用 10mm 油嘴 /30mm 孔板测试产量为 20.7 万 m^3/d，重复压裂前产量为 2.25 万 m^3/d，第二次压裂后使用 10mm 油嘴 /30mm 孔板放喷测试产量 18.38 万 m^3/d，一次压裂恢复率为 88.1%，重复改造效果显著。针对未能达到预期产量、开发效果不好的生产井，可以采用重复压裂提高储层动用程度。

三、JX-X2HF井加砂失败案例

（一）基本情况

JX-X2HF 井目的层为下志留统龙马溪组，完钻井深 5176m，水平段长 1600m。分 22 段 /56 簇进行改造，设计排量 12～14m^3/min，采用 100 目粉陶 +40/70 目树脂覆膜砂 +30/50 目树脂覆膜砂支撑剂组合，选用减阻水 + 胶液液体组合。该井总用液量 45260.15m^3（泵送液量 630.9m^3，压裂液量 44629.25m^3），其中清洗剂 30.0m^3，盐酸 536.79m^3，减阻水 39555.91m^3，胶液 2961.34m^3，顶替液量 2176.11m^3；总加砂量 1029.75m^3（其中 100 目 333.63m^3、40/70 目 664.02m^3、30/50 目 32.1m^3）。

本井压裂主要难点：本井轨迹穿层③～④号小层，井深，储层杨氏模量较高，施工压力高，黏土含量较高，岩石塑性较强，不利于压裂形成复杂裂缝。

（二）实施方案

JX-X2HF 井第 3 段按照设计中泵注程序实施压裂，施工曲线如图 6-54 所示。

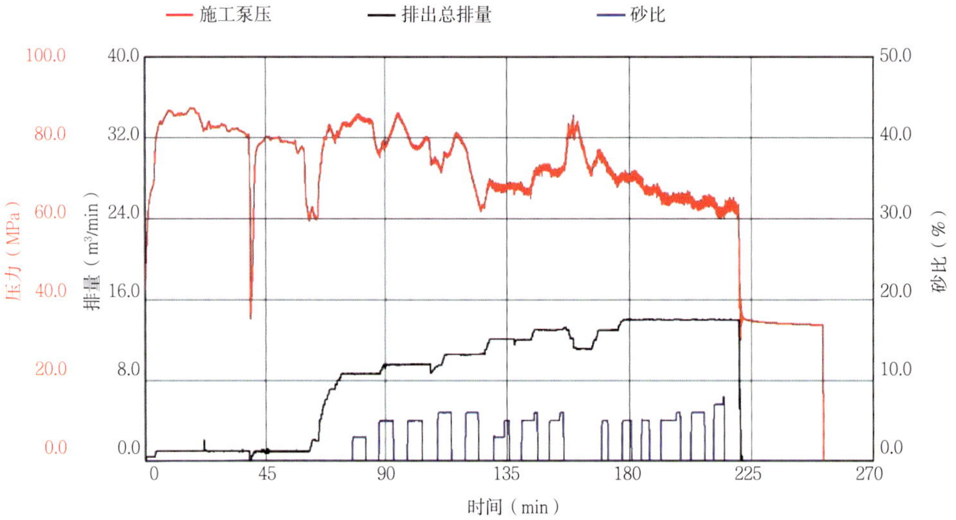

图 6-54　JX-X2HF 井第 3 段压裂曲线

1. 前置酸阶段

JX-X2HF 井第 3 段以 0.45～1.0m^3/min 排量注入前置酸 15m^3。

2. 替酸阶段

替酸排量 1.0m³/min，替酸压力 59.27～87.26MPa，替酸用时 76min，盐酸进入地层后酸降明显，压力由 77.66MPa 降至 60.08MPa。

3. 携砂液阶段

酸降后，逐步提升排量至 12m³/min、施工压力至 83.6MPa，采用 3% 砂比小段塞打磨后施工压力出现陡降，继续提升排量，采用段塞式加砂，储层对砂比敏感，多次出现脱砂迹象，整体加砂难度较大。全段施工排量 0.5～14.0m³/min，压力 59.47～85.59MPa，总砂量 40.22m³，总液量 1861.06m³，未能按设计规模完成压裂施工。

4. 顶替阶段

停砂后，采用滑溜水将井筒携砂液顶替干净，一般顶替 2～3 井容。

（三）分析与建议

本段压裂施工未能按照设计砂量加砂的原因分析如下：

（1）本井第 3 段轨迹穿行为③～④号小层，穿层复杂，非均质性强，多簇裂缝开启效率不高，改造体积受限，影响加砂；

（2）比较②号小层，该段储层杨氏模量高，破裂压力整体较高，裂缝延伸困难；

（3）物性差，黏土含量高，呈现较强塑性，难以形成复杂裂缝；

（4）应力挤压环境，改造缝宽受限，施工压力高，加砂难度大；

（5）从施工过程来看，前置酸进入地层后压力陡降，反映近井污染严重，携砂过程中，压裂波动大，裂缝宽度不够；近井改造过程中，裂缝延伸受限。

针对穿层复杂、施工压力高、加砂困难井段，建议前置液阶段采用前置酸＋线性胶液预处理，在压力可控下尽量提高排量，增加净压力，保证缝宽；采用段塞式加砂，逐步提高砂比，提高现场执行效率，完成设计加砂量。

07 第七章 页岩气试气工艺技术

试气是页岩气井产能建设的主要环节之一，获得的资料是认识和评价产能、确定生产制度和提高采收率的基础依据。广义的试气包括钻井交井后到气井投产前的井场和井筒准备、首段射孔、分段压裂、钻塞、测试求产和下生产完井管柱等作业内容，部分井还要穿插进行微注压降测试、生产剖面测试和排采测试等，涉及的作业内容多、工序衔接繁杂。随着页岩气开发的深入，配套的试气设备和工艺都取得了较大进步，有效提高了施工效率，为更准确认识和评价页岩气藏夯实了基础。

第一节　试气设计

试气设计是按照《试气地质设计》和《分段压裂方案》，参照相关石油天然气、页岩气行业及企业标准编写的，依据试气地质方案中的基础数据、试气目的及方案和试气要求等内容，提出试气工艺及要求、井控及地面流程、试气施工工序及要点等内容，其核心是指导选择合理的求产工艺，从而达到安全、有效试气的目的。

一、井场布局设计

目前页岩气均采用井工厂（丛式井组）模式开发，试气现场需安放液罐、砂罐、酸罐、混配供液设备、压裂车（橇）以及射孔测井车、吊车等诸多设备，相关标准规范中对井场设备摆放安全距离有严格要求。

井场布局设计要点：

试气现场一般分为液罐和配液区、压裂作业区、射孔作业区、连续油管作业区和地面流程作业区，其中射孔作业区与连续油管作业区可共用。各区域要设置安全警戒标志，用警示带进行隔离。

压裂作业区：分为高压管汇区、压裂机组区、混砂区及配液区等子区域，各子区域要求符合相应安全距离并配足安全措施。从井口至各子区域要留出至少一条安全通道，高压管汇区至井口距离要＞10m，高压管线每隔 6m 时采用基墩或地锚固定支撑，高压管汇区周围 10m 内应设置安全挡板。

射孔作业区：采用泵送桥塞射孔分段工艺时，要设置射孔作业区，需满足射孔绞车、防爆车（橇）、泵车、吊车、电缆防喷装置和注脂控制系统摆放以及工具串组装拆卸作业要求。

连续油管作业区：多数时候与射孔作业区共用，要求场地平整、干净无污染，地面不漏不渗，能满足连续油管、泵车和吊车等设备摆放要求。各组成设备旁要预留安全逃生通道，便于紧急情况人员撤离。

地面流程作业区：地面流程的配套根据施工井的数量确定，一般 1～3 口井采用 1 套地面流程，如图 7–1 所示，单套地面流程采用一级降压管汇台，配备 1～2 台捕屑器。4～6 口井采用 2 套地面流程，如图 7–2 所示，双套地面流程的捕屑器、流量计、放喷管线和燃烧筒等数量也要双倍配置，以满足 2 口井同时钻塞、放喷测试施工需求。

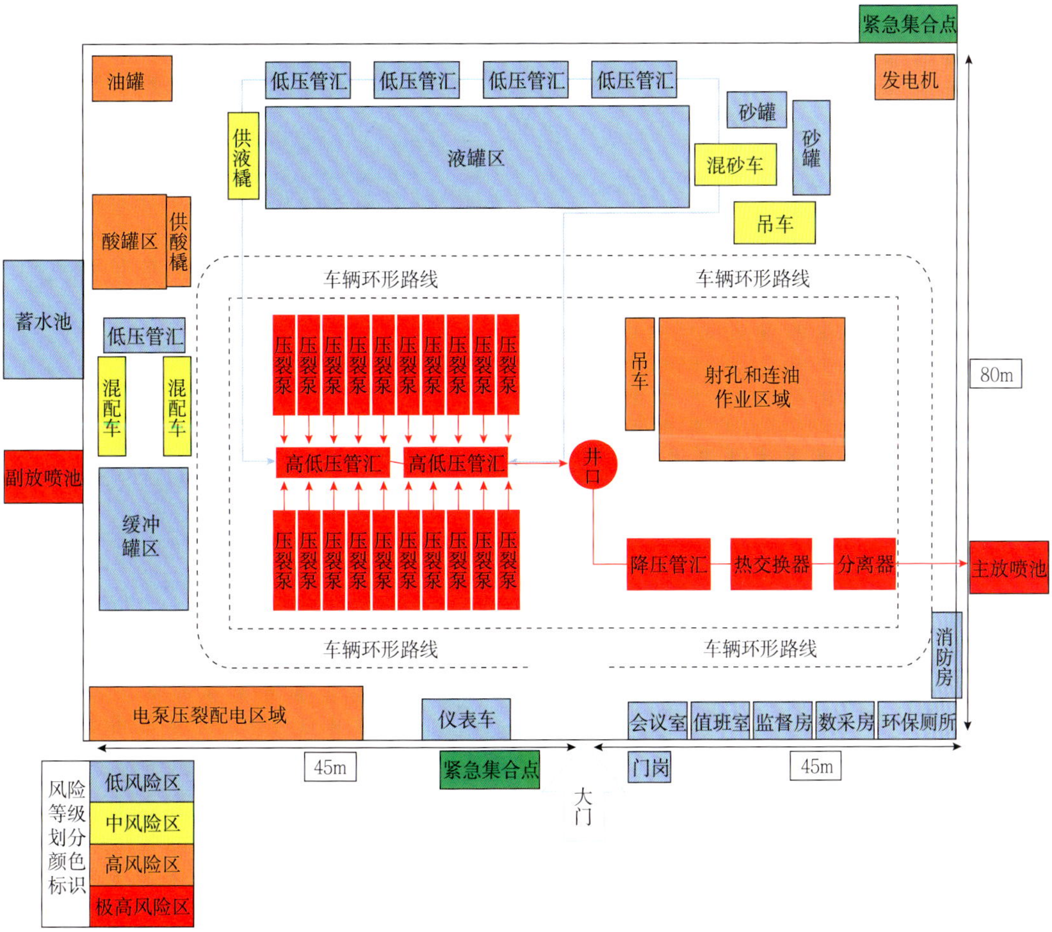

图 7–1 页岩气井单井压裂试气现场布局

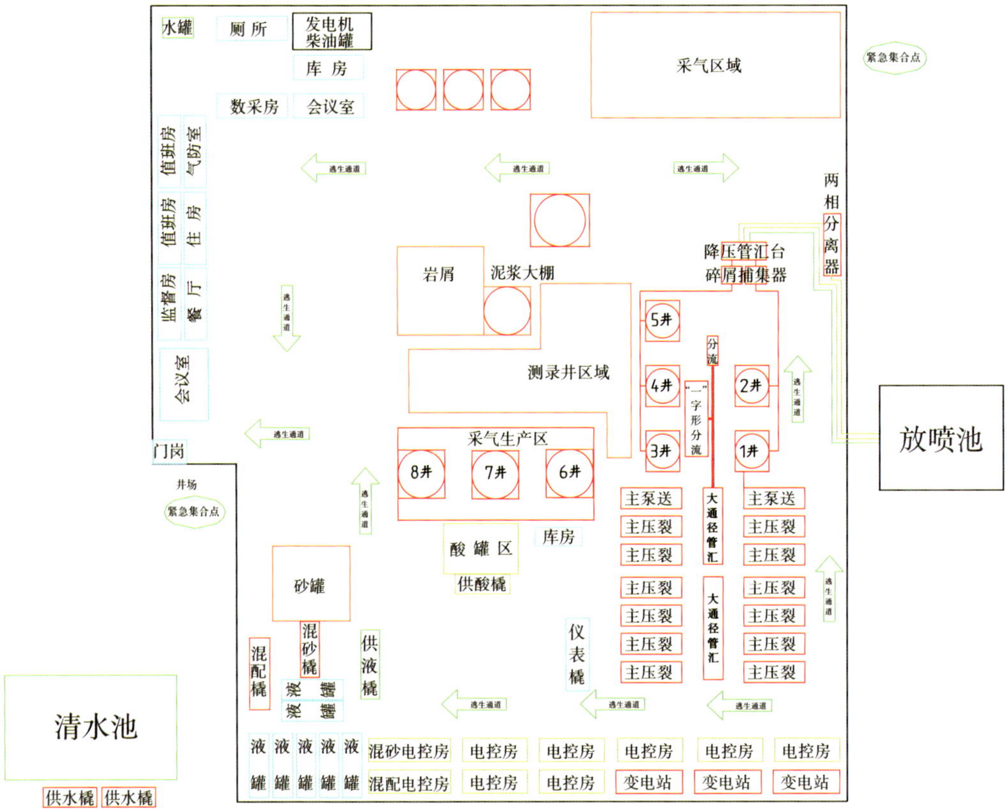

图 7-2　页岩气井平台井压裂试气现场布局图

二、试气测试设计

（一）焖井设计

对于压裂过程中使用可钻桥塞的页岩气井，压后可直接进行钻塞，对于使用可溶桥塞的页岩气井，一般焖井（关井）后进行钻塞，焖井期间进行间歇性放喷溶塞，采用小油嘴（$\Phi4\sim6$mm）控制间歇性排液，保证每日放喷不少于 2 个井筒容积液体，促进桥塞溶解。

压后焖井对产能的影响目前无定论。一方面，焖井过程压裂液长期滞留，会侵入储层，产生水锁，降低气相渗透率，同时页岩储层中一些黏土矿物与压裂液接触后发生膨胀，堵塞原有孔缝，也会造成渗透率下降。另一方面，焖井时页岩基质对压裂液的吸收，又有利于微裂缝和孔隙中自由气的析出，疏通孔吼通道，提高气相相对渗透率。小孔隙含水饱和度的提高，也有利于排驱气相向微裂缝、大孔隙流动。页岩基质中黏土矿物吸水膨胀至一定程度后会诱导形成新的裂缝或者开启闭合的裂缝，即发生水化作用，提高页岩渗透率。涪陵页岩气田部分井的实际试气结果显示，当地层压力系数＜ 1.25，归一化无阻流量＜ $20\times10^4m^3/d$，初始产能较低时，气井产能与焖井时间相关性较差。当地层压力系数＞ 1.25，气井产能与地层压力系数、焖井时间呈正相关关系，且焖井时间达到

20 天，压裂液返排率＜ 3% 时，产能达到峰值。焖井效果与黏土含量无明显相关性。实际施工中确定焖井（关井）时间仍以工程需求为主要依据。

（二）测试求产设计

1）求产井口压力控制在最大关井压力的 60% ~ 95%，对于常压和低压井，以尽量提高返排率为原则进行控制。

2）初期选用 Φ6 ~ 8mm 油嘴开井放喷，同时结合地层裂缝闭合情况的预测和现场返排液处理能力，合理选择放大油嘴时机。在确保地层不出砂的前提下，控制流速尽快排液，减少压裂液对地层的伤害，提高返排率。放喷初期，每 1h 取样监测出口返液含砂情况，若返排液含砂量＞ 0.5%，则逐步缩小油嘴。若不出砂，可考虑放大油嘴加快放喷排液的速度，以 Φ1mm 为间隔逐级放大油嘴，并每 1h 取 1 次液样监测出砂。

3）排液至井口压力稳定，液量逐步减小趋于平缓，小于分离器最大液处理能力（一般＜ 10m^3/h）后进入测试求产阶段，测试求产要确保井口压力、气产量和液产量基本稳定。建议测试三个稳定工作制度下的产量，高压井一般采用 Φ8mm、Φ10mm、Φ12mm 油嘴测试求产，低压常压井一般采用 Φ6mm、Φ8mm、Φ10mm 油嘴测试求产。调整工作制度时，要判断地面计量返排液与地层供液情况是否一致，在满足气井临界携液情况下求产，不产生井筒积液。工作制度调整应尽量保证每个生产制度下地层生产压差存在明显差异，才能进行准确的产能计算。

稳定求产的标准：

（1）井口压力和产量稳定的判据是井口压力波动＜ 0.5MPa、产气量波动＜ 10%。

（2）气产量＞ $50 \times 10^4 m^3/d$ 时，井口压力与产气量连续稳定 2h 以上。

（3）气产量在 20×10^4 ~ $50 \times 10^4 m^3/d$ 时，井口压力与产气量连续稳定 4h 以上。

（4）气产量在 5×10^4 ~ $20 \times 10^4 m^3/d$ 时，井口压力与产气量连续稳定 8h 以上。

（5）气产量＜ $5 \times 10^4 m^3/d$ 时，井口压力与产气量连续稳定 12h 以上。

4）推荐在最后一个测试制度下井口压力、产气量稳定时，用钢丝 / 电缆吊挂电子压力计等工艺测取准确井底流压，求产结束还可井口关井继续进行压力恢复测试，以准确进行产能分析。

5）测试期间取准油、气、水样，每个测试稳定工作制度不少于 1 个气样、水样进行全分析。同时持续观察井口液性，每隔 12 ~ 24h 取样做一次化验，测量氯根、密度、pH 值等参数。每小时录取井口压力、温度，排液量、累计液量、返排率，产气量、累计产气量，排出砂量及累计砂量。

三、其他测试设计

（一）微注入压降测试

页岩气层具有超低渗透特征，流体流动极其微弱，难以形成拟径向流，采用传统压力恢复测试方法求取储层原始地层压力、渗透率及地层可压性等参数非常困难。而通过微注入压降测试技术可使超低渗透的页岩储层在短时间内出现拟径向流动，该技术是目前解决页岩储层地层测试难题的唯一方法，可为压裂优化、产能评价等提供可靠依据。

该技术针对低渗透、超低渗透地层，以恒定的微小排量向储层注入一定量的液体，使地层产生微破裂，并在井筒周围产生一个高于原始地层压力的高压区，然后关井，裂缝内的液体在压差作用下滤失到地层，井筒压力逐渐与原始地层压力达到平衡。由于产生的微裂缝能够穿透近井筒伤害区，为井筒与地层之间流体的流动提供通道，使地层在较短的时间内出现拟径向流，基于不稳定试井原理，分析压降变化可获取地层可压性、原始地层压力和有效渗透率等参数。压降分析分为裂缝闭合前和裂缝闭合后两部分。裂缝闭合前分析（Pre-Closure Analysis，PCA）使用特殊的差分方法和时间函数（G函数、平方根函数），主要用于辨识滤失特性和裂缝闭合参数等。裂缝闭合后分析（After-Closure Analysis，ACA）通过脉冲求导识别地层流动状态的方法来获取储层的渗透率和原始地层压力。使地层产生短时间可闭合的微裂缝，是成功实现微注入压降测试的关键。

设计要点为：

1）作业液体一般选择干净的清水，如果地层水敏性较强，可使用 KCl 溶液，防止黏土膨胀，减少对地层的伤害。

2）注入排量设计：由于在低注入排量条件下，达到拟径向流所需时间较短，在高注入排量条件下，将保持很长一段时间的拟线性流状态，因此达到拟径向流所需时间较长。根据经典不稳定压力试井理论，应使地层尽早出现拟径向流状态，故应使用低注入排量，但过低的注入排量可能使裂缝不能贯穿整个测试层厚度。在低渗透率条件下，可闭合裂缝的开启和延伸不需要大排量，可以用径向达西定律计算特定条件下的排量。

3）注入液量设计：液体的注入都有伤害储层的风险，应尽量减少注入量，但同时又需使储层产生适当裂缝，能够穿透近井筒的地层伤害。根据相关研究，钻完井滤液污染半径大约为 5m，因此，设计的裂缝半长应≥ 5m，据此设定注入液量。

（二）产出剖面测试

通过产出剖面测试可以查明井下产出情况，探明不同层位、不同压裂段（簇）产量的贡献，是水平井压裂改造效果和产能评价的主要方法，是提高地质认识水平、优化工艺设计、提高开发效益的重要技术手段。

设计要点：

1）目前常用阵列式仪器产出剖面测试和分布式光纤产出剖面测试两大类，均是通过连续油管输送来实施的。因此，设计要做好连续油管力学模拟。连续油管在井眼中要受到井壁的约束，在井底要受到钻压的作用，在井中要受到井液压力的作用。在井壁的接触力、摩擦力以及连续油管内外压力的共同作用下，需要弄清连续油管的物理状态。如果压缩力超过某些值后，连续油管会在井眼中失稳。连续油管状态的变化，尤其是螺旋屈曲状态，又会反过来影响井壁接触力的变化，因而影响到连续油管的轴向力，最后影响连续油管的可下入深度。通过模拟计算得出的结果可以为现场施工设计提供依据，也可以提前做好应急预案。

2）井筒清理设计。目前水平井均是通过泵送桥塞技术进行分段加砂压裂，在钻塞过程会有部分桥塞碎屑没有循环出井筒，另外在生产过程还会有部分支撑剂进入套管，阵列式测试工艺中仪器包含扶正器和涡轮转子等可动部件，容易受井下碎屑及杂质等的影响而产生损坏或脱落等故障，增加了测试风险，所以井筒处理质量的高低对工具的安全与能否录全数据至关重要。工具入井前须做好井筒清理的设计工作。

3）测试工作制度确定。测试工作制度的确定与连续油管起下速度的控制也是施工过程的重要组成部分，有效测试时间的长短主要取决于给仪器供电的电池。速度过慢会由于电池电量不足无法收集所有层段的数据，速度过快又会导致采集的数据误差加大、测试仪器的安全风险也加大。分布式光纤产剖测试应不少于两个生产和一个关井测试制度。第一个工作制度选择测试前稳定日产量的 1/2 执行；第二个工作制度选择测试前稳定日产量执行。生产测试期间，气、水产量波动≤ 20%，测试时间≥ 12h，关井测试时间≥ 24h。同时，每个生产制度下和关井时，在生产段进行拖动测试，获取井筒压力剖面。

4）资料录取要求。测试数据除常规页岩气试气需录取的数据资料外，生产剖面测试过程还要录取到大量井下流体水平分层流动的温度、压力、流速、持率（气 / 水）、位置资料，DTS/DAS 光纤测试更是会产生海量温度和井下流动噪声数据，要确保测试软硬件运行正常，还要准备大量数据存储，一般要预备 3 ~ 5TB。

第二节　井筒准备

为给分段压裂提供畅通和密封的井筒条件，试气施工前要进行通井、刮管和全井筒试压等井筒准备工作。通井、刮管推荐采用连续油管来完成，部分井由于井深过深、水平段过长，连续油管无法到底，可由钻机带小钻杆来完成。

一、钻机通井刮管

页岩气水平井下油层套管固井后，传统的钻井完井采用 $2^7/_8$ in 小钻杆分 3 趟进行钻水泥塞、刮管、通井和洗井，保证钻井完井交井井筒内清洁，为后期压裂试气射孔、泵送桥塞提供良好条件。新的钻刮通洗一体化技术，1 趟钻可满足传统 3 趟钻作业需求，大幅度降低完井时间，提速效果明显。

（一）工具原理

钻刮通洗一体化工具主要由通井规、刮壁器和滑套开关三个组件组成，具体结构见

图 7-3 至图 7-5。工具挂接在钻杆下端，入井时刮刀被销钉限制，外径与本体保持一致，可畅通入井。作业过程中，刮壁器的刮刀片被限制在本体的槽内，外露较少，在其上部扶正器的作用下可不影响工具其他功能的正常使用。完成扫塞作业后，通过投球加压剪断销钉，打开刮刀与滑套，使刮刀伸出贴紧套管，并且连接在刮壁器下方滑套开关上的循环孔也被打开，此时就可进行正反循环洗井，实现 1 次入井完成钻、刮、通、洗等多种作业，减少钻柱起下次数，大大提高作业效率。

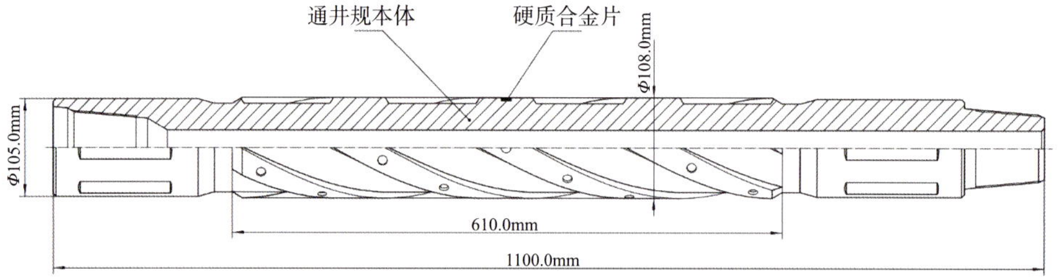

图 7-3　通井规结构示意图

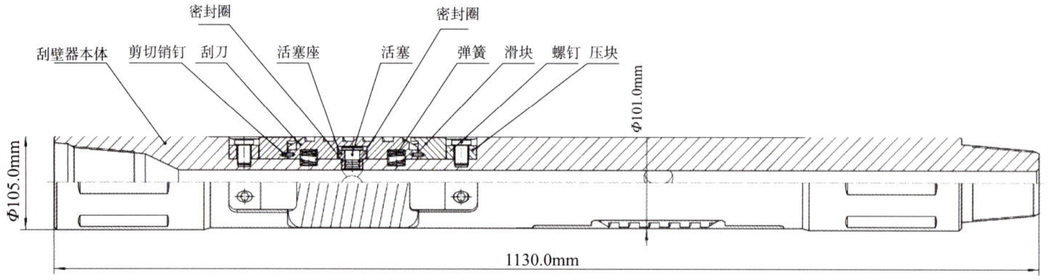

图 7-4　刮壁器结构示意图

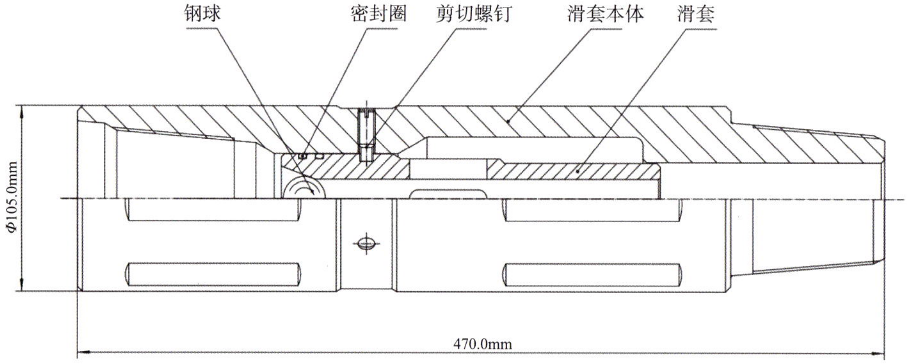

图 7-5　滑套开关结构示意图

（二）技术要求

（1）通井刮管作业过程中，不能有明显阻卡。当下钻遇阻吨位为 20～30kN 时，应停止下钻，接方钻杆开泵循环，活动管柱直到悬重恢复正常。

（2）循环洗井出口经装有 100 目筛网的振动筛过滤，确保井内液体清洁无杂质，含砂量＜ 0.02%。

（三）工艺流程

（1）检查刮壁器压块螺钉是否上紧，防止刮刀松动，检查滑套销钉是否安装到位，按照推荐扭矩将工具按照顺序连接。

（2）下放速度控制：直井段＜ 400m/h，造斜段＜ 320m/h，水平段＜ 250m/h，下钻至预计塞面之前 100m，速度控制在 150m/h 以内。下钻过程中，每 1000m 顶通水眼一次。其中，下钻至 A 靶点用清水循环 1 周，泵压≤ 14MPa。

（3）若需要扫塞，控制施工泵压≤ 14MPa。至人工井底后，将原井压井液替成油基泥浆清洗液，并循环至与进出口密度一致。

（4）起钻至 A 靶点，向钻杆内投入钻刮通洗一体化工具启动球，正循环送球至球座，打压至刮壁器开启剪销剪断，使刮壁器处于伸张状态，继续加压使滑套开关剪销剪断，打开循环通道。

（5）刮壁器打开后对水平段套管进行刮削，每下一根钻杆来回刮削 3 次或以上。

（6）下钻至人工井底后上提约 2m，用清水进行循环洗井，出口清水含砂量＜ 0.02% 后起钻。

二、连续油管通洗井

（一）技术要求

（1）进行设计模拟计算，预计水平段最大下入深度不足时，要在工具串中增加水力振荡器，自锁后在水平段泵注金属减摩剂，以延伸水平段下入深度。

（2）作业过程中不能有明显阻卡。遇阻吨位≤ 20kN，遇阻后起泵循环减阻水尝试通过遇阻位置，通过后在该位置划眼，活动管柱直到悬重恢复正常。

（3）油管入口装 100 目筛网过滤入井液体，确保井内液体清洁无杂质，出口含砂量＜ 0.02% 为合格。

（二）工艺流程

（1）按照 SY/T 7305《连续油管作业技术规程》要求完成设备的摆放、安装、功能测试和通水等准备工作。

（2）根据井温和套管规格，选择合适的井下工具，推荐工具串结构为：铆钉式连接器 + 双活瓣单流阀 + 液压丢手 + 震击器 + 螺杆马达 + 磨鞋。工具入井后直接起泵（150 ~ 200L/min）循环洗井，悬重变化 ±10kN 及以上时在该位置划眼 2 ~ 3 次，确认通畅后再继续下放连续油管。

（3）正常下入过程中，每 500m 进行一次上提下放测试，校核悬重并做好记录。在井筒内有变径处（如二次完井重复压裂井筒），在变径位置 ±30m 范围要降速通过。下至距人工井底 30m 时停泵并降速至 2m/min，缓慢下放连续油管探人工井底，加压 10kN，复探 2 次确认。在距井底 30m 范围内划眼 2～3 次。若无法探至人工井底，应泵注金属减摩剂或起出管柱加装水力振荡器继续作业。

（4）探得人工井底后上提 10m 循环清水洗井，确认进出口水质基本一致后上提连续油管，上提过程中每 200m 划眼 1 次。

三、井口安装及试压

油管头、大闸阀和压裂四通等井口部件进场前要检测合格并附带合格证明。

（一）安装油管头四通

（1）安装油管头四通之前彻底清洗顶丝法兰、钢圈槽和钢圈，并涂上密封脂。

（2）检查套管头芯轴悬挂器。要求颈部无划痕、损伤，如有轻微划痕、损伤，用砂纸打磨光滑，并清洗干净。如有严重影响密封的划痕、损伤，应立即停止安装，另作处理。

（3）安装金属密封总成及油管头内部的 BT 密封圈，检查密封圈是否完好，如有损坏立即更换。密封圈要均匀涂抹密封润滑脂。

（4）安装油管头。吊起油管头平放于套管四通上，按规范安装连接法兰螺栓。

（二）安装压裂井口

（1）检查油管头钢圈及密封面。要求无划痕、损伤，如有轻微划痕、损伤，用砂纸打磨光滑，并清洗干净。如有严重影响密封的划痕、损伤，应立即停止安装，另作处理。

（2）在地面组装连接一号主阀与压裂井口，然后整体吊装至油管头上部，平放于油管头之上，按规范安装连接法兰螺栓。

（三）井口试压

使用试压泵对油管头金属密封、橡胶密封，先试低压（低压范围为 1.4～2.1MPa)，稳压 30min，无压降；再逐级试压至压裂设计的施工限压，稳压 30min，压降＜ 0.5MPa 为合格。

先关闭井口 1# 阀、7# 阀，对 1# 阀、7# 阀及连接部分先试低压（低压范围为 1.4～2.1MPa)，稳压 30min，无压降。再逐级试压至压裂设计的施工限压，稳压 30min，以压降＜ 0.5MPa 为合格。再关闭井口 4# 阀、7# 阀，对 4# 阀、7# 阀及连接部分先试低压（低压范围为 1.4～2.1MPa)，稳压 30min，无压降。再逐级试压至压裂设计的施工限压，稳压 30min，以压降＜ 0.5MPa 为合格。

（四）全井筒试压

对套管全井筒试压至压裂设计的施工限压，稳压 30min，以压降＜ 0.5MPa 为合格。稳压完毕用 Φ4mm 油嘴控制缓慢泄压。

第三节 试气主要装备

页岩气试气的主要目的是获取页岩气井的产能、压力、温度和油、气、水样物性资料，获取这些资料的试气工序复杂，装备众多，主要包括试气地面流程装备、连续油管作业装备和射孔作业装备等。

一、试气地面流程装备

试气地面流程装备主要包括捕屑器、测试管汇、热交换器、分离器和放喷管线等。

（一）测试管汇压力级别及级数选择

依据钻井交接的套管头及工程设计和压裂方案选择配套的地面流程，压裂井口选用 105MPa 级别，地面流程选用 70MPa 级别；压裂井口选用 140MPa 级别，地面流程选用 105MPa 级别。焦石工区页岩气地面流程优先考虑使用一级降压管汇台，特殊探井预测放喷压力＞ 50MPa，增加分级至两级。威荣工区一般采用 105MPa+70MPa 两级节流管汇。

（二）捕屑器

使用一级捕屑器，压力级别和管汇台相对应。

（三）热交换器

额定工作压力≥ 35MPa，推荐使用自动化热交换器，能实现压力和温度的远程操作及返排流体温度的精准控制。

（四）分离器

额定工作压力为 9.8 ~ 13.7MPa，推荐使用自动化分离器，能实现液位的远程操控和各项流体的实时计量，自动状态下根据需求设置液位全开上限、液位全闭下限、高低液位报警、分离器压力超限报警和联锁控制紧急井口关井等。

（五）放喷管线

每个流程连接 5 条放喷管线，其中包含 2 条测试管线、1 条直排管线、1 条底水管线和 1 条安全释放管线，放喷管线推荐选择 $2^{7}/_{8}$ in 油管。测试管线下游（距离放喷口≥

20m、上游直线段≥ 10m）连接临界速度流量计。

二、连续油管作业装备

（一）作业井口

（1）依据目前井口类型选择匹配的变径法兰，现场应准备 180mm–105MPa × 130mm–105MPa、180mm–105MPa × 130mm–70MPa 等常用变径法兰。

（2）连续油管井口组合自下而上依次为：防喷器 + 防喷管 + 防喷盒 + 注入头，现场应配备 180mm–105MPa × CB54、130mm–105MPa × CB54、130mm–70MPa × CB54、103mm–105MPa × CB44 和 103mm–70MPa × CB44 等常用法兰变由壬接头，井口及现场连接可参照图 7–6。

（3）依据井口法兰及井下工具串长度，选择合适的防喷管，防喷管主要类型有 130mm × 105MPa、130mm × 70MPa、103mm × 105MPa 和 103mm × 70MPa。

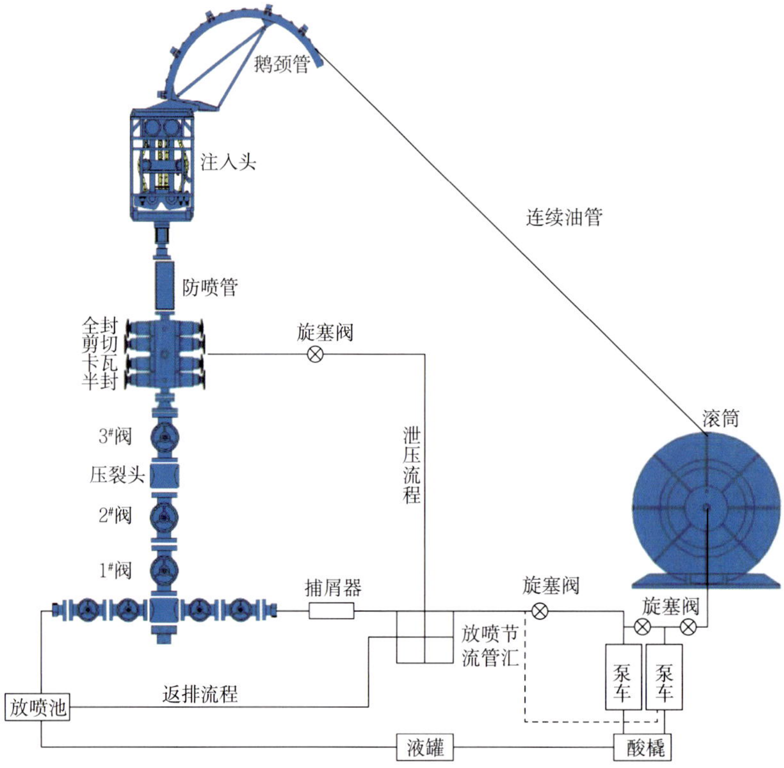

图 7–6　焦石工区连续油管作业井口示意图

（二）连续油管主辅车

依据山区作业环境，优选双车装载式、大容量滚筒分体作业设备，设备构成如图 7–7 所示。

图 7-7 涪陵山区典型双车装连续油管设备

目前焦石工区典型连续油管设备性能参数如下：

（1）注入头：最大提升力为 450kN，最大下推力为 225kN，最大运行速度为 52m/min；

（2）滚筒：最大滚筒容量 2in 连续油管 ×6900m、$2^3/_8$in 连续油管 ×6000m。

（三）连续油管

依据作业井深、压力及作业类型优选连续油管钢级、壁厚及长度。目前常用连续油管主要为 2in 变壁厚（0.156～0.224in）130 钢级、110 钢级和 90 钢级。

（四）钻塞泵

依据施工类型及作业井况选择合适的泵车。目前常用泵车类型为双机泵车、2000 型和 2500 型，满足长时间泵注排量在 360～450L/min，施工压力为 105MPa 以上。

三、射孔作业装备

（一）作业井口

包含井口转换法兰、电缆防喷器、捕集器、防喷管、注脂控制总成、防喷盒、注脂动力系统、注脂控制面板及各类配套管线，常用 105MPa 和 140MPa 两种耐压级别，电缆防喷装置主要性能参数见表 7-1。

表 7-1 电缆防喷装置主要性能参数

序号	部件名称	主要性能参数
1	防喷管	工作压力：105MPa/140MPa；垂直通径：120mm；单根防喷管长度：2.5m/2.0m；调整防喷管长度：1.5m
2	三闸板防喷器	工作压力：105MPa/140MPa；垂直通径：120mm；闸板规格：配 Φ8mm 电缆闸板 ×2，全封闸板 ×1；操作形式：液动关闭，手动锁紧；液控压力 21MPa；连接形式：梯形扣、由壬接头
3	注脂控制头总成	密封电缆直径：密封直径 Φ8mm 电缆；注密封脂系统最大公称压力：105MPa/140MPa；液控压力：21MPa；配刮油器公称压力：35MPa

续表

序号	部件名称	主要性能参数
4	注脂控制装置	工作压力：105MPa/140MPa；爆破压力：210MPa；液压系统工作压力：21MPa；注脂泵比率：250：1；手动泵：21MPa；进气压力：最大 0.7MPa/0.8MPa；蓄能器：31.5MPa；蓄能器容积：63L
5	空气动力泵	系统工作压力：0.8MPa；气罐设计压力：1.05MPa；储气罐容积：300L；空压机排量：$1m^3/min$；安全阀开启压力：0.88MPa；柴油机额定转速：3000r/min；柴油机额定功率：18.8kW/26kW
6	井口转换法兰	工作压力：105MPa/140MPa；垂直通径：120mm；120 转 130 钢圈：BX169；120 转 180 钢圈：BX156

（二）作业设备

（1）配备液压绞车系统、供电系统、数控射孔系统、深度系统、张力系统和 7000m 以上电缆。

（2）配备满足施工条件的动力系统，具备扭矩调节功能，具备两套刹车制动装置，最大提升能力≥ 65kN。

（3）配备备用发电机，功率≥ 6000W。

（4）深度系统具备数据显示、记录和报警功能，测量误差应＜ 2m/km。

（5）张力系统测量范围为 0～50kN，具备数据显示、记录和报警功能。

（6）电缆性能应满足施工井压力、温度和抗拉强度的要求，缆芯电阻＜ 15Ω/km，绝缘＞ 200MΩ。

（7）配备提升高度和悬重负载能力满足要求的辅助吊车，105MPa 电缆防喷装置配 70t 吊车，140MPa 电缆防喷装置配 100t 吊车。

第四节　试气主要工艺

页岩气井试气的主体工艺主要包括求产测试、首段牵引器输送射孔、泵送桥塞与多级射孔、水平井连续油管优快钻塞等，根据需要穿插实施排水采气、微注入压降测试和产剖测试等进阶工艺。

一、求产测试工艺

传统的天然气试气通常采用放空测试来进行，该工艺将天然气导入放喷池进行放空燃烧测试，造成大量天然气浪费的同时也产生了大量的有毒有害燃烧废气，污染大气环境。为助力国内油气上游行业实现碳达峰、碳中和目标，大力落实甲烷控排措施，页岩气开发中全面推行了“试采一体化流程”，实现气井边测试边生产，有效减少了求产测试过程中的碳排放和环境污染。

（一）技术要点

（1）进站测试之前落实好集气站的最大允许进站压力，根据集气站的最大允许进站压力调节好背压阀的额定工作压力。

（2）进站测试之前检查好进站流程，确保进站流程准确无误。

（3）进站测试过程中密切关注好井口压力、分离器压力、一体化流量计压差压力等压力值。

（4）进站测试期间保持放喷口长明火常燃。

（5）进站测试之前对加热设备锅炉进行调试，防止发生冰堵。

（二）工艺流程

1. 流程检查

（1）检查进站出口阀门是否关闭。

（2）检查进站压力表（传感器）是否开启。

（3）检查除砂器排污阀、卸压阀是否关闭。

（4）检查除砂器压力表（传感器）是否开启。

2. 进站流程倒换

（1）打开进站除砂器进出口阀门。

（2）打开背压阀进出口阀门，关闭背压阀旁通。

（3）打开采气流程区进口阀门，并确认流程已通畅。

（4）调节背压阀气源压力至 0.3MPa。

（5）根据现场情况调节背压阀至所需压力范围。

（6）打开进站流程出口阀门。

3. 进站流程关闭

（1）关闭采气流程进站进口阀门。

（2）缓慢调节背压阀降压至阀门全部开启。

（3）关闭进站出口阀门。

（三）资料录取

1. 排液期间资料录取

（1）排液方式（套管、油管）、时间、油嘴直径（如果用针阀则记录针阀开度）和井口压力。

（2）每小时排液量、累计排液量。

（3）出口液性质（Cl^-、密度、黏度）。

2. 测试求产期间资料录取

（1）求产方式、求产时间，油嘴直径、孔板直径，测气流量计名称、型号、规格及测气方式；

（2）每个制度的井口压力，测气管线上、下流压力（或压力差）和温度，测试产量，进站生产产量，放空燃烧产量和每小时排液量；

（3）累计产气量、累计进站产气量、累计燃烧放空产气量和累计排液量。

（四）复杂情况预防与处理

1. 管汇台刺漏

试气作业期间，一旦发生管汇台刺漏，立即采取以下措施：

（1）导入备用测试流程，同时设立危险警戒区域。

（2）关闭现用测试流程。

（3）通过考克进行泄压，再对刺漏处进行整改。

（4）整改结束，导回原使用流程。

2. 管汇台油嘴刺漏

试气作业期间，一旦发生管汇台油嘴刺漏，立即采取以下措施：

（1）导入备用测试流程，同时设立危险警戒区域。

（2）关闭现用测试流程。

（3）打开考克泄压，确定油嘴保温套内无压力。

（4）卸掉油嘴堵头取出油嘴套。

（5）检查油嘴套及油嘴，更换损坏件。

（6）将更换好的油嘴套及油嘴装入油嘴保温套内。

（7）装好油嘴套，关闭考克。

（8）导回原测试流程。

3. 分离器超压

试气作业期间，一旦发生分离器超压，立即采取以下措施：

1）导入备用安全放喷流程。

2）关闭现用进分离器流程。

3）打开气路管线。

4）检查分离器安全阀，如损坏，及时更换。

5）故障排除后，缓慢打开进分离器流程。

6）导回原放喷求产流程。

二、首段牵引器输送射孔工艺

牵引器输送射孔是相对于油管传输射孔施工效率更高、成本更低的水平井首段射孔技术。该技术应用中已达到 3142m 的超长水平段输送、上翘井井斜 112° 输送、自适应 5.0 ~ 9.875in 井径范围、能实现牵引器与射孔枪串间有效电气安全控制、保证射孔点火

100% 受控、防震减震设计可抗冲击力＞300g。也是在水平井连续油管自锁、滑套打开失败和泵送异常情况下补孔的有效手段。

（一）技术要点

（1）依据套管内径、目的层温度和压力选择合适的牵引器型号。

（2）依据施工井套管内径、孔密、布孔方式、温度和压力要求选择射孔枪规格。

（3）射孔弹类型、防喷器组的选择依据分段压裂方案中的要求选择。

（4）施工之前需认真检查牵引器传动套件处密封圈情况，确保密封圈的密封有效性。

（5）牵引器入井之前对电缆连通情况进行检测，检测合格后工具串方可入井。

（6）落实好地层压力，根据地层压力判断下井工具是否满足施工要求，防止下井后发生工具冲顶现象。

（二）工艺流程

（1）工具串组装。通过转换接头将射孔枪串与牵引器设备连接，并在射孔枪串下端加装滚珠枪尾组成入井工具串。

（2）井口安装。下井工具串入防喷管前，准确丈量磁定位记录点到各簇点火零长并记录。将下井工具串全部放入防喷管内，将防喷管支架推车安装在防喷管底部。吊车缓慢上提防喷管，使防喷管与地面垂直，操作绞车将下井工具串吊起，卸下推车。吊车缓慢上提防喷管至井口上方，对正井口后缓慢下放，与井口连接。

（3）密闭设备试压。按施工设计要求对井口密闭设备进行清水试压，稳压时间≥15min，高压试压压降≤0.7MPa，低压试压压降≤0.07MPa，以密封位无渗漏为合格；现场每次拆装密闭设备和井控管汇后，应重新试压。

（4）牵引器输送最大工作电流≤4A，地面供电电压≤400V；牵引过程中电缆下放速度与牵引器输送速度要保持同步，电缆冗余量在 20～30m 范围内；根据测量的磁定位曲线对测井套管曲线图或套管接箍深度数据进行校核。

（5）井斜角＞60° 的井段上提速度≤600m/h；井斜角＜60° 至距井口 200m 范围内上提速度≤300m/h。上提至距井口 50m 时，以测井车最小扭矩上提电缆至工具串全部进入防喷管内，上提过程中应密切观察电缆的运行状态、深度和张力变化情况。

（6）工具串进入防喷管后，关闭试气井口主阀；防喷管放压后拆开与电缆防喷器的连接，将防喷管放置到支架推车上，平放至地面后取出下井工具串，检查射孔弹发射情况。

三、泵送桥塞与多级射孔工艺

水平井泵送桥塞与多级射孔联作技术是在水平井套管完井后，通过首段压裂保证水力泵送通道后，采用泵注的方式将电缆多级射孔与桥塞联作工具串输送到目标深度，坐封桥塞后上提电缆到达射孔层段，进行分段多簇射孔，起出电缆后再进行压裂施工。该工艺通常与水力压裂施工同时进行，目前已成为非常规油气开发的主要技术手段。

（一）技术要点

1. 桥塞坐封工具依据施工井的套管内径、垂深、预测压力、桥塞的坐封力和坐封距等参数进行选择，焦石工区常用桥塞坐封工具技术参数见表 7–2。

表 7–2 焦石工区常用桥塞坐封工具技术参数

类型	最大工作压力（MPa）	最大坐封力（kN）	最大坐封行程（mm）	最大外径（mm）	最高工作温度（℃）
贝克 20#	105.0	333.2	254.0	97.0	150.0
	160.0	333.2	254.0	97.0	150.0
贝克 10#	105.0	206.0	200.0	70.0	150.0

2. 桥塞依据目的层温度、压力、套管内径和分段压裂方案中的要求进行选择，目前常选用投球式全可溶桥塞，焦石工区常用全可溶桥塞技术参数见表 7–3。

表 7–3 焦石工区常用全可溶桥塞技术参数

类型	型号	尺寸（mm）				工作压差（MPa）	工作温度（℃）	丢手拉力（kN）
		有效长度	外径	通径	球直径			
投球式全可溶桥塞	贝克休斯 SPECTRE	500.0	104.0	38.0	44.5	70.0	70.0 ~ 110.0	136.0 ~ 159.0
	重庆星通	328.0	102.0	41.0	57.0	70.0	70.0 ~ 150.0	120.0 ~ 140.0
	江汉工程院	546.7	104.0	40.0	44.5	70.0	70.0 ~ 110.0	135.9 ~ 158.5
	江汉页技服	440.0	101.60	40.0	55.0	70.0	60.0 ~ 120.0	120.0 ~ 160.0
	四机赛瓦	399.2	103.0	38.1	50.4	70.0	60.0 ~ 100.0	150.0 ~ 160.0

3. 射孔枪型号依据施工井套管内径，以及压裂方案中孔密、布孔方式和压裂施工压力进行选择，焦石工区常用套管外径为 139.7mm、内径为 115.02mm，选用 Φ89mm 系列射孔枪，焦石工区常用射孔枪技术参数见表 7–4。

表 7–4 焦石工区常用射孔枪技术参数

型号	长度（m）	最大孔密（孔/m）	耐压（MPa）	相位（°）
89–20–60–105	0.3 ~ 4.0	20	105	60
89–20–60–140	0.3 ~ 4.0	20	140	60
89–16–60–105	0.3 ~ 4.0	16	105	60
89–16–60–140	0.3 ~ 4.0	16	140	60

4. 射孔弹类型依据分段压裂方案中的要求进行选择，焦石工区常用深穿透射孔弹和大孔径射孔弹 2 种，其技术参数见表 7–5。

表 7–5 焦石工区常用射孔弹技术参数

类型	型号	耐温级别	穿深（mm）	孔径（mm）	最大孔密（孔/m）
深穿透射孔弹	SDP35RDX25–4XF	120℃/48h	864	9.5	20
	SDP35HMX25–4XF	160℃/48h	864	9.5	20
大孔径射孔弹	BH42RDX27–2	120℃/48h	550	16	16
	BH42HMX27–2	160℃/48h	550	16	16

5. 工具串结构依据分段压裂方案中的分簇要求进行配置，工具串应满足两点要求：

一是入井工具串总重量大于电缆所受上顶力，即

$$W>F_m+F_f+F_p \tag{7-1}$$

式中 W——入井工具串总重量，N；

F_m——电缆与阻流管之间的摩擦力，N；

F_f——井下液体对入井工具串的浮力，N；

F_p——井内压力在防喷管电缆入口处对电缆向上的推力，N。

二是入井工具串总长度能通过施工井全角变化率最大处，工具串最大允许通过长度的计算方法参考标准 NB/T 14002.4《页岩气 储层改造 第 4 部分：水平井泵送桥塞—射孔联作技术推荐作法》：$L_{max}=AB+DE=\sqrt{(R+R_1)^2-(R-R_1+R_3)^2}+\sqrt{(R+R_1)^2-(R-R_1+R_2+R_3)^2}$。工具串下入几何关系如图 7–8 所示。

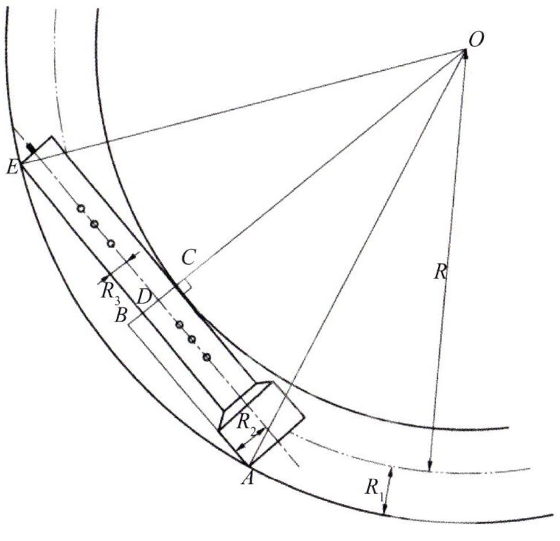

图 7–8 工具串下入几何关系示意图

焦石工区常采用一桥六簇桥塞—射孔联作工具串，实际施工过程中参考井口压力，按需增加配重。

6. 泵送排量依据井身结构、井斜数据、入井工具串的外径和重量来确定，先通过软件模拟计算出不同井深所需的泵送排量，现场实际泵送过程中根据泵送情况对泵送排量进行调整，一般泵送排量以 $0.4m^3/min$ 起步，按照每次 $0.2m^3/min$ 的增量逐步提高，最高为 $2.0m^3/min$ 左右。

涪陵页岩气田施工井井斜和泵送排量的参考值见表 7–6，实际施工中受入井工具串尺寸变化、井况通畅度和施工压力等因素的影响，在参考值基础上进行调整。

表 7–6　涪陵页岩气田施工井井斜和泵送排量的参考值

井斜（°）	40	50	60	70	80 ~ 85	90 ~ 95	> 95
参考排量（m^3/min）	0.4	0.6	0.8	1.0	1.2 ~ 1.4	1.4 ~ 1.6	> 1.6

7. 电缆弱点拉断力根据施工井井身轨迹、垂深、井斜和入井工具串重量计算出不同井深电缆头的受力情况，设置弱点拉断力应保证以下两点：一是弱点拉断力必须能够承受工具串和电缆的自重以及泵送排量的推力，附加一定的安全值；二是当工具串在施工最深处遇卡进行弱点拉断时，地面拉力在电缆拉断力的安全范围内。

电缆头弱点的受力随井深变化，施工时应根据不同井深制作不同拉断力的电缆头弱点。涪陵页岩气田某井弱点拉断力设置参考值见表 7–7。

表 7–7　涪陵页岩气田某井弱点拉断力设置参考值

段号	起始井深（m）	终止井深（m）	弱点拉断力范围（kN）	取中值（kN）
1 ~ 6	5117.5	4503.6	14.16 ~ 17.45	15.805
6 ~ 11	4503.6	4129.9	17.45 ~ 18.50	17.975
11 ~ 15	4129.9	3865.6	18.50 ~ 19.40	18.950

8. 泵送期间下放速度控制在 3000m/h 以内；通过磁定位信号判断工具串运行情况，并及时调整电缆下放速度。在井况复杂、工具串运行不稳定时，可保持 15m 以内的冗余量，当电缆冗余量大幅减少，或电缆张力突然增加，要及时以设备最高能力提高电缆下放速度并立即停泵，预防泵脱和中途坐封。

（二）工艺流程

1. 工具串组装

1）组装桥塞点火头

直通线路的绝缘电阻 $> 200M\Omega$、直通电阻 $< 0.4\Omega$，确认其各密封面和传压通道干燥、通畅。安装点火头时，要通过泄压孔观察火药在桥塞火药室内的状态，确认推送到

底，用雷管表检查大电阻点火器电阻值在 53 ~ 60Ω。

2）组装桥塞坐封工具

密封圈安装齐全；确认各密封面及火药室干燥、通畅；按照下活塞筒、中间接头、上活塞筒、火药室、浮动活塞的顺序进行组装。

根据施工井井温注入液压油，油面至桥塞上活塞筒端面距离与井温关系参考值：93°（100~105mm）；93° ~135°（105~113mm）；135° ~177°（113~127mm）。

3）组装桥塞

确认桥塞型号和类型；检查胶筒外径，以偏差＜ 0.5mm 为合格；检查确认桥塞外表面无裂缝、划痕，本体各部件紧固无松动；确认适配器安装牢固。

4）组装多级点火装置

过线器各部件清洁干燥，各触点打磨光亮；组装完成后，检查电路绝缘电阻＞200MΩ、直通电阻＜ 0.4Ω；将过线器放入外筒时需使用胶管保护直通线；安装并检查挡圈是否安装到位；再次检测直通电路。

5）组装射孔枪

核对火工品型号、数量，检查火工品是否完好、雷管阻值是否正常；剪切导爆索时，必须使用专用剪切刀，切口要平整且无药粉散落。雷管与导爆索连接时，要紧密接触，雷管接地处，必须打磨光亮；确认选发模块线路连接正确，并如实记录；弹架装入枪管后，上紧两端顶丝。确认射孔枪和多级点火装置的级数相对应，安装时必须使用胶管保护直通线，接线点必须包扎两层胶布；逐一安装旋塞并检查，确保不漏装。

6）组装入井工具串

连接磁定位仪、射孔枪串、桥塞坐封工具和桥塞，组成入井工具串。

2. 井口准备

（1）吊车停放在井口侧面，留出宽度＞ 4m 电缆运行的空间，电缆绞车停放至正对井口方向 25m 处，在井口与绞车间留出 25m × 3m 的空场地。

（2）注脂控制面板摆放在距井口 6m 范围内，注脂管线长度大于注脂控制头到注脂控制面板的距离 5m。

（3）安装法兰钢圈，将钢圈槽清理干净，选用正确型号的钢圈；安装法兰，均匀、紧密地上紧各个螺帽。

（4）安装电缆防喷器，对电缆防喷器的全封、半封进行试开关，确认开关正常，若试开关不合格，更换电缆防喷器。

（5）组装防喷管、防喷盒，进行整体试压，将压力逐级提升至设计要求值，稳压 30min，以压降＜ 0.5MPa 为试压合格；若试压不合格，及时查找漏点进行修复，再次试压直至合格。

3. 泵送施工

（1）技术交底：泵送作业前射孔队和泵车操作人员进行技术交底，详细说明各岗要求和施工注意事项。

2）直井下放工具串至开泵深度（一般定于 30°～45°），并在工具串到达开泵深度前 30min 通知压裂队做好泵送准备。

3）根据井斜的增加，以 0.2m³/min 的速度逐步提高泵送排量，确保工具串正常前行，直到目的层深度，并通过磁定位信号测量出短套管进行校深。

4）到达目的深度前 100m、50m、30m、10m 时，及时将深度通报给泵车，到达目的深度前 5m 时，以 1m 为单位进行倒计数通报，到达目标深度后及时发出明确清晰的停泵指令。

4. 坐封桥塞

（1）对照套管节箍数据表实时校深，确定标准接箍；缓慢上提至坐封深度，保持张力平稳，在工具串稳定后，记录电缆张力。

（2）进行“三统一”深度确认：实测套管接箍和应测套管接箍数统一，显示深度和射孔（桥塞）深度统一，实际上提值和计算上提值统一。

（3）进行模块通信检测，核对选发模块 ID 和级数，确认无误后，连接点火流程，等待点火指令。

（4）由现场负责人下达点火指令，开启起爆仪进行点火并记录数据。

（5）通过点火电压和电流来判断是否点火成功，根据电缆张力下降、震动情况来判断桥塞是否成功丢手，判断桥塞坐封丢手后，上提电缆至第 1 簇射孔深度。

（6）若使用球笼式或全封式桥塞，按设计要求的试压值进行桥塞验封，稳压 10min 以上，以压降＜0.5MPa 为验封合格；若使用的是投球式桥塞，确认桥塞坐封丢手后，不进行桥塞验封，进入下步射孔流程。

5. 多级射孔

（1）确认已对准第 1 簇射孔深度后，使用多级选发控制仪对面板进行通信检测，核对选发模块 ID 和级数，通信检测完好再进入点火步骤。

（2）现场负责人和操作人员检查核对点火流程及点火选发模块级数。

（3）射孔负责人确认下达点火指令，操作人员开始点火并记录数据。

（4）通过点火电压、电流来判断是否成功引爆雷管，并通过张力变化、井口震动和压力变化来判断是否射孔成功。

（5）确认第 1 簇射孔枪起爆后，缓慢上提电缆至第 2 簇射孔深度，其间密切注意张力和磁定位信号，进行第 2 簇射孔点火。

（6）重复以上步骤，依次完成该段所有簇射孔点火。

6. 起出工具串

（1）射孔点火完成后，缓慢上提电缆 50.0m，速度控制在 600.0m/h 以内，无异常后，转入正常上起，速度≤3000.0m/h，每 500.0m 记录一次张力，同时观察磁定位信号有无异常。

（2）当上提至 A 靶点附近（井斜 70°左右）时，电缆张力会增加，上提速度控制在 2500.0m/h 以内。

（3）上提至井斜 40°时，速度≤ 3000.0m/h；50.0 ~ 300.0m 井段，上提速度≤ 1500.0m/h，50.0m 至工具过井口，上提速度≤ 1000.0m/h。

（4）距井口 50 ~ 100m 时，确认捕集器完全关闭后继续上提，通过捕集器状态、绞车深度显示和磁定位测量曲线判断工具串是否完全进入防喷管内。

（5）确认工具串完全进入防喷管内后，关闭井口阀门，卸掉防喷管内压力，卸开防喷管，吊离井口，同时下放电缆，将工具串缓慢放至地面，检验射孔发射率。

（6）拆卸保养工具串，准备下次作业。

（三）复杂情况预防与处理

在页岩气井桥塞与多级射孔联作工艺中，复杂情况主要有压力泄漏、电缆阻流管遇卡、无法正常泵送射孔工具、桥塞不坐封、桥塞坐封未丢手、射孔点火失败、电缆头脱落、泵送桥塞时工具遇卡、施工完成后上提遇卡和工具串无法通过井口等。

1. 压力泄漏

泵送射孔作业期间，绞车岗、密闭岗观察井口压力，一旦发生压力泄漏，立即采取以下措施：

（1）如果有泵入作业，队长通知停泵，绞车岗停止绞车，检查泄漏点。

（2）如果井口注脂控制头泄漏，则调高密封脂注入压力，加快注入速度，补充密封脂或者空气泵动力；当无压力泄漏时，通知绞车岗慢慢活动电缆，确认正常后进入正常施工。

（3）如果防喷管泄漏，在泄漏量不影响安全的前提下，征得监督同意后，绞车岗将工具串起入防喷管内，试气队关闭井口阀门，密闭岗对防喷管进行检查、更换；当泄漏量较大时，立即报告监督，密闭岗关闭 BOP，重新建立密闭系统，等待下步方案。

（4）如果以上工作无效，由监督决定关闭剪切阀门，切断电缆，关闭井口，转入连续油管打捞电缆作业。

2. 电缆阻流管遇卡

1）完全打开刮绳器，尝试上提活动电缆

（1）电缆能活动，调好绞车扭矩，观察张力变化，控制张力增加≤ 12.00kN 起出工具串。

（2）电缆不能活动或张力增加＞ 12.00kN，关闭注脂泵，观察防喷盒是否喷水。

（3）如防喷盒喷水，尝试活动电缆，执行（1）尝试起出工具串。

如上述方法无效，采取化学注脂泵注柴油解卡方案。

2）化学注脂泵注柴油解卡

（1）化学注脂泵接 2 号注脂头管线注入柴油，观察回流管线出砂情况。如持续出砂，打入柴油直至回流管流出柴油，说明 2 号注脂头到回流管之间阻流管已解卡。如回流管出量较小，化学注脂泵憋压，说明该段解卡失败。

（2）化学注脂泵接 1 号注脂头管线注入柴油，观察回流管线出砂情况。如持续出砂，打入柴油直至回流管流出柴油，说明回流管到 1 号注脂头之间阻流管已解卡。如回流管出量较小，化学注脂泵憋压，说明该段解卡失败。

（3）化学注脂泵接 3 号注脂头管线注入柴油，观察回流管线出砂情况。如持续出砂，打入柴油直至回流管流出柴油，说明 3 号注脂头到回流管之间阻流管已解卡。如回流管出量较小，化学注脂泵憋压，说明该段解卡失败。

（4）化学注脂泵接最下端注脂头注入柴油，观察回流管线出砂情况；密闭系统注脂，化学注脂泵憋压尝试打通最下一级阻流管。

（5）重复直至打通全部阻流管，尝试上提电缆解卡。若解卡成功，起出工具串。若化学注脂泵不能打通全部阻流管，上提电缆解卡失败，执行上吊篮解卡方案。

3）上吊篮进行解卡

井口无关人员离场，设立警戒区域，施工人员佩戴便携式硫化氢报警仪。

（1）关闭 BOP 上、中防喷器，打开防喷管针阀泄压，确定防喷管内压力全部泄完。

（2）若压力能全部泄完，执行以下步骤；若压力不能全部泄完，说明 BOP 防喷器未起到密封作用，汇报请示上级，等待下步方案。

（3）吊篮将人吊到防喷盒处，用吊葫芦将防喷盒从上至下一节节拆开，用工具轻敲和柴油冲洗，确保每节阻流管与电缆之间能顺畅移动。

（4）若全部阻流管与电缆之间能顺畅移动，重新组装好防喷盒，打开 BOP 防喷器，防喷盒注脂平衡后起出工具串。

此解卡方案正常需要 5 ~ 12 小时，若电缆变形或阻流管与电缆之间卡死，汇报现场指挥，执行剪切电缆、反穿电缆解卡方案。

4）剪切电缆、反穿电缆解卡

（1）关闭 BOP 上、中防喷器，打开防喷管针阀泄压，确定防喷管内压力全部泄完。

（2）若压力能全部泄完，执行以下步骤；若压力不能全部泄完，说明 BOP 防喷器未起到密封作用，汇报请示上级，等待下步方案。

（3）卸掉捕集器与防喷管连接的由壬，吊车缓慢上提防喷管 50cm，上提过程中注意观察溢流和电缆情况。如有溢流，回接防喷管，关闭针阀，恢复密封，等待下步方案。如无溢流，执行（4）。

（4）使用两个快速电缆卡子上下固定电缆，并将电缆卡子固定在捕集器上。

（5）卸开防喷盒和防喷管，剪断之间的电缆。

（6）拆卸防喷管，减少 2 ~ 3 节防喷管，电缆反穿出防喷管和备用防喷盒并连接防喷盒与防喷管。

（7）在天滑轮和地滑轮之间打死结对接井口电缆和绞车电缆，绞车上提拉直电缆，取掉防喷管和捕集器之间的电缆卡子，连接防喷管和捕集器。

（8）恢复井口密封，打开 BOP 上、中防喷器，缓慢上提电缆，将死结起至地滑轮处。

（9）在防喷盒上方打电缆卡子，固定电缆，拆地滑轮减少地锚绳长度，使死结处于地滑轮和绞车之间。

（10）取掉防喷盒上方的电缆卡子，开始上提起出工具串，通过观察捕集器状态确认工具串起入防喷管后，关井放防喷管压力。

3. 电缆头脱落

发生电缆头脱落后，报告甲方召开安全会议，知会各方人员有关潜在风险。

（1）绞车岗上提电缆，井口附近严禁无关人员靠近。

（2）在电缆上提过程中，密闭岗必须保证注脂头处的压力能克服井口压力，绞车观察电缆张力变化情况。

（3）以井口压力和电缆重量计算平衡点，到达平衡点时，密闭岗将手泵加至 1.0～2.0MPa，防止电缆被井下压力冲出井口。

（4）绞车岗根据绞车面板的深度，持续加速起出电缆。

（5）检查电缆断点，如确定为弱点，通知试气队关闭闸板；如确定不是弱点，关 BOP 防喷器注脂，判断是否有电缆。

（6）进行后续打捞工作。

4. 工具串无法通过井口

（1）工具串由防喷管内开始下放时，因井口倾斜及井口内变径而无法正常通过井口，绞车岗尝试活动电缆，反复起下，同时观察张力和天地滑轮转动情况，操作岗观察磁定位判断工具串是否通过井口。

（2）多次尝试无法通过井口，通知泵车小排量（$0.40m^3/min$）开泵，绞车岗继续尝试活动电缆，操作岗观察磁定位判断工具串是否通过井口。

（3）如上述方法不成功，通过遇阻深度判断是桥塞底部无法通过套管头还是工具串本身无法通过套管头。

（4）如果为桥塞底部无法通过套管头，将工具串放出防喷管，打磨桥塞底部倒角后重新连接防喷管下放工具串。

（5）如果为工具串本身无法通过套管头，将工具串放出防喷管，在工具串上连接一支空枪或加重枪后重新连接防喷管下放工具串。

（6）如还是遇到井口遇阻，重复（1）和（2）。

四、水平井连续油管优快钻塞工艺

页岩气井压裂完成后，要进行钻桥塞作业后才能正常试气。一般采用连续油管钻塞。目前压裂分段主要采用可溶桥塞，但出现了大量故障复杂情况，通过对钻可溶桥塞磨鞋、钻塞液和钻磨工艺等方面的持续优化，形成了一整套优快钻塞技术，大大降低了钻塞复杂情况的发生率，有效提高了钻塞效率。

（一）技术要点

（1）磨鞋优选。磨鞋外径选择不大于套管内径的 92%，针对可钻桥塞优选凹面磨鞋，可溶桥塞优选 PDC 钻头。

（2）钻磨工具串组合。推荐组合为：铆钉式连接器 + 双活瓣单流阀 + 液压丢手 + 震击器 +（水力振荡器）+ 螺杆马达 + 磨鞋，水力振荡器根据软件模拟情况决定是否增加。

（3）井筒清理工具串。推荐组合为：铆钉式连接器 + 双活瓣单流阀 + 液压丢手 + 旁通阀 +（杆式强磁打捞器）+ 喷嘴，若可溶桥塞存在磁性不溶物，则增加杆式强磁打捞器，根据钻塞返屑情况决定井筒清理工具串是否下入。

（4）钻塞液。现场准备减阻水、胶液和氯化钾溶液 3 种不同的液体，减阻水要求在 400L/min 排量下，光油管测试压力在 25MPa 以内；胶液要求表观黏度达到 25mPa・s，满足携屑要求；氯化钾溶液要求浓度在 10% 以上。

（5）钻塞施工参数。采用小钻压（钻压为 5～10kN）进行钻磨，每钻磨 6 支可溶桥塞短起 1 次，短起时以 7～10m/min 的速度在水平段起油管，起至 A 靶点附近降至 4～6m/min 并泵入胶液清洗井筒。

（6）油嘴的选择。推荐初始选择油嘴大小为 Φ8mm，根据出口出砂情况、进出口排量情况动态对油嘴大小进行调整。

（二）工艺流程

1. 软件模拟

依据井眼轨迹、连续油管和井下工具组合进行软件模拟，模拟连续油管最大下深及受力分析。

2. 连续油管及工具选择

依据施工井井况，结合软件模拟结果优选连续油管规格，并根据桥塞结构和材料优选磨鞋马达组合。

3. 地面流程配套、井筒准备

（1）在连续油管作业前，确保井口装置试压合格。

（2）认真检查井口各闸阀，不合格的必须更换。

（3）准备变径法兰，连接压裂井口和防喷器。

（4）必须确认井内管串最小内径数据和深度。

（5）确认井内桥塞坐封深度及射孔段数据。

（6）配合压裂队连接压裂车、地面高压过滤器及地面管线，地面管线连接处使用电缆绳套固定，弯头落地使用垫木。

（7）地面管线试压 50MPa，试压时逐级提高泵压，发现泄漏立即停泵泄压整改，无泄漏加压至 50MPa，稳压 30min，以压降< 0.5MPa 为合格。

（8）对防喷器、防喷盒和防喷管试压 50MPa，单流阀试压 25MPa，试压时逐级提高泵压，稳压 30min，以压降< 0.5MPa 为合格。

4. 钻塞操作

（1）缓慢下入连续油管，过防喷器和压裂井口时，下入速度≤ 5m/min，试下 50m 观察设备运转情况，待正常后，下入速度≤ 20m/min；

（2）正常下入过程中，每 500m 进行一次上提下放测试校核悬重，并做好记录；

（3）下至第 1 支桥塞位置以上 100m 处做最后的上提测试，记录悬重值，下入速度≤ 8m/min；下至第 1 支桥塞位置以上 20m 处，下入速度≤ 2m/min，直至探至第 1 支桥塞位置；

（4）探至第 1 支可溶桥塞位置，若无遇阻则继续下放；若有遇阻，上提 10m。在泵压稳定且返排出液正常后开始钻塞，钻压 5kN，钻磨期间密切注意泵压的变化（泵压高于正常循环压力 2 ~ 3MPa），油嘴大小根据前期测量情况调整，钻除后继续下放；

（5）每通扫 1 支可溶桥塞泵注 $3m^3$ 氯化钾溶液（根据实际情况调整），每钻除 5 支可溶桥塞进行 1 次短起，短起前泵注 $5m^3$ 胶液，速度降至 5m/min。

（三）复杂情况预防及处理

连续油管钻塞过程中大的钻屑、胶皮和沙子等碎屑容易在 A 靶点附近堆积，若循环不彻底、短起不及时，易造成卡钻。通过近几年积累的大量异常处理经验，形成了一系列连续油管解卡措施。

1. 工具串遇卡

（1）上下活动解卡：降低油管内压力，过提≤ 15t，缓慢上提，不启动震击器。

（2）泵注金属减摩剂解卡：泵注金属减摩剂，并使用滑溜水或清水顶替出油管，再进行上下活动解卡。

（3）反泵解卡：首先清洗遇卡点上部的碎屑，泵入胶液，循环洗井 3 个井筒容积，检查捕屑器捕获碎屑的情况；然后下压悬重 3t，从环空以 350L/min 的排量进行滑溜水泵注，若地层吸水性较好，则继续泵注 1 个井筒的金属减摩剂；最后提高排量，泵压限制在 40 ~ 50MPa，采用大排量、大泵压的方式进行反泵解卡。若下压的悬重突然恢复至正常下放悬重，则停止反泵，改为正循环后，正常下放油管 20m 后，恢复正常起油管作业。

（4）启动震击器解卡：先下压悬重 3t，保持 2 ~ 3min，再以 12 ~ 15m/min 的速度迅速上提至悬重过提 7 ~ 10t，等待 3 ~ 5min，悬重波动明显，则震击器已启动上震击。重复启动，直至解卡成功。

（5）投球丢手：若无法正常解卡，则在保证油管内循环通道畅通的情况下，投入丢手球，进行丢手作业。

2. 连续油管遇卡

（1）上下活动解卡：降低油管内压力，过提≤ 15t，缓慢上提，不启动震击器。查井史，分析出砂情况，地层能量。

（2）开大井口返排：更换大油嘴，降低井口压力。

（3）井筒憋压放压：关闭返排出口，使井筒憋压至 10MPa 左右，再迅速打开返排出口泄压至 0。形成井筒内的激动压力。

（4）泵注金属减摩剂解卡：泵注金属减摩剂，并使用滑溜水或清水顶替出油管，缓慢上提至悬重过提 7 ~ 10t，观察悬重变化情况。

（5）反泵解卡：首先清洗遇卡点上部的碎屑，泵入胶液，循环洗井 3 个井筒容积，检查捕屑器捕获碎屑的情况；然后下压悬重 3t，从环空以 350L/min 的排量进行泵注滑溜水，若地层吸水性较好，则继续泵注 1 个井筒的金属减摩剂；最后提高排量，泵压限制在 40 ~ 50MPa，采用大排量、大泵压的方式进行反泵解卡。若下压的悬重突然恢复至正常下放悬重，则停止反泵，改为正循环后，正常下放油管 20m 后，恢复正常起油管作业。

3. 漏失井遇卡

（1）查井史，查地质资料，分析地层漏失情况。

（2）反打灌液：补满遇卡点上部的井筒，再大排量大压力反打。

（3）氮气顶替：关井测井口压力恢复情况，使用液氮泵车持续泵注氮气，以改变包裹段的通道情况，以及增加上顶力。

五、生产完井工艺

部分低压页岩气井压裂改造后实际产液量难以达到临界的携液产量，不能实现连续的自喷生产，需要下入完井管柱提升携液流速，提高气井产量，满足试气和采气要求。目前常用页岩气井下入完井管柱主要是采用连续油管下完井管柱和带压作业下完井管柱两种方式。

（一）连续油管下完井管柱工艺

连续油管下完井管柱基于气井临界携液流速理论，优选较小直径连续油管下入气井井筒中，通过专用悬挂工具悬挂于井口，形成生产管柱进行生产。通过减小流体流动时的横截面积，增加流体在生产管柱中的流动速度，进而提高气井的携液能力和产气量，恢复自喷生产的连续排水产气作用。具有施工周期短、增产见效快、生产周期长以及避免压井对地层造成伤害等优点。目前采用的主要有外置式完井管柱和内置式完井管柱两种模式，内置式完井管柱具有不改变原有井口结构、管柱悬挂密封可靠和井控风险低等优点。

1. 技术要点

（1）完井管柱一般下至井斜 70° 左右，对于下倾和低压井，可下至 A 靶点前，提高排水效果。

（2）连续油管承受的轴向力应小于其抗拉屈服强度的 80%。计算井下不同规格油管的临界携液流量、冲蚀流量和摩阻损失，优选管径。

（3）利用降级的作业连续油管做生产管时，外径变化控制在 –4% ~ 6%，椭圆度变化控制在 5%，壁厚变化控制在 –10% ~ 10%。外观无明显划痕、凹槽、砂眼等现象。

（4）油管底部要安装堵塞器，入井前要对堵塞器进行试压，保证井下管串的密封性。堵塞器的开启压力要根据作业井的井口压力和预估液面来设计。

（5）对于能够用套管生产的井，连续油管下入过程中采用套管保持生产状态，尽量降低作业过程中井口压力，降低施工风险。

2. 外置式连续油管完井管柱

主要由井口悬挂器、操作作业窗、井口防喷器、连续油管底部堵塞器以及其他配套工具组成，井口及地面流程连接参照图 7–9、图 7–10，井口悬挂器结构见图 7–11，操作窗结构见图 7–12。

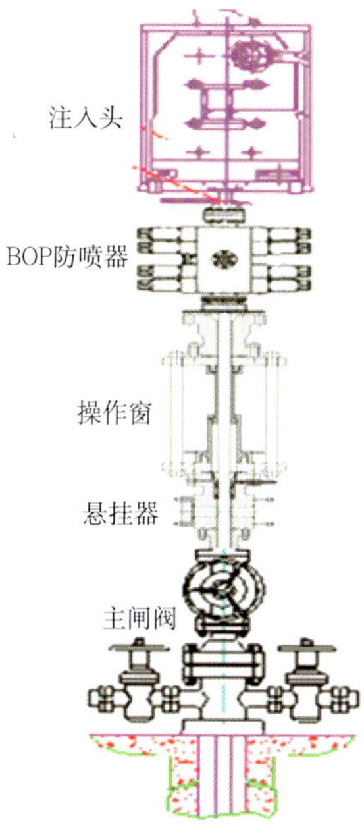

图 7–9　井口装置结构示意图

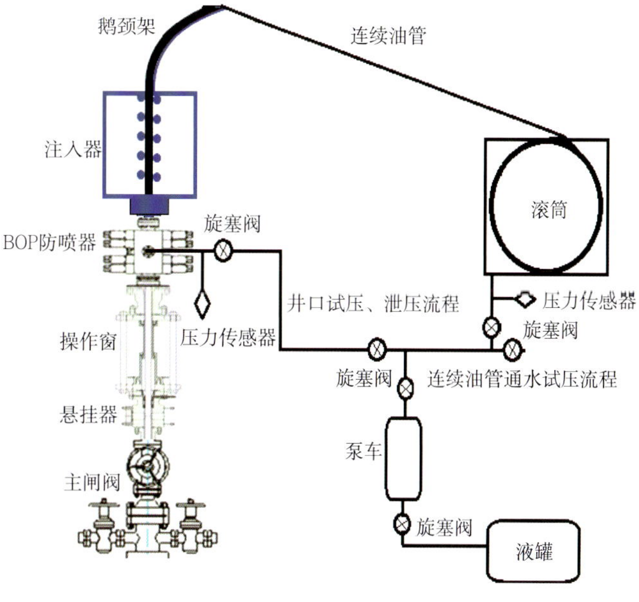

图 7–10　地面流程示意图

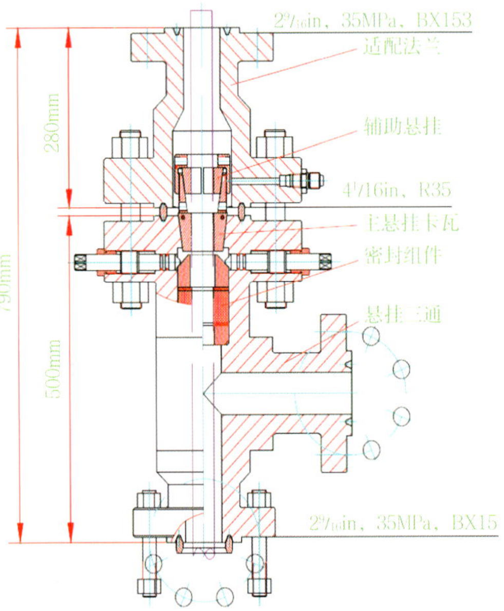

图 7-11　井口悬挂器结构示意图

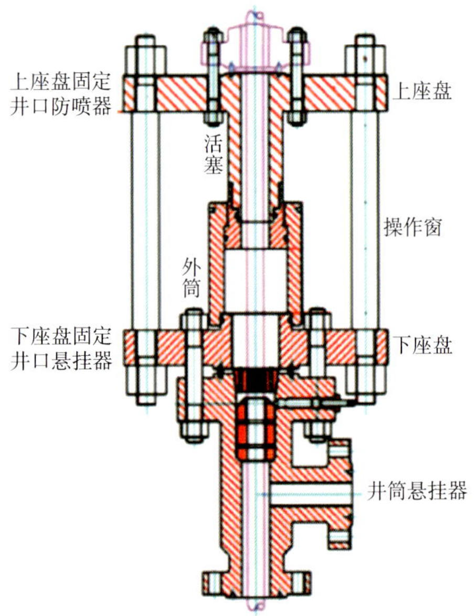

图 7-12　操作窗结构示意图

完井管柱需要用堵塞器对油管底部进行封堵，以确保下管柱过程的井控安全。在下至设计深度后通过井口憋压将其正常打开以利于气井生产，常用的为剪销堵塞器，该堵塞器采用 rolling-on 方式与油管进行连接，导通压力为 25～30MPa，剪销式堵塞器结构如图 7-13 所示。

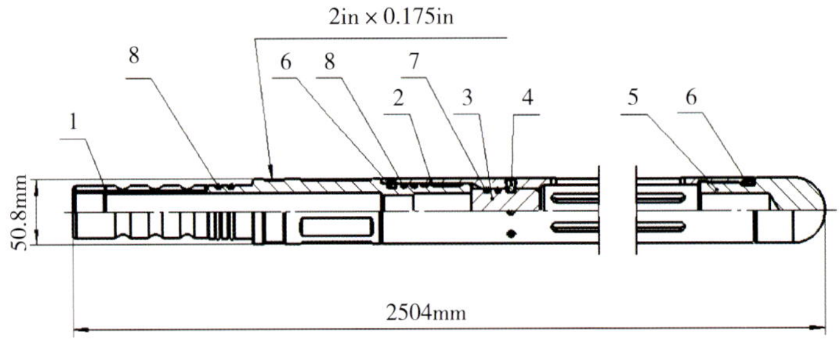

1—rolling-on 接头；2—筛管；3—堵头；4—剪钉；5—导引头；
6—紧定螺钉；7—2-2160 形圈；8—2-2210 形圈

图 7-13　剪销式堵塞器结构示意图

作业工艺流程：

（1）关闭井口 1 号主阀，拆除井口主阀上部采气树。

（2）在井口 1 号主阀上依次安装井口悬挂器、操作作业窗及井口防喷器等装置。

（3）用连续油管堵塞器封堵油管底部，防止入井过程中井内流体进入连续油管，井口试压合格后方可下入连续油管。

（4）在井口防喷器上吊装连续油管注入头，关闭操作作业窗。打开井口 1 号主阀，利用连续油管作业机将连续油管下至井内设计深度，下入过程中注意控制下入速度并校核悬重。

（5）当连续油管下至井内预定位置后，通过紧固井口悬挂器密封顶丝，密封速度管柱环形空间，然后放空悬挂器上部装置压力。打开操作作业窗，把一对卡瓦平行放入井口悬挂器内连续油管两侧，利用注入头缓慢下放连续油管使其坐放在井口悬挂器内卡瓦座上，直至悬重为 0（观察悬重无回弹），从而达到悬挂连续油管的目的。

（6）当连续油管已可靠地悬挂在井口悬挂器上并密封速度管柱环形空间后，提起操作作业窗上的活塞筒，在适当位置切断连续油管，拆除井口悬挂器上部所有装置，并安装限位器。

（7）将拆去的井口 1 号主阀上部装置安装在井口悬挂器上。利用泵车向连续油管内注入液体或向氮气车注入氮气，通过加压方式把连续油管底部堵塞器打掉后投产。

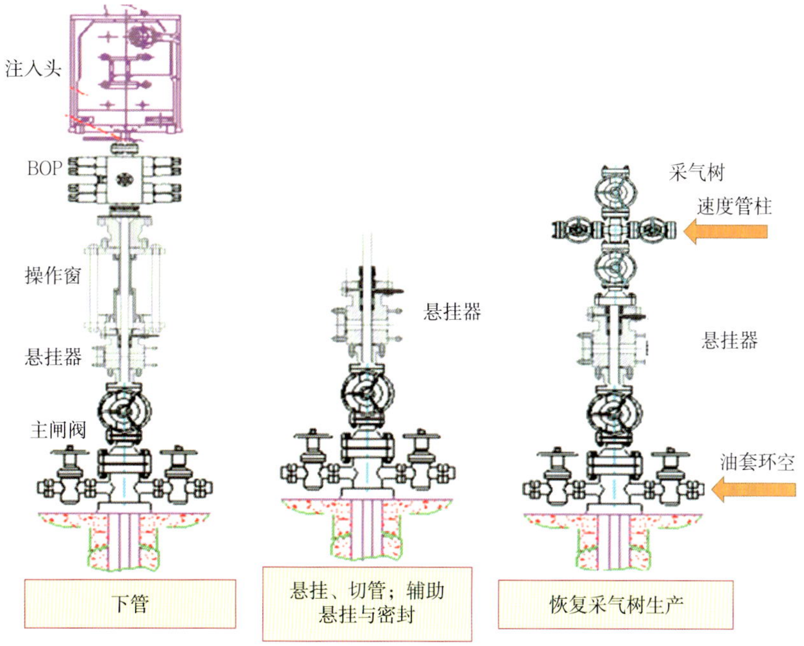

图 7–14　操作步骤示意图

3. 内置式完井管柱

井口要选用 180mm 大通径防喷器，采用专用的卡瓦铆钉复合连接器连接油管，通过丝扣连接至原井油管悬挂器，连接器承拉和密封性能是保证管柱安全的关键，结构见图 7–15。

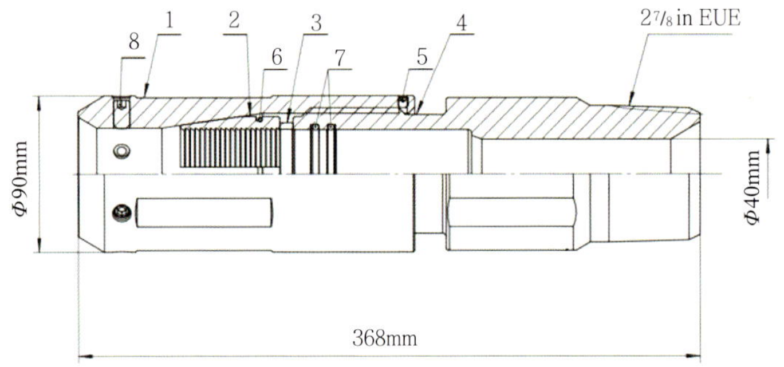

1—下接头；2—卡瓦；3—止推环；4—上接头；5—紧定螺钉；
6—2-134 O 形圈；7—2-226 O 形圈；8—铆钉

图 7-15 卡瓦铆钉复合连接器结构示意图

作业工艺流程：

（1）对井口 1 号主阀验封，验封合格后，拆卸井口 1 号主阀以上采气树装置。

（2）连续油管通水。冲洗连续油管，冲洗液量大于连续油管内容积。

（3）连续油管自由端安装 rolling-on 连接器，连接器下端安装旋转喷头，下至油管挂内，泵注清水冲洗油管挂，冲洗 3 ~ 5m³。

（4）连续油管下端安装入井工具串，自上而下依次为：rolling-on 连接器 + 筛管（带剪切销钉堵塞器）+ 导引头。下至设计深度以下 20m 后，再上提至设计深度，记录连续油管上提、下入悬重。

（5）依次关闭防喷器半封、卡瓦闸板，缓慢下放连续油管至悬重显示为 0，观察 5min，悬重无变化，手动锁紧半封及卡瓦闸板，对半封闸板验封。

（6）拆除井口法兰，切割连续油管，安装悬挂器和 GS 送进工具。

（7）对接井口管串，恢复井口，下放连续油管坐挂。下入连续油管至遇阻，下放至悬重为 0 后，再下压 20 ~ 50kN，对角拧紧油管头顶丝并测量顶丝长度。

（8）验封。防喷管内部压力泄至井口压力的 1/2，观察井口压力 15min，无上升后泄压至 0，再次观察 15min，若压力无上涨，验封合格。

（9）脱手。连续管下压至 -20kN；起泵，连续油管管内打压至 10 ~ 20MPa，启动 3 号 GS 打捞矛退出机构，缓慢上提连续油管，若悬重无持续上升，则丢手成功。

（10）拆开井口 1 号主阀，安装采气树，恢复采气井口，关闭手动平板阀。

（11）井口打压打堵塞器，观察井口压力有突降显示，并以 200 ~ 300L/min 排量泵注 0.5m³ 液体，判断是否打掉堵塞器。

（二）带压作业下完井管柱工艺

利用带压作业设备，在井筒带压情况下直接进行下常规生产油管作业，施工中保持井筒内压力，不需要压井。作业时能正常生产，节约了大量施工周期和压井液费用，全程无污染绿色清洁作业。

1. 技术要点

（1）根据井口压力、油管尺寸和重量等参数，确定好油管下入的中和点数据。

（2）作业前根据井口压力和带压下油管方案优选防喷器组合，防喷器组合须检测和试压合格后方可使用，胶芯的使用时间须满足标准要求。

（3）作业过程中推荐下入双陶瓷堵塞器，陶瓷堵塞器的承压级别根据目的层地层压力进行选择。

2. 工艺流程

（1）施工准备。踏勘井场，收集资料进行施工设计，合理布置施工现场。

（2）按照带压下油管作业井口组合设计，安装井控装置及带压作业机，连接地面管汇流程，并按安装要求固定好。

（3）设备安装完成后对带压作业设备进行全面检查并进行功能测试，要求防喷器开关、作业机起下正常，绞车运行良好，各操作手柄、各仪器仪表显示正常。剪切防喷器操作手柄要做好双保险工作，防止误操作。

（4）对防喷器组等分别逐级试压，安全防喷器及工作防喷器试低压 2MPa，稳压 15min，以压降≤ 0.5MPa 为合格，试高压 60MPa，稳压 30min，以压降≤ 0.5MPa 为合格。

（5）带压作业设备垂直居中调整及通径测试。带压作业设备安装之前必须对采气树水平情况进行测试。先用上部安装有旋塞阀的油管进行垂直居中测试并调整，居中测试合格后，上提油管至二层平台处，在油管底部安装油管挂，对剪切 / 全封闸板防喷器之上的作业设备进行通径及垂直居中测试并按需调整。

（6）带压下入油管。下入油管时防喷器操作压力为 7 ~ 10.5MPa，液压钳工作压力为 5.5MPa，液压绞车工作压力为 7MPa。保证设备安全运行，密切关注井口压力、管串悬重等变化，根据实际情况及时调整卡瓦。工具串下入防喷器时，观察重力指示器，当工具串与剪切防喷器接触的时候停止，上提 0.3m，关闭 1 号工作防喷器，缓慢平衡压力，在确保堵塞器承压安全的情况下打开平板闸阀。保证剪切 / 全封防喷器完全开启，将堵塞器筛管下入井内（第二根油管在下入前先在上部安装 TIW 油管旋塞阀且处于开位，油管下端安装 XN 型工作筒）。连接剩余的油管，按操作规范全部下入井内。

（7）坐油管挂。

① 油管全部入井后，准确测量记录油管挂及变扣外观数据，上紧并拍照。用平衡绞车吊油管挂至二层工作平台，将油管接箍坐在固定承重卡瓦或手动卡瓦上，移开固定防顶卡瓦。

② 卸开油管，将油管挂及变径连接在工作窗内油管接箍上，按规定的扭矩上扣，将上部油管与油管挂连接。

③ 连接好后上提约 0.1m，打开卡瓦并移走。油管挂下过作业机底部后，恢复卡瓦。

④ 将油管挂下到上工作防喷器和下工作防喷器之间，关闭 1# 工作防喷器，1# 安全防

喷器打开泄压阀，打开平衡阀，泄去 1# 安全防喷器上的压力。

⑤ 关闭泄压阀，打开 2# 工作防喷器，打开主平衡阀，缓慢平衡压力，通过仪表确定防喷器内压力和井口压力是否平衡完毕。

⑥ 打开 1# 安全防喷器，继续下油管挂。

⑦ 主平衡管线保持开位，平衡油管挂上部压力，缓慢下入油管挂。

⑧ 当油管挂坐到大四通内后，根据提前做好的标记和重力指示器判断是否坐到位，若无异常，下压 10～30kN，对角上紧油管挂顶丝。

⑨ 对角上紧顶丝，顶丝上紧顶入后，测量顶丝外端剩余长度，上紧顶丝后上紧顶丝压帽，并做好相关记录，做好坐油管挂技术交底工作。

⑩ 上提 30kN 观察有无异常，无异常后关闭平衡阀，打开平衡泄压管汇上的液动泄压阀，缓慢分级泄掉防喷器内的压力，首次泄压 2～3MPa，观察 10min，压力无升高及变化后，继续泄压，每次泄压 3～5MPa，观察 10min，直至泄压为 0，观察 30min，压力无变化后继续下步操作。

⑪ 如果压力泄到 0，说明油管挂坐封成功；如果压力不能泄到 0，说明油管挂没有坐好或油管挂密封损坏，必须重新提出检查。

⑫ 打开安全防喷器，用管钳在工作窗口中卸掉对接油管；用作业机或绞车提出油管，关闭剪切闸板防喷器并锁紧。

⑬ 用平衡绞车将上部坐落油管吊到地面。

（8）恢复井口。

① 拆卸试压短节与安全防喷器，关闭平板闸阀，确保钢圈槽擦拭干净，使用新钢圈，安装采气树，对采气树试压到设计工作压力。

② 试压合格后打开平板闸阀，连接泵与采气树，缓慢打压至设计堵塞器泵通压力，打通油管通路，恢复管柱生产通道。

六、微注入压降测试工艺

微注入压降测试是以恒定的微小排量向储层持续注入一定量液体，使地层产生微破裂，并在井筒周围产生一个高于原始储层压力的分布区，然后关井，裂缝内的液体在压差下滤失到地层，并逐渐与原始储层压力趋于平衡（见图 7-16）。基于不稳定试井原理，分析压降变化曲线获取地层可压性、原始地层压力、有效渗透率等参数。

（一）技术要点

1. 设备选型与数据采集

使地层产生短时间可闭合的微裂缝，是成功实现微注入压降测试的关键，因此，泵注过程的精确控制至关重要，需选择操作稳定可靠的双机双泵来实施泵注作业。

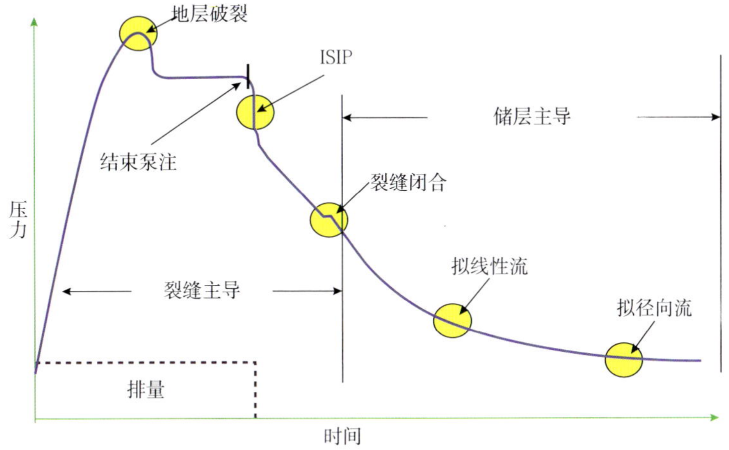

图 7-16 微注入压降测试过程示意图

施工曲线的解释评价过程就是寻找压力与时间导数的细微变化。因此，对监测压力计的数据记录精度要求较高，需要分辨率为 2×10^{-4}MPa 的高精度压力计。压力计采样密度可设为：注入期间，1s 采样 1 个点，关井压降期间，6h 内 1s 采样 1 个点，6～20h 内 10s 采样 1 个点，20h 后 30s 采样 1 个点。由于使用的压力计精度极高，任何压力波动都将使测试数据难以分析，甚至导致测试失败，因此，应避免压力计受到干扰，施工中需要在地面和井下保持安静的环境中才能取得理想的结果。

2. 注入液体的选择

可以用恒压边界条件下的一维线性流渗流模型，来描述未受污染的岩石模型。远场孔隙压力为常数，裂缝面流体压力为时间的常量。最初阶段，压力梯度和滤失速率很高，随着时间推移，流体深入储层，压力梯度和滤失速率逐渐降低。若注入液体具有一定的造壁性，则演变为一种组合滤失模型，大致包括高渗透率的远场储层区、近裂缝影响区和薄滤饼区。这种情况下，整个系统的压降是各个区域压降的综合，每个区域的压降可以由达西定律求取。但如果在裂缝面形成滤饼，压降在通过滤饼时将被消耗，其滤失过程与前述滤失模型明显不同，这时基于滤失速率计算的远场压力梯度会偏小，闭合后分析得出的地层流动系数不准确。因此微注入压降测试则应选取清水或柴油等牛顿非造壁性液体。

3. 施工参数的确定

在低注入排量条件下，达到拟径向流所需时间较短，在高注入排量条件下，将保持很长一段时间的拟线性流状态，因此达到拟径向流所需时间较长。根据经典不稳定压力试井理论，应使地层尽早出现拟径向流状态，故应使用低注入排量，但过低的注入排量可能使裂缝不能贯穿整个测试层厚度。在低渗透率条件下，可闭合裂缝的开启和延伸不需要大排量，可以用径向达西定律计算特定条件下的适合排量。

液体的注入都有伤害储层的风险，应尽量减少注入量，但同时又需使储层产生适当裂缝，能够穿透近井筒的地层伤害。根据相关研究，钻完井滤液污染半径大约为 5m，因此，微注形成的裂缝半长应不小于5m。据此设定注入液量。

4. 施工安全与质量控制

1）严格按照测试设计技术要求进行施工作业。

2）射孔完成后，保证井筒灌满性能一致的注入液体。

3）井口闸门必须试压合格、灵活好用。

4）做好技术交底工作，保证各岗位清楚工序内容。

5）施工中，应统一指挥，分工明确，责任到人。

6）施工工程中高压管线巡视人员不得逗留于高压区内。

7）测试期间，邻井应停止压裂施工，避免产生压裂干扰。

（二）工艺流程

微注入压降测试在射孔后施工，基本流程如下：

（1）井口准备：按GB/T 22513的规定进行井口准备。

（2）通井、洗井：按SY/T 5587.5的规定执行，对井筒进出口清水取样检测，保证井筒水质一致。

（3）模拟设计：通过软件模拟，确定最佳施工参数。

（4）设备安装：压力计安装于井口，泵注设备按泵注流程安装；设定采样时间间隔，可按注入阶段、压力回落初期、压力回落中后期设定不同的采样间隔。

（5）试压：对泵注管线和用于关井密封的阀门进行试压，确保各部位密封。根据地层破裂压力和井口装置的承压能力确定试压时的最大压力。井口各阀门试压1h，以前30min压降＜0.5MPa、后30min压降为0时为合格。

（6）注入：试压合格后，按设计的泵注排量和注入时间进行泵注施工。

（7）关井测压降：停泵后关闭注入阀门，测压力回落至设计的关井时间。测试期间，现场实时分析压力变化：关井时间若超过设计的关井时间，如24h压降＞0.1MPa，宜延长关井时间；如24h压降＜0.1MPa，可结束测试；如出现井口渗漏，宜提前结束测试。

（8）结束测试：数据达到解释要求后，结束测试。

七、产出剖面测试工艺

目前，常用阵列式产出剖面测试和分布式光纤产出剖面测试两类。都是以连续油管作为传输工具，将阵列产气剖面测试仪器或穿入光纤的连续油管送入生产水平井中，通过测量和计算分析可得出不同层位、不同压裂段（簇）产量贡献的新型油气井测试工艺技术。

（一）阵列式产出剖面测试

目前常用的阵列式产出剖面测试仪器有Schlumberger公司的FSI和Openfield公司的

FAST 产出剖面测试仪。两种测试仪的仪器功能和使用方式类似，都可以测得井底流压、井底温度、接箍定位数据、伽马数据、套管内径、井斜数据、作用在工具上的张力和压力、微转子转速、电阻率探针读数和光学探针读数等多个参数。对测试数据分析解释后获得井筒内压力曲线，井筒内温度曲线，各射孔簇的产气、产水和产油数据，各射孔簇各流体的贡献量，井筒内油气水的持率，不同深度油气水持率的剖面和井筒中累计产量分布数据。

以 FAST 阵列产出剖面测试仪为代表，其总体结构如图 7–17 所示，从左至右依次为 Kemlon 单芯电连接头、主电子电路及存储芯片、多项定位流量计、四壁扶正器、多普勒流体成像仪（8 传感器）、高分辨率温度计和 MEMS 压力传感器、电源短节。

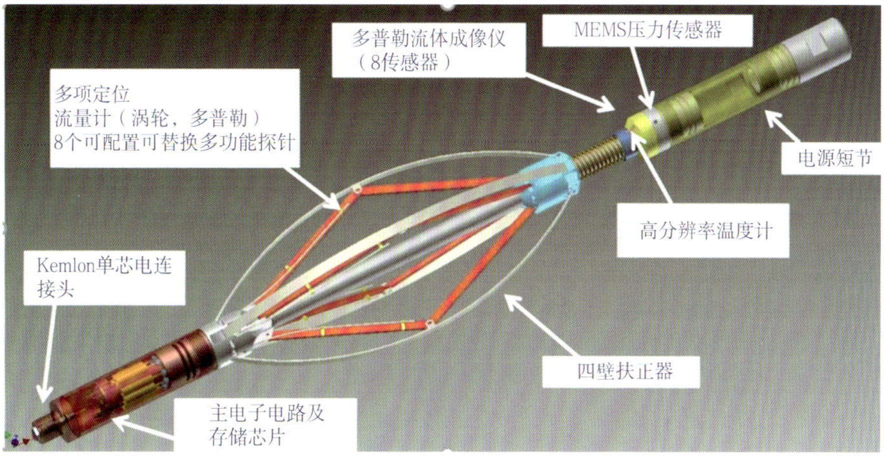

图 7–17 FAST 仪器结构图

测试工艺流程：

（1）连续油管力学模拟。通过连续油管模拟软件模拟最大下放深度，为下步施工提供依据。

（2）井筒清理。主体施工前，采用连续油管携带杆式强磁打捞器等工具清理井筒卡瓦、胶皮等大块碎屑，进行模拟通井，井筒条件合格后方能进行连续油管产剖测试作业。

（3）测试前准备。根据测试制度，调节产量。连接地面流程，安装井下工具串；向连续油管内泵注液态氮气；测试地面各个传感器是否正常工作。

（4）井下数据录取。依照钻台高度进行仪器深度矫正，连续油管下放至测量井段后，以规定速度进行下放测量和上提测量，地面实时检测测量数据质量是否达到要求，若不合格，重复测量，直至达到要求。

（5）施工结束。上提连续油管，缓慢通过井口，起出测量工具串。

（二）分布式光纤产出剖面测试

分布式光纤测试技术主要包括分布式温度测试（Distributed Temperature Sensor,

DTS）和分布式声波测试（Distributed Acoustic Sensor，DAS），利用光纤完成温度、振动等监测。光纤本身就是传感器，无须井下仪器，无机械运动部件，作业更加安全可靠。测试处于静止状态，全井筒实时监测，对生产干扰少。测试时动用设备少，费用低，对井筒环境要求低，随着温度—产量解释从早期定性流量分析到目前定量分析的理论日趋成熟，加上 DAS 对 DTS 的协调优化，近几年利用分布式光纤进行产出剖面测试得到了快速发展，解释软件也实现了商业化。

测试方式可分为套管外永置式和光纤连续油管测试。永置式为光纤固定在套管外壁，随套管下入，可以在油气井全生命周期进行监测。光纤连续油管测试是将光纤传入连续油管，再入井测试，可根据实际需求入井进行中短时间测试，工艺相对简单，灵活方便，还可以实现安全过油管作业，目前应用得最多。

将光纤穿入连续油管主要采用水力泵送方式进行，其原理见图 7–18。

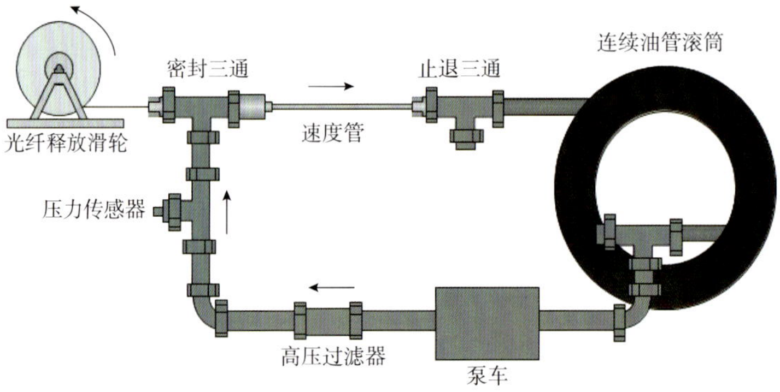

图 7–18　水力泵送光纤穿越连续油管流程示意图

在光纤测试资料录取设备中，DAS 设备声波测量范围为 0～200Hz，测量精度≤ 0.5Hz；DTS 设备温度测量范围为 –30～200℃，测量精度≤ 0.1℃；空间分辨≤ 1m，井下存储式电子压力计测量范围为 0～105MPa，测量精度≤ 0.02MPa。

测试工艺流程：

（1）连续油管力学模拟。通过连续油管模拟软件模拟最大下放深度，为下步施工提供依据。

（2）井筒清理。主体施工前，采用连续油管携带杆式强磁打捞器等工具清理井筒卡瓦、胶皮等大块碎屑，进行模拟通井，井筒条件合格后方能进行分布式光纤产剖测试作业。

（3）下监测工具。仪器深度对零，下入过程中保持连续油管开井生产状态。下至最大深度后，上提连续油管 3m，使连续油管处于拉伸状态。确保光纤长度与实际井深相差≤ 0.5%。随时监测连续油管内压力、套压变化。

（4）光纤监测。施工前进行光电设备检查。连续油管到位后，先读取光纤直读测试短节温度和压力数据，然后进行分布式光纤监测：①一定产量制度下静止监测 8h 以上，上提连续油管录取流压数据；②如有需要，更换另一产量制度重复上步；③关井静止监测 12h 以上，关井阶段要求 8h 内 DTS 数据波动＜ 0.5℃，DAS 数据波动≤ ±2 Hz。

5）在关井状态下起出连续油管。

第五节 试气资料的解释评价

页岩气的试气求产测试可以直接获得的是地面产量、地面流动压力和关井压力等参数，微注入压降测试获得的压降曲线、产出剖面测试获得的分段产量等测试资料，都必须结合地质和钻测录资料进行资料的综合解释评价，才能准确认识和评价气藏产能。其解释评价的理论发展方兴未艾，国内外都推出了专用的解释评价软件，并逐步形成了有效的解释评价方法。

一、试气产能评价

中国页岩气主力产区都在四川盆地周缘山区，人口稠密，井场周围居民多，在技术不断进步的情况下，单井气产量也越来越高，长期放喷测试不利于保护资源和环境。因求产时间限制和页岩气井超低渗透率的特点，一般不进行系统试井，为求取地层参数和无阻流量等数据采用“一点法”产能试井，并用二项式法核算。“一点法”具有工艺简单、测试时间短、成本低、资源浪费少等特点，是气井产能试井的主要方法之一。该方法是指气井以某一工作制度生产达到稳定状态，测取产量、稳定井底流压及地层压力，利用相关经验公式计算气井的无阻流量。

（一）井底流压折算

初期无法获取准确的井底流压（未下井底压力计），井底流动压力主要采用每个工作制度下井口压力折算的方式获得。试气求产过程中在井筒流动状态近似气体单相流情况下，可以计算井底流压：

$$P_{\mathrm{wf}}=\sqrt{P_{\mathrm{tf}}^{2}e^{2s}+1.324\times10^{-18}\cdot f\left(q_{\mathrm{sc}}ZT\right)^{2}\left(\mathrm{e}^{2s}-1\right)/d^{5}} \tag{7-2}$$

式中 P_{wf}——井底流动压力，MPa；

P_{tf}——油管生产时取井口油压，套管生产时取井口套压，MPa；

f——摩阻系数，根据经验值统一取 0.0150；

q_{sc}——标准状态下气体产量，$\mathrm{m^3/d}$；

Z——气体压缩因子，无因次；

T——储层温度，℃；

d——油嘴直径，mm。

其中，$s=\dfrac{0.03418\gamma_g H}{TZ}$

式中 γ_g——供给半径，m；

H——井口至气藏中部深度，m。

（二）“一点法”计算无阻流量

“一点法”试井是指气井以单一工作制度生产至稳定状态，利用获得的地层压力、产气量和对应稳定的井底流动压力，代入相应的经验产能公式计算无阻流量。

“一点法”公式是在二项式产能方程的基础上，通过简化并利用统计规律而得到的经验公式。天然气的二项式产能方程为：

$$P_R^2-P_{wf}^2=Aq_g+Bq_g^2 \tag{7-3}$$

式中 P_R——地层压力，MPa；

P_{wf}——井底流动压力，MPa；

q_g——气体产量，$10^4m^3/d$；

A——层流系数，是由气体流动过程中的黏滞力所引起的压力损失；

B——紊流系数，是由气体渗流惯性力所引起的压力损失。

“一点法”计算公式无阻流量计算公式为：

$$q_{AOF}=\frac{6q_{sc}P_R}{\left[P_R^2+48\left(P_R^2-P_{wf}^2\right)\right]^{\frac{1}{2}}-P_R} \tag{7-4}$$

可以看出，只需测出一个稳定流量下的井底流压数据和地层压力数据，即可利用上式计算气井的无阻流量和产能方程，方便现场快速计算气井无阻流量。

（三）二项式计算无阻流量

二项式计算无阻流量公式为：

$$q_{AOF}=\frac{q_{sc}}{\left(1.8P_D-0.8P_D^2\right)} \tag{7-5}$$

其中，$P_D=\dfrac{{P_R}^2-{P_{wf}}^2}{{P_R}^2}$。

试气产能评价方法对比见表 7-8。

表 7-8 试气产能评价方法对比

序号	评价方法	优点	缺点	优选结果
1	经验“一点法”	计算方法简便，工艺简单、测试时间短、成本低、浪费资源少，适用于气田开发初期	一种不完善的、可靠的经验公式评价方法，需要经过统计数量很多的产能试井资料，才能得到适用于气田的系数，是建立在已经获得可靠的产能方程基础上的	现阶段可用（推荐使用）
2	二项式法	从渗流方程推导而来的，是一种相对成熟、准确和经典的计算方法，对于不同地层的适用性及准确性相对较高，要求有较准确产量及相应井底流压数据	需要多个测试点数据，造成资源浪费，适用于进行系统稳定试井（有较准确产量及相应井底流压数据），在井底有积液的情况下，井口压力折算的井底流压不能真实代表井底流压变化，常出现曲线倒置（斜率为负），不能正常计算	可以准确评价产能，由于测试段未下井底压力计，无法获取准确井底流压，故目前不推荐使用
3	指数式法	是一种经验公式，要求有较准确产量及相应井底流压数据	需要多个测试点数据，造成资源浪费，适用于进行系统稳定试井（有较准确产量及相应井底流压数据），是一种经验公式，准确度相对较差，在有积液的情况下渗流系数 $n>1.0$ 或 $n<0.5$，计算结果就可能产生误差	同二项式法

二、微注入压降测试资料解释

微注入压降测试资料的分析分为裂缝闭合前和裂缝闭合后两部分。裂缝闭合前分析（Pre-Closure Analysis，PCA）使用特殊的差分方法和时间函数（G 函数、平方根函数），主要用于辨识滤失特性和裂缝闭合参数等。裂缝闭合后分析（After-Closure Analysis，ACA）和常规的压力传导试井分析流程相似，通过脉冲求导识别地层流动状态的方法来获取储层的原始地层压力。

以 JY-A 井为例，测试点垂深为 3361.57m，测试层厚度为 20m。采用高精度电子压力计在井口监测微注入压降测试全过程。施工中用双机双泵采用 300L/min 排量向该井 Φ139.7mm 套管连续阶梯式注入密度为 1.0g/cm^3 的清水 9m³，关井测压降 308h，施工泵注曲线如图 7-19 所示。解释评价步骤如下：

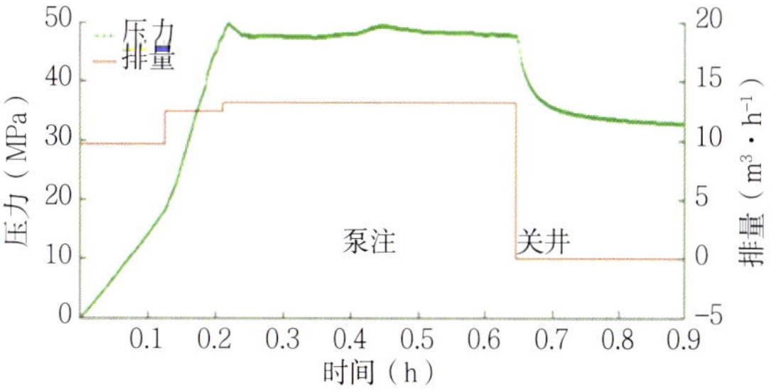

图 7-19 JY-A 井微注入压降测试泵注曲线

1. 裂缝闭合前分析

采用 G 函数和平方根时间（$t^{1/2}$）函数共同确定裂缝闭合点。当 G 函数（如图 7-20 所示）中压力叠加导函数曲线（Gdp/dG）从直线向下偏离，同时在 $t^{1/2}$ 函数（如图 7-21 所示）中压力导数曲线（$dp/dt^{1/2}$）的最高位置，即为正确的裂缝闭合点。由图 7-20、图 7-21 可求出 JY-A 井闭合时间为 6.3h，井口瞬间关井压力为 32.3MPa，井口闭合压力为 28.9MPa，计算净压力值为 3.4MPa，推算井底闭合压力为 61.8MPa，裂缝闭合梯度为 0.0184MPa/m。

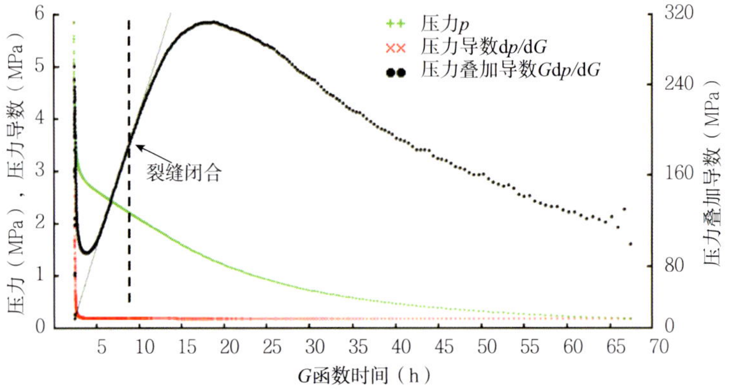

图 7-20　JY-A 井微注入压降测试 *G* 函数分析曲线

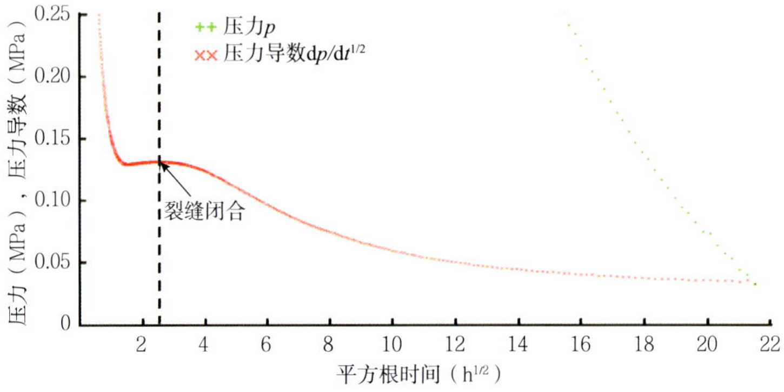

图 7-21　JY-A 井微注入压降测试 $t^{1/2}$ 函数分析曲线

2. 裂缝闭合后分析

通过 *G* 函数分析，在裂缝闭合后，选取闭合时间，进行 *ACA* 分析。*ACA* 曲线可用于确定裂缝闭合后可能的 2 种流动形态特征：拟线性流和拟径向流。拟线性流时，在 *ACA* 图中压差和半对数导数曲线呈现斜率为 1/2 的特征；拟径向流时，压差曲线和半对数导数曲线重合，且呈现斜率为 1 的特征。如图 7-22 所示，该井在裂缝闭合后 199h 形成斜率为 1 的明显拟径向流，计算测试层地层压力为 50.76MPa，地层压力系数为 1.54

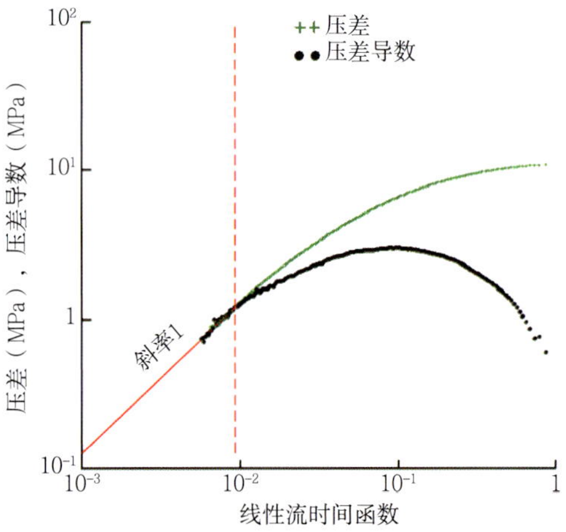

图 7-22　*ACA* 分析图

(与后期该井长期关井测得的静压系数 1.48 相符)。根据拟径向流阶段计算地层流度为 0.0381md/mPa·s，有效渗透率为 $0.000874 \times 10^{-3}\mu m^2$。

3. 双对数曲线诊断分析

使用压降导数的典型双对数曲线，通过压降导数特殊斜率直线识别流型并求取地层参数。压差导数 3/2 斜率直线表示裂缝闭合前地层拟线性流，压差导数 0 斜率直线表示裂缝闭合后地层拟径向流，压降导数 –1/2 斜率直线表示裂缝闭合后地层拟线性流，压降导数 –1 斜率直线表示裂缝闭合后地层拟径向流。通过双对数曲线诊断分析可知(如图 7–23 所示)，在裂缝闭合前出现拟线性流，求解出裂缝半长为 16m，裂缝闭合后出现短暂拟线性流，之后出现明显的拟径向流，获取地层系数为 0.01774md·m，计算平均有效渗透率为 0.000887md，与 *ACA* 分析结果一致。

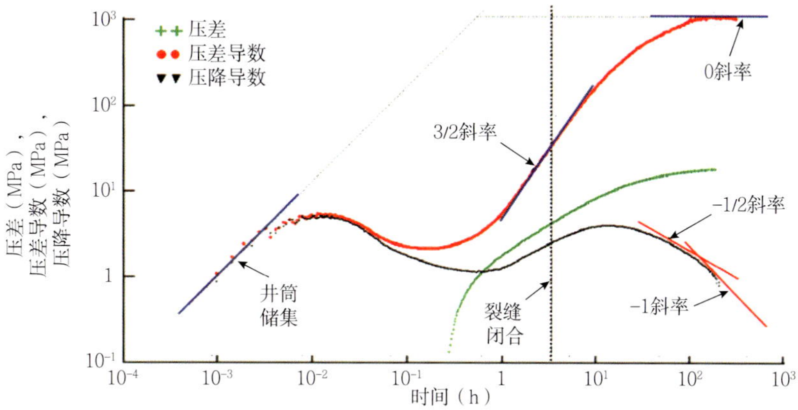

图 7–23 双对数曲线诊断图

三、水平井产出剖面测试解释

(一)阵列式仪器产剖测试解释

阵列式仪器按涡轮转子和持率探针的数量和分布方式将水平流动截面在垂向上分为多个区域，分别测量各区域内的流体流速和相持率，将离散测量值进行统计处理，结合温度、压力、气体组分等参数，计算出指定深度各相态流体的流量中值。解释评价步骤主要有：

1. 数据筛选

根据测试仪器，选用其专用视图模板对仪器各测量参数的读数进行质量控制，剔除畸变的测量值。

2. 涡轮流量计刻度与视速度计算

通过交互定义涡轮流量计的刻度段，选择适合刻度模型，对不同测试回次测试速度、涡轮流量计转速进行线性回归(见图 7–24)，做出每个涡轮流量计响应图版，获得每一回次和每个涡轮流量计的视速度(见图 7–25)，各测量回次计算的每个涡轮流量计的视速度应相同。

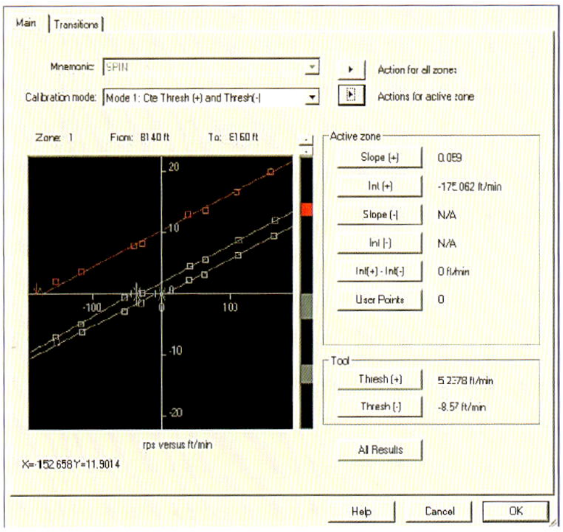

图 7-24　涡轮流量计刻度图

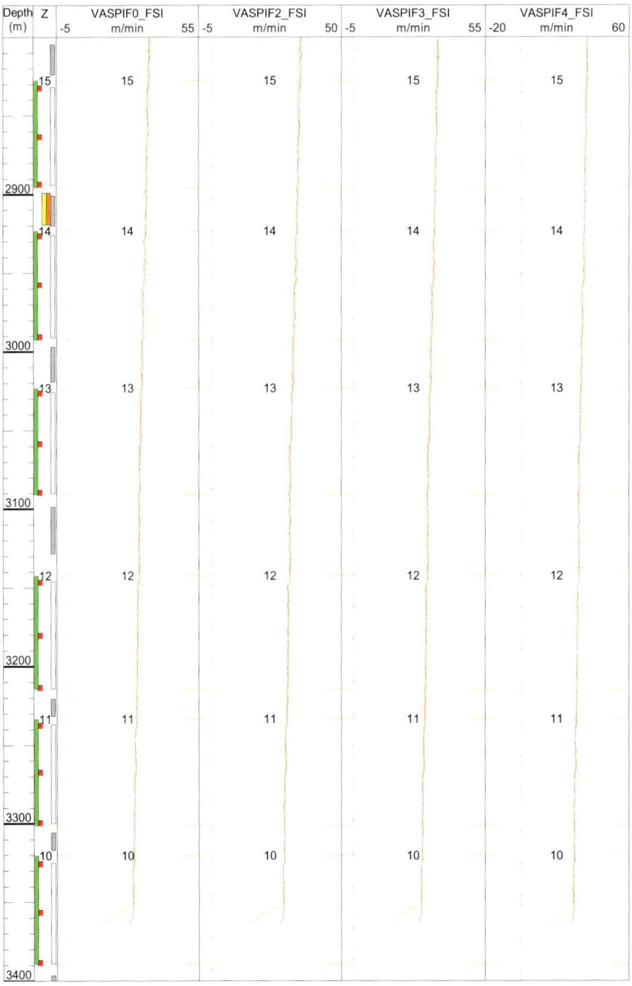

图 7-25　各涡轮流量计的视速度计算结果

3. 持率计算

调用持气率探头视图模板和持水率探头视图模板，查看持气持水率情况，数据筛选后，做出持率剖面图（见图 7–26）。

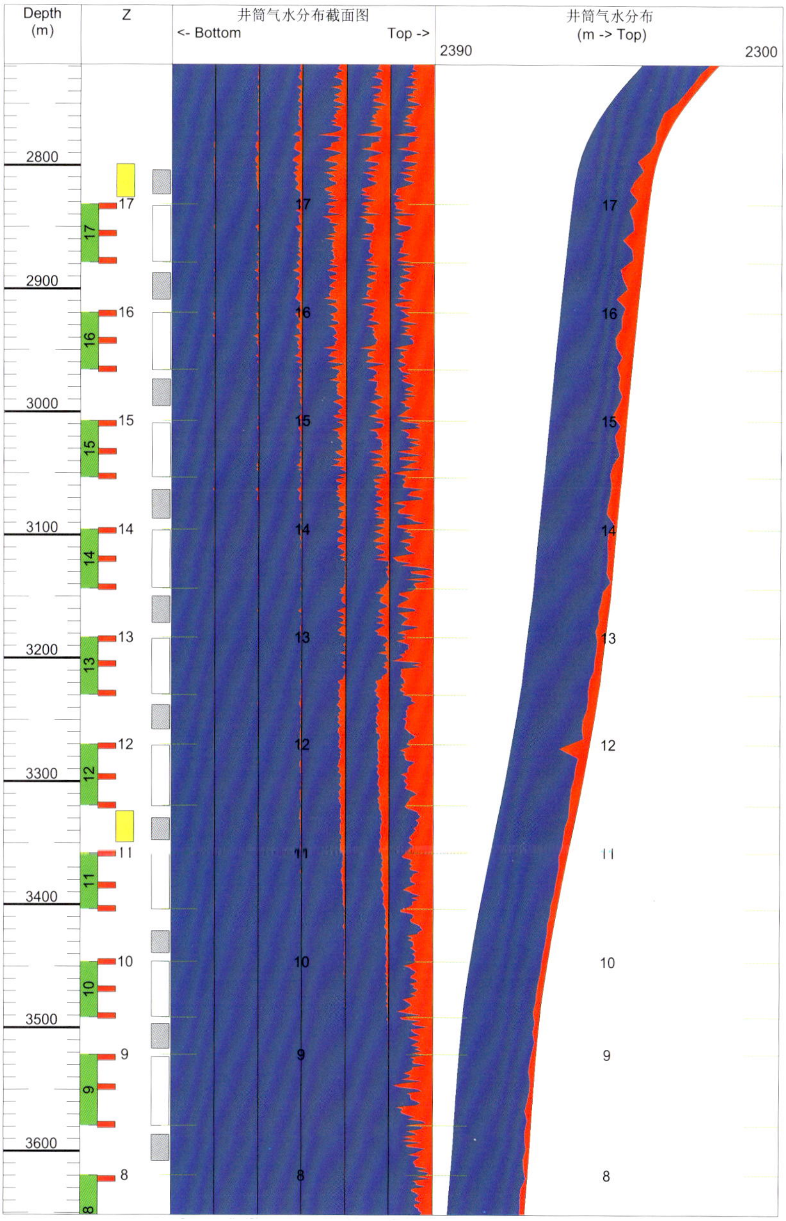

图 7–26 持率剖面图（红色为气，蓝色为水）

4. 流体 PVT 计算

在计算流量、滑脱速度、地表和井下流量换算的过程中，都需要油、气、水的高压物性参数，所以应根据试验数据和测试段地层参数计算井下流体 PVT。对输入数据进行拟合。

5. MPT 数据重建

利用离散测量值计算出任何深度的一个居中值。基于 2D 持率和速度模型重建探头测量值。

6. 流量计算

在压裂段（簇）前后选取稳定流动段为计算段，根据井型和考虑关系式建立的理论基础，加上地区经验选择合适流动关系式，选择合适的流动关系式之后，采用一个非线性的回归拟合计算，得到分相的产出流量（见图 7–27）。

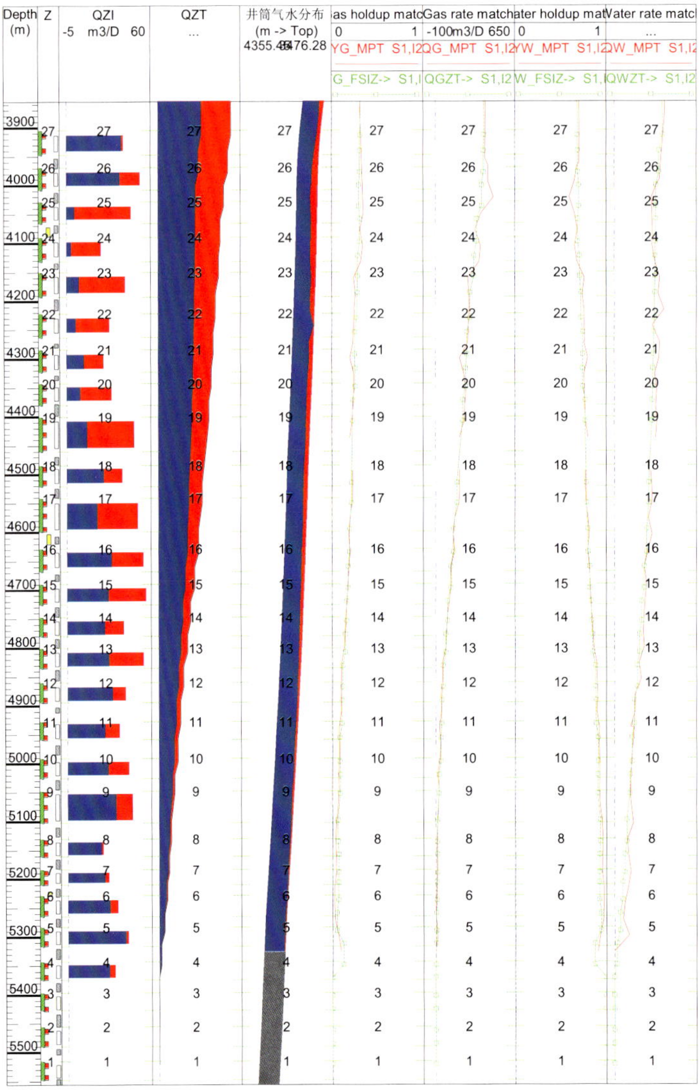

图 7–27　解释成果图（绿色为拟合曲线，红色为原始曲线）

（二）分布式光纤产出剖面测试资料解释

分布式光纤产出剖面测试资料解释以 DTS 数据解释为主，同时结合 DAS 数据解释来进行。引起温度变化的热效应有热传导、热对流和焦尔—汤姆逊效应等，其中焦尔—汤姆逊效应是由流体压力变化所引起的温度变化现象，是一定量流体引起的流入温度与等深度下地层温度产生差异的主要原因。在纯气井中焦尔—汤姆逊效应的降温效果非常明显，通过 DTS 全井筒实时温度剖面（见图 7-28），根据焦尔—汤姆逊效应很容易得到流动剖面，识别产层。流体成分不同，温度变化可正可负。地层产气为降温过程，其焦尔—汤姆逊效应取决于气体组分、压力及温度，通常焦尔—汤姆逊系数为 –2.4～–1.0℃ /MPa；出水为升温过程，其焦尔—汤姆逊系数为 2.3℃ /MPa。通过气体流动产生的振动频率可判定产出情况，通常产出越大，气体流速越高，产生的振动频率越高。根据 P.A.Sookprasong 等人的相关研究，井下产气引起的振动频率一般在 8～20Hz（见图 7-29）。

以 JY-B 井为例，该井井深 5160m，水平段长 1182m，分 15 段压裂。井口压力为 23MPa，产气量为 $16 \times 10^4 m^3/d$。该井采用光纤连续油管进行 DTS 和 DAS 测试，在 $16 \times 10^4 m^3/d$ 生产制度下测试 24h，在关井下测试 12h，分别获取生产流温剖面和地温剖面以及振动频率图，生产流温剖面和地温剖面如图 7-30 所示。

将地面生产数据与 DTS 温度数据代入分析软件，建立生产制度下的生产模型，得到反向建模模拟曲线，不断迭代计算将正反模型结果进行对比修正，同时结合 DAS 监测结果（如图 7-31 所示），进一步优化，剔除多解性，获取满足质量控制要求的结果。

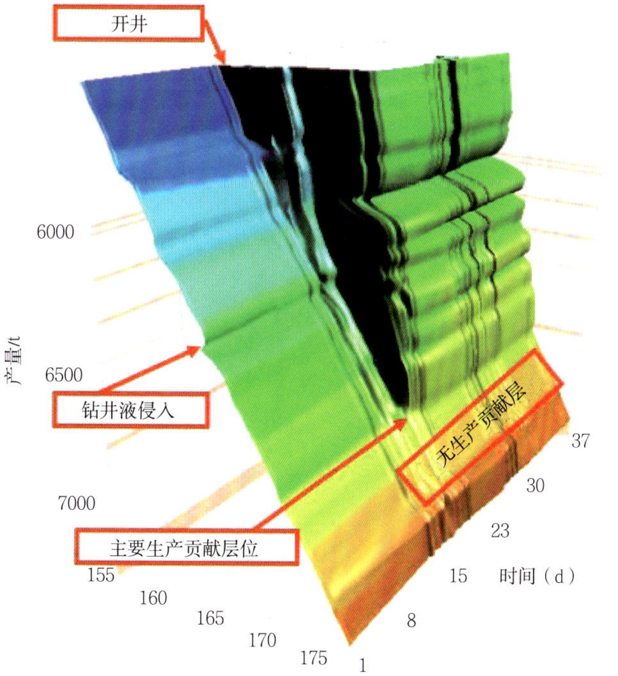

图 7-28　DTS 全井筒实时温度剖面

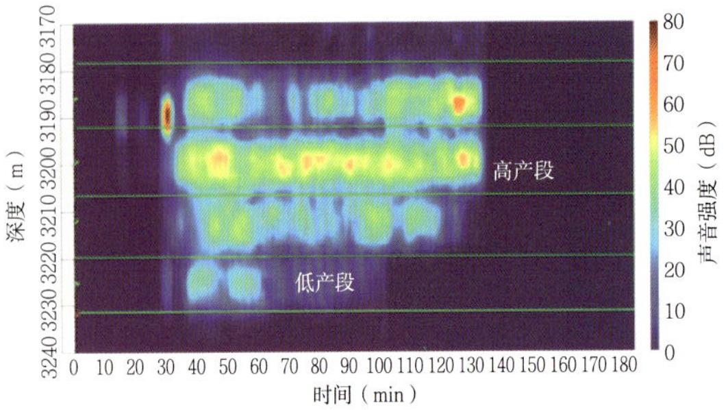

图 7-29 振动频率判断产出示意图

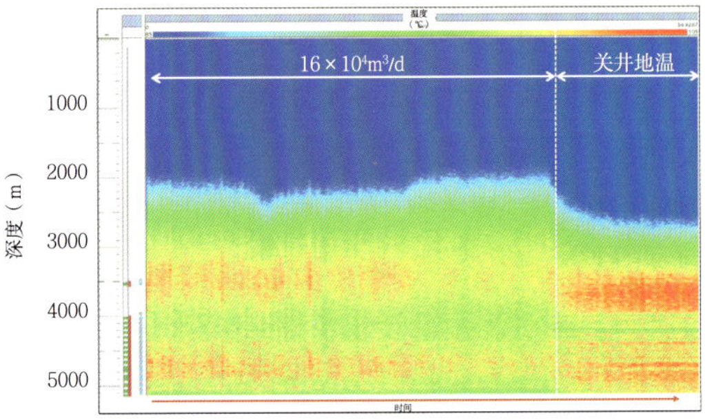

图 7-30 JY-B 井 DTS 数据瀑布图

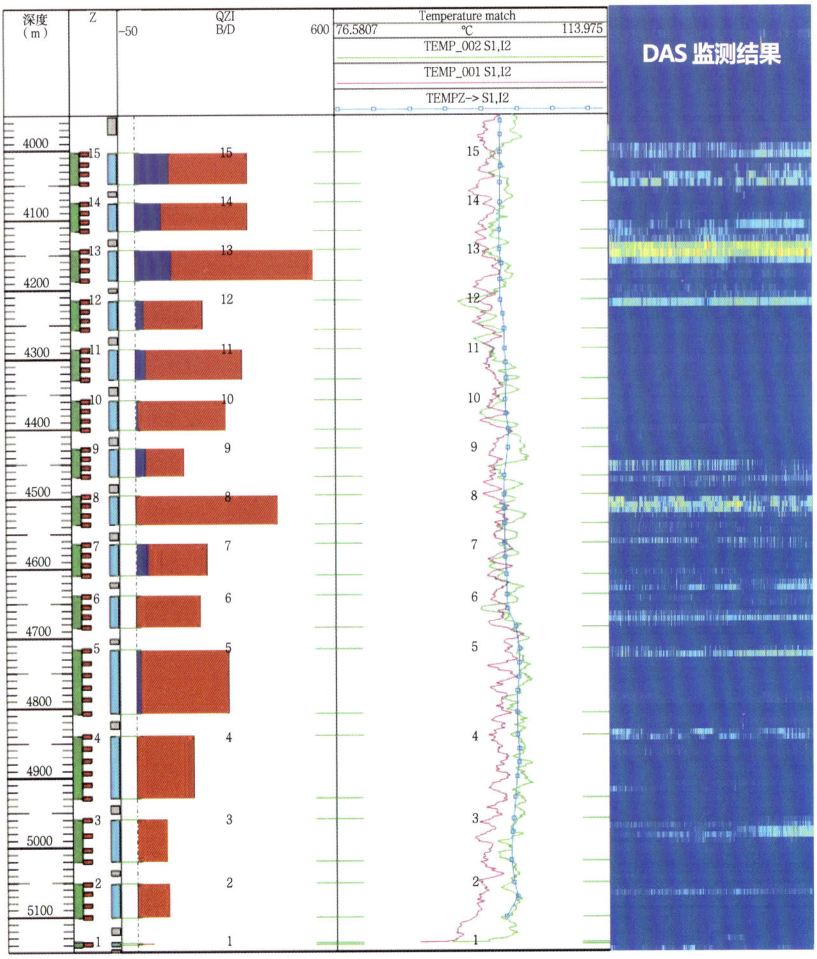

图 7-31 JY-B 井 DTS 结果与 DAS 监测结果对比

计算温度曲线与实测温度曲线得到很好的拟合，DTS 解释结果显示主要高产段位于第 15、14、13 段，次要高产段位于第 8、7、6、5 段。同时 DAS 监测结果显示高频振动段与 DTS 解释高产段一致。

该井随后在同样产量制度下使用 FSI 阵列式产出剖面测试仪器进行了对比测试，测试结果如图 7-32 所示。

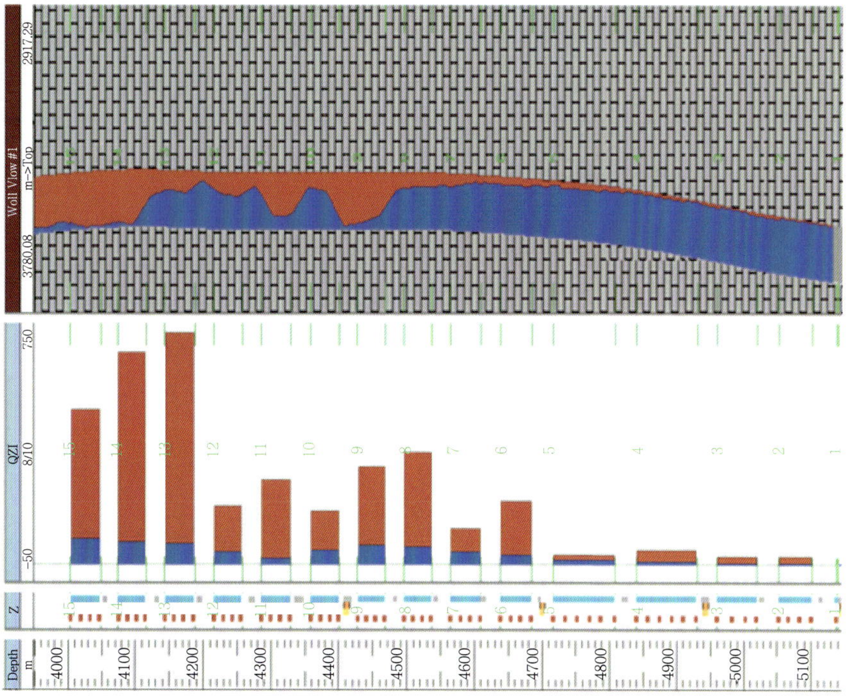

图 7-32　JY-B 井阵列式仪器产剖测试结果（蓝色为水，红色为气）

由于两种测试方式对井筒干扰不同、阵列式产出剖面测井仪在低气量下数据精度有限、井眼倾角影响严重、DTS 多相流解释模型还不完善等原因，阵列式仪器测试成果与 DTS 测试成果存在一些差异，但总体趋势一致，主要产气贡献段一致（如图 7-33 所示）。

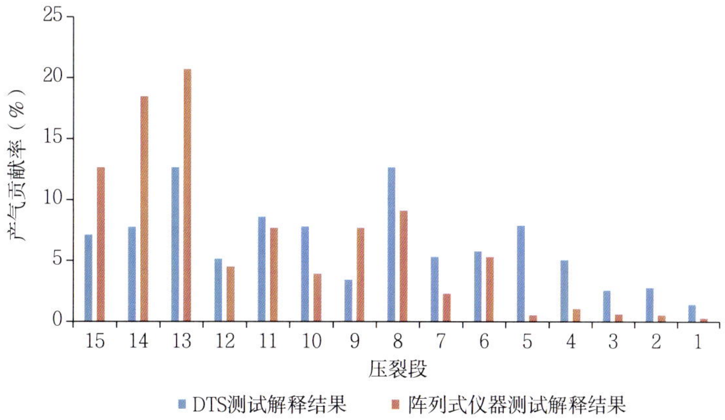

图 7-33　JY-B 井仪器测试结果与 DTS 测试结果对比

第六节　典型工艺技术示范应用

一、试气过程冰堵处置案例

（一）基本情况

JY–X1HF 井是针对上奥陶统五峰组—下志留统龙马溪组下部页岩气层部署的一口开发水平井。试气目的：评价整体井网加密调整的可行性；进一步落实下部气层储量动用状况，提高下部气层储量动用率和采收率；落实 JY–X1HF 井水平段的单井产能，获取地层流体、温压等气藏参数。

放喷测试期间采用 12mm 油嘴求产，井口压力为 31.31MPa，液量为 441.12m^3/d，稳定产量为 55.04×10^4m^3/d，分离器温度为 10℃，切换 Φ8mm 油嘴求产后，井口压力为 32.54MPa，液量为 60m^3/d，稳定产量为 29.83×10^4m^3/d，分离器最低温度为 –5℃，分离器及测气管线结霜，冰堵风险高，立即关井停止测试。

（二）解决方案

分析产生冰堵的主要原因是该井产气量高、井口压力高，测试过程气体膨胀吸热，气液比高，液体节流产生热量相对较少等。

根据上述原因，现场新增一套加热炉并在加热炉下游加装二级节流设备，对一级节流后流体加热后再进行二级节流测试。改进流程后测试过程分离器温度保持在 20℃以上，顺利完成测试施工。完成 Φ14mm 油嘴求产，稳定产量为 89.23×10^4m^3/d，Φ13mm 油嘴求产，稳定产量为 75.20×10^4m^3/d。

（三）分析与建议

针对高产井、低温环境，做好测定冰堵预防应急方案，配套好地面保温设备，同时采用伴注甲醇防冰堵等措施方案。

二、上翘井段泵送射孔案例

（一）基本情况

JY–X2 井是位于川东高陡褶皱带万县复向斜白马向斜带白马南斜坡的一口页岩气水平井，井深 5328m，水平段长 1504m，分为 19 段射孔压裂，射孔井段井斜角均≥ 97°，最大处达 109.8°，进行泵送多级射孔作业存在以下难点：①泵送困难，水平段长且上翘，泵送不仅要克服管串及电缆与套管的摩阻，还需克服管串自重切向分力，导致泵送排量需求大、泵速慢；②电缆变形或射断，井斜≥ 97° 的上翘井段，桥塞坐封丢手及射孔瞬间，管串易往 A 靶点方向反冲，导致电缆变形受损，甚至是电缆窜入枪串与套管间隙而被射流射断，造成射孔管串落井。

（二）解决方案

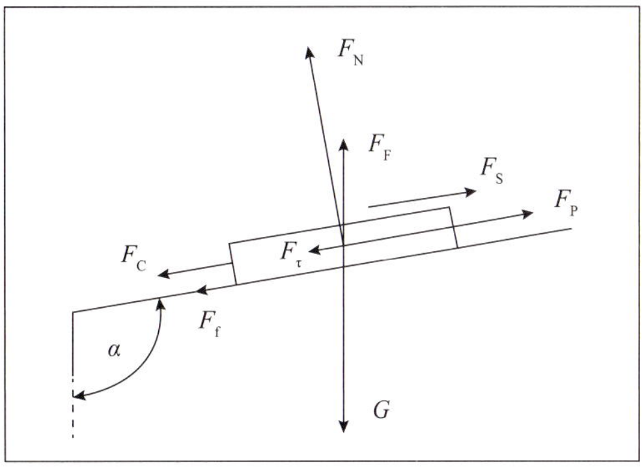

图 7-34 上翘井段泵送管串受力情况示意图

使用球笼式桥塞（无泵送通道）作业时，井斜≥ 97° 的上翘井段主要采取“悬浮坐封＋拖动射孔”方案（图 7-34），在点火过程中备用地面系统可使用时间驱动模式监测磁定位信号，及时判断桥塞丢手后，迅速上提电缆，同时加快电缆上提速度，避免电缆缠绕枪串。“悬浮坐封”是指工具串泵送到位后，根据井斜保持一定的排量，上提至桥塞坐封深度不停泵进行桥塞点火，保证桥塞坐封丢手时电缆处于拉直状态，工具串不会回滑；“拖动射孔”是指桥塞坐封丢手后，迅速以一定速度持续上提电缆不停绞车，在到达射孔深度时进行点火，始终保持电缆处于拉直状态。

使用投球式桥塞（有泵送通道）作业时，井斜≥ 97° 的上翘井段主要采取“悬浮坐封＋悬浮射孔”方案，即在完成“悬浮坐封”桥塞丢手后，因井筒内仍然留有泵送通道，在“拖动射孔”过程中也能够根据井斜保持一定的排量抵消工具的下滑重力分量，即为“悬浮射孔”，使得“拖动射孔”操作更加容易。

（三）分析与建议

该井使用投球式可溶桥塞，因所有射孔井段井斜角均≥ 97° ，故都采取了“悬浮坐封＋悬浮射孔”进行泵送桥塞多级射孔联作施工，根据施工井段井斜、桥塞外径和桥塞坐封工具外径，提前制定好悬浮排量以及上提速度，施工成功率达到 100%。建议在正常点火完成后，仍然保持一定的预留排量，根据井斜、张力变化，观察磁定位长度，逐渐提高电缆起速，递减排量，在井斜＜ 97° 后停止泵车排量，正常上提。

三、分布式光纤找水测试案例

（一）基本情况

JY-X3 井是位于川东高陡褶皱带万县复向斜的一口致密气水平井，井深 2157m，水平段长 900m，分 3 段压裂，后期采用 $2^7/_8$in 油管生产，产气量为 $6\times10^4m^3/d$，产水量为 $182m^3/d$。该井出水严重，为找出主要出水位置，需进行产出剖面测试，但由于采用油管生产，传统测试仪器无法过油管作业。

（二）解决方案

为满足小管径作业，该井采用光纤连续油管进行 DTS 测试，在产气量为 $6\times10^4m^3/d$、产水量为 182m³/d 生产情况下下入光纤连续油管，监测 12h 获取流温剖面，上提连续油管录取井筒流压压力剖面。关井下测试地温基线，监测 10h 获取地温剖面，最后起连续油管，录取关井井筒压力剖面（如图 7–35 所示）。

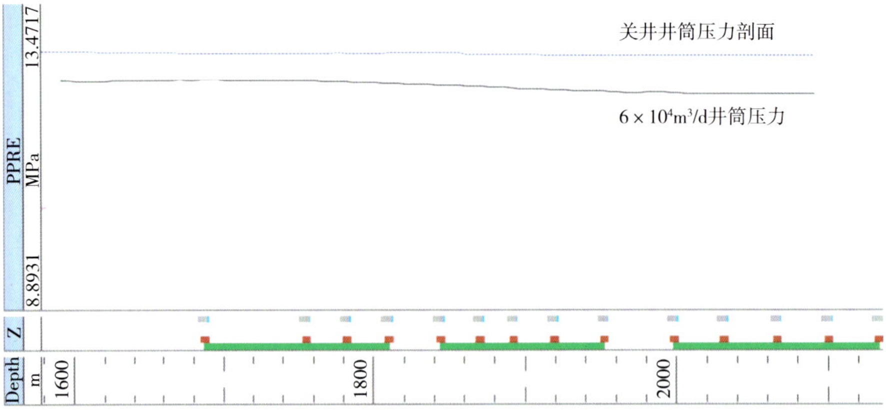

图 7–35　JY–X3 井生产与关井条件下井筒压力剖面

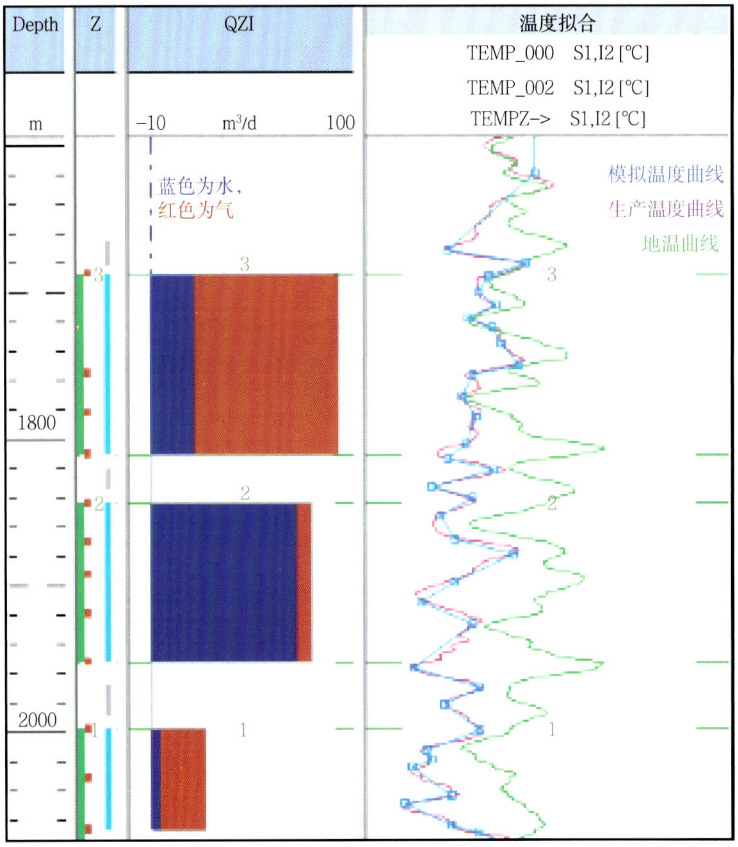

图 7–36　DTS 产剖解释成果图

提取生产时的流温曲线和关井时的地温曲线进行产出解释。模拟计算温度曲线与实测生产温度曲线得到很好的拟合（如图 7-36 所示），误差值< 10%（如图 7-32 所示），DTS 解释结果显示第 3 段产气贡献率达 70.93%，为主要产气段；第 2 段出水贡献率为 72.28%，为主要产水段。

（三）分析与建议

该井后期通过桥塞封堵第 3 段以下井段后，产气量变为 $4.56\times10^4m^3/d$，出水量大幅减少，降为 $36m^3/d$，本案例通过工程堵水措施验证了 DTS 测试结果的可靠性。

08 第八章 页岩气井控技术

井控是页岩气井钻井、压裂、井下作业和油气生产等施工作业过程中实施的压力控制方法。若压力控制不当，会发生溢流、井涌、井喷和着火等井控事件，可能造成设备损毁、油气井报废和环境污染等安全事件。随着页岩气勘探开发进程的不断推进，中国石化历经多年井控技术的迭代、设备的更新升级，实现了最高 140MPa 井筒压力的控制，为页岩气向着深层、超深层勘探开发提供安全技术保障。

第一节　井控要求

随着页岩气勘探开发的不断深入，中国石化建立了从勘探、钻井、完井到开采全过程的标准管理体系，国家、行业及企业也发布了页岩气各项相关标准。

一、钻井技术井控要求

（一）页岩气钻井井控管理制度

中华人民共和国应急管理部于 2021 年 5 月 1 日发布了 AQ/T 2076—2020《页岩气钻井井控安全技术规范》，中国石化 2014 年发布了 Q/SH 1035 1044—2014《涪陵页岩气浅层气钻井安全推荐做法》，从国家及企业层面完善了页岩气开发过程中的井控管理标准。

（二）页岩气钻井井控管理要求

（1）井控装置现场管理。基层队应按设计要求安装使用井口设备、井控装备和气防器具，并认真做好日常检验维护和记录填写。

（2）开钻检查验收制度。钻井各次开钻前，均应进行开钻井控装置检查验收。可根据具体情况，选择业主单位检查验收、委托施工单位检查验收或甲乙双方联合检查验收方式。检查验收合格后，下达“开钻批准书”同意开钻；检查验收不合格不得开钻。

（3）坐岗观察制度。探井要求从安装防喷器至完井，开发井要求进入目的层前 100m

至完井，均应安排专人24h坐岗观察溢流，坐岗观察由钻井人员、钻井液人员和地质录井人员负责，坐岗记录时间间隔≤15分钟，如果发生过溢流井漏应加密监测。

（4）井控演习制度。作业班每月每种工况开展≥1次的防喷或防硫化氢演习。钻进作业和空井状态应在3min内控制住井口，起下钻作业状态应在5min内控制住井口，并将演习情况记录于“防喷演习记录表”中。装防喷器后的各次开钻前、特殊作业（取心、测试和完井作业等）前，都应进行防喷演习，以达到合格要求。

（5）干部跟值班制度。钻井队干部在生产作业区24h轮流值班，负责检查、监督各岗位井控责任制执行情况，井控装置的安装、试压、防喷演习、溢流及井下复杂处理情况等，值班干部应在现场组织指挥。

（6）井喷应急管理制度。钻井施工应按照“一井一案”原则，编制工程和安全综合应急预案。应急预案应包括防井喷失控、防硫化氢泄漏和防油气火灾爆炸等子预案。

二、试气（含射孔）井控管理要求

（一）页岩气井试气（含射孔）井控管理制度

中国石化于2012年发布Q/SY 1553—2012《井下作业井控技术规范》，于2016年发布O/SJH 0036—2016《涪陵工区钻、试、采同步作业安全管理要求》，完善了页岩气试气（含射孔）井控管理制度。

（二）页岩气试气（含射孔）井控管理要求

（1）井控装置现场管理。试气队应按设计要求安装使用井口设备、井控装备和气防器具，并认真做好日常检验维护和记录填写。

（2）开钻检查验收制度。试气（含射孔）开工前，均应进行开工井控装置检查验收。可根据具体情况，选择业主单位检查验收、委托施工单位检查验收或甲乙双方联合检查验收方式。检查验收合格后，下达“开工批准书”同意开工；检查验收不合格不得开工。

（3）坐岗观察制度。试气（含射孔）和井下作业施工应安排专人观察井口，发生溢流应按程序处置并上报。

（4）井控演习制度（试气与井下作业部门分别在射孔、起下管柱、诱喷求产、拆换井口和空井5种工况下组织井控演习）。常规井控演习应做到每井（每月）每种工况≥1次；含硫化氢井在射开油气层前应按预案程序和步骤组织硫化氢防护全员井控演习。

（5）干部跟值班制度。试气队干部在生产作业区24h轮流值班，负责检查、监督各岗位井控责任制执行情况，井控装置的安装、试压、防喷演习、溢流及井下复杂处理情况等，值班干部应在现场组织指挥。

（6）井喷应急管理制度。试气（含射孔）施工应按照“一井一案”原则，编制工程和安全综合应急预案。应急预案应包括防井喷失控、防硫化氢泄漏和防油气火灾爆炸等子预案。

第二节 井控工艺

钻井、试气（含射孔）井控工艺包括井位选址，井控设计，井控装置的安装、试压、使用和管理等。

一、钻井井控工艺

（一）安全距离要求

井口距高压线路（非钻井使用）及其他永久性设施≥75m，距铁路、高速公路≥200m，距学校、医院和大型油库等人口密集高危性场所≥500m。

（二）地质设计要求

（1）对井场周围一定范围内的居民住宅、学校、厂矿（包括开采地下资源的矿业单位）、国防设施、高压电线和水资源情况以及风向变化等进行勘察和调查，并在地质设计中标注说明。特别需标注清楚采掘矿井坑道（如煤矿等）的分布、走向、长度和距离地表深度。

（2）井场布局和钻前工程应满足井控、安全和环保要求，在江河、干堤附近钻井应标明干堤、河道位置，同时符合国家安全、环保规定。

（3）地质设计应根据本构造邻近井和邻近构造的钻探情况，提供所钻井全井段地层孔隙压力、坍塌压力和破裂压力剖面，浅气层油气水显示和复杂情况提示等资料。

（4）地质设计中应标注防碰井、压裂干扰井等相关数据。

（三）钻井液密度确定和储备要求

（1）钻井液密度安全附加值取 0.07 ~ 0.15g/cm^3 或控制井底压差在 3.0 ~ 5.0MPa，在钻井液密度允许的条件下，钻开硫化氢的气层取安全附加值的上限。

（2）开发井采用集中和现场储备相结合的方式，具体要求如下：

① 采用清水钻井期间，需储备一定量的清水，根据现场实际情况确定储备量及供水方式。

② 采用钻井液钻井期间，井场储备高于井内钻井液密度 0.2g/cm^3 的水基钻井液≥60cm^3，油基钻井液集中储备。

③ 采用气体钻井期间，按设计钻井液性能和作业井段井筒容积 1.5 倍数量储备钻井液。

④ 采用欠平衡、控压钻井期间，井场储备高于地层压力（当量密度）0.2g/cm^3 时，钻井液≥60m^3。

⑤ 井场常备≥ 5t 的堵漏材料，根据现场实际情况储备一定量的加重材料，工区集中储备加重材料≥ 500t。

二、试气（含射孔）井控工艺

（一）试气井控设计

1. 油管头

油管头应考虑能满足采取增产措施的需要，压力等级为 105/140MPa，通径为 180mm。

2. 采气井口

依据钻井交接的套管头及工程设计，选择匹配的试气井口（KYS78/65-70MPa 试气井口结构如图 8-1 所示）。

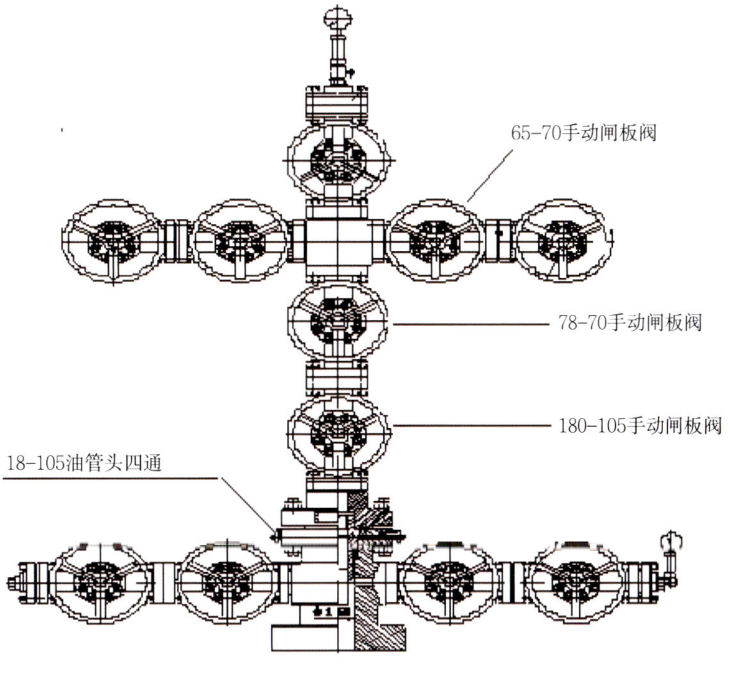

图 8-1 KYS 78/65-70MPa 试气井口结构

3. 试气地面流程

采用一级节流测试流程，主要由 70MPa 降压管汇台（特殊高压井采用 105MPa 管汇台）、热交换器、三相分离器和临界速度流量计组成。井口至一级管汇用法兰短节连接，放喷、测试、压井和节流管汇使用油管连接。井口压力、温度和管汇压力、温度均采用地面数据采集系统自动记录。分离器、热交换器应提供合格的检测报告，且在有效期内使用。

（二）压裂井控装置设计

1. 压裂井口

依据钻井交接的套管头、工程设计和压裂方案选择匹配的压裂井口（KQ130/78-105MPa 或 KQ130/78-140MPa 两种型号可供选择，KQ130/78（压裂头式）压裂井口结构如图 8-2 所示），用压裂井口进行泵送桥塞分段压裂施工。

压裂作业井口装置（自下而上）依次为：手动平板阀 + 变径法兰 + 手动平板阀 + 羊角八通 + 手动平板阀。

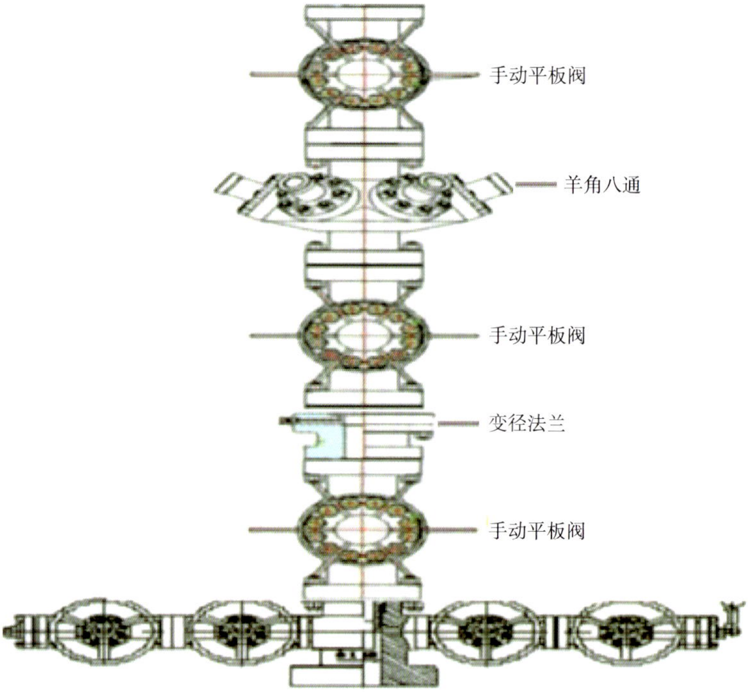

图 8-2 KQ130/78（压裂头式）压裂井口结构

2. 高压管汇

根据工程设计注入排量预测的施工压力和邻井施工情况，选用 Φ89mm，压力为 105MPa 或 140MPa 的高压管汇弯头。所有使用设备均由第三方检测，并在有效期内。

1）泵送桥塞与射孔联作井控装置。

泵送桥塞与射孔联作井控装置使用井口电缆防喷装置，包含井口转换法兰、电缆防喷器、捕集器、防喷管、注脂控制总成、防喷盒、注脂动力系统、注脂控制面板及各类配套管线。

井口电缆防喷装置组合自下而上依次为：井口转换法兰 + 三闸板防喷器 + 捕集器 + 防喷管 + 注脂控制总成 + 防喷盒 + 回流管 + 刮绳器，结构示例见表 8-1。

表 8-1 井口电缆防喷装置组合示例

工具名称		内径（mm）	外径（mm）	长度（m）
刮绳器		8.30	60.00	2.75
防喷盒		8.30	60.00	
3 号注脂头	级阻流管	8.30	60.00	
1 号注脂头		8.30	60.00	
2 号注脂头		8.30	60.00	
防喷管 2～8		120.00	200.00	2.50
防喷管 1（泄压短节）		120.00	200.00	1.50
捕集器		120.00	200.00	0.45
电缆防喷器（半封）		120.00	—	1.40
电缆防喷器（全封）		120.00	—	
井口转换法兰		120.00	—	0.30

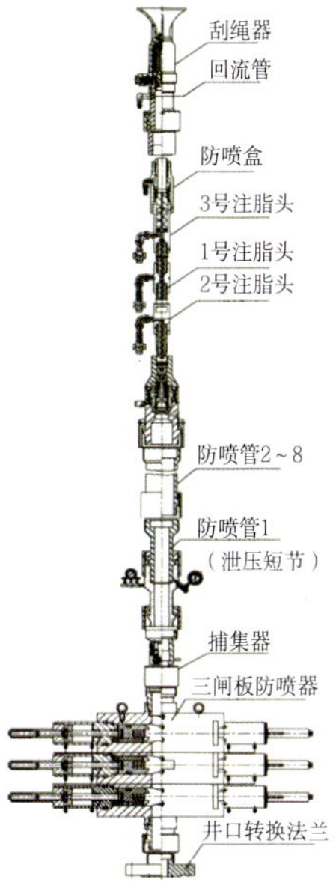

防喷管选型原则：

（1）耐压级别在工程实际预测最大井口施工压力的 1.2 倍以上。

（2）防喷管的通径大于入井工具串最大外径 6mm，配置防喷管总长度大于入井工具串最大长度 2m。

（3）电缆防喷器具有剪切及密封电缆的功能，半封闸板与施工所用电缆外径匹配。

（4）注脂控制总成选用的阻流管内径与施工所用电缆外径间隙在 0.10～0.18mm。

（5）含硫井作业时，设备的防硫等级应满足防硫要求。

2）连续油管作业井控装置。

连续油管作业井控装置主要包括防喷器、防喷盒、防喷管、单流阀和防喷远程控制等。连续油管井控防喷装置组合自下而上依次为：井口法兰＋四闸板防喷器＋防喷管＋防喷盒，结构见表 8-2。

（1）防喷器。

主要分为四闸板防喷器、双闸板防喷器和单闸板防喷器。型号主要有：103mm-70MPa、103mm-105MPa、130mm-70MPa 和 130mm-105MPa。

四闸板防喷器自上而下依次为：全封闸板、剪切闸板、卡瓦闸板、半封闸板；

双闸板防喷器自上而下依次为：全封—剪切闸板、卡瓦—半封闸板；

单闸板防喷器自上而下依次为：全封—剪切闸板。

（2）防喷盒。

主要分为单联防喷盒和双联防喷盒。型号主要有 70MPa、105MPa 两种。

（3）防喷管。

根据井下工具串外径选择内径符合要求的防喷管，防喷管内径应大于入井工具串外径 8mm，根据入井工具串长度配置防喷管长度，防喷管长度应大于入井工具串长度 1m。防喷管型号主要有 103mm–70MPa、103mm–105MPa、130mm–70MPa 和 130mm–105MPa。

（4）单流阀。

单流阀主要结构为双活瓣式，耐压 70MPa 或 105MPa。

表 8–2　连续油管防喷装置组合示例

井控装置	内径（mm）	耐压级别（MPa）	耐温级别（℃）	长度(m)	
防喷盒	103/130	70/105	–28 ~ 120	0.6	
防喷管	103/130	70/105	–28 ~ 120	2.40	
四闸板防喷器(全封)	103/130	70/105	–28 ~ 120	1.80	
四闸板防喷器(剪切)	103/130	70/105	–28 ~ 120		
四闸板防喷器(卡瓦)	103/130	70/105	–28 ~ 120		
四闸板防喷器(半封)	103/130	70/105	–28 ~ 120		
井口法兰变由壬	103/130	70/105	–28 ~ 120	0.30	
井口变径法兰	103/130	70/105	–28 ~ 120	0.30	

三、井控装备与试压工艺

（一）井控装备

井控装备包括防喷器（及其控制系统）、四通、内防喷工具、点火装置、钻井液、池液面检测仪、硫化氢监测、报警系统、套管头等。

1. 防喷器

（1）防喷器的配置安装，必须满足国家能源局发布的 SY/T 5964—2019《钻井井控设备组合配套、安装调试与使用规范》。

（2）防喷器组安装完毕后，应校正井口、转盘和天车中心，其偏差≤ 10mm。用 Φ16mm 的钢丝绳和正反螺丝在井架底座的对角线上将防喷器组绷紧固定。

（3）防喷器顶部安装防溢管时，用螺栓连接，不用的螺孔用丝堵堵住，防溢管与防喷器的连接密封可用金属密封垫环或专用橡胶圈。防喷器上的液控管线接口应面向钻机绞车一侧。

（4）闸板防喷器应配备手动或液压锁紧装置。具有手动锁紧机构的防喷器应装齐手动操作杆，靠手轮端应支撑牢固，手轮应接出井架底座，可搭台便于操作。手动操作杆与防喷器手动锁紧轴中心线的偏斜应≤ 30°，手动操作杆手轮上应挂牌标明开关圈数及开关方向。

（5）现场应配备与钻具尺寸相匹配的死卡。

2. 防喷器控制装置

（1）防喷器控制装置包括远程控制台和司钻控制台等。

（2）远程控制台储备油量应不低于油箱最低标尺。

（3）远程控制台应安装在面对井场左侧距井口≥ 25m、距防喷管线≥ 1m 的专用活动房内，并保持 2m 宽的行人通道，周围 10m 内不允许堆放易燃、易爆和腐蚀物品。

（4）远程控制台上的全封闸板防喷器控制换向阀应装罩保护。

（5）控制全封闸板防喷器开关的防喷器控制装置上的三位四通换向阀，应安装防止误操作的安全装置。

（6）远程控制台电源应从发电房或配电房用专线直接引出，并用单独的开关控制。

（7）管排架与防喷管线距离应≥ 1m。在穿越汽车道、人行道等处应用防护装置实施保护。

（8）气管缆的安装应沿管排架安放在其侧面的专门位置上，剩余的管缆盘放在靠远程台附近的管排架上，不允许强行弯曲和压折。

（9）司钻控制台应安装在钻机司钻操作台侧，并固定牢固，司钻控制台上不应安装操作剪切全封闸板防喷器的控制阀。

（10）司钻控制台、远程控制台和防喷器之间的液路连接管线在连接时应清洁干净，并确保连接正确。

（11）司钻控制台和远程控制台气源应从专用气源排水分配器上用管线分别连接到远程控制台和司钻控制台上。

（12）应安装防喷器 / 钻机刹车联动防提安全装置（钻机防提断装置）。该装置按钮盒应安装在钻机操作台上，其气路与防碰天车气路并联。

3. 防喷管线

（1）防喷管线采用 Φ103mm 钢制管线，两端法兰与管材为整体式结构。井架基础外防喷管线及耐低压管线可使用（或部分使用）改装高压软管。

（2）防喷管汇上的液动闸阀，应由防喷器控制装置控制。

（3）采用钻井四通连接时，应考虑防喷管线能否从钻机底座工字梁上顺利穿过。

（4）转弯处应用角度≥ 120° 的预制铸（锻）钢弯头或 90° 带缓冲短节的弯头。防喷管线等不允许在现场进行焊接。

（5）钻井四通两翼应各有两个闸阀。紧靠钻井四通的手动闸阀应处于常开状态，其余的手动闸阀和液动闸阀应处于常关状态。闸阀应编号挂牌，标明开、关状态。

（6）防喷管线长度若＞ 7m 应固定牢固。

4. 井控管汇

（1）井控管汇的额定工作压力应与防喷器压力级别相匹配。

（2）节流、压井管汇水平安装在井架底座外的基础上。若管汇基础坑低于地平面，应排水良好；压井管汇不应用作日常灌注钻井液用。

（3）节流管汇、压井管汇上各闸阀应为明杆闸阀或带开关状态指示器的闸阀，且所有闸阀应编号挂牌，并标明开、关状态。

（4）钻机移动时，节流管汇、压井管汇应随之移动。

（5）节流控制箱应安装在节流管汇上方的钻台上，所需气源应从专用气源排水分配器上接入。套管压力表及套管压力变送器应安装在节流管汇五通上，立管压力变送器在立管上应垂直于钻台平面安装。

5. 放喷管线

（1）放喷管线通径为 103mm，布局应考虑当地季节风向、居民区、道路、油罐区、电力线及各种设施等情况。

（2）现场安装一条主放喷管线，副放喷管线处使用安装盲板堵死。

（3）放喷管线出口距井口的距离应≥ 75m。转弯处应用角度≥ 120° 的预制铸（锻）钢弯头。

（4）放喷管线不允许活接头连接或在现场进行焊接连接，每隔 10 ~ 15m 及转弯处应采用水泥基墩与地脚螺栓或地锚固定。放喷管线悬空处要支撑牢固。

（5）放喷管线出口处应用双基墩固定，并应配备性能可靠的点火装置。两条放喷管线走向一致时，管线之间应保持＞ 0.3m 的距离，管线出口方向应朝同一方向。

（6）水泥基坑的长 × 宽 × 深尺寸应为 0.8m × 0.8m × 1.0m，遇地表松软时，基础坑体积应＞ $1.2m^3$。

6. 内防喷工具

（1）采用转盘驱动时，应安装方钻杆上下旋塞阀；采用顶部驱动时，应安装液动或手动旋塞阀；旋塞阀的额定压力应与井口防喷器压力等级相匹配。

（2）油气层钻进作业中，应在钻柱下部安装钻具浮阀，其额定工作压力与井口防喷器压力等级相匹配，外径、强度应与相连接钻铤的外径、强度相匹配。其安装位置应满足以下要求：

① 钻具浮阀的安装位置应以最接近钻柱底端为原则。不能安装钻具浮阀时，应制定相应内防喷措施。

② 常规钻进、通井等钻具组合，钻具浮阀应接在钻头与入井第一根钻铤之间。

③ 带井底动力钻具的钻具组合，钻具浮阀应接在井底动力钻具与入井的第一根钻具之间。

④ 在油气层中取心钻进使用非投球式取心工具，钻具浮阀应接在取心工具与入井第一根钻铤之间。

（3）配备与现场钻具尺寸相同的箭形止回阀、抢接装置及防喷单根，防喷单根上安装旋塞阀，待令工况为“开”。

（4）油气层钻进作业中，钻具旁通阀应按井控设计要求配备。额定工作压力、外径、强度应和钻具止回阀一致。安装位置如下：

① 应安装在钻铤与钻杆之间。

② 无钻铤的钻具组合，应安装在距钻具止回阀 30 ~ 50m 处。

③ 应安装在井斜为 50°~ 70° 井段的钻具中。

7. 液气分离器

（1）液气分离器的压力等级和处理量的选择应满足钻井工程设计要求。

（2）液气分离器应安装在节流管汇汇流管出口一侧，与节流管汇用专用管线连接。其钻井液出口管线应接至振动筛前的钻井液分配箱，出口处不能淹没。

（3）液气分离器排气管线走向应沿当地季节风的下风方向，接出井场 50m，并应配备性能可靠的点火装置。

（4）液气分离器钻井液进出口管线、排气管线应采用法兰连接，通径应不小于设计进出口尺寸，转弯处应用预制铸（锻）钢弯头，各管线出口处应固定牢固。

（5）需配备 U 形管，U 形管高度落差＞ 3m。

（6）液气分离器压力级别 ≥ 1.2MPa，罐体直径 ≥ 1200mm，进浆管线内径应为 152.4mm，排浆管线和排气管线内径应为 203.2mm。

8. 点火装置

（1）进入油气层前 200m 时，应安装点火装置，并同时配备其他移动点火器具。点火装置和移动点火器具应安排专人管理。

（2）应根据该井的具体情况和有关标准，建立点火装置及移动点火器具的保管、维护、检查及使用制度。

9. 钻井液池液面检测仪

（1）钻井液池液面检测仪应能准确显示钻井液池液量变化，并应在液量超过预调范围时报警。

（2）坐岗用观察泥浆罐液面高度的标尺刻度，宜根据泥浆罐结构尺寸换算成立方米标注，以便快速直读。

10. 钻井液自动灌注系统

（1）钻井液自动灌注系统应能：

① 定时定量自动灌注作业。

② 对井涌、井漏或异常情况进行监测报警。

③ 对灌注钻井液瞬时排量、累计流量进行记录和显示。

（2）钻井液自动灌注系统应有强制性人工灌注保障措施，确保当自动灌注系统失效时，用人工完成钻井液灌注等作业。

11. 硫化氢监测、报警系统

（1）井队应配备固定式硫化氢监测、报警仪器。当空气中硫化氢的浓度达到 15mg/m^3（10ppm）时，硫化氢监测、报警仪器能以光、声报警，并能确保整个作业区域的人员都能看到和听到。硫化氢的浓度可能超过在用的监测仪的量程时，应在现场准备一个量程达 450mg/m^3（300ppm）的监测仪器。

（2）固定式硫化氢探测、报警仪器的探头至少应安装在司钻操作台附近、钻台下、振动筛处、监督房和上述区域以外的硫化氢可能聚集的区域。

（3）井队应配备 3 ~ 5 台便携式硫化氢监测仪。二氧化硫在大气中的含量值超过 3mg/m^3（2ppm）（例如在产生二氧化硫的燃烧或其他操作期间）时，应在现场配备便携式二氧化硫检测仪或带有检测管的比色指示探测器。

12. 空气呼吸器等防护器具

井队应配备防毒面具和空气呼吸器等防护器具，并放在作业人员能迅速取用的方便位置。

13. 套管头

（1）根据上套管头上部本体高度，用双法兰短节或钻井四通安装在套管头下部本体上占位，安装上井口装置。

（2）一级套管头压力级别为 35MPa 或 70MPa，二级套管头压力等级选用 105MPa 或 140MPa。

（3）二级套管头上端面低于井场地平面，以不影响钻机移动。

（4）套管头以上井口装置通径应大于悬挂器最大外径。

（5）按钻井设计要求试压，稳压 10min，压降应≤ 0.07MPa。

（6）钻井过程中定期活动、检查防磨保护套。

（7）具有 BT 密封注脂结构的套管头应根据季节压注夏季或冬季用密封脂，按规定对各连接、密封处试压，检查套管悬挂器密封性能。试验压力为套管头额定工作压力，稳压 10min，压降应≤ 0.07MPa。

（二）试压工艺

1. 试压介质

试压介质使用清水。

2. 试压方式

（1）在钻井现场安装好后，井口装置应做 1.4 ~ 2.1MPa 的低压试验。在不超过套管抗内压强度 80% 的前提下，环形防喷器的高压试验值应为额定工作压力的 70%，闸板防喷器、四通、防喷管线、压井管汇和节流管汇应试压到额定工作压力。

（2）除防喷器控制系统、各防喷器液缸和液动闸阀应用液压油做 21MPa 控制元件、油路和液缸可靠性试压外，井控装置均应遵循设计进行密封试压。

（3）各级套管头安装后的密封试验压力应为套管抗外挤强度的 80% 与套管头连接法兰额定压力二者中的最小值。

（4）放喷管线试压 10MPa，排气管线连接后应试压检查连接密封情况。

（5）试压后应紧固螺栓。

3. 试压值、稳压时间、允许压降

稳压时间应执行《石油天然气钻井井控技术规范》（GB/T 31033—2014）。压力级别为 35MPa 和 70MPa 的井控设备试压要求见表 8–3 和表 8–4。

表 8–3　压力级别为 35MPa 的井控设备试压要求

开次	井控装置名称	型号	试压要求			
			介质	压力（MPa）	时间（min）	允许压降（MPa）
一开	单闸板	FZ54–14	清水	8.0	≥ 10.0	≤ 0.07
	节流压井管汇	J/YG–35	清水	8.0	≥ 10.0	≤ 0.07
二开	环形防喷器	FH35–35	清水	24.5	≥ 10.0	≤ 0.07
	双闸板防喷器	2FZ35–35	清水	35.0	≥ 10.0	≤ 0.07
	单闸板防喷器	FZ35–35	清水	35.0	≥ 10.0	≤ 0.07
	套管头	13$^{3}/_{8}$ in–35（BTC 扣）× 9$^{5}/_{8}$ in–35MPa（芯轴）	清水	35.0	≥ 10.0	≤ 0.07
	节流压井管汇	J/YG–35	清水	35.0	≥ 10.0	≤ 0.07
三开	环形防喷器	FH35–35	清水	24.5	≥ 10.0	≤ 0.07
	双闸板防喷器	2FZ35–35	清水	35.0	≥ 10.0	≤ 0.07
	单闸板防喷器	FZ35–35	清水	35.0	≥ 10.0	≤ 0.07
	套管头	13$^{3}/_{8}$ in–35（BTC 扣）× 9$^{5}/_{8}$ in–35MPa（芯轴） 9$^{5}/_{8}$ in–35（芯轴）× 5$^{1}/_{2}$ in–105MPa（芯轴）	清水	35.0	≥ 10.0	≤ 0.07
	节流压井管汇	J/YG–35	清水	35.0	≥ 10.0	≤ 0.07

表 8–4　压力级别为 70MPa 的井控设备试压要求

开次	井控装置名称	型号	试斥要求			
			介质	压力（MPa）	时间（min）	允许压降（MPa）
一开	单闸板	FZ54–14	清水	8.0	≥ 10.0	≤ 0.07
	节流压井管汇	J/YG–35	清水	8.0	≥ 10.0	≤ 0.07
二开	环形防喷器	FH35–35	清水	24.5	≥ 10.0	≤ 0.07
	双闸板防喷器	2FZ35–70	清水	70.0	≥ 10.0	≤ 0.07
	单闸板防喷器	FZ35–70	清水	70.0	≥ 10.0	≤ 0.07
	套管头	13$^{3}/_{8}$ in–70（BTC 扣）× 9$^{5}/_{8}$ in–70MPa（芯轴）	清水	70.0	≥ 10.0	≤ 0.07
	节流压井管汇	J/YG–70	清水	70.0	≥ 10.0	≤ 0.07
三开	环形防喷器	FH35–35	清水	24.5	≥ 10.0	≤ 0.07
	双闸板防喷器	2FZ35–70	清水	70.0	≥ 10.0	≤ 0.07
	单闸板防喷器	FZ35–70	清水	70.0	≥ 10.0	≤ 0.07

续表

开次	井控装置名称	型号	试压要求			
			介质	压力（MPa）	时间（min）	允许压降（MPa）
三开	套管头	$13^3/_8$ in-70（BTC 扣）× $9^5/_8$ in-70MPa（芯轴） $9^5/_8$ in-70（芯轴）× $5^1/_2$ in-105MPa（芯轴）	清水	70.0	≥ 10.0	≤ 0.07
	节流压井管汇	J/YG-70	清水	70.0	≥ 10.0	≤ 0.07

4. 试压曲线获取方式

试压曲线由试压泵连接试压记录仪进行记录打印。

第三节　井控预防与处理

井控工作的原则是预防为主、及时发现、正确处置，关键是“早发现、早关井、早处理”。

一、钻井井控预防与处理

（一）浅表层气处理

钻遇浅层气溢流，在极短时间内即形成喷势，现场往往反应不及，易造成井控安全事故。预防是浅层气关键。

1. 预防技术工艺

（1）全套井控装置按设计安装并经现场试压合格，“三高”气井还应对井口段套管进行单独试压。对防喷器液缸、闸板和控制部分做可靠性检查。

（2）在钻台上配备与在用钻杆尺寸相符的钻杆死卡。固定用钢丝绳接好备用，钢丝绳直径≥ 22mm，每处的固定绳卡≥ 3 个，并进行试挂验证其可靠性。

（3）按照标准及设计要求，认真落实储备钻井液、加重剂、堵漏材料和井控配件等储备数量；对距离远、交通条件差和地面环境复杂的井应适当提高应急物资储备标准。

（4）每次开钻及钻开主要气层前，应向施工人员进行地质、工程和应急预案等井控措施交底，明确职责和分工。

（5）加强随钻地层对比，及时提出可靠的地质预报。

（6）发现设计地层压力与实钻不符时应及时报告甲方；变更泥浆密度须经批准；紧急情况可先处理、后补报。

（7）钻井队安排二人坐岗观察液面，一人负责高架槽液面坐岗，另一人负责循环罐液面坐岗观察。液面坐岗发现循环罐泥浆量增加或减少，或坐岗人员观察到高架槽返出量有增大或减小趋势，及时向当班司钻汇报，并发出警报。

（8）加强全烃观察，发现全烃上升应立即通知司钻及坐岗人员。如果钻进期间维持较高的全烃值，可安排一人定时观察井口。

（9）防喷管线、节流压井管汇应保持通畅，寒冷地区冬季施工应采取防冻措施。井口、节流压井管汇各阀门应灵活可靠，“待令”工况正确，并挂牌标明。节流压井管汇上所安装压力表应在校验期内，低量程压力表考克应关闭。

（10）气井钻井中，应将主放喷管线处于开启“待令”工况，禁止将液气分离器处于“待令”工况。

（11）远程控制台、司钻关井操作台、液动节流控制箱应处“待令”工况，各压力表显示值在规定范围内，各操作手柄位置正确，并经过工作可靠性检查。锁紧装置手动操作杆安装齐全并挂牌标明工作状态。

（12）在浅层气活跃的井区，二开前应安装容积较大的喇叭口，或者在喇叭口处增设至少一条分流管线，接入高架槽内。采用 5 寸钻杆的井，可以考虑安装旋转防喷器。

（13）应确保 3 种有效点火方式。钻进期间主放喷管线、液气分离器点火口保持长明火。

（14）按照要求进行低泵冲试验，每只新入井的钻头开始钻进前以及每班开始钻进前，以 1/3 ~ 1/2 钻进流量检测循环压力，并作好泵冲数、流量和循环压力记录。当钻井液性能或钻具组合发生较大变化时应补测，采用电动泵或电控泵的，可以 10 冲 / 次为单位，每班详细记录每台泵各个冲数下的循环压力，便于应对各种可能发生的情况。

（15）转浆后，可在胶液中加入细颗粒堵漏材料，封堵气层微裂缝。

（16）钻台井口、方井、循环罐区用好鼓风机，防止气体聚集。

（17）入井钻具应在近钻头处安装钻具止回阀。

（18）钻台上应配置备用钻具止回阀（带抢接装置）或旋塞，并配备防喷单根或防喷立柱。

（19）现场人员按规定持证上岗，施工单位技术管理部门应向钻井现场有关工作人员进行工程、地质、钻井液、井控装置和井控措施等方面的技术交底。

（20）钻井队应落实井控责任制，作业班组每月应不少于一次不同工况的防喷演习，钻进作业和空井状态应在 3min 内控制住井口，起下钻作业状态应在 5min 内控制住井口。

（21）下钻完毕应测油气后效，高压气层排完后效再正常钻进。

2. 处理技术工艺

（1）处置溢流应执行“发现溢流立即关井，疑似溢流关井观察”的基本原则。

（2）岗位发现溢流、井漏及气显示异常时，应立即报告司钻，并做到溢流量 $1m^3$ 报警、$2m^3$ 关井，确保快速控制井口。

（3）发现泥浆气侵应及时排除，泥浆未经除气不得重新入井。气侵泥浆加重时，应停止钻进，严禁边钻进边加重。

（4）若二开钻遇浅层气，清水钻进期间坚持“以排为主”的处理方案，尽可能在转浆前将气层能量耗尽。

（5）发现溢流，使用司控台“硬关井”，观察套压 15 分钟。观察期间确保主放喷管线、液气分离器点火口长明火处于点燃状态。

（6）若无套压，打开上罐管线，消除圈闭压力后，开井循环排气；若套压小于极限套压值，则通过液气分离器节流循环排气；若套压上升较快或大于极限套压值，则考虑采用主放喷管线泄压，待套压小于极限套压值或放喷口见液体后，转为液气分离器节流循环排气。

（7）通过液气分离器循环排气时，如气显示减少趋势明显，则继续循环排气，直至能开井恢复钻进。

（8）任何情况下关井，最大允许关井套压均应同时不超过井口装置额定工作压力、套管抗内压强度的 80% 和薄弱地层破裂压力。在允许关井套压值内严禁放喷。

（9）压井施工作业时应有详细设计，作业前应进行技术交底、设备检查和施工条件确认，并落实到岗位操作人员；压井结束后应认真整理压井作业单。

（10）节流压井过程应严格控制液气分离器进液压力，不得超过额定工作压力的 80%。如发现液气分离器抖动明显或超过其额定天然气处理量的 50% 时，应立即停止使用。

（11）每次节流压井后，应对地面井控装置进行试压检查，必要时更换节流阀。

（二）钻遇漏层发生溢流

钻遇浅层气时，易出现喷漏同存，井控处理难度增大。

1. 预防技术工艺

（1）进入气层前 50 ~ 100m，应按照下部井段最高钻井液密度值，对裸眼地层进行承压能力检验，承压能力不能满足安全钻开产层要求时，不得钻开产层。

（2）对浅层气溢流进行循环加重压井处理时，每个循环周钻井液密度的提高幅度应≤ $0.02g/cm^3$，防止压漏地层。

（3）转浆后，可在胶液中加入细颗粒堵漏材料，封堵漏层。

（4）在漏层钻进时，要适当降低排量，降低发生井漏的可能性。

（5）每次开泵要平缓，排量由小到大逐渐上调，避免压力过大。

（6）若已知易漏层前存在气层，应尽可能在钻开漏层前将气层能量释放完。

（7）缝洞型气层发生漏失，可采用“吊灌”的方式保持井筒内的液柱高度。在井漏情况下起钻，应确保灌入的钻井液体积大于起出钻具的体积，防止溢流发生。

（8）钻具组合应尽可能简化，在可能存在“喷漏同存”的情况下，不宜使用井下动力钻具。钻头使用上宜选用牙轮钻头钻开油气层，且钻头不宜安装喷嘴。

2. 处理技术工艺

（1）钻进中如发生井漏，特别是浅气层井段钻进过程中出现失返性漏失，司钻应立即上提钻具关井观察。观察时间≥ 2h，在确认无溢流发生的情况下，方可开井进行堵漏施工。如井漏引发溢流，应按浅层气溢流的处置原则进行处置。

（2）若存在喷漏同存（上溢下漏）的情况，执行“先排后堵”的处理方案。先排气的目的是创造堵漏施工的条件，后堵漏的目的是减少泥浆漏失，维持液柱压力，降低气侵概率。

（3）节流循环排气时，控制循环排量以减少泥浆漏失，控制套压以抑制气柱的形成速度。

（4）漏失量较小时，节流循环期间优先配制和组织泥浆，确保有足够的泥浆注入井筒内，维持环空液柱压力。泥浆量充足后，再配制堵漏浆堵漏。

（5）漏失量较大、泥浆量不足时，可停下配制泥浆和堵漏浆。配制时专人观察套压，随时了解井下情况。同时组织好人员，缩短配浆时间。

（6）详细了解井下情况，选择合适的堵漏方法和配方，提高堵漏效率。

（7）处理期间及时补充各类泥浆材料、堵漏材料和加重材料，确保处理过程连续。

（8）注替完堵漏浆后，起至气层与漏层之间节流循环，排气的同时确保堵漏材料进入地层发挥堵漏功效。

（9）循环不漏后，下钻至井底从小排量开始循环，若不漏则提高泵冲，直至能恢复至钻进排量后恢复钻进，钻进期间，执行井漏后的处理措施。若仍有漏失，则重复上述步骤，直至能恢复钻进。

（10）如果是节流循环压井过程中发生漏失，压井和堵漏应同时进行。可先泵入一定量的高浓度堵漏浆（密度与压井浆一致）随后跟进压井液，压井液中添加适量堵漏材料。

（三）钻遇断层等异常地层溢流

钻遇断层时可能遇高压气层，造成正钻井出现井控险情。

1. 预防技术工艺

（1）准确掌握地震资料，详细了解异常地层井深，并在开钻前针对性做好各项处置预案。

（2）强化井控装置的安装、试压和检查工作。

（3）加强各工况下的井控演练工作，特别是要开展一次硫化氢演练。

（4）与甲方积极协商，尽可能多地在井场储备密度合适的重泥浆和加重材料，堵漏材料的储备量至少够 2 次堵漏使用。

（5）现场备足处理剂，并确保 pH 值大于 10。

（6）确保 3 种有效点火方式。

（7）钻具必须按要求安装内防喷工具（浮阀、回压凡尔），每趟钻认真检查，发现有问题时及时更换。

（8）在进入异常地层前 50 ~ 100m，对裸眼地层进行承压能力检验。若承压能力不合格，不能钻开异常地层。

（9）准确预告钻遇异常地层井深，做好各项准备工作后再钻开异常地层，避免打“遭遇战”。

2. 处理技术工艺

（1）收集各项信息，对异常地层性质做出准确判断。

（2）根据异常地层性质决定适合的压井方式，提高压井的效率和成功率。

（四）钻井液密度下降或不足引发溢流

在钻井液密度不足，不能完全压稳气层的情况下钻进，气测值高，井控风险大，易引发溢流。

1. 预防技术工艺

（1）每班按要求监测钻井液性能。测量气侵钻井液密度时，应排气后测量。

（2）定期校验密度计。

（3）按照设计调整密度，每次调整时必须达到设计值，确保有足够的静液柱压力平衡地层压力。

（4）发生卡钻需泡油、混油或因其他原因需降低井筒液柱压力时，应确保液柱压力不小于裸眼段地层最高压力。

（5）当随钻压力监测值开始出现抬头或有其他异常时，应及时调整钻井液密度值。

（6）保证现场加重材料的储备量。

（7）钻遇油气显示好的地层时，尽可能走密度设计上限。

2. 处理技术工艺

（1）发现密度下降或不足时，及时调整密度至合适值。

（2）提高钻井液密度时应均匀加重，每循环周以提高 $0.02 \sim 0.03g/cm^3$ 为宜。在加重时应注意调整好钻井液的其他性能。

（3）发现设计地层压力与实钻不符时应及时报告甲方，变更泥浆密度须经批准；紧急情况可先处理、后补报。

（五）起钻期间发生溢流

起钻期间钻头容易发生抽汲情况，易引发溢流。起钻过程中钻头位置距井底（气层）较远，压井难度大。

1. 预防技术工艺

（1）钻台应备好与防喷器闸板尺寸一致且能有效使用的防喷单根。

（2）起钻前充分循环井内钻井液，排除钻屑气，并使其性能均匀，进出口密度差 $\leqslant 0.02g/cm^3$。

（3）起钻前应测油气上窜速度，短程起钻后再下入井底循环观察，待油气上窜速度满足安全作业时间后，方可进行下步作业，否则应采取循环除气、加重等措施，确保油气上窜速度满足标准。

（4）严格控制起钻速度，防止过高的抽汲压力。

（5）起钻应每起 1 柱向环空灌满钻井液，每起 3 柱对灌浆量进行一次校核，并做好坐岗记录，及时发现、报告异常情况。

（6）未经过除气处理的钻井液不得用于灌浆。

（7）起钻时使用计量罐，准确记录灌入的钻井液量和排出的钻井液量与起出的钻具体积是否相符，确保能及时发现异常。

（8）起钻过程中应尽量避免检修设备，起钻完毕应及时下钻。如需检修设备，检修期间应有专人观察井口，若发现溢流，及时关井。

（9）检修时间较长时，应将钻具下至表套或技套内。中途检修完毕，应下钻到井底循环至少 1 周，正常后再起钻。

2. 处理技术工艺

（1）起下钻发生溢流时，应尽快抢接钻具止回阀或旋塞。条件允许时应抢下钻具，然后关井。抢接旋塞后，若要抢下钻具，必须打开旋塞再下钻。关井后应及时求压和确认溢流量。

（2）一旦发现灌入量减少，则考虑关井节流循环排气，排气井段要选择在进套管之前。

（3）起钻过程中，当发现有抽汲现象时，应立即停止起钻作业进行观察，必要时将钻具下至井底循环正常后再起钻，并降低起钻速度。

（4）起钻过程中，当发现有“拔活塞”现象时，应立即停止起钻作业，排除“拔活塞”的原因，必要时将钻具下至原井深，循环正常后再起钻。

（5）起钻前检修好设备，起下钻期间组织好劳动力，确保起下钻速度。

（六）下钻期间发生溢流

下钻过程中钻头位置距井底（气层）较远，钻头以下井段的大量气体始终聚集，压井难度大。

1. 预防技术工艺

（1）严格控制下钻速度，防止过高的激动压力压漏地层。

（2）下钻分段顶水眼，根据井深合理安排中途循环排气，切忌一次性下钻到底。

（3）向钻具水眼灌浆时采用低压灌浆，灌入的泥浆必须经过除气处理。

（4）下钻时使用计量罐，准确记录灌入的钻井液量和排出的钻井液量与起出的钻具体积是否相符，确保能及时发现异常。

2. 处理技术工艺

下钻出套管后，立即节流循环排气，测试仪器。之后根据溢流情况，选择安全井段中途循环排气。

（七）电测期间发生溢流

电测期间发生溢流时，井筒中钻杆和电缆并存，在发生溢流后，关井难度大，处理时间长。

1. 预防技术工艺

（1）电测前，钻井队、测井队和录井队三方做好联合施工技术交底，明确各自职责。

（2）测井施工前，测井队配合钻井队将电缆悬挂器与钻杆相连，组成防喷单根。电测防喷单根要求为：电缆悬挂器 + 回压阀 + 钻杆。

（3）钻杆尺寸应与防喷器闸板相符。

（4）施工中要严格控制电测仪器起下速度。

（5）正常电测过程中，钻井队应每隔 4h 灌满井口一次，遇有井漏等复杂情况时，应适当加密。使用钻具传输测井时，应每起 3 柱钻杆灌满井口一次。灌入量由钻井队和录井队共同负责校核。

（6）测井过程中，钻井队、录井队和测井队要安排专人坐岗。钻井队负责在高架槽处坐岗观察，并保证及时向井筒内灌满泥浆。钻具传输测井时，测井队负责在井口坐岗观察，同时监督起下钻速度。录井队负责在综合录井仪器房内坐岗，并负责监督钻井在起下钻过程中是否按要求灌满泥浆。

2. 处理技术工艺

（1）一旦发现溢流，应立即中止测井施工，由钻井队组织实施溢流控制及处理，测井队应服从钻井队指挥。

（2）若常规测井过程中发生溢流，应尽快起出井内电缆，若溢流量较大，立即剪断电缆并按空井溢流进行处理，不允许用关闭环形防喷器的方法继续起电缆。若钻具传输测井过程中发生溢流，应根据当时的具体工况，采取相应的关井措施。

（3）带压测井应制定专门的井控应急预案，并使用专用电缆防喷器，安装防喷管，测井仪器长度应小于防喷管长度；带压测井防喷装置压力级别应满足井口控制压力要求；带压测井要有专人观察记录套压，若发现异常应及时报告。

（八）空井时间长引发溢流

空井期间发生溢流，井筒内无钻具，关井后压井处理难度大。

1. 预防技术工艺

（1）起钻完毕应及时下钻，空井状况严禁检修保养。检修时间较长时，应将钻具下至表套或技套内。中途检修完毕，应下钻到井底循环至少 1 周，正常后再起钻。

（2）组织好人员，缩短井口更换组合的时间。

（3）空井期间安排专人在高架槽坐岗。

2. 处理技术工艺

（1）空井关井后，应根据溢流严重程度，分别采取强行下钻分段压井法、置换法和压回法等措施进行处理。

（2）在井身结构合理（即技术套管下深符合规范要求）的情况下，宜立即关全封，采用挤压井法或置换法压井。

（3）井身结构不合理，只有很浅的表层套管时，空井筒发生溢流，宜抢接带单流阀的防喷单根后关井。

（九）下套管固井候凝期间溢流

下套管及固井候凝期间发生溢流，处理难度较大。应做好固井全过程的压稳计算，确保固井施工中全过程井底压力平衡。

1. 预防技术工艺

（1）产层固井设计应有井控技术措施。

（2）下套管前应压稳地层，油气上窜速度应 $< 10m/h$，起钻泥浆进出口密度差 $\leq 0.02g/cm^3$。

（3）固井作业前，对裸眼段堵漏提高承压能力至合格，确保固井作业时不会发生漏失。

（4）下套管、固井施工过程应有专人坐岗观察，并控制套管下放速度。

（5）发现溢流或井漏，应停止下套管作业并进行处理，排除风险或采取可控措施后，方可进行下步作业。

（6）揭开储层或非目的层，揭开高压地层流体的井，下套管作业前，应更换与套管外径一致的防喷器闸板芯子并试压合格，并安装返浆硬管。

（7）实施悬挂固井时，如悬挂段长度不足井深的 1/3，则可采用由过渡接头和止回阀组成的防喷单根。

（8）使用无接箍套管时，应备用防喷单根。

（9）固井和候凝过程应确保井筒液柱平衡地层压力，并专人坐岗观察。

（10）候凝时间不足，不得进行下道工序作业。

2. 处理技术工艺

若固井期间发生溢流，采用节流循环固井的方式完成固井施工。

二、试气（含射孔）井控预防及处理

（一）主闸门刺漏应急处置

1. 预防技术工艺

（1）建立压裂井口使用台账，每次施工前确认使用情况，做好定期保养及检测工作。

（2）施工前对井口全面检查。

（3）严格按试压程序对井口进行试压。

（4）施工前对井口进行仔细的检查，包括：闸门、螺栓和压力表等。

（5）做好施工前的防控措施，分工明确、责任到人。

2. 处理技术工艺

（1）井口主闸门刺漏，立即停泵、熄火，关闭旋塞阀停止施工。

（2）查明刺漏点，根据刺漏情形由现场负责人决定应急方案。

（3）试油（气）队关闭主闸门（如果井内有连续油管或电缆，先起到主闸门以上位置），对井口泄压；检查 1 号闸门渗漏位置，对刺漏位置进行整改。

（4）刺漏位置整改后，进行重新试压至合格。

（二）压裂设备、压裂流程刺漏试油（气）队应急处置

1. 预防技术工艺

（1）施工前认真检查保养设备设施，施工中加强设备设施运转巡检工作，发现施工设备设施存在隐患应立即停止施工，进行检修或更换。

（2）应急关井处理时要迅速快捷，及时到位。

（3）对高压管件刺漏和损坏的原因进行分析，采取相应的预防措施。

2. 处理技术工艺

（1）压裂过程中，发现压裂设备、压裂流程出现刺漏，用对讲机向现场带班干部报告，现场应急总指挥命令立即停止一切施工，启动应急处置程序。

（2）带班干部向现场应急领导小组、甲方现场监督报告，报告内容：刺漏、人员伤亡等情况。

（3）立即下达压裂车停泵、熄火指令。

（4）试油（气）队井口操作人员检查、确认管汇台泄压流程，配合压裂队泄压。

（5）关井成功、管汇放压归零后，协助压裂队整改设备设施刺漏点。

（6）协助压裂队对压裂管汇试压。

（三）压裂队压裂设备、压裂流程刺漏应急处置

1. 预防技术工艺

（1）施工前认真检查保养设备设施，施工中加强设备设施运转巡检工作，发现施工设备设施存在隐患应立即停止施工，进行检修或更换。

（2）应急关井处理时要迅速快捷，及时到位。

（3）对高压管件刺漏和损坏的原因进行分析，采取相应的预防措施。

2. 处理技术工艺

（1）仪表操作人员立即对压裂机组停泵、熄火。

（2）压裂队井口操作人员关闭压裂井口 4 号主阀，实施关井；关井成功、管汇放压

归零后，立即整改设备设施、高压管件刺漏点。

（四）压裂施工高压管件刺漏应急处置

1. 预防技术工艺

（1）施工前认真检查高压管汇、高压管线连接，施工中加强高压区巡检工作，发现管件刺漏立即停止施工，进行检修或更换。

（2）应急关井处理时要迅速快捷，及时到位。

（3）对高压管件刺漏和损坏的原因进行分析，采取相应的预防措施。

2. 处理技术工艺

（1）仪表操作人员立即对压裂机组停泵、熄火。

（2）压裂队井口操作人员关闭压裂井口 4 号主阀，实施关井；关井成功、管汇放压归零后，立即整改设备设施、高压管件刺漏点。

（五）试油（气）队高压管汇、放喷管线刺漏应急处置

1. 预防技术工艺

（1）严格按要求连接固定流程管线。

（2）加强放喷期间流程巡检工作。

（3）针对流程管线薄弱部位，安排专人坐岗。

2. 处理技术工艺

（1）井口至降压管汇之间流程刺漏，关闭井口相对应一侧的平板阀，先对刺漏点附近进行有毒有害气体和可燃气体检测，整改刺漏位置（如检测到有毒有害气体，先进行人身防护）。

（2）降压管汇以下流程管线刺漏，则倒换其他放喷管线放喷，先对刺漏点附近进行有毒有害气体和可燃气体检测，整改刺漏位置（如检测到有毒有害气体，先进行人身防护）。

（3）刺漏位置整改后，重新进行试压合格。

（六）射孔队防喷管、防喷器刺漏应急处置

1. 预防技术工艺

（1）严格按标准、设计安装井口防喷装置。

（2）施工前对放喷装置全面检查。

（3）严格按试压程序对防喷装置进行试压。

（4）对整改位置重新进行试压合格检测。

（5）加强施工期间的巡检工作。

2. 处理技术工艺

（1）通知压裂队立即停泵、熄火。

（2）防喷管出现刺漏时，关闭防喷器半封闸板、卡瓦闸板，防喷盒泄压后进行整改。关闭防喷装置半封闸板，泄压进行整改。

（3）防喷器出现刺漏时，关闭主闸门，管汇泄压后，立即整改防喷器。

（4）对整改部位试压，直至合格。

（七）连油防喷管、防喷器刺漏应急处置

1. 预防技术工艺

（1）施工前认真检查保养设备，施工中加强设备运转巡检工作，发现施工设备存在隐患应立即停止施工，进行检修或更换。

（2）施工中认真观察悬重，严禁猛提猛放，或超压施工。

（3）应急关井处理时要迅速快捷，及时到位。

2. 处理技术工艺

（1）连续油管作业时：泵操作手立即停泵，关闭连续油管入口旋塞阀，关闭防喷装置半封闸板和卡瓦闸板，实施关井。

（2）压裂施工时：立即停泵熄火，关闭井口平板阀，实施关井。

（3）试气施工时：立即停止施工，关闭井口平板阀，实施关井。

（4）关井成功后，放压整改刺漏点。

（八）连续油管断脱应急处置

1. 预防技术工艺

（1）施工前认真检查保养设备，施工中加强设备运转巡检工作，发现施工设备存在隐患应立即停止施工，进行检修或更换。

（2）施工中认真观察悬重，严禁猛提猛放。

（3）应急关井处理时要迅速快捷，及时到位，对发生溢流要做到三早，即“早发现，早关井，早处理”。

2. 处理技术工艺

（1）立即停泵、熄火。

（2）主操作手关闭防喷器半封闸板。

（3）关闭防喷器后查明断脱原因及情况。

第四节 典型工艺技术示范应用

一、JX8-X2HF井二开堵漏期间浅层气处理

（一）基本情况

JX8-X2HF 井是一口水平评价井，设计井深 4070m。

（二）发生经过

该井二开采用 Φ311.2mm 牙轮钻头 +Φ228.8mm 钻铤 ×4 根 +Φ203.2mm 无磁钻铤 ×1 根 +Φ203.2mm 钻铤 ×10 根 +Φ177.8mm 钻铤 ×3 根 +Φ127mm 加重钻杆 ×15 根 +Φ127mm 钻杆的钻具组合钻进至井深 714.63m 时发生严重漏失，井口失返（钻进过程中气测全烃值为 0），地层为上二叠系长兴组顶部，钻井液密度为 1.26g/cm^3。现场人员决定直接配置堵漏浆，同时井口吊灌泥浆。

2013 年 4 月 3 日 22:35 坐岗人员发现高架槽流出一股泥浆，立即通知司钻；22:37 打开 4# 液动平板阀，关 Φ127.0mm 闸板，准备节流循环除气，突然液气分离器排液口喷出大量流体（液气混合物含砂）在振动筛处摩擦碰撞产生火星，随即燃爆着火。随即当班发电工、柴油机司机迅速停车和其他当班人员一起撤离到紧急集合点。

（三）处理过程

22:38 接到井队报警电话，领导和专家到井，成立应急领导小组并启动预案，决定直接倒换至放喷管线放喷、燃烧。

22:50 打开副放喷管线（因振动筛处着火，为了切断气源灭火），关 4# 液动平板阀，使用烟花弹成功点火，火焰呈橘黄色，火焰高 5 ~ 10m；警戒组在进入井场道路设立警戒线，不允许非施工车辆通过井场旁的道路。

23:15 应急救援中心值班消防车到井灭火。灭火后打开主放喷管线，关闭副放喷管线，放喷点火燃烧，火焰呈橘黄色，火焰高 5 ~ 10m，井场内检测硫化氢浓度为 0。井场进行压井准备，JX9-X2HF、JX5-X2HF 井停钻，协助进行抢险作业。

次日 2:30 放喷口开始出水，出水量逐渐增大，火焰间断熄灭；4:30 火焰熄灭，关井，套压 4.0MPa，30 分钟后稳定在 4.5MPa，放喷口 10m 处检测到硫化氢浓度为 8ppm，放喷口 20m 处未检测到硫化氢，井场内仍未检测到硫化氢；13:40，关井套压逐步升至 5.0MPa。

次日 13:40—15:07 压井，以排量 0.8m^3/min，先正循环注入密度为 1.33g/cm^3 泥浆 30m^3（钻具内容积：5.84m^3；环空容积：36.71m^3），然后注入密度为 1.33g/cm^3 浓度 20% 堵漏浆 50m^3，套压降至 0，循环正常，压井成功。

（四）分析与建议

1. 原因分析

1）井控意识不够，发生漏失后处理措施针对性不强

钻至井深 714.63m 发生了失返性漏失。现场人员在堵漏过程中忽视了井控风险，导致井筒泥浆漏失后，井筒内液柱压力不能平衡气层压力，致使该井由井漏转化为溢流，造成天然气喷出，是此次溢流事件的直接原因。

2）对长兴组气藏（浅层气）认识不足

先期施工的 JX1-X3HF 井、JX9-X2HF 井长兴组，均采用泡沫钻井方式钻穿长兴组，压力低，气测显示弱。本井意外钻遇裂缝性气藏时发生了失返性漏失且出气量大（现场预测出气量约为 20000m^3/h），现场人员根据邻井钻探情况采取了常规的堵漏措施，未考虑到浅层气的严重危害性，是造成此次溢流的间接原因。

3）节流管汇待令工况存在安全隐患

本井节流管汇采用的标准待令工况，在打开 4# 液动平板阀后，关防喷器，钻井液通过手动节流阀、液气分离器排液管线进入 1# 循环罐时，由于出气量大，在溢流时，瞬时出气量已远远超过液气分离器的处理能力，导致液气混合物从排液口进入循环罐而发生燃爆着火，是造成此次溢流着火的主要原因。

2. 经验教训

此次溢流事件说明在天然气井中应充分考虑溢流量的不确定性，在关井过程中可能出现瞬时溢流量超过液气分离器处理能力的情况，存在安全隐患。

3. 防范措施

1）进一步加强现场井控意识，确保各项措施科学合理

首先要提高对溢流产生原因的认识，重视井漏后产生溢流的可能性，防止井漏后因处置不当诱发溢流；其次现场人员要提前制定正确的技术措施，重点是预防井控风险，在发生此次事件后，制定了针对井漏后液面观察和处置的措施并在该工区内各个钻井队进行宣贯、检查并督促落实，坚决杜绝类似的井控溢流事件再次发生。

2）重视浅层气的井控风险，提高防范意识

该工区上部的浅层气因埋藏浅，有一定的产能，实测压力系数为 0.90，天然气上窜速度快，反应时间短且来势汹汹，从发现溢流到喷势强烈间隔时间极短，井控难度相对较大，应高度重视浅层气的危害和预防措施。

此次溢流事件说明该工区浅层气发育，上部地层施工存在较大的井控风险，针对浅层气的特点专门制定了钻探此工区上部浅层气的措施并进行专门的技术交底，在预计即将到达此层位时派驻工程、钻井液、安全人员驻井指导，重点是进一步强化现场各级管理和操作人员的井控意识，特别是对坐岗、关井程序和应急响应等关键环节进行强化培训，确保一旦发生溢流能做到正确处置。

3）吸取教训，消除隐患，更改节流管汇的待令通道

有针对性地将节流管汇待令工况设置为主放喷管线通道，即在现场安装好井控装置开始，就将节流管汇由目前的优先使用液气分离器通道改为直接使用主放喷管线通道，以避免类似本井情况的发生。

二、JX9-X1HF井三开钻进邻井压裂窜扰处理

（一）基本情况

JX9-X1HF 井为水平开发井。完钻井深 4420m，A 靶井深 2850m，B 靶井深 4390m。

（二）发生经过

该井三开钻穿水泥塞进入地层 5m 后，于井深 2583m 循环准备转浆，循环半小时后全烃迅速升至 60%，关井通过液气分离器节流循环，焰高 1.5～2m，转浆完后火焰熄。随后在钻进过程中发现泥浆黏度由 76s 涨至 94s，全烃由 3% 涨至 8%，关井观察套压缓慢上升至 3.4MPa，并一直在缓慢上升。

在钻进过程中全烃值始终在 20%～60%，接完立柱后后效反应强烈，每接一根立柱都要进行关井节流循环点火，火焰高 5～8m，排气时间 60min。于井深 3050m 进行起下钻，2017 年 4 月 6 日 5:00 开始起钻，15:00 起钻完，随后下钻。17:00 下至 697m 时，高架槽返浆流量逐渐变大，目测达到单泵排量，随后进行节流循环除气，火焰高 10～15m。

（三）处理过程

下钻过程中分段节流循环，分别于井深 1514m、2773m 关井循环排污，火焰高 15～18m，下钻到底后提高密度以平衡地层压力，邻井 JX4-X1HF 井停止压裂后，全烃值恢复正常，复杂情况解决。

（四）分析与建议

1. 原因分析

1）JX9-X1HF 井三开进入地层后全烃异常，同时泥浆性能变化较大且套压持续上升，为 JX4-X1HF 压裂压力系统连通导致。该井在钻至三开后，JX4-X1HF 井同时在进行压裂，根据 JX9-X1HF 与 JX4-X1HF 地层剖面分析，进入三开后两井眼相距 137m，两口井最近的距离在 JX9-X1HF 井深 2780m 处，距离仅为 37m。

2）邻井压裂已经破坏了地层压裂系统，造成地层压力高。一旦停止循环，气体就能够迅速聚集，形成气柱，尤其是在钻进至 2780m 后情况尤其严重。从停泵开始到油气到达井口，仅有 12 个小时的时间，根据气层连通位置 2780m 计算，油气上窜速度为 231.7m/h。

2. 经验教训

此次溢流事件说明，邻井压裂干扰引起的井下复杂给钻井施工造成了极大的影响，只

有正确地认知和处理压裂对钻井施工带来的新增风险，才能保证钻井施工安全有序地进行。

3. 建议防范措施

1）钻进

（1）及时与甲方及压裂队沟通，当邻井进行压裂施工时，将钻具提离井底后节流循环观察。

（2）提高泥浆密度，同时加入堵漏材料，在提高泥浆密度的同时保证不漏。

（3）做好液面检测、井口观察、注意泥浆性能变化、紧盯全烃值变化，发现异常先关井观察，再决定下步施工。

（4）每接完一根立柱后，计算迟到时间，及时关井排污。

2）起下钻

（1）起钻过程：

①起钻前水平段注入浓度为15%的堵漏稠浆，密度与原井浆密度相同，黏度比原井浆高50s，注入堵漏稠浆能降低油气上窜速度，同时防止上部提高井筒当量密度后发生漏失。

②起钻排后效至少2h，排量根据火焰高度控制，达到进出口密度差在0.02g/cm^{3}以内，火焰高度＜2m，再进行下步施工。

③提高井筒当量密度（以比原当量密度高0.1为准）和封堵性，循环排完后效，替入防漏重稠浆，此段防漏重稠浆既起到了降低油气上窜速度的作用，又增加了泥浆的防漏性能。

（2）下钻过程：

①针对起下钻安全时间短，下钻每500m节流循环排一次后效。

②排后效过程由专人观察和记录立压值、套压值、火焰高、进出口密度、黏度和泥浆增减量。

③下钻到底后，待进出口密度差≤0.02g/cm^3、火焰高度降至2m以下后，开井恢复钻进。

通过提密度，注堵漏重稠浆等方式，在之后的起下钻过程中，安全时间得到了较大的提高，且节流循环火焰高度也由之前的15～18m降低为5～8m，安全时间为17h，情况得到了较大的改善。

3）电测

电测前进行了短起下（未采取注重稠浆等措施），测得油气上窜速度为164m/h，安全时间为17h，为了保证电测作业的井控安全，采取以下措施：

（1）与电测队沟通，拆掉对接接头部分滤网，确保对接后，电测期间，发现溢流关井后能开泵节流循环排污。

（2）下钻排后效，使进出口密度相差在0.02g/cm^{3}以内，火焰高度降至2m以下，再注重稠浆。

（3）注入防漏防气窜重稠浆，提高井筒当量密度、封堵性。

09 第九章 页岩气井筒工程技术展望

页岩气井筒工程技术是页岩气开采过程中的主要工程技术，它直接影响着井下作业效率和产能水平。但由于页岩气储层地质条件的复杂性和不确定性，页岩气井筒工程技术在钻完井工程技术、压裂工艺技术、测录井技术等方面都具有很高的挑战性。可以预见到面对环境恶劣、油气目标复杂化和资源劣质化的挑战，任何单项技术都难以保证油气工业未来的可持续发展，因此，更大范围、更大程度增强地球物理、地质学、油气藏工程、钻完井和生产领域之间的互通性，打破学科界限，真正实现技术一体化的多学科集成，打通地质、油藏、钻井、开发和生产运行等各个环节的数据壁垒，通过大数据分析、人工智能算法等来指导精确布井、高效钻井和压裂设计优化的多元数据集成，通过关键技术的成熟配套，集成共聚，形成一体化整体解决方案的全方位技术集成，是解决勘探开发重大问题的最佳途径，是未来油气工程技术装备发展重要的方向和趋势。

第一节　钻完井工程技术

一、井工厂开发模式

页岩气开发至今，从最开始的直井到水平井、丛式井、分支井，到现在的“井工厂”，这是一个循序渐进的过程。

首先，未来我国的页岩气“井工厂”钻井技术将会建立全过程成本控制机制，对页岩气开发过程中的各个环节生产成本都进行精打细算，并组建协同工作专家组进行施工参数评价，以保证各环节运作的安全性、高效性及经济性。其次，我国在应用“井工厂”钻井技术进行页岩气开发的过程中，将会进一步借鉴海洋平台钻井技术并吸收苏里格致密气藏开发经验，在此基础上，逐渐形成适合各地地质特征和地貌环境的“井工厂”作业模式。再次，我国将大力研发“井工厂”钻井技术的个性化工具及相关配套技术，使之形成完整的技术链，满足页岩气高效开发要求。最后，我国还将加快进度，完善适应我国国情的页岩气“井工厂”钻井技术标准和评价体系，实现标准化的施工方案，切实保障施工质量。同时构建满足低碳、环保和智能钻井、智能压裂、智能开采的全生命周期“井工厂”标准模式。需要特别注重智能钻机的小型化、轻量化、模块化研究，以满足多台钻机快速部署及安装的需求。

二、钻井提速提效技术

随着数字化油田生产的不断发展和进步，深井、超长水平井的钻井提速技术也向着智能化、现代化的方向发展。针对页岩气储层钻井提速提效需求，未来技术研发将主要向如下三个方面发展。

第一，继续研发地质工程一体化钻井技术。以地质数据研究分析为技术基础，实时分析钻遇油层的各类指标特性，针对性改进包括个性化钻头、井眼轨迹、井身结构等在内的钻井方案，一是为实现高效率的钻井；二是为保障钻井的安全；三是为钻井实时反馈分析数据，大幅提高优质储层钻遇率。通过与智能化钻井设备的结合，地质工程一体化钻井技术将获得更大发展。

第二，开展新型钻井技术研发。其中，包括激光钻井技术、高效空气钻井技术等。激光钻井技术主要是构建激光与机械联合破岩的力学模型，实现高效钻井。研究激光钻井技术，需要扎实的力学基础理论作为技术支撑。同时，也需要抗高温高压光学组件、激光高效能传送技术、激光机械复合钻头结构设计等相关技术的支持。采用空气替代传统钻井液的空气钻井技术近年来在部分区域得到应用。该项技术具有止钻响应快、无液体伤害油层、钻速高、经济成本相对低等优点，但由于空气钻井时，卡钻的情况很容易发生，还需要考虑防止水侵的影响，该项钻井技术推广受限，需要研究保障其高效工作的改进措施，主要是从解决层位水侵、加强排屑能力入手。

第三，研发双井导向钻井技术。在导向钻井技术中，细分出了很多类型，在垂直井和水平井对接、多水平井等距导向等方面产生了新技术，其技术路线为：一是垂直井先钻至指定油层部位，以该垂直井井底处为靶向目标，再通过水平导向技术穿过页岩油气开采层，在垂直井井底完成对接；二是在稠油类油层开发中，在一个开采层中钻水平井，此水平井作为主力开采层位，再选择此水平井平行的下方层位钻出同样的水平井作为注入热介质的井，两井保持等距。双井导向钻井技术在页岩油气地层中具有广阔的应用前景。

三、钻井装备发展

随着页岩气勘探开发向常压、深层等领域拓展，以及油气工业向绿色低碳发展的需要，石油工程技术装备将向提升作业能力、保障作业安全、降低污染物排放等方向发展。从钻井装备角度来看，第一，超深井钻机装备需继续不断完善配套，提升作业能力，保障作业安全。井下破岩工具、测量工具等的可靠性和耐温性需继续不断提升，降低井下复杂故障的发生率，实现安全高效钻进。第二，此前为了提高钻井装备的工作效率，设备体积也开始趋向于小型化发展，而且其组成结构也变得更加复杂，相应地也会增加装备应用过程的管理难度，因此，装备小型化也是钻井装备的发展方向。第三，目前我国大部分生产企业已经实现了自动化转型，相比于传统人工操作，自动化操作的容错率更低，工作效率更高。电驱动力系统、智能化作为自动化的下一发展阶段，也是钻井装备未来的发展趋势。相比于自动化结构，智能化钻井装备的灵活性更强，可以结合相关数据信息实现装备运行状态的动态调整。而且在具体应用过程中，智能化装备对于问题的处理效率更高，而且可以减少设备维护频次，提高企业的经济利润。

除上述发展趋势外，钻井装备方面还要强化关键提速工具研发力度，重点开展工具的关键材料和机械结构研究。与国外相比，我国关键提速工具的寿命和性能存在较大差距。因此，钻井装备未来的另一发展趋势是开发低成本高造斜率旋转导向系统、高性能螺杆、扭力冲击器、井下动态参数控制工具、切深自调节 PDC 钻头及智能参数采集 PDC 钻头等工具，并加快超长水平段水平井钻井装备配套，不断提高工具与装备性能，形成超长水平段水平井关键提速工具和装备产品系列，实现超长水平段水平井超长裸眼段一趟钻，大幅缩短钻井周期。

四、钻井液技术

对于国内页岩油气储层来说，达到商业开采价值的页岩气水平井的水平段一般长达 1000 ~ 2500m，而且存在页岩微裂缝和层理发育严重、泥质含量高等问题，所以在施工过程中对钻井液的井壁稳定性等要求极高。传统的解决办法仍然是采用油基钻井液，但油基钻井液存在配制成本高、环保压力大等缺点。因此，清洁钻井液作业流体向抗高温、一剂多能、可回收利用方向发展，不仅满足作业需求、保护油气藏，同时能减少环境污染。针对目前一些低压、超低压、能量枯竭以及地层破裂压力较低的易漏地层钻井作业的实际需求，要加强对低密度以及超低密度钻井液技术的研发。针对目前国内外共同面对的恶性井漏问题，不但要加大对聚合物增黏剂、降滤失剂等钻井液添加剂的研发力度，还要加强对漏失类型判别、防漏堵漏技术的研发，实现对不同地层的良好封堵效果，最终实现对恶性井漏问题的有效控制。为了保证钻井作业施工的环保要求，要不断加大对新型环保钻井液技术以及高效循环利用技术的研发，同时在钻井作业施工过程中加强对钻井过程中产生的废弃物的处理力度，让气田真正达到绿色环保生产要求。为了实现钻井液开发的合理，要不断加强对新钻井技术中不同钻井液技术应用的动态模拟，要尽量保证其与实际条件无限接近，这样才能为钻井液的开发提供更加科学、合理的依据。

五、智能化钻井技术

我国钻井技术自 1968 年开始自动化发展后，已取得长足进步。当前，以页岩气水平井为主要任务导向，未来钻完井工程技术将向模块化、自动化、智能化方向逐步发展。钻完井技术发展历程与智能化钻井发展方向如图 9–1 所示。

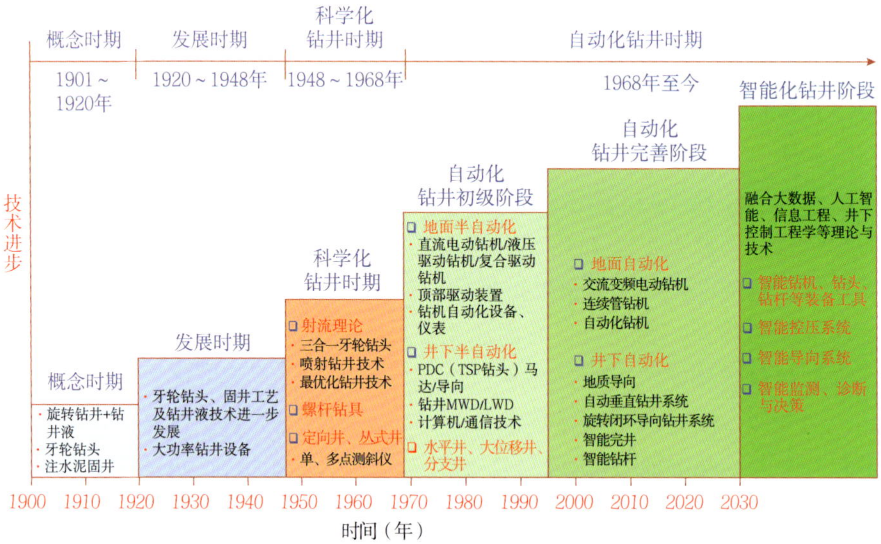

图 9-1　钻完井技术发展历程与智能化钻井发展方向

以人工智能专家系统、地质导向、旋转导向系统、智能完井、纳米机器人等为标志的一批关键技术不断发展与完善，将逐步全面革新钻完井工程技术。其中，钻井技术智能化主要涉及硬件系统、软件平台和标准体系的建立与融合。硬件部分包括自动化钻机、井下智能控制工具、高精度传感器、信息传输工具等，需要进一步完善，持续提升智能化程度。软件平台是指井下地质—井下工程—地面海量数据深度融合，实现机器智能判断和自动执行，而二者是通过标准化体系进行衔接，融合提升地面装备及井下工具、智能钻完井决策平台的通用性和互动性能，实现智能钻井、智能完井闭环系统的插件式组合。

具体来说，未来智能钻井技术研发主要集中于以下三个方面：

一是智能钻机方面。目前智能钻机的“智能化水平”整体有待提升。虽然在某种程度上大大减少了人力，但大部分钻机还只能称作自动化钻机，并未真正实现智能化。在当前的自动化钻机的基础上还需结合前沿人工智能理论，开发钻机故障诊断、排除及钻井参数自适应调节，以及钻井复杂情况识别及决策等控制算法与软件，从而真正实现智能钻井。钻井过程是个庞大而复杂的系统，基于目前钻机智能化程度，短期内实现完全智能化难度较大，可以开展单个功能模块的智能化研究。

二是智能闭环钻井技术，其是指通过井下测量设备对井底工况，如钻压、钻速、振动、流体压力、温度、地层信息等参数进行实时监测并上传，通过大数据人工智能软件对钻井参数进行动态优化，并将优化后的参数下载到井下智能执行机构，进行实时调整，提高钻井效率。智能钻杆和智能钻头是实现智能闭环钻井的关键工具。智能钻杆为井下和地面的高速双向数据传输提供保障。智能钻杆是在常规钻杆的基础上进行改造的，具备数据高速传输的功能，满足井下—地面信息的双向高效传输和闭环控制流程，多采用嵌入多芯导线的方式实现。智能钻杆的数据传输受钻井液与地层影响小，传输速率快、抗扰能力强，具备全天候传输信息的能力，应用前景广阔。智能钻头可作为井下智能执行机构，根据指令优化调整自适应调节。国外研发出了智能钻头，通过将电路板、传感器、存储设备、电池等封装于钻头内，实现钻进过程中对钻头振动、转速、温度、压力等参数的实时监测。这些监测数据后续可用于个性化钻头设计、钻井参数优化、钻具优选等研究，以提高机械钻速及单只钻头进尺。高性能智能钻头已成为石油钻头行业未来的发展趋势。

三是智能控压与导向系统。在实现动态井况下，通过整合钻机设备，实现机器间的互通、井况的实时分析、快速的自动响应，从而快速、精确地维持井底压力，预防钻进作业井控风险，提高机械钻速（ROP）和生产时效，大大降低钻井作业成本。而智能导向系统涉及人工智能决策模块，基于大数据中心的海量数据和自研的机器学习算法，实现地下岩性智能预测和存储物性智能反演，识别孔隙度、渗速率、饱和度等关键储层参数，进而实现钻井轨迹智能修正和钻井参数智能优化，保证智能导向工程钻得准、钻得快。

第二节 压裂工艺技术

一、压裂工艺优化

加大非常规低品位资源有效动用和效益开发已成为中国油气行业发展的重要保障之一，而水平井多段压裂技术可有效扩大渗流面积，提高采气速度和累计产量。因此，水平井压裂技术在页岩油气资源的勘探开发过程中起着核心作用。如图 9-2 所示，2013 年我国开展储层改造以来，共历经三个阶段，总体来说，储层改造技术未来将向精细化、高效率、低成本方向发展。页岩气通过长水平井钻井 + 高密度压裂技术，未来将更多地借助于提升裂缝扩展机理的认识、先进压裂工艺、大数据和人工智能实现精细化、高效率和低成本压裂，提升整体开发效果。从压裂工艺角度来看，主要集中于以下三个方面：

第一，继续强化地质工程一体化联合研究。持续深化地质工程一体化平台工作模式，以页岩气水平井全生命周期管理为目标，以实现“甜点”的空间最大体积控制和经济动用为目的，将地质、油藏、工程、管理等多学科综合应用到井的全生命周期管理中。建立 4 个一体化平台：①地质评价、“甜点”评价、力学评价、完井品质评价等的一体化评价平台；②地质模型、油藏模型、裂缝模型、经济模型的一体化设计模型平台；③压后跟踪、措施评判、效果评价、模型修正的一体化分析平台；④试验结果共享、优化方案共享、施工设计共享的一体化共享平台。储量动用实现最大化，作业效率进一步提升，同时节约用地、用水，实现提质增效降本，保障页岩气的效益开发。

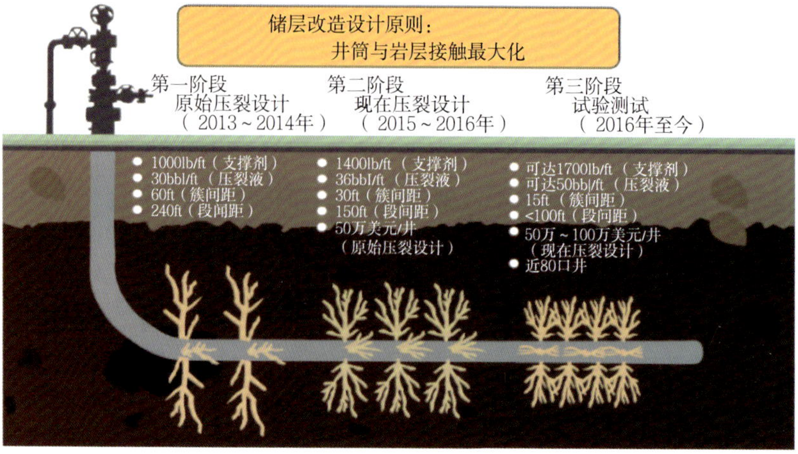

图 9-2 储层改造技术发展历程（1lb=0.45kg，1ft=0.3048m；假设射孔水平段长度为 9000ft）

第二，深化页岩储集层改造基础理论及优化设计技术研究。在裂缝扩展与应力场模拟等基础理论研究方面，进一步加强地应力场分布、岩石力学性质与裂缝扩展规律研究，提升人工裂缝在不同地层条件下的延伸和分布模式，深入探究其与已有天然裂缝系统之间的互动机理等规律认识，在此基础上形成具体原则来指导压裂工艺设计和施工。

第三，提升完善先进压裂工艺。以精细化压裂为方向，优化压裂设计，适度密切割，增加主缝规模，实现主缝 + 多分支缝。在压裂转向方面使用物理方法，包括脉冲震荡、物理暂堵（石棉），提高裂缝复杂程度，同时使用清洁压裂液体系，避免裂缝壁污染。对重复压裂技术、转向压裂技术和限流压裂技术等压裂工艺进一步优化完善。

二、压裂装备发展

压裂装备伴随着压裂技术的发展，逐步朝全自动化和电动化的方向发展。结合目前页岩气大型压裂工程自动化作业存在的难点，未来需要继续开展高压流程远程作业及快插应用，全电驱压裂控制系统等方面的研究，以期建立“一键式”压裂全流程自动化作业系统，实现储罐补给、混砂平衡、供排均衡等目标。未来压裂装备将朝以下三个方向发展。

第一，大功率电驱压裂装备。随着水平井多段压裂作业进一步向安全、绿色、高效、智能发展，大功率电驱压裂装备具有满足上述需求及长时间、高压力、大排量连续作业的优势。通过对大功率智能电驱压裂泵注设备、国产变频传动技术及大功率供配电系统、压裂液自动混输设备、多平台电力高效调度及电能质量调节系统、压裂机组智能运行系统等的深入研发，提升目前 7000 型电驱压裂装备技术水平，研发 7000 型以上电驱压裂设备。

第二，压裂泵向超长冲程超低冲次方向逐步发展。在驱动单元有相当能力的基础上，随着大规模、长时间的设备运行，因易损件故障导致的设备设施的可靠性问题也随之凸显出来。近年来，阀箱、泵阀、柱塞密封组件等的寿命虽在逐渐提高，但离现场使用要求还有一定差距。增大压裂泵的冲程、降低压裂泵的冲次是提高阀箱、阀组件和柱塞密封组件寿命的最有效的途径。研发既能发挥传统曲柄连杆压裂泵换向简单可靠的优势，又能有效降低冲次、增加冲程的新型压裂泵可能是提高未来压裂设备连续工作可靠性的最有效途径。

第三，长井段水平井压裂工具及配套作业装备的研发。针对超长水平段（＞4000m）、深层（垂深＞3500m）、高温（＞150℃）、高压（压力＞100MPa）等特殊地质条件，重点攻关完善免胶筒全金属可溶桥塞系列，改进坐封方式，研制适用不同套管规格（10.16～13.97cm）、不同钢级等复杂井况的全金属可溶桥塞系列工具，实现压后桥塞免钻磨、免冲洗；攻关高效率长水平段分簇射孔工具，实现单段20簇以上一次安全射孔；配套8000m以上深井连续管压裂作业装备，保证装备注入头的提升力＞70t，下推力＞30t，以满足超长水平井、超深井压裂作业需要，提高深井特种作业能力。

三、压裂材料

对于压裂液来说，一般需要具备杀菌、助排、防膨等性能，同时根据不同的储层特征探索不同类型的压裂液体系，以满足压裂施工需求。未来随着页岩气勘探开发进程的加快，尤其是在深井或者超深井页岩气开发过程中对压裂液的性能提出了更高的性能要求，研发新型压裂材料是未来一个重要的发展方向。

第一，相态智能转化型压裂液体系。目前，压裂流体及材料的主体性能比较单一，对井下环境智能响应性不强。相态智能转化型压裂液体系在低温下为高流动性液态，在高温下自聚集逆向形成多个颗粒的固态，形成一种原位成型支撑剂，可以提高分支缝及微裂缝的导流能力。

第二，无水压裂技术。出于对压裂作业水资源供给、大型水力压裂作业设备和规模限制、污染储层等问题的考虑，未来无水压裂技术的研究与应用将更为广泛。无水压裂技术包括高能气体压裂技术、液态二氧化碳压裂技术、泡沫压裂技术和液化石油气（LPG）压裂技术等。其中，LPG压裂技术基本不需要水，也无须投入资金处理废水，能极大缓解环境和水资源压力，杜绝产层损害，是压裂技术发展的新方向。

第三，纳米材料压裂技术。近几年，关于纳米材料在水基压裂液中的研究进展迅速，研究较多的主要有聚合物压裂液和黏弹性表面活性剂（VES）压裂液。纳米材料在水基压裂液中的应用主要为：增强压裂液体系的空间网络结构、聚合物交联、压裂液滤失控制、压裂液破胶、地层运移微粒控制、岩石表面润湿性改变和用作支撑剂等方面。

第四，支撑剂技术。支撑剂已从最初的石英砂、陶粒发展到覆膜砂、自悬浮支撑剂等，国内外已研制出一些对地层温度、pH值或化学反应等状态智能响应的支撑剂。一种自生成颗粒起到支撑作用的化学剂体系正在研究试验中，如果能够达到足够支撑压力，将使得全裂缝支撑成为可能。低成本支撑剂研发已经提上日程，可大幅降低压裂成本。

国外已经开始大规模使用天然河道湿砂作为支撑剂，减少烘干、分包装程序，可大幅降低成本，相应的配砂加砂工艺需要配套。

四、压裂监测技术

随着非常规资源的开发，微地震监测技术已成为实时监测压裂作业的一种常用技术，但由于缺乏微地震事件响应与压裂工艺参数间的关联性研究，微地震定位结果只提供一种裂缝起裂起点和裂缝延伸趋势，不能准确表征裂缝复杂程度和定性特征。

第一，DTS/DAS 压裂监测技术。近几年 DTS/DAS 技术在水平井压裂施工动态监测方面发展十分迅速，取得了很好的应用效果，但一些关键技术问题仍未突破。未来，可发展基于常规定向射孔技术，结合分布式光纤空间定位，发展光纤“避射”技术，防止射孔对井下光纤的损伤。对 DAS 数据降噪、处理技术进行研究，从繁杂的原始 DAS 数据中提取可用频段的数据，降低数据保存、传输的成本。

第二，微地震压裂监测技术。微地震监测系统监测到的声波信息能够反映裂缝扩展范围、流体压力变化等信息。随着微地震震源机制、监测精度的提高，拾震器的优化布置，地面和井下的联合监测方法、反演定位及可视化等的深入研究，微地震监测技术将不断扩大应用范围，发展前景也将更加广阔。

第三，示踪剂监测技术。目前国内外主要使用微量元素体系和卤化物系列，可用于监测压后产剖，计算分析裂缝复杂程度和规模，但计算分析精度有待提高，需要基于多井大数据分析建立更高精度模型。

第四，基于施工曲线的实时监测预警技术。压裂过程中最直接的信息是井口采集的施工曲线数据和具体施工参数，如何应用这些资料分析计算来判别储层压裂过程中裂缝扩展情况，这方面已经开始研究，直接利用压裂实时数据和已经压裂过井的数据开展大数据分析已经成为趋势。同时多簇多尺度水力裂缝的造缝及支撑效果的四维智能监测模型及可视化显示技术是智能监测方向的研发趋势。

五、智能压裂技术

随着人工智能技术的快速发展及其在页岩气领域的广泛应用，智能压裂技术取得了较大的进展，包括裂缝参数及压裂参数智能优化、智能压裂流体及材料、智能压裂设备及工具、压裂风险智能预警系统、压裂参数实时优化智能控制和压裂裂缝智能监测技术等方面。

未来智能压裂技术的发展趋势主要是将压裂技术与大数据和人工智能技术相结合。细分来看有以下三个方面：第一，通过油藏大数据和人工智能分析，提升对储层的认识，进一步优化井网横向和纵向间距以及段间距、压裂排量等参数，从而提高压裂的产量和单井采收率。第二，建立一键压裂的地面控制系统，通过完善的地面压裂装备的自动化，结合实时压裂过程状态，能够智能控制整个压裂过程。第三，建立压裂全过程实时控制智能决策平台，满足压裂过程智能控制、智能预警以及压裂参数实时智能优化的需要。需要研制基于三维“甜点”分布的地质工程一体化压裂智能决策平台，以提高压裂参数优化的针对性和有效性，提升压裂效果，实现非常规油气资源的高效开发。

第三节 测录井技术

一、储层测录井技术

20 世纪 90 年代以来，工程技术可视化趋势日臻明显，地震成像、成像测井、钻井可视化监控等为优化控制提供了最佳途径，随着随钻远探测、随钻地震、随钻流体测绘等技术的不断成熟，以及与增强现实、数字孪生的不断融合，推动储层识别向可视化、实时化、高效率方向发展。其主要对地震评价技术、成像测井技术和综合录井技术做出革新。地震评价技术方面，地震反演、井震融合、随钻地震、井中微地震监测等技术，实现预钻地层或拟开发储层的超前探测，实现建井优化、三维井下成像、增储措施监测，降低作业风险，提高采收率。成像测井技术方面，随钻电阻率、电磁波等成像探测新技术不断提高储层识别边界和精度，实现井周储层三维结构精细探测。综合录井技术方面，将录井及数字岩心资料、油气层综合解释方法有机结合，通过储层数据可视化集成，实现单井解释与多井评价转变。

在 5G 技术、云计算、人工智能等先进科技的促进和推动下，测井技术的发展趋势还将涵盖以下五个方面：第一，为了满足多样化、复杂化的地质环境和作业环境的需求，未来的测井技术将会更加注重精度、效率、质量，例如可以使用三维成像技术来扩大测量范围和提高精度，还能够运用各种传感器，对测量数据进行集成化处理，提高数据的共享性和实效性，尽可能地节约成本。第二，为了满足复杂的地层界面条件以及较强的非均质性储层的需求，未来的测井技术序列将会不断完善，如增加随钻测井仪器的测量深度、测井仪器采集的阵列化与集成性。第三，未来的测井软件将会向多学科、集成化的方向发展，与其他学科的软件模块连接在一起，形成高度集中的综合评价平台，进而实现油藏综合评价，从而可以大幅提高勘探开发的工作效率。第四，由于全球先进的测井技术仍然被一些大型测井服务公司所垄断，并且这些公司对测井技术的相关理论、仪器的研发投入巨大，因此，未来的测井技术依旧会被它们所主导。第五，未来的测井技术会更加注重基础理论方面的研究工作，分析技术和方法将会更加丰富。

二、测井技术装备

测井技术装备应向可视化测井方向发展，井下电视成像测井技术整体作业成本低、检测效率高、检测结果直观，能帮助油气生产企业掌握油气井健康状况、病变部位及原因、生产状况及生产能力。新型测井电缆彩色全帧率井下电视具有光纤井下电视视频实时流畅高清的特性，同时兼顾测井电缆井下电视低成本、高可靠、井眼条件适宜性广的优点，突破了井下电视发展的技术瓶颈，将可视化测井技术带入新的发展阶段。未来需要对仪器本身的耐温、耐压性能以及光源进行不断提升。应用过程中可结合四十臂井径仪，磁壁厚测井仪等成熟的测井仪进行组合测井，也可结合一些打捞工具直接对井况进行处理，使得测井结果更加全面、有效。

三、地质导向技术

水平井地质导向录井的地层对比与预测技术，是水平井地质导向录井的未来发展关键技术之一。录井工作中的地层选择工作有一个基本的原则，就是要对同区域中距离较近的两个邻井的沉积相和物性进行对比，分析二者的相似性。然后根据对二者的详细对比分层，来确定地质的基本特征和地层岩性，但是这种方法通常会存在一定的误差，范围是几米至十几米。地震资料分辨率不高等因素会使水平井的质量降低，进而导致上述的误差范围。

地质导向录井技术中，地质解释和导向技术的应用也是未来发展的重要技术。这项技术的应用场景大多数是在水平井水平段。多数情况下，在水平段的油气层中，钻遇率是影响水平井施工质量的关键因素。对比国外的优秀钻井技术可以得知，正确使用核磁共振、随钻成像以及方位电阻率等测井方式，能够实现远距离测井的施工需求。上述的这些技术，在不断地使用和完善的过程中，逐渐地成为录井施工特别是水平井地质导向录井工作的关键有效技术。

除上述技术外，随钻远探—前视测井技术作为新型测井技术，也是未来测井技术的主要发展方向之一。随钻远探—前视测井技术是一种利用电法、声波、地震波探测井旁或钻头前方数十米或更远范围内地层信息的新型随钻测井技术。一方面，通过优化井下仪器结构，提高反射信号精度与强度；另一方面，结合其他随钻测井、地面地震等信息，通过建立油藏模型，进行联合反演，计算得到远处地层参数。两种方式相结合，可识别数十米范围内的地层、油藏边界，大大增加探测距离。

四、工程预警录井

实时监测各种事故和地层压力等异常情况是录井工程预警的发展方向之一。当发现地层压力检测异常、出口流量增加、总体积增加等明显情况时，要引起警觉，及时进行异常预警，防止出现井漏、井涌等重大安全事故。此外录井人员要建立健全事故预防体系，定期组织自查自纠，提前进行分析和异常预警。并且录井人员要保持长期的问题意识，提高作业技术人员的素质，提高自身的管理水平。录井人员应该系统收集各种事故发生时对应的各类参数指标异常情况、钻井实施状况等，并分门别类形成相应知识库。同时掌握相关技术，在钻井过程中，随时跟踪观察各种参数的变化。

钻井液参数异常预警、地层压力异常预警、硫化氢、二氧化碳等气体排放异常预警，也是工程预警未来的发展方向之一。综合录井参数异常预警研究具有很大的实用价值，这要求各钻井队伍利用现有的技术手段，致力于研究各种参数的异常变化，及时控制潜在风险，更好地消除钻井过程中的事故隐患，减少经济损失，为提高油气采收率做出更大贡献。

五、测井综合解释

核磁共振测井解释技术是未来发展的重要方向之一，它能提供常规孔隙度仪器不能获得的地层孔隙度尺寸分布以及孔隙结构信息，更好地描述流体的可动性。新的、测速较快、成本较低的 NCMR（非对比磁共振）仪和常规仪器结合，可改善关键地层特性如束缚水饱和度和渗透率的确定，从而提高储层产能预测能力。同时，可提供更准确的定量化的泥质砂岩气层和稠油层评价。

低孔渗油气藏开发测井解释技术，即充分利用岩心刻度测井、核磁共振测井、成像测井、多级阵列声波测井等测井解释技术，是未来发展的重要方向之一。该技术具有适应各类低孔低渗油藏的地质条件、高精度、高稳定性的优点。在流体识别方面，针对低孔隙度、低渗透率、孔隙结构复杂、岩性矿物成分也较复杂的储集层，结合建立基于储集层分类和孔隙结构分析条件下的精细孔渗饱计算模型，解释符合率为 90% 以上。

致密复杂岩性储层测井解释技术，该技术也是未来发展的重要方向之一。针对测试目标，可建立一套测井岩性识别标准、测井解释模型、岩石骨架测井响应参数，以及完整的储层与气水识别方法和标准。

测井智能化解释技术。测井智能解释技术以岩石物理、地质、油藏等多个学科数据为基础，通过智能化综合信息提示，智能提示该井的邻井及层位信息。针对所提取出区域的取心显示、试油气等有利层段，利用智能技术自动提取储层特征参数，将提取的储层参数信息按地质分层自动录入原始油气层识别样本库，通过机器学习 / 深度学习技术，实现油气层的智能洞察。同时，利用储层参数与试油产量或动态开发样本库，可对储层进行产能预测，进而实现试油选层的智能决策，是测录井技术和人工智能结合的主要发展方向。

第四节　试气工艺技术

一、试气测试技术

随着国内页岩气勘探与开采规模逐渐扩大，整体开采水平逐渐提高，页岩气勘探规模不断增加，试气测试技术不断完善，与页岩储层开采有关特征进行充分结合，结合现代化的技术工艺与设备措施展开试气方面测试，能够为页岩储层开采提供重要的技术支持。其中通过集中优势资源、科学模式队伍管理和优选现场工具材料有效降低页岩气开发成本是当务之急。随着页岩气井的不断加深，垂深已经从 3500m 增加到 5500 m 以深，高温高压高风险不断显现，这对试气技术装备提出了新的挑战，不断完善压裂试气装备的安全等级、降低施工风险是重中之重。

现阶段我国页岩气开发一是需要优化压裂试气工艺，满足数年后可能出现的老井枯竭复产并增加最终产能；二是研究新的试气测试工艺技术，在未来深层页岩气井中实现规模化应用。

二、连续油管技术

随着油气作业的发展及钻井完井等技术的进步，对深井、高压井、水平井的开采力度不断加大，目前已有深度＞ 7000m 的直井以及长度＞ 3000m 的水平井，在这种作业环境下常规 CT70 ~ CT110（钢级型号）等级的连续油管难以满足服役要求，并且连续油管的使用寿命和气井作业效率的提高也依赖其强度的进一步提升，所以更高强度是当前连续油管产品的重要发展方向。但强度的进一步提升凸显了焊缝的性能瓶颈以及可制造性差等一系列问题，为应对这些问题，采用调质工艺生产的连续油管成为一种新的趋势，相对同钢级的 TMCP（Thermo Mechanical Control Process）态连续油管具有更优的性能均匀性及抗疲劳性。除此之外，高腐蚀性、高温、高压等特殊井况也日益增多，因此对连续油管的耐腐蚀性要求也在不断提高。

除连续油管制造工艺外，连续油管也向智能化方面转变。国外 ACTive 智能光纤连续油管系统通过在连续油管内植入光纤，并配合全套的井下工具以及地表采集系统，可以使其完美兼容近乎所有的连续油管作业，进而可以在不影响作业的同时实时读取井下参数，如温度、油管内外压、张力、扭矩、伽马和节箍定位等，确保连续油管作业更加安全可靠。

三、多级射孔技术

国内多级射孔工艺发展主要朝器材模块化、工艺智能化方向发展。根据国内火工品办理流程相关规定，尚无法实现北美页岩气开发中采用的流水线式（射孔枪量产、即插即用），主要还是在施工现场进行入井工具串组装。故主要通过射孔工具串各组件的模块化减少现场装配、保养的时间和劳动强度，降低装配失误的可能性。现已部分采用及正在发展的技术有全触针式连接射孔工具、数码雷管、一次性桥塞工具等。

工艺智能化主要是通过自动化、数码化等手段，替代原来需要人工操作或凭经验判断的工序，现已部分采用及正在发展的技术有井口快速对接装置及配套的智能扶正装置、井下张力系统、主动丢手装置等。

四、带压作业技术

我国开展带压作业装置研究起步较晚。从 20 世纪 60 年代到 21 世纪初，各大气田加大了对带压作业技术和装备方面的研究支持力度。通过引进国外设备、技术和自主研发，经过前几年的市场摸索、创新及研究，近年来迅猛发展，目前，国内已有十多家企业研制带压作业装备，为我国油气资源规模开发提供了安全可靠的装备支撑。

带压作业工艺在气田生产作业过程中发挥出了非常重要的作用，针对高压气井井下作业过程，充分运用带压作业技术能够进一步提升井下作业效率，而且也能为气田稳产打下坚实基础。

未来带压作业随着可降解材料等新型材料在油气田开发的应用，采用带压尾堵在带压作业中达到封堵完井管柱的目的，改变以前的机械打捞尾堵易出问题、打捞失败的情况，同时缩短施工周期，提高施工效率。

随着油气田开发的深入，进一步探索带压作业技术的应用范围，可以形成比较成熟的带压配合压裂、带压配合侧钻、带压配合酸化、带压配合连续油管作业等工艺技术，在确保油气井增产稳产的同时能够保护环境，具有巨大的经济效益和社会效益。

五、排采一体化测试技术

近年来，油服公司开始提出排采一体化测试技术，该技术的核心是应用大排量宽幅电潜泵，减少作业流程，节约前期连续油管等排水成本，压缩排水时间，增加产气时间，加快收回成本，清除裂缝系统以及裂缝壁污染，增加气产量。目前，电潜泵排采一体化作业在国外的应用较多，国内受制于成本和储层的因素，应用得相对较少。

此外，智能决策系统与排液采气技术一体化也是未来的发展趋势。其主要技术思路为结合各排采工艺应用界限和经济分析，创建智能决策系统，并借助计算机编程、工业自动化控制、物联网互联等将智能决策系统与智能排液采气技术一体化，有助于解决气井积液预警不及时、排采介入滞后、劳动强度大和制度优化难等问题。